V. S. LETOCHOW
Laserspektroskopie

DIERCK-EKKEHARD LIEBSCHER
Relativitätstheorie mit Zirkel und Lineal

WOLFGANG MEILING
Digitalrechner in der elektronischen Meßtechnik
Teil 1: Meßmethodik
Teil 2: Gerätetechnik und Anwendungen

L. I. MIROSCHNITSCHENKO
Kosmische Strahlung im interplanetaren Raum

PETER PAUFLER
GUSTAV E. R. SCHULZE
Physikalische Grundlagen mechanischer Festkörpereigenschaften
Teil I und II

ULRICH RÖSEBERG
Quantenmechanik und Philosophie

ALBRECHT ROST
Messung dielektrischer Stoffeigenschaften

J. V. SAČKOV
Wahrscheinlichkeit und Struktur

E. M. SAWIZKI
Perspektiven der Metallforschung

WOLFGANG SCHÄFER
Theoretische Grundlagen der Stabilität technischer Systeme

ERNST SCHMUTZER
Symmetrien und Erhaltungssätze der Physik

VOLKMAR SCHURICHT
Kernexplosionen für friedliche Zwecke

VOLKMAR SCHURICHT
Fusionsreaktoren und Umwelt

Festkörperphysik
Entwicklungstendenzen und Anwendungsmöglichkeiten

Die Schöpfer der physikalischen Optik
Eine Artikelsammlung

HANS-GEORG SCHÖPF
Von Kirchhoff bis Planck

HORST MELCHER
Albert Einstein wider Vorurteile und Denkgewohnheiten

RENATE WAHSNER
Mensch und Kosmos
Die copernicanische Wende

HELMUT FRIEMEL / JOSEF BROCK
Grundlagen der Immunologie

EBERHARD HOFMANN
Funktionelle Biochemie des Menschen
Band 1 und 2

LOTHAR JÄGER
Grundlagen der Klinischen Immunologie

KARLHEINZ LOHS
DIETER MARTINETZ
Entgiftung – Mittel, Methoden und Probleme

JOACHIM NITSCHMANN
Entwicklung bei Mensch und Tier

STEPHAN SCHNITZLER
Pharmakologische Aspekte von Immunreaktionen

DIETER SPAAR
HELMUT KLEINHEMPEL
HANS JOACHIM MÜLLER
KLAUS NAUMANN
Bakteriosen der Kulturpflanzen

EBERHARD TEUSCHER
Pharmakognosie
Teil I–III

HEINRICH BREMER
KLAUS-PETER WENDLANDT
Heterogene Katalyse

PETER BIRNER
HANS-JÖRG HOFMANN
CORNELIUS WEISS
MO-theoretische Methoden in der organischen Chemie

GÜNTER EPPERT
Einführung in die Schnelle Flüssigchromatographie

GERHARD GEISELER / HEINZ SEIDEL
Die Wasserstoffbrückenbindung

FALKO H. HERRMANN
MARTINA CH. HERRMANN
Das Hämoglobin des Menschen

HANS LUPPA
Grundlagen der Histochemie
Teil I und II

HASSO MEINERT
Fluorchemie

DIETER ONKEN
Antibiotika — Chemie und Anwendung

JOACHIM SCHUPPAN
Theorie und Methoden der Konduktometrie

JOACHIM SCHUPPAN
Anwendungen der Konduktometrie

KURT SCHWABE
pH-Messung

RAINER SINZ
Chronopsychophysiologie, Chronobiologie und Chronomedizin

Vorschau auf die nächsten Bände:

KLAUS BUDDE / HELMUT BULLE
HELMUT RÜCKAUF
Stöchiometrie chemisch-technologischer Prozesse

KLAUS DITTRICH
Atomabsorptionsspektroskopie

ERNST-JOACHIM DONTH
Glasübergang

GOTTFRIED FRITZSCHE
Zeitdiskrete und digitale Systeme
Netzwerke IV

MARTIN HEINRICH / HEINZ ULBRICHT
Mechanik der Kontinua

KARL LANIUS
Physik der Elementarteilchen

DIETER MICHEL
Grundlagen und Methoden der kernmagnetischen Resonanz

PETER PAUFLER
Phasendiagramme

S. SAKATA / M. TAKETANI
Philosophische und methodologische Probleme der Physik

ERNST SCHMITZ
Organische Zwischenprodukte

WERNER STOLZ
REINHOLD BERNHARDT
Dosimetrie ionisierender Strahlung

WTB

BAND 219

Wolfgang Blei

Erkenntniswege zur Erd- und Lebensgeschichte

Ein Abriß

AKADEMIE-VERLAG · BERLIN

Reihe TEXTE UND STUDIEN

Verfasser:
Wolfgang Blei
Berlin

1981
Erschienen im Akademie-Verlag,
DDR-1080 Berlin, Leipziger Str. 3—4

Lizenznummer: 202 · 100/443/81
Herstellung: VEB Druckhaus „Maxim Gorki", 7400 Altenburg
Bestellnummer: 762 409 9 (7219) · LSV 1405
Printed in GDR
DDR 25,— M
ISSN 0138-127X

Inhaltsverzeichnis

Gewidmet meiner Frau Waldtraut
und meiner Tochter Karin

0. Einleitung

Die Notwendigkeit und Nützlichkeit wissenschaftsgeschichtlicher Betrachtungen müssen heute nicht mehr besonders begründet werden. Es genügt daher, darauf zu verweisen, daß derjenige, der den Weg einer Wissenschaft aus der Vergangenheit her kennt, ihren derzeitigen Standort besser beurteilen kann und in der Lage ist, manche wissenschaftlichen Probleme der Gegenwart gründlicher zu verstehen.

In dieser Abhandlung steht der historische Weg solcher Erkenntnisse im Vordergrund, die wichtig für die Herausbildung der Geologie als Wissenschaft waren. Jedoch handelt es sich hierbei nicht um die Geschichte der Geologie selbst, sondern nur um einen Beitrag dazu.

Die ersten großen und für viele Jahrzehnte bedeutsamen Darstellungen der Geschichte der Geologie gaben, nachdem der Prozeß der Herausbildung als Wissenschaft abgeschlossen war, A. Geikie 1897 (London) und K. A. von Zittel 1899 (München/Leipzig). Abgesehen von einem kleinen Bändchen von K. Hummel im Jahre 1925 (Berlin/Leipzig), befaßte sich erst F. D. Adams 1938 (Baltimore) wieder in umfassender Weise mit der Entstehung und Entwicklung der geologischen Wissenschaften in einem sehr interessanten Werk. C. Beringer schrieb 1939 und noch einmal 1954 (Stuttgart) über die Geschichte und das Weltbild der Geologie. Seine Neigung zu Vitalismus und Historismus, unter denen er die Geologie betrachtete „als ein Nachdenken der erhabenen in der Natur zum Ausdruck gebrachten Idee“ (S. 6), befriedigt wissenschaftsgeschichtlich ganz und gar nicht. Dagegen kann H. Hölders umfassendes Werk über die „Geologie und Paläontologie in Texten und ihrer Geschichte“ 1960 (Freiburg/München) als ein nur schwer zu überbietendes Grundlagenwerk bezeichnet werden, welches dasjenige von Zittels würdig fortsetzt und weit darüber hinausgeht. R. Hooykaas befaßte sich seit 1959 mehrmals (Leiden, Amsterdam/London) ausführlich mit dem Aktualismus und dem Katastrophismus, jenen beiden konträren Betrachtensweisen in der Geschichte der Geologie, welche letzten Endes auf unterschiedlichen philosophischen Standpunkten fußen. Hooykaas selbst sieht einen solchen Gegensatz allerdings nicht.

In der DDR schrieb K. von Bülow 1955 über die Geschichte der Geologie einen kleinen Beitrag im Rahmen des Brockhaus-Taschenbuchs der Geologie sowie 1960 einen historischen Abriß über den Weg des Aktualismus in England, Frankreich und Deutschland, außerdem einige weitere Beiträge in diesem Zusammenhang. Auch M. Guntau befaßte sich 1963 mit dem Aktualismus und unternahm 1967 einen „Versuch der philosophischen Analyse der Auffassungen zum Aktualismus in der Geologie“. O. Wagenbreth lieferte seit etwa 1953 kontinuierlich geschichtliche Beiträge über einzelne Geologen und über geologische Probleme. F. Herneck würdigte 1964 den Beitrag der geologischen Wissenschaften zum Weltbild des 19. Jahrhunderts. Die hier Genannten waren es vor allem, die bei uns das Interesse an der Geschichte der geologischen Wissenschaften weckten bzw. neu belebten.

Darüber hinaus ist natürlich im In- und Ausland noch eine große Vielzahl an geologiegeschichtlichen Veröffentlichungen erschienen. Die meisten haben Einzeldisziplinen, einzelne Forscher oder Institutionen, die Geologiegeschichte innerhalb eng begrenzter Gebiete usw. zum Inhalt.

Von Bülows und Guntaus Auffassungen über den Aktualismus leiden m. E. trotz aller Verdienste, die sich beide um die Untersuchung dieses Problems erworben haben, doch noch unter einer gewissen Unklarheit über dessen Wesen, wenn z. B. der Aktualismus sowohl als Methode als auch als Prinzip verstanden wird. Zu versuchen, etwas mehr Klarheit darüber zu bringen, gehört auch zum Anliegen dieser Abhandlung.

Mit dem Versuch, eine Brücke zwischen dem Aktualismus und dem Katastrophismus zu schlagen, wie durch von Bülow und Hooykaas unternommen, wird der vorwärtstreibende Widerspruch zwischen diesen beiden konträren Auffassungen, der sich in historisch belegbaren Tatsachen widerspiegelt, verwischt. Auch darauf wird mit eingegangen werden.

J. D. Bernal hat mit seinem Werk „Die Wissenschaft in der Geschichte" (Originaltitel: Science in History, London 1954) die marxistische Wissenschaftsgeschichte begründet. Damit wurde nicht nur ein modernes Bild vom Werdegang der verschiedenen Wissenschaften, den vielfältigen Verflechtungen zwischen Wissenschaft, Technik, Erfindungen und Entdeckungen entworfen. Vor allem stellte er diesen Werdegang nicht losgelöst, sondern in seiner Beziehung zur Entwicklung der Produktivkräfte und den gesellschaftlichen Verhältnissen dar. Die Geschichte der Geologie nimmt hierin verständlicherweise nur einen sehr bescheidenen Platz ein und kann eine eigene Wissenschaftsgeschichte natürlich nicht ersetzen. Seine Untersuchungen können dabei auch nur die allgemeinen Entwicklungsetappen der Wissenschaft herausschälen. Einzelwissenschaftliche Betrachtungen lassen daher durchaus Abweichungen erkennen. So trifft z. B. der von ihm festgestellte große Aufschwung der Wissenschaft im 17. Jahrhundert auf die Geschichte der Geologie nicht zu. Gerade zu jener Zeit erlitt diese einen deutlichen Rückschlag als Folge der Gegenreformation. Deshalb kann man auch nicht von einer Pause am Beginn des 18. Jahrhunderts in ihrer Entwicklung sprechen. Die nachfolgenden Ausführungen können einen bescheidenen Beitrag dazu leisten, das Bild vom Werdegang der Wissenschaften ein Stück weiter zu präzisieren.

Eine ausführliche Darstellung der Geschichte der Geologie ist bisher in der DDR nicht erschienen. Für eine moderne Wissenschaftsgeschichte, mit allen Aspekten, die man heute darunter versteht, ist noch vieles näher zu untersuchen.

Das Ziel dieser Abhandlung besteht darin, als Vorarbeit hierzu, einige Erkenntnisse herauszugreifen, welche für die Herausbildung der Wissenschaften wichtig waren, die sich mit der Erd- und Lebensgeschichte befassen — insbesondere die Geologie —, und ihren Weg durch viele Jahrhunderte zu verfolgen und dazu notwendiges Material an Beweisen und Informationen über einzelne Tatbestände und Zusammenhänge vorzulegen. Allein hierbei gibt es gegenüber manchen bisherigen Darstellungen vieles neu zu beleuchten, zu präzisieren oder auch zu korrigieren. Es scheint, um nur drei Beispiele herauszugreifen, die Meinung vorzuherrschen, daß die Geologie erst eigentlich mit STENO 1669 ihren Anfang nahm, daß CUVIERS Katastrophentheorie entgegen dem Urteil FRIEDRICH ENGELS' doch einen fortschrittlichen Kern enthielt und daß katastrophistische Vorstellungen und die Überzeugung von einer sehr langen Erdgeschichte einander völlig ausgeschlossen hätten. Bei näherer Untersuchung läßt sich dies nicht aufrecht erhalten. Ungenügend ist bisher auch die Würdigung der Leistungen des 18. Jahrhunderts.

Ein wichtiges Anliegen ist es auch innerhalb dieser Abhandlung, die Trennung zwischen Tatsachen und Deutung (Interpretation, Wertung) an so vielen Stellen wie möglich sichtbar zu machen. Der Leser soll, neben der vom Verfasser gegebenen Darstellung, sich durchaus sein eigenes Bild machen können. Aus diesem Grunde wurden neben anderen Fakten zahlreiche charakteristische Zitate von möglichst vielen Forschern aus der untersuchten Zeit ausgewählt. In die Wertung wurden nicht nur die betreffenden Werke, sondern auch dort, wo es sich unmittelbar anbot, die gesellschaftlichen Verhältnisse, die Lebensläufe der betreffenden Forscher und andere Umstände in die Betrachtung mit einbezogen.

Erst wenn die historische Reihenfolge auf dem Weg der einzelnen Erkenntnisse als Tatsache gesichert und untermauert vorliegt, kann man darangehen, die komplexen Zusammenhänge und Beziehungen zur Entwicklung der Produktivkräfte, der Technik, des Bergbaus usw. näher zu untersuchen und darzulegen. So kann man Fehlinterpretationen weitestgehend vermeiden und voreiligen Schlußfolgerungen aus dem Wege gehen. Zu solchen Schlußfolgerungen ist man sehr leicht geneigt, wenn es z. B. um die Beziehungen zwischen dem Bergbau und der Geologie geht. Diese scheinen uns heute ganz naheliegend. Tatsache ist aber, daß Jahrhunderte hindurch zwischen dem Bergbau und dem, was man damals als Geologie bezeichnen konnte, kaum eine nähere Beziehung bestand. Das kommt schon darin zum Ausdruck, daß die hier genannten Forscher, von wenigen Ausnahmen abgesehen, keine Bergleute waren. Für den Bergbau stellten sich die nachfolgend zu behandelnden Fragen zunächst gar nicht. Klärungen darüber konnten vom Bergbau her, mit seinen zwar regional zahlreichen, aber lokal sehr begrenzten Grubenaufschlüssen auch kaum erwartet werden. Dagegen waren Beziehungen zwischen der Mineralogie, Lagerstättenlehre und dem Bergbau schon sehr frühzeitig vorhanden. Und auch der Bergmann hatte seine persönlichen, von Generation zu Generation weitergegebenen Kenntnisse über Minerale und Erfahrungen, wo er z. B. Erze suchen mußte; er kam dabei lange Zeit ohne geologische Theorien aus.

Es zeigt sich hier ein ähnliches Verhältnis zwischen Bergbau und Geologie wie zwischen Landwirtschaft und Biologie. Lange vor der Formulierung von Vererbungstheorien bzw. ohne deren Kenntnis wurde die Vererbung in der Tierzüchtung praktisch gehandhabt. Aber so, wie der Bedarf an bestimmten Rohstoffen die Entwicklung des Bergbaus beeinflußte, wurde gleichzeitig auch das Interesse an Vorkommen, der Verbreitung und der Entstehung der Gesteine, Minerale und Fossilien in der Erdkruste ganz allgemein gefördert. Doch nicht nur der

Bergbau allein war daran beteiligt, sondern auch die Bautätigkeit z. B. bei Bauwerksgründungen oder beim Kanal- und Brunnenbau, so daß neben den auf diesen Gebieten hauptberuflich Tätigen eine Vielzahl von Laien sich mit „geologischen“ Problemen beschäftigte oder einfach nur aus der Erde Stammendes sammelte.

Daneben erregten Erdbeben, Vulkanausbrüche und große Überschwemmungen von jeher die Aufmerksamkeit der Menschen und wurden nach dem jeweiligen Stand der Erkenntnis, hier vor allem auf dem Gebiet der Physik, und, wie alle anderen Beobachtungen auch, unter dem Blickwinkel der Weltanschauung in das allgemeine Bild von der Erdgeschichte eingebaut.

So wuchs, von der Entwicklung der Produktivkräfte gefördert, aus unterschiedlichen Quellen gespeist, das quantitative Wissen über die Erd- und Lebensgeschichte ständig an, um von Zeit zu Zeit in eine neue Qualität der Erkenntnis umzuschlagen. So entstand über viele Vorstufen die Wissenschaft „Geologie“, welche dann durch Arbeitsteilung und Spezialisierung zu einem Komplex von Wissenschaften wurde — den geologischen Wissenschaften.

Die Beziehungen der in diesem Buch behandelten Erkenntnisse zu den verschiedenen Bereichen der Gesellschaft, zu Produktion und Technik, zur Philosophie, zu den gesellschaftlichen Verhältnissen, die Frage, wo die einzelnen Erkenntnisse ihren Ursprung nahmen oder Anstoß erhielten, sind viel zu kompliziert, als daß sie hier mehr als nur gelegentlich ganz flüchtig gestreift werden konnten. Dafür aber Abstriche an der Menge des vorgelegten Tatsachenmaterials zu machen, hätte das Ziel dieser Abhandlung verfehlt. Es wurde daher nur auf solche Beziehungen eingegangen, die sich unmittelbar ergaben und die der Verfasser in dem gesteckten Rahmen nachzuweisen oder zu schlußfolgern in der Lage war. Der Verfasser möchte — darauf sei ausdrücklich hingewiesen — auf keinen Fall durch seine Darstellungsweise den

Eindruck erwecken, als würden Erkenntnisse sich selbst gebären.

Der Beginn der hier zu verfolgenden Erkenntnisse verliert sich im Altertum. Ausführlich behandelt wird die Zeit seit dem 14. Jahrhundert — weil sich da die Quellen mehren — bis um die Mitte des 19. Jahrhunderts, als die Herausbildung der Geologie als Wissenschaft im wesentlichen abgeschlossen war. Über diese Zeit hinaus werden einige Probleme bis in unsere Tage verfolgt. Zu den Voraussetzungen gehört auch eine richtige Vorstellung von der Erde als Himmelskörper, weshalb der Erkenntnisweg dazu, kurz mitbehandelt, an den Anfang gestellt wurde.

Große gesellschaftliche Veränderungen im Laufe der Geschichte hinterließen ihre unübersehbaren Spuren auch auf den hier behandelten Erkenntniswegen. Deutlich sind die wechselseitigen Beziehungen zu weltanschaulichen Fragen. In früheren Jahrhunderten wurde oft direkt oder indirekt an die Bibel angeknüpft, weil man ihr Verbindlichkeit auch in Sachen Erd- und Lebensgeschichte zuschrieb. Manche Aussagen kann man erst richtig verstehen und bewerten, wenn man die entsprechenden Anknüpfungsstellen kennt und die Bibelexegese berücksichtigt. Manches klingt nämlich wie eine selbständige Erkenntnis, ist aber nur die mehr oder weniger umschriebene Wiedergabe einer Bibelstelle; anderes scheint keinen Bezug zur Bibel zu haben, steht aber in direktem Zusammenhang mit der Bibelexegese. Wieder anderes hat zeitgemäß und den Worten nach zwar eine religiöse Färbung, ist aber dennoch wissenschaftlichen Untersuchungen entsprungen. Nur bei Kenntnis solcher Zusammenhänge lassen sich Pauschalurteile in dieser Angelegenheit vermeiden.

Die Beziehungen zwischen Gesellschaft, Weltanschauung und Naturwissenschaften kamen auch in der letzten und entscheidenden Phase der Herausbildung der Geologie als Wissenschaft, welche Karl Marx und Friedrich Engels miterlebten, zum Ausdruck. Nicht zufällig hat sich besonders ersterer ausführlich mit geologischen

Fragen beschäftigt. Beide entwickelten und bereicherten den dialektischen Materialismus auch im Zusammenhang mit dem Studium der Naturwissenschaften und entwickelten mit der Dialektik auch das Instrumentarium, um komplexe Entwicklungen in der Natur adäquat widerzuspiegeln.

Die Erkenntniswege verliefen nicht geradlinig und kontinuierlich; die Einzelerkenntnisse reihten sich nicht an einem einzigen ununterbrochenen Faden auf. Vielmehr sind oft Umwege und Unterbrechungen festzustellen, und Sackgassen kommen vor. Teils eilten manche Erkenntnisse den objektiven Möglichkeiten ihrer praktischen Anwendung voraus, teils waren subjektive Hemmnisse vorhanden, teils boten die gesellschaftlichen Verhältnisse keinen fruchtbaren Boden. Oft wurde dann später an frühere Erkenntnisse wieder angeknüpft, oder diese wurden gewissermaßen neu gewonnen und auf höherer Stufe weiterverarbeitet. Obwohl also im großen und ganzen der Chronologie folgend, wird der Leser manche Unterbrechung der Kontinuität feststellen, der manchmal durch rückgreifende Anknüpfung dann ein rascherer Fortschritt folgte.

Ein wichtiger Bestandteil dieser Abhandlung sind wörtliche Zitate. Sie sind die besten Beweise dafür, was die betreffenden Personen wirklich gesagt haben. Es wird so nichts hineininterpretiert, was diese nicht gesagt haben bzw. nicht gemeint haben können. Ein solches Hineininterpretieren erfolgt aber schon dann, wenn bei nur sinngemäßer Wiedergabe oder bei zu starker Modernisierung älterer Aussagen heutige Begriffe mitverwendet oder einfach an die Stelle veralteter gesetzt werden, ohne deren gelegentlich totalen Bedeutungswandel zu berücksichtigen. Aussagen werden damit inhaltlich verändert, weil der Leser beim Fehlen entsprechender Hinweise nicht anders kann, ja nicht anders darf, als die Termini in ihrer heutigen Bedeutung zu verstehen. Solche Begriffe sind z. B. „Entwicklung“, „Evolution“, „Fossil“ und andere, auf die an entsprechender Stelle eingegangen wird.

Manchen Begriffen wurde früher ein ganz unterschiedlicher Inhalt unterlegt. So reichte die Bedeutung des Wortes „Revolution" einschließlich des oft dafür verwendeten Synonyms „Umwälzung" in älteren Publikationen über die Erd- und Lebensgeschichte von „erdweiter/weltweiter Katastrophe" über „grundlegende, jedoch nicht katastrophische Veränderung" bis hin zu „Kreislauf" (im direkten oder übertragenen Sinn von „wiederkehrender Umlauf", wie bei den Planeten). Nicht jeder, der von „Revolutionen" in der Erd- und Lebensgeschichte sprach, stand also auf dem Boden der Katastrophentheorie.

Natürlich läßt sich bei Zitaten aus früheren Jahrhunderten eine sprachliche Überarbeitung gelegentlich nicht umgehen, um sie verständlich zu machen. Bei nicht rücksichtsvoller Modernisierung wäre nicht nur inhaltliche Verwirrung oder gar unbeabsichtigte Verfälschung die Folge, es ginge auch etwas verloren, was man den „Geist der Zeit", der sich ja in der Sprache widerspiegelt, nennen kann. Das Eindringen in die frühere Gedankenwelt würde dadurch erschwert werden. Es mußten natürlich, insbesondere bei fremdsprachigen Werken, auch viele Zitate aus zweiter Hand mit verwendet werden, deshalb sind die hier enthaltenen durchaus von unterschiedlicher Wertigkeit in bezug auf das oben Gesagte.

Abgesehen von den Zitaten, wo man an den Wortlaut gebunden ist, wurden möglichst wenige Fremdwörter verwendet. Allgemeinverständlichkeit bei Wahrung strenger Wissenschaftlichkeit war die Leitschnur.

Die beigefügten Anmerkungen sollen notwendige Hinweise geben, ohne den laufenden Text zu belasten. In ihnen sind auch Angaben zu ergänzender und weiterführender Literatur zu finden.

Notwendige kritische Bemerkungen über manche Forscher sind — das sei ausdrücklich betont, um Mißverständnisse zu vermeiden — nur im Zusammenhang mit den hier behandelten Problemen zu betrachten. Was sie auf anderen Gebieten noch geleistet haben, bleibt davon unberührt.

Nicht jede Bemerkung über den Lebenslauf bestimmter Personen wurde mit gesonderten Literaturhinweisen versehen. Die Quellen dazu waren [4, 5, 6, 7, 8, 10, 92, 131, 190] und solche Veröffentlichungen, bei denen der Titel schon einen entsprechenden Bezug erkennen läßt.

Die einzelnen Hauptabschnitte sind so geschrieben, daß sie auch für sich, also unabhängig von der vorgegebenen Reihenfolge, gelesen werden können und keine Spezialkenntnisse zu ihrem Verständnis erfordern.

Diese Abhandlung ist in ihren Hauptteilen in den Jahren 1972 bis 1976 entstanden. Das Literaturstudium war im wesentlichen 1975 abgeschlossen.

Zu danken habe ich Herrn Prof. Dr. Rudolf Daber, Humboldt-Universität Berlin, Herrn Prof. emer. Dr. Friedrich Herneck, Berlin, ganz besonders Herrn Dr. Guntolf Herzberg, Berlin, für wertvolle Hinweise, aber auch den Mitarbeitern der Ratsschulbibliothek Zwickau (Sachs) für die nicht immer leichte Ermittlung und Beschaffung von Literatur sowie nicht zuletzt dem Akademie-Verlag Berlin, der die Herausgabe dieser Abhandlung ermöglichte.

1. Die Erde als Himmelskörper

1.1. Die Gestalt der Erde

Für HOMER (8. Jahrh. v. u. Z.) war die Erde umgeben vom Urmeer, dem Okeanos. Auch THALES (um 624–546 v. u. Z.) nahm das an. Für ihn war die Erde eine vom Ozean umflossene Scheibe. HEKATAIOS (geb. um 550 v. u. Z.) stellte sie im Jahr 517 v. u. Z., auf einer Karte von ANAXIMANDER (um 611–546 v. u. Z.) fußend, so dar [10, 37a]. Er teilte die Erde ein in eine nördliche Hälfte, „Europa", und eine südliche, „Asien", getrennt durch einen Graben, der von der Straße von Gibraltar durch das Mittelmeer bis zum Schwarzen Meer reicht. Als Fortsetzung dieses Grabens galt der in das Schwarze Meer mündende, im Großen Kaukasus entspringende Fluß Rion (damals Phasis), den man in Verbindung stehend dachte mit dem östlichen Teil des erdumspannenden Ozeans, als dessen Seitenmeer HEKATAIOS den Kaspi-See ansah (vgl. [91]). Zu „Asien" zählte auch der damals bekannte Teil Afrikas, also gewissermaßen das mittelmeernahe Afrika.

Auf PARMENIDES (um 540–480 v. u. Z.) geht die Vorstellung von der Kugelgestalt der Erde zurück, die dieser aus philosophischen Überlegungen ersonnen haben soll [91].

Die Kugelgestalt der Erde vertraten auch PHILOLAOS (ein Zeitgenosse von SOKRATES (470–399 v. u. Z.), ARISTOTELES (384–322 v. u. Z.), ARISTARCH (etwa 310–230 v. u. Z.) und andere. Diese Vorstellung war unter den Gelehrten ihrer Zeit weit verbreitet [10, 91].

Das Alte Testament, dessen schriftliche Fixierung schon vor jener Zeit begann, sieht die Erde als Scheibe, die vom „bitteren Strom" der Meere umspült wird, welcher mit dem Süßwasser unter der Erde in Verbindung steht [66].

Auf manchen Miniaturen in mittelalterlichen Handschriften, wo der thronende Christus mit den Füßen auf der Erde ruht, findet man eine ähnliche Darstellung, wie z. B. in einem Kölner Codex von vor 1149 (vgl. [138], Tafel 22), wo die drei damals bekannten Kontinente Europa, Asien, Afrika in einer etwas an HEKATAIOS erinnernden Anordnung zu erkennen sind.

Dadurch wurde zwar im Mittelalter diese veraltete Vorstellung von der Erde als Scheibe wieder aufgefrischt, es wäre jedoch falsch, anzunehmen, daß während dieser Zeit ausschließlich so gedacht wurde. Spätestens seit dem 12. Jahrhundert galt diese Ansicht bei den meisten naturforschenden Gelehrten als endgültig überholt (siehe auch Abschn. 1.2.[140]).

Leben auf einer Kugel — das muß aber schon Gedanken hervorgerufen haben über etwas, was wir als Schwerkraft bezeichnen. Außerdem wird man sich mit der Vorstellung dieser „frei im Raum schwebenden“ Kugel weiter beschäftigt haben. Es ist daher durchaus glaubhaft, wenn nunmehr und wohl im Zusammenhang mit dem zunehmenden Bekanntwerden von Schriften aus der Antike bereits Erkenntnisse, wenn auch noch etwas verschwommene, gewonnen wurden, die man gemeinhin erst späteren Forschern zuschreibt.

So soll NICOLAUS VON ORESMIUS (1320/25—1382/84) tägliche Bewegungen der Erde beobachtet, Fallgesetze aufgestellt sowie die Impetustheorie von JOHANNES BURIDAN (um 1300—1358) auf die Gestirne angewendet haben [5]. Die geotektonische Hypothese ALBERTS VON SACHSEN (etwa 1316—1390) geht ebenfalls von der Erde als Kugel aus, allerdings zeitgemäß im Mittelpunkt der Welt (siehe Abschn. 2.2.). NICOLAUS VON CUSA (1401—1464) hat die Achsendrehung der Erde erkannt [89, 189]. Von der Kugelgestalt der Erde waren offenbar auch PETRUS DE ALLIACO (1350—1419/20/25), dessen 1410 erschienenes Werk „Imago mundi“ (Weltbild) CHRISTOPH KOLUMBUS (1451—1506) stark beeinflußt haben soll [89], und PAOLO TOSCANELLI (1397—1482), der eine entsprechende

Weltkarte verfertigte, überzeugt. MARTIN BEHAIM (1459–1506/07) schuf 1492 den ersten Erdglobus, damals „Erdapfel“ genannt. Auch zur Zeit des noch herrschenden geozentrischen Weltbildes betrachtete man also die Erde schon lange als Kugel.

Obwohl das Alte Testament von der Erdscheibe ausgeht, spielt die Gestalt der Erde in der Bibel keine Rolle [66]. Es haben darüber offenbar auch keine irgendwie nennenswerten Auseinandersetzungen stattgefunden.

1.2. Die Stellung der Erde

ANAXIMANDER (um 611–546 v. u. Z.) dachte sich die Erde in schwebender Lage im Mittelpunkt der Welt [10, 37a]. Die griechische Philosophenschule der Pythagoreer (benannt nach PYTHAGORAS (um 580–496 v. u. Z.)) nahm als Mittelpunkt der Welt ein Zentralfeuer an, um welches Sonne, Mond, Erde, Gegenerde und weitere Planeten kreisen [10, 37a].

Ausgehend von einer Kugelgestalt der Erde (siehe Abschn. 1.1.) erkannte PHILOLAOS (ein Zeitgenosse von SOKRATES (470–399 v. u. Z.)), der der Vorstellung der Pythagoreer folgte, die 24stündige Umdrehungszeit der Erde [10, 37a, 91].

PLATON (427–347 v. u. Z.) jedoch sah wie ANAXIMANDER die Erde im Mittelpunkt der kreisenden Planeten.

EUDOXOS (um 408–um 355 v. u. Z.) ordnete die Himmelskörper auf Sphären an, mit der Erde als Mittelpunkt. Die scheinbaren Bewegungen der Himmelskörper wurden als Resultanten von kreisenden Kugelschalen gedacht, die ARISTOTELES (384–322 v. u. Z.) im Sinne wirklicher Kristallschalen interpretierte [91].

ARISTARCH (etwa 310–230 v. u. Z.) setzte an die Stelle des Zentralfeuers die Sonne und lehrte, daß die Erde und die Planeten sich um diese drehen. Es war das erste wirklich heliozentrische Weltbild, das allerdings nur von wenigen Zeitgenossen angenommen wurde und im Gegensatz zur herrschenden Elementenlehre und der aristotelischen Naturphilosophie stand, wonach die schwere, träge Erde im Mittelpunkt ruhen mußte [10, 91]. Einen weiteren Grund für seine Ablehnung nannte M. W. LOMONOSSOW (1763):

1 „Aber die hellenischen Priester und Abergläubigen bekämpften diese Erkenntnisse und löschten die Wahrheit für viele Jahrhunderte aus. Als erster verleumdete den Aristarch ein gewisser Kleanth,[1]) daß jener sich unterstehe, durch sein System über die Bewegung der Erde die große Göttin Vesta, die Erhalterin der ganzen Welt, von ihrem Platz zu verdrängen und es wage, Neptun, Ceres, alle Nymphen, die Wald- und Hausgötter ununterbrochen mit der ganzen Welt zu drehen."
([117], S. 427–428)

Dieses erste heliozentrische Weltbild wurde also schon in vorchristlicher Zeit, ohne allgemein anerkannt gewesen zu sein, wieder zerstört.

Nach dem Alten Testament ist der Himmel eine flachgewölbte, feste Kuppel, an welcher die Himmelsleuchten, Sonne, Mond und Sterne, befestigt sind [66]. Das steht im Einklang mit dem geozentrischen Weltbild des CLAUDIUS PTOLEMÄUS (nach 83 bis nach 161 u. Z.) aber auch mit dem des ARISTOTELES, zumindest, was die an als wirklich gedachte Kristallschalen befestigten Gestirne betrifft.

ALBERTUS MAGNUS (1192/93–1280) berichtete davon, daß die Lehre der sog. Pythagoreer von der Bewegung der Erde um ein Zentralfeuer und die Ansicht, daß die Erde ein Stern unter Sternen sei, durchaus bekannt war, von ihm selbst aber abgelehnt werde [145].

Da die Bibel nicht forderte, sich die Erde als Scheibe vorzustellen, konnte man auch unbeschadet von einer Kugel ausgehen und sich die „Welt" so schalenförmig aufgebaut denken. Eine entsprechende Beschreibung, in der unschwer die aristotelische Auffassung zu erkennen ist, lieferte 1349/50 der Domherr KONRAD VON MEGEN-

BERG (um 1309–1374) in seinem 1482 gedruckt erschienenen „Buch der Natur“:

2 „Viele Meister, vor allem die der christlichen und jüdischen Lehre, setzen zehn Himmel übereinander. Der erste und oberste steht still und dreht sich nicht. Er heißt im Lateinischen ‚Empireum‘. Das ist des Feuers Himmel, weil er scheint und glänzt in wunderbarem Glanz. Dahinein ruft Gott seine Auserwählten. Den nächsten Himmel in Richtung auf uns zu, nennt man ‚Beweger‘ oder ‚Dreher‘ oder den ‚kristallenen Himmel‘, weil er hell und klar ist, wie ein Kristall. Kein Stern ist an ihm ... Der dritte Himmel heißt im Lateinischen ‚Firmamentum‘. Das ist der feste Himmel, weil er eine Feste und ein Untergrund aller Sterne [gemeint sind die Fixsterne] ist. Er bewegt und dreht sich entgegen dem Lauf der Sonne und vollbringt seinen Lauf dereinst in 36000 Jahren. Er heißt auch der ‚gestirnte Himmel‘. Danach kommen die sieben Himmel der sieben Planeten, von denen jeder einen Stern trägt.“
([105], S. 54; übertragen: BLEI[2])

Dann nennt er die ihm bekannten „Planeten“ in Richtung auf die Erde zu: Saturn—Jupiter—Mars—Sonne—Venus—Merkur—Mond.

Das räumliche Weltbild, das die Bibel vermittelte, und dasjenige, welches durch die im Mittelalter (wieder) bekanntwerdenden Schriften des ARISTOTELES sich ergab, widersprachen einander nicht im Grundsätzlichen.

Da nun während des Mittelalters sowohl die Bibel als auch ARISTOTELES als „Autoritäten“ galten, die man nur anzuführen brauchte, um einen „Beweis“ zu liefern, mußte das alte geozentrische Weltbild solange bestehen bleiben, bis man wissenschaftlich imstande war, eigene Beobachtungen dagegen ins Feld zu führen.

NICOLAUS VON CUSA (1401–1464), Kardinal und späterer Bischof von Brixen, hatte nicht nur die Achsendrehung der Erde festgestellt [89, 189], sondern soll auch ihre fortschreitende Bewegung erkannt haben [89], eine Andeutung des heliozentrischen Weltbildes. Weil er von der Unendlichkeit Gottes ausging, glaubte er auch an eine Unendlichkeit der Schöpfung in Raum und Zeit [101].

Schon im Altertum war ein Teil der Planeten bekannt; nach alten babylonischen Dokumenten z. B. in ebenfalls geozentrischer Anordnung von der Erde aus: Mond—(Sonne)—Jupiter—Venus—Saturn—Merkur—Mars, die mit Göttern in Verbindung gebracht wurden [66]. Diese und andere Götter, mit denen die vorchristliche Welt allenthalben bevölkert war, mit unterschiedlichen Charakteren ausgestattet und mit unterschiedlichen „Zuständigkeiten“, wurden durch die christliche Glaubenslehre entthront. Das ist eine wichtige, aber oft auch übersehene Angelegenheit. Dazu soll ein Professor für alttestamentliche Bibelexegese zu Wort kommen:

3 „Die entscheidende Aussage des Schöpfungsberichts ist, daß der ganze Kosmos zu dem einen außerweltlichen Gott im Verhältnis des Geschöpfes steht. Außer diesem einen Gott gibt es nichts Göttliches, sondern nur Geschöpfliches. [Die Gestirne] sind nicht Gottheiten, sondern Geschöpfe Gottes, nicht Mächte, denen der Mensch dienen müßte, sondern dazu bestimmt ... den Menschen zu dienen.“ ([66], S. 1553)

Aus dem Schöpfungsbericht geht ja hervor, daß der Gott dienende Mensch gewissermaßen das Geschöpf der Geschöpfe ist, nach dem Ebenbild Gottes geschaffen und so in den Mittelpunkt gerückt. Das ist der Kern der „Geozentrizität“ des Alten Testaments; nur das macht den „Mittelpunkt Erde“ aus, der nicht ein räumlicher, sondern ein ideeller Mittelpunkt ist. Jedes Weltbild, welches die Erde nicht in diesen Mittelpunkt stellt, also auch das oben genannte babylonische — obwohl doch geozentrisch —, steht im Gegensatz zum Alten Testament. Aber jedes geozentrische Weltbild, ganz gleich, ob „babylonisch“, „aristotelisch“ oder „ptolemäisch“, und ganz gleich, ob mit Erdscheibe oder Erdkugel, war der Kirche andererseits zur Untermauerung des Schöpfungsberichtes willkommen.

Da das Entscheidende im Schöpfungsbericht nicht in einem räumlichen „Mittelpunkt Erde“ lag und liegt, konnte auch NICOLAUS VON CUSA als Kardinal und Bischof unbeschadet ein räumlich etwas abweichendes Weltbild verkünden.

So ist es auch zu erklären, warum das Werk von NICOLAUS COPERNICUS (1473–1543) „De revolutionibus", 1543, zunächst von der katholischen Kirche gar nicht abgelehnt wurde. Spätestens 1533 war das neue System dem damaligen Papst bekannt [189]. 1536 wurde COPERNICUS „mit deutlichen Zeichen des Wohlwollens" aufgefordert, eine Abschrift zu senden ([189], S. 67).

Aber MARTIN LUTHER (1483–1546) lehnte es in einer Tischrede 1539 ab, weil es nicht einem bestimmten Wortlaut in der Bibel entspricht [189]. PHILIPP MELANCHTHON (1497–1560) wetterte gegen die neue „glaubensgefährliche" Lehre [23, 25]; vielleicht ahnte er schon, was sich hier anbahnen konnte.

Die katholische Kirche hielt die neue Lehre anfangs offenbar nicht für gefährlich, sonst hätte sie sicher etwas dagegen unternommen. COPERNICUS kann kaum diesbezügliche Befürchtungen gehegt haben, sonst hätte er wohl nicht in seinem dem Papst gewidmeten Vorwort so frei davon gesprochen, daß vielleicht „Schwätzer" sich ein Urteil über sein Werk anmaßen könnten, welches er aber als „dummdreist verachte" ([189], S. 101).

Die Erde behielt, trotz räumlicher Entrückung aus dem Mittelpunkt, ihre außergewöhnliche Rolle. COPERNICUS hatte die „Sphäre" der Fixsterne ausdrücklich beibehalten. Im X. Kapitel seines Werkes schrieb er:

4 „Die erste und oberste von allen Sphären ist die der Fixsterne, die sich selbst und alles andere enthält und daher unbeweglich ist, denn sie ist gewiß der Ort des Universums, auf den die Bewegung und Stellung aller übrigen Gestirne zu beziehen ist."
([189], S. 108)

Innerhalb dieser noch ptolemäisch-aristotelischen Fixsternsphäre blieb das Sonnensystem nach wie vor eingeschlossen, was COPERNICUS auch in einer Skizze so darstellte [189]. Die Stellung der Erde als ideeller Mittelpunkt der Welt wurde nicht angetastet, und in das über der Fixsternsphäre liegende Empireum (siehe Zitat 2) konnte Gott nach wie vor seine Auserwählten rufen.

Doch als GIORDANO BRUNO (1548—1600) in seinen ab 1582 erschienenen Schriften die neue Lehre verfocht, sie mit den Vorstellungen des von ihm ebenfalls sehr geschätzten CUSANERS verband und weiterentwickelte, sah die Kirche eine direkte Gefahr für ihre Lehre. BRUNO riß die Schranke der Fixsternsphäre nieder, indem er für sie eine für seine Zeit wahrhaft geniale Definition gab:[187])

5 „Für uns ist die Universalsphäre, ein einziges überall hin sich ausdehnendes, unendliches, unbewegliches Continuum, in welchem an Zahl unendliche Sphären oder Particularwelten bestehen.“[3])
([23], S. 159)

Und weiter in „Acrotismus ...“, 1588[182]):

6 „Alle Gestirne, die über den Saturn hinaus von uns gesehen werden können, sind Sonnen.“[4])
([23], S. 170)

Die Planeten jenseits des Saturn waren noch nicht bekannt, deshalb galt auch bei COPERNICUS dieser Planet als der entfernteste.

In „De l'infinito universo e mondi“, 1584, verkündete BRUNO:

7 „Es gibt nur einen Himmel, nur einen unermeßlichen Weltraum, nur einen Schooss, nur ein universell Zusammenhängendes, nur eine Aetherregion, durch welche das Ganze sich regt und bewegt. In dieser gelangen unzählige Sterne, Gestirne, Weltkugeln, Sonnen und Erden sichtbar zur Erscheinung und berechtigen zu dem Vernunftschlusse auf zahllose andere. Das unermeßliche und unendliche All ist das Product der Zusammensetzung des unendlichen Raumes und der unendlichen Erfüllung desselben durch zahllose Weltkörper.“[5])
([23], S. 159—160)

Bruno ließ auch die Sonne nicht im Mittelpunkt der Welt, weil für ihn unser Sonnensystem nicht mehr „die Welt" war:

> 8 „Von diesen Gestirnen ist keines in der Mitte, denn das Universum ist nach allen Seiten gleich unermeßlich."[6)][182)]
> ([23], S. 160)

Damit hatte Bruno, der auch nicht an eine Kreisbahn der Planeten glaubte und für das Weltall keine einheitliche Zeit gelten ließ (siehe Abschn. 3), von Leben außerhalb der Erde überzeugt war sowie davon, daß die Welt alle Kräfte einer zweckmäßigen Ordnung und Bewegung in sich selbst trägt (Weltseele) (vgl. auch [23, 24, 25]), die Vorstellung vom Weltall bereits in erstaunlich moderner Form begründet.

Viele Sonnensysteme neben unserem, viele bewohnte Himmelskörper neben unserer Erde — damit war die Erde nun nicht nur kein räumlicher, sondern vor allem auch kein ideeller Mittelpunkt mehr. Das traf den Kern des Schöpfungsberichtes (siehe Zitat 3).

Dies und seine sonstigen kirchen- und glaubenskritischen Äußerungen, im Stil der Zeit mit unmißverständlicher Deutlichkeit und Schärfe vorgetragen[146)], machten klar, was sich hier tat und noch Ungeheures tun konnte. Bruno wurde, als man seiner habhaft werden konnte, gefangengesetzt und im Jahre 1600 nach mehreren vergeblichen Bekehrungsversuchen verbrannt. Seine Werke kamen laut Dekret vom 7. August 1603 auf den berühmt-berüchtigten „Index librorum prohibitorum", kurz „Index" genannt, der bereits 1559 erstmals herausgegebenen Liste der für Katholiken verbotenen Bücher [23].

Erst Jahre danach, nachdem auch schon Johannes Kepler (1571—1630) in seiner „Astronomia nova", 1609, mutig für das heliozentrische Weltbild eingetreten war, befaßte sich die katholische Kirche näher mit dem Werk des Copernicus. Nach Wussing (1973) ist dessen Lehre 1616 für „förmlich ketzerisch" erklärt und das

Werk auf den „Index" gesetzt worden sein. Ruben (1973) berichtet, daß in dem genannten Jahr ein vorläufiges Urteil ergangen wäre, diese Lehre bis zur „Verbesserung" auszusetzen, und daß das Werk erst 1633, also im Zuge des Prozesses gegen Galileo Galilei (1564–1642), endgültig verboten wurde. Das bedeutet, daß erst nachdem die Konsequenzen deutlich wurden, die dieses Werk heraufbeschworen hatte, mindestens 73 Jahre nach seinem Erscheinen, die offizielle Verdammung erfolgte.

Obwohl die katholische Kirche sich bis 1822 an diese Haltung klammerte [189], konnte sie nicht verhindern, daß das heliozentrische Weltbild schon bald als fester Bestandteil wissenschaftlicher Betrachtungen gehandhabt wurde.

2. Geologische Vorgänge auf und in der Erde

2.1. *Erdäußere (exogene) Vorgänge und Überwindung des Sintflutgedankens*

2.1.1. *Vom Altertum bis zum 16. Jahrhundert* (Bruno)

Zu den deutlich sichtbaren, von außen her auf die Erdkruste einwirkenden Vorgängen gehört u. a. die Tätigkeit des Wassers. Ständig werden Bestandteile der Erdkruste vom Wasser verfrachtet und an anderer Stelle wieder abgesetzt. Besonders werden große Überschwemmungen in dieser Hinsicht schon von alters her der Gegenstand von Erzählungen gewesen sein.

Schon das babylonische Gilgamesch-Epos berichtet von einer Sintflut in ähnlicher Weise wie die Bibel. Eine Flut ist auch Bestandteil der griechischen Deukalion-Sage. In allen drei Fällen handelt es sich um ein Strafgericht gegen die sündigen Menschen [166, 194].

Thales (um 624–546 v. u. Z.) sah im Wasser bzw. Feuchten den Urstoff, aus dem alle Dinge entstehen; es kann fest, flüssig, gasförmig sein, und alles Leben ist daran gebunden. Der Urstoff „Wasser" war „schon immer“ vorhanden. In gewisser Weise findet sich diese Auffassung auch in der Bibel, ja sogar in aztekischen Mythen [166], wonach vor der Erschaffung der Welt das Wasser vorhanden war.

Nach dem Schöpfungsbericht der Bibel hat Gott dieses Wasser geteilt, in ein Wasser über dem als fest gedachten Firmament (siehe auch Zitat 2) und ein Wasser darunter. In einer deutschen Bibel aus dem Jahre 1490 heißt es dazu:

9 „Und Gott der sprach: Es werde das Firmament in der Mitte der Wässer. Und er teilte die Wässer von den Wässern. Und Gott machte das Firmament und teilte die Wässer, die da waren unter dem Firmament von denen die da waren über dem Firmament ... Und Gott nannte das Firmament den Himmel.“
([195], Teil 1, S. 1–2; übertragen: Blei[7]))

Die Wässer bedeckten aber noch die gesamte Erde. Um diese hervortreten zu lassen, mußte erst eine weitere Trennung durchgeführt werden; es heißt dann weiter:

10 „Es sollen gesammelt werden die Wässer, die unter dem Himmel sind an einer Stelle und [es] erscheine das Trockene. Und es ist also geschehen. Und Gott nannte das Trockene ‚das Erdreich‘ und die Sammlungen der Wässer nannte er ‚die Meere‘.“
([195], Teil 1, S. 2; übertragen: Blei[8]))

In späteren Bibelausgaben wird meist nur vom Meer in der Einzahl gesprochen. Dieses Meer ist der Okeanos der Griechen, das die Erde umgebende Urmeer.

Unter dem in der Literatur der früheren Jahrhunderte oft zitierten Urmeer ist das unter dem Firmament sich befindliche, alles bedeckende Wasser zu verstehen. Aus der in Zitat 10 erwähnten Sammlung des Wassers an einer Stelle und dem damit verbundenen Hervortreten des Landes leitete man eine allgemeine Wasserverminderung, also eine Meeresspiegelsenkung im Laufe der Zeit ab.

Auch die späteren Anhänger einer feurig-heißen Entstehung der Erde nahmen in ähnlicher Weise ein im

Laufe der Abkühlung entstandenes Urmeer an. Beide Ansichten sind in vermischter Form schon in den Vorstellungen des Anaximenes (um 585—525 v. u. Z.) vorhanden, wonach aus einem unendlichen unbegrenzten Urstoff dünne Luft entsteht, welche Feuer erzeugt; aus dichterer Luft entsteht Wind und mit zunehmender Verdichtung werden daraus Wolken, Wasser, Erde, Steine [91].

Neben dem Urmeer spielte die biblische Sintflut für die Deutung der exogenen Vorgänge eine große Rolle. Die Erzählung von dieser Flut scheint nichts anderes als die „monotheistische und moralische Interpretation eines oder mehrerer historischer Fakten (geographisch und ethnologisch begrenzter historischer Katastrophen) zu sein" ([66], S. 1598). Sie wurde über Jahrhunderte hinweg als unumstößliche Tatsache angesehen. Weil diese Katastrophe als Strafe für die sündige Menschheit galt, entstand aus der althochdeutschen Bezeichnung „Sintflut", die soviel wie allgemeine, d. h. erdumspannende Flut bedeutet, später der Begriff „Sündflut" (vgl. auch [87]).

Zum Verständnis der Aussagen von Autoren früherer Jahrhunderte und zur Verfolgung des Erkenntnisweges über einige exogene Vorgänge ist es wichtig, den Ablauf der Sintflut nach der Bibel zu kennen.

Die Überflutung geschieht nicht durch das Meer. Um möglichen Einwänden zu begegnen, die Aussagen früherer Forscher seien mit später erschienenen Bibelausgaben in Beziehung gebracht worden und damit nicht vergleichbar, sei auch hier wieder die bereits erwähnte vorreformatorische Bibel zitiert:

11 „... alle die Brunnen des großen Abgrundes, die wurden zerbrochen und die Fenster des Himmels wurden aufgetan und der Regen fiel auf die Erde 40 Tage und 40 Nächte ... Und die Wasser nahmen überhand auf der Erde und bedeckten alle die hohen Berge unter dem Himmel; 15 Ellenbogen höher stand das Wasser über den Bergen, die es bedeckt hat."
([195], Teil 1, S. 10—11; übertragen: Blei[9])

Das Wasser kam aus der Tiefe der Erde und aus den „Fenstern“ des als fest gedachten Firmaments, über dem sich ja ein Teil allen Wassers befinden sollte (siehe Zitat 9).

Es ist nicht verwunderlich, daß Naturbeobachtungen mit solchen Aussagen in Beziehung gebracht wurden. So versuchte Ristoro d' Arezzo 1282[240]) die Sintflut durch Versteinerungsfunde zu beweisen [87, 183]. Weil mit den „zerbrochenen Brunnen“ geborstene Höhlen gemeint waren, erklärte er dieses Aufreißen der Erde u. a. durch starke Winde [87], d. h. nach damaliger Anschauung durch Erdbeben (vgl. Abschn. 2.2.).

Die schon im Altertum vorhandene Vorstellung von großen Höhlen in der Tiefe der Erde dürfte mit Sicherheit auf die Kenntnis von tatsächlichen Höhlen in Karstgebieten des Mittelmeerraumes und angrenzender Gebiete zurückgehen.

Alessandro Degli Alessandri (1461—1523) glaubte ebenfalls, durch Versteinerungsfunde die Sintflut bestätigt zu finden [193].

Mit der Erkenntnis, daß die Erde eine Kugel ist, kamen jedoch auch Zweifel an dem Phänomen „Sintflut“ auf. Von einer Erdscheibe konnten die Wassermassen in den sie umgebenden unermeßlichen, nicht genau definierten Ozean abfließen. Wohin aber mit den Wassermassen, die eine Erdkugel völlig bedeckt haben sollen? Solche Zweifel hatte Leonardo da Vinci (1452—1519) [182].

Auch in das Erdbild des Georgius Agricola (1494 bis 1555) paßte die Sintflut eigentlich nicht so recht, obwohl er sich über sie nicht ausließ. Ein Wechsel des Erdbildes stand für ihn fest:

12 „Aber auch Vertiefungen, die jetzt die Meere enthalten, hat es einst nicht alle gegeben, noch die Berge, die deren Fluten zähmen und brechen, sondern an vielen Stellen war Feld, bevor die Gewalt der Winde das erregte und in Flut aufbrausende Meer darauf trieb.“
([2], S. 55)

Diese Schilderung ist aber im Prinzip nichts anderes als eine Interpretation einiger Verse aus verschiedenen Teilen der Bibel. Die Sintflut hat er damit nicht gemeint. Der gläubige Katholik AGRICOLA, der die Bibel sicher sehr gut kannte, hätte sich sonst anders ausgedrückt. Auch seine weiteren Schriften enthalten keinen Hinweis auf die Sintflut.

GERONIMO FRACASTORO (1483—1543/53) und GERONIMO CARDANO (1500/01/02—1575/76) glaubten an die Sintflut, wie viele andere auch. Aber während der Zweitgenannte sie durch Fossilfunde abzuleiten suchte, war für den Ersteren die Sintflut ein zu flüchtiges Ereignis, als daß die in den Tiefen der Berge vorkommenden Versteinerungen davon stammen könnten [118].

Mit ähnlicher Begründung lehnte auch BERNARD PALISSY (1510(?)—1590) einen Zusammenhang der Fossilfunde mit der Sintflut ab (vgl. Abschn. 4.1.). Er scheint auch nicht an sie geglaubt, sie zumindest nicht als tatsächliches Naturereignis angesehen zu haben.

In GIORDANO BRUNOS (1548—1600) Weltbild passen weder eine Sintflut noch andere allgemeine Katastrophen (siehe Abschn. 5.).

Im Mittelalter und zur Zeit der Renaissance war auffallend wenig von der Sintflut die Rede. Zumindest wurde sie nicht derart hervorgehoben wie später. Selbst in der religiösen deutschen Dichtung spielte sie damals offenbar so gut wie keine Rolle, dagegen wurde, besonders in der Zeit um 1000 und danach, der Weltuntergang bzw. das Jüngste Gericht oft behandelt (vgl. [57]). Ganz anders war es jedoch im Anschluß an die großen gesellschaftlichen Auseinandersetzungen während des 16. und 17. Jahrhunderts, als im Gefolge der Gegenreformation die Sintflut als Strafe Gottes ein bevorzugtes Thema wurde.

2.1.2. Vom 17. Jahrhundert (Steno *1669*) *bis zum letzten Viertel des 18. Jahrhunderts* (Hutton *1788*)

Nicolaus Steno (1638—1686) zweifelte nicht nur nicht an der Sintflut, sondern deren „Nachweis“ war ihm eine besondere Genugtuung (siehe Zitat 16). In seiner 1669 erschienenen Schrift[10,251]) brachte er die Ergebnisse seiner Untersuchungen mit dem Bericht der Bibel über Urmeer und Sintflut in Beziehung. Das Hervortreten des trockenen Landes und die mechanische Ursache der Sintflut sah er folgendermaßen:

13 „Wenn behauptet wird, in der Erde sei der Schweremittelpunkt nicht stets derselbe wie der Mittelpunkt der Kugel, sondern er weiche bald in dem oder jenem ihrer Teile ab, je nachdem an den verschiedenen Stellen unterirdische Hohlräume entstanden seien, so kann man darin leicht den Grund finden, warum die zu Beginn der Dinge alles bedeckende Flüssigkeit gewisse Stellen trocken zurückließ und wiederkam um jene zu bedecken. Mit derselben Leichtigkeit ist die Sintflut zu erklären, wenn rings um das Feuer in der Mitte der Erde eine Sphäre von Wasser oder wenigstens gewaltige Behälter vorhanden waren; daraus kann man ohne eine Bewegung des Mittelpunktes ein Herausquellen des eingeschlossenen Wassers ableiten.“ ([154], S. 60—61)

Steno folgte auch ganz offenbar einem geozentrischen Weltbild, wie es schon im Altertum bestand und z. B. noch von Albert von Sachsen (um 1316—1390) vertreten worden war (siehe Zitat 41). Es ist kaum anzunehmen, daß der hochgebildete Steno weder von dem Werk des Copernicus noch von Brunos Schriften etwas gehört haben sollte. Vermutlich hielt er, der zum katholischen Glauben Übergetretene und spätere hohe kirchliche Würdenträger, sich streng an das über sie verhängte Verbot (siehe Abschn. 1.2.).

Für das Entstehen tiefer Täler, angeblich durch die Sintflut, führte er folgende Argumente an:

14 „1. weil die durch die Gewalt unterirdischer Feuer größer gemachten Hohlräume Platz für größere Einbrüche boten; 2. weil sich für die Wasser zwecks Rückkehr in die tieferen Erdschichten ein Zugang eröffnen mußte; 3. weil man heute an vom Meer entfernten Stellen tiefe Täler sieht, die von mehreren Meeressedimenten angefüllt sind."
([154], S. 61)

Sowohl über die Herkunft als auch über den nachträglichen Verbleib der Wassermassen der Sintflut wurden immer wieder Betrachtungen angestellt. Da die Kugelgestalt der Erde schon lange zur unumstößlichen Gewißheit geworden war, sollten die Wassermassen in die bereits erwähnten Höhlen der Tiefe abfließen. Doch das war eine von STENO und vielen nach ihm benutzte Verlegenheitslösung, die dem Wortlaut der Bibel nicht entspricht. Dort heißt es über das Ende der Sintflut:

15 „Aber Gott ... führte einen Hauch oder einen Wind auf die Erde, und die Wasser wurden gemindert, und die Brunnen des Abgrundes wurden verschlossen, und auch die Fenster oder die Wolkenbrust des Himmels. Und die Wasser verschwanden, hin und hergehend, von der Erde und fingen an sich zu verlaufen nach 150 Tagen."
([159], Teil 1, S. 11; übertragen: BLEI[11]))

Die Höhlen wurden also verstopft, damit kein weiteres Wasser daraus hervordringen konnte, nicht umgekehrt, um das Wasser ablaufen zu lassen.

Zur Erklärung des rätselhaften Verschwindens der riesigen Wassermassen setzten sich die bibelfestesten Leute über diese Aussage der Bibel nunmehr und immer wieder hinweg.

GOTTFRIED WILHELM LEIBNIZ (1646—1716) suchte eine Lösung ebenfalls in dieser Richtung.[226]) Er vermutete in der Erde zwei durch Schalen getrennte, übereinanderliegende Gewölbe; das äußere mit Wasser, das innere mit Luft gefüllt. Durch das Einstürzen der äußersten Schale traten die Wasser der Sintflut aus. Dann zerbrach die darunterliegende Schale und die Wasser flossen in das innere Gewölbe ab. Die Reste der eingestürzten Schalen sind die Berge. Fortfahrend berichtete er:

16 „Fast ein Gleiches hat schon Steno von den Ruinen und Überbleibseln [dieser Schalen] vorgebracht, da er einen schönen Theil von Europa durchreist, und hier und da die Spuren dieser zerbrochenen Gewölber, wie ich ihn gar oft selbst erzehlen hören, angemerkt und sich gefreuet hatte, daß er durch die Gründe aus der Natur die heilige Historie der Sündfluth, nicht ohne Erbauung bestättigen könnte."
([115], S. 52)

Doch schon vor Leibniz und Steno hat 1644[208]) René Descartes (1596–1650) von einer Schalengliederung der Erde geschrieben. Um einen feuerflüssigen Kern dachte er sich eine Metallschale, dann eine Wasserschale und schließlich eine steinerne Schale, welche eingebrochen sei und sich teils mit Wasser bedeckte. Eingebrochene horizontale und verklemmte, schrägliegende Teile der äußeren Schale bilden Ebenen und Gebirge [87].

Noch im Laufe des 17. Jahrhunderts erschienen in England drei vielbeachtete Werke, in denen, ähnlich wie bei Steno, Naturbeobachtungen und die Aussagen der Bibel in Einklang gebracht werden sollten. Es sind die von Thomas Burnet (1680/1681), John Woodward (1695 und 1702), William Whiston (1696 und 1708).[192,261,263]) Die im Jahre 1671 erschienene englische Übersetzung von Stenos Schrift könnte für sie ein zündender Funke gewesen sein (siehe Abschn. 6.).

Thomas Burnet (1632/1635–1715) nahm (1680/81)[192]) eine ebene vorsintflutliche Erdoberfläche ohne Gewässer und ein Fehlen von Jahreszeiten an. Der lediglich an den Polen fallende Regen sollte sich in die Hohlräume der Erde verlaufen. Von dort aufsteigende Dünste lieferten die Feuchtigkeit für Pflanzen, Tiere und Menschen. Nach 1600 Jahren seien infolge der Austrocknung Spalten und

Risse entstanden, wodurch sich das Wasser der Tiefe erhitzte und die Erdrinde sprengte, welche dann teilweise versank. Gleichzeitig hätten sich heftige Gewitter und Regenströme entladen. So brach nach seiner Ansicht die Sintflut herein [193].

Es stimmt zwar genau mit der Bibel überein, daß auf die vorsintflutliche Erde noch kein Regen gefallen sein und ein aus der Erde aufsteigender Dunst Feuchtigkeit gebracht haben soll. Aber die paradiesische Erde war nach der Bibel weder gewässerlos, denn es werden dort vier Flüsse genannt, noch fehlten Berge. Auch BURNET mußte, um eine logisch erscheinende Erklärung für den Verlauf der Dinge zu geben, sich Abweichungen von der Bibel gestatten.[12]) Die Aussagen über das Aufreißen der Erdrinde entsprangen offenbar weit verbreiteten Vorstellungen, die schon RAGOR (1578) erwähnte (siehe Zitat 44).

Zur Deutung der Sintflut wurden auch auffallende Naturereignisse mit herangezogen. So sollte, nach WILLIAM WHISTON (1667—1752), der Schweif eines Kometen der Erde die erste Feuchtigkeit entzogen,[13]) ein anderer dann die Erde mit seinem Dunstkreis berührt und den Regen der Sintflut verursacht [98] sowie einen so hohen Druck auf das Meer ausgeübt haben, daß es über seine Ufer trat [114].

Begeisterte Sintflutanhänger waren die beiden Brüder JOHANN JAKOB SCHEUCHZER (1672—1733) und JOHANN SCHEUCHZER (1684—1737/38), von denen der erstere das Werk JOHN WOODWARDS (1665—1728) übersetzt hatte, so daß dessen Auffassung wohl nicht wiedergegeben zu werden braucht. Für sie war die Sintflut das große Ereignis, wodurch alle ursprünglich vorhandenen Unebenheiten der Erdoberfläche infolge von Auflösung beseitigt und dann nach erneuter Ablagerung der so entstandenen Sedimente, beim Abzug der Wassermassen in die unterirdischen Kammern, Lagerungsstörungen wie Falten und Verwerfungen entstanden seien. Die zutreffende Feststellung STENOS, daß die Sedimentgesteine des

Beckens von Toskana zu unterschiedlichen Zeiten gebildet worden sind — für ihn im Urmeer und während der Sintflut —, erregte bei JOHANN SCHEUCHZER (1708) sogar Widerspruch [87].

JOHANN JAKOB SCHEUCHZER gab in seiner „Physica sacra", 1731[246]), eine bildliche Darstellung von der Entstehung der Gebirge durch Einbrechen der erdinneren Hohlräume im Zusammenhang mit dem Rückzug der Sintflutwasser, die er mit folgenden Worten kennzeichnete: „Und Gott nannte das Trockene Erde" ([87], Tafel 4). Dieser Spruch bezieht sich nach der Bibel aber auf die Schöpfung und nicht auf die Sintflut (siehe Zitat 10); auch hier, trotz eifrigen Bemühens, die offensichtliche Schwierigkeit, Naturbeobachtung und Bibelaussagen in Übereinstimmung zu bringen.

JOHANN GOTTLOB LEHMANN (1719—1767) nahm, ebenfalls von der Bibel ausgehend, ein erdig-wäßriges Chaos an, welches sich bei der Schöpfung in Erde und Wasser trennte; ein Teil des Wassers habe sich im Mittelpunkt der Erde versammelt. Danach, so meinte er

17 „ereignete sich eine allgemeine Ueberschwemmung, dieses grossen Körpers, deren erste Ursache wir nicht anders als nur muthmasslich angeben können, genug aber sie war allgemein, sie ging über die höchsten Spitzen der Berge ..."
([114], S. 238—239)

Das entscheidende geologische Ereignis war für ihn die Sintflut. Er drückte dies auch dadurch aus, daß er meinte:

18 „Wenigstens halte mich überzeugt, daß alle Flötzgebürge erst nach einer grossen Ueberschwemmung und durch dieselbe entstanden sind."
([114], S. 67)

Ähnlich wie bei seinen Vorgängern in dieser Sache sollte die ganze mächtige Folge der mehr oder weniger deutlich geschichteten Sedimentgesteine ein Ablagerungsprodukt der großen Flut sein. Auf Grund dieser Überzeugung kam er trotz anderer richtiger Einzelbeobachtungen auch zu einer merkwürdigen Auffassung über eine Horizontabhängigkeit von Versteinerungen (siehe Abschn. 4.2.).

Andere geologische Prozesse waren für Lehmann relativ bedeutungslos:

19 „Nach der Zeit haben einzelne Oerter des Erdbodens zwar noch viele Veränderungen durch partiale Ueberschwemmungen, Erdfälle, Erdbeben, feuerspeyende Berge etc. erlitten, sie haben aber keine so allgemeine und grosse Veränderungen da verursachet, als die allgemeine und grosse Fluth.“
([114], S. 239)

Aber bereits mehr als 30 Jahre früher dachte ein anderer darüber ganz anders. Antonio Vallisnieri (1661—1730) kam (offenbar 1721[256])) zu folgendem Schluß:

20 „die Berge [bestehen] inwendig ... aus Schichten und übereinanderliegenden Flächen, die sich über die eigentliche Erdfläche erheben, und als Rinden auf Rinden liegen. Jede sieht als ein Bodensatz von einer besonderen Ueberschwemmung aus; daß also gar viele Ueberschwemmungen in den uns noch unbekannten alten Zeiten gewesen seyn müssen.“
([121], S. 296)

Er verzichtete daher auch auf eine Erklärung der Sintflut und hielt sie für ein unbegreifliches Wunder [193].

Die grundsätzliche Richtigkeit der Annahme vieler Überschwemmungen wird nicht dadurch geschmälert, daß wir heute wissen, daß nicht jede Schicht bzw. jede Art von Sedimentgesteinen für sich immer einer neuen Transgression zuzuschreiben ist. Die Annahme vieler Überschwemmungen ergab aber weitere Widersprüche zur Bibel.

Ganz offensichtlich sah auch Anton Lazzaro Moro (1687—1740/64) diese Widersprüche. Sein im Jahre 1740 erschienenes Werk[233]) kam 1751 in deutscher Sprache heraus. In ihm bezog er sich mehrfach auf seinen Vorgänger. Moro war ein gläubiger Katholik und Mönch.

Aber die Sintflut paßte nicht in sein System. Deshalb klammerte er sie aus, indem er sich in zweierlei Hinsicht dazu äußerte. Er versicherte zunächst, daß er

21 „... die Wahrheit einer solchen allgemeinen Sündfluth annehme, glaube und zugebe, wie es die göttliche Schrift vorschreibt ..."
und daß er
„... so verwegen nicht seyn werde, dem wesentlichen Inhalt dieses untrüglichen Berichts das geringste zuzusetzen noch abzunehmen."
([121], S. 17)

Im Unterschied zu den meisten früheren und vielen späteren Naturforschern, die die Sintflut aus natürlichen Ursachen herleiten wollten, stellte er jedoch fest:

22 „Die Nachricht, daß eine Allgemeine Sündfluth gewesen, ist lediglich in der Heiligen Schrift zu suchen ..., daß die Sündfluth zur natürlichen Ursache, warum Seekörper [gemeint sind marine Fossilien] auf Berge gekommen sind, nicht angegeben werden könne, weil sie übernatürlich gewesen ist ... [und] ..., daß weil er [gemeint ist Burnet] vom Ablauf des Sündfluthwassers keinen Bescheid geben kann, indem ihm ein Ort fehlet, wo so viele Wasser Raum gefunden hätten, seine ganze Ausführung nichtig sey; und noch viel mehr, weil sie mit gegenwärtiger Beschaffenheit des Erdbodens gar nicht übereinstimmt."
([121], aus Inhaltsangabe, o. S.)

Lehmann, der Moros Werk kannte, sah im Gegensatz zu diesem in der Unterbringung der riesigen Sintflutwassermassen kein Problem.

Moro vertrat die Ansicht, daß die Voraussetzung unbeweisbarer Dinge zu keiner richtigen Erklärung führe: Die Sintflut sei mit den jetzt wirkenden Naturkräften — und nur an diese will er sich halten — unvereinbar und demnach ein göttliches Wunder.

Nach von Zittel (1899) soll dem Werk Moros — offenbar der italienischen Ausgabe — ein Attest beigelegen haben, in welchem bestätigt worden war, daß es nichts enthalte, was gegen die Lehre der katholischen Kirche verstoße. Das, und die Bezeichnung der Sintflut als göttliches Wunder, nahm von Zittel gegen Moro ein – völlig zu Unrecht. Zum ersten dürfte das Attest eine zumindest für den Mönch Moro übliche Druckgenehmigung gewesen sein, zum anderen muß man bedenken, was es für ihn bedeutet haben muß, in einer Theorie über die Erde auf die Sintflut verzichten zu wollen, weil keine Beweise vorgefunden wurden. Moro wollte zwar keineswegs den Boden der Bibel verlassen, aber man muß seine Aussagen unter all diesen Aspekten sehen. Deshalb ließ er die Sintflut als Glaubensgrundsatz und Wunder gelten und klammerte sie gleichzeitig aus seinen Naturbetrachtungen völlig aus. Er konnte sich dabei sogar auf Kirchenväter berufen, daß er mit dieser Auffassung der Bibel näher sei als diejenigen, die angeblich aus der Natur Beweise für dieses Ereignis erbringen wollten.

Seit der ersten Hälfte des 18. Jahrhunderts existierten nun zwei unterschiedliche Richtungen hinsichtlich der Erklärung der Sintflut, beide auf der Grundlage der Bibel:

1. Die Sintflut wird mit natürlichen Vorgängen erklärt; bzw. es wird ständig nach neuen Beweisen gesucht, und verschiedene Mechanismen werden dargelegt (z. B. Steno, Burnet, Whiston, Woodward, Scheuchzer).

2. Die Sintflut läßt sich auf natürlichem Wege nicht erklären, weil die aufgefundenen Widersprüche sich nicht lösen lassen. Demnach ist die Sintflut ausschließlich auf einen göttlichen Eingriff zurückzuführen; sie ist ein Wunder; natürliche Beweise lassen sich nicht erbringen (z. B. Vallisnieri und Moro).

Obwohl die Vertreter beider Richtungen von der Untadeligkeit ihres Glaubens überzeugt waren, vollzogen diejenigen der zweiten einen wichtigen Erkenntnisschritt. Es werden von einander getrennt

– das durch Anwendung der Kenntnisse von Naturgesetzen und mit Hilfe von Beobachtungen Beweisbare,

— die durch keinerlei Beweise aus der Natur belegbaren und daher unbeweisbaren Glaubensgrundsätze.

Der Vollzug dieser Trennung ist in MOROS Werk deutlich zu verfolgen. Schon sein Vorgänger VALLISNIERI hatte die Vermengung von Fragen der Religion mit solchen der Wissenschaften beklagt [118].

Ähnlich wie VALLISNIERI und MORO verhielt sich BENOÎT DE MAILLET (1656—1738) zur Sintflutfrage. In seinem in der Zeit zwischen 1715 und nach 1721 geschriebenen, aber erst 1748 bzw. 1749 veröffentlichten Werk „Telliamed"[229]) ging er von einer ursprünglichen Wasserbedeckung der Erde aus (so wie es die Schöpfungsgeschichte berichtet), wobei die Wassermassen aber aus dem Weltraum stammen und durch Annäherung der Erde an die Sonne ständig abnehmen sollten, bis endlich die Erde wieder zu einem glühenden Weltkörper wird. Nach Abkühlung in Sonnenferne soll die Erde eine erneute Wasserbedeckung erhalten usw. [193]. Wir haben hier im Prinzip das abnehmende Urmeer, allerdings in einem wiederkehrenden Kreislauf. Die Annahme einer erdumspannenden Sintflut aber lehnte DE MAILLET ab und hielt sie für ein lokales Ereignis [193] bzw. ließ sie auf sich beruhen [167].

Nach dem Versuch in der zweiten Hälfte des 16. Jahrhunderts, in erdgeschichtlichen Fragen sich vom Sintflutgedanken zu lösen, deutet sich der Weg zu dessen Überwindung in der ersten Hälfte des 18. Jahrhunderts klar an.

IMMANUEL KANT (1724—1804) glaubte seinen Handschriften über „Physische Geographie" [98] und anderen [96] zufolge zwar ebenfalls, daß eine Sintflut stattgefunden habe, und auch an die bewußten großen Höhlen im Inneren der Erde, aber die Sintflut galt ihm nur als eine Überschwemmung unter vielen. In seinen naturgeschichtlichen Vorstellungen spielte sie keine Rolle. Offensichtlich betrachtete er sie, ähnlich wie MORO, nur als Glaubensgrundsatz, den er auf sich beruhen ließ.

Doch viele scheuten noch davor zurück, das Strafgericht der Sintflut aus ihren Theorien zu verbannen. Hinzu kommt aber noch, daß die mit einem Urmeer und der Sintflut notwendigerweise verbundene Vorstellung von einer allgemeinen Wasserverminderung durch das Feststellen meerwärts gerichteter Strandverschiebungen durch Urban Hjärne (1702) [193], de Maillet (1748/49) [167], Anders Celsius (um 1743) und Carl von Linné (um 1745) [87] eine gewisse Stütze erfuhr. Solange man Hebungen von Erdkrustenteilen, auf die z. B. schon Varenius (1650), Hooke (1703), Moro (1740), Generelli (1749), Kant (1755), Lomonossow (1757 und 1763) und Raspe (1763) (vergleiche auch Abschn. 2.2.) hingewiesen hatten, die die gleichen Erscheinungen — also meerwärts gerichtete Strandverschiebungen — hervorrufen, nicht zur Kenntnis nehmen wollte, solange mußte man annehmen, daß marine Sedimente nur durch eine allgemeine Wasserverminderung wieder zutage treten könnten. Die nächste Schlußfolgerung mußte dann sein, daß die Wasser des Urmeeres und/oder der Sintflut auch bis in die Höhe gereicht haben müssen, in denen man marine Sedimente vorfand, also selbst bis zu den Höhen der Hochgebirge.

Kant, der auch an Hebungen glaubte [98, 99] (vgl. auch [15]), hielt eine allgemeine Wasserverminderung zwar für wahrscheinlich, aber für nicht genügend zuverlässig begründet [95].

An eine allgemeine Wasserverminderung glaubte mancher auch wegen der teilweise noch vorhandenen und aus dem Altertum überkommenen Vorstellung von einer Umwandlung des Elementes „Wasser" in das Element „Erde". Dieser Ansicht war Johan Gottskalk Wallerius (1709—1785), einer 1782 erschienenen Schrift zufolge.[259]) Er meinte,

23 „daß der allmächtige Schöpfer eine solche Verwandlung mit leichter Mühe habe verrichten können und würklich verrichtet habe, und das mit viel mehr Wahrscheinlichkeit, als wenn er anfänglich viel verschiedene Theile schuf, selbige hernach wieder dem Wasser einmischte und sie

wiederum aus demselben mehr oder weniger verbunden abschied."
([122], S. 27–28)

Von einer ehemaligen Wasserbedeckung bis in Hochgebirgshöhen ging auch GEORGE LOUIS LECLERCE DE BUFFON (1707–1788) aus. In seiner mehrbändigen, ab 1749 erschienenen „Naturgeschichte"[190]) erklärte er, ähnlich wie VALLISNIERI und MORO, die Sintflut für ein göttliches Wunder und kritisierte, zum Teil sehr scharf, die Bemühungen BURNETS, WHISTONS und WOODWARDS, die Sintflut aus natürlichen Ursachen erklären zu wollen. Gegen WHISTON richtete er folgenden Vorwurf:

24 „So oft man die Verwegenheit hat, theologische Wahrheiten aus natürlichen Ursachen erklären zu wollen; so oft man sich eine Auslegung der heiligen Schrift, bloß nach menschlichen Einsichten erlaubet; so oft man sich über die Absichten des Allerhöchsten und über Ausführung seiner geheimen Rathschlüsse zu urtheilen unterfänget, geräth man unfehlbar in eben die Dunkelheit und Verwirrung, in welche wir den Verfasser dieses Systems gefunden haben; so günstig auch immer seine Schriften aufgenommen wurden. Weder die Wahrheit der Sündfluth, noch die Richtigkeit der heiligen Schrift lockten ihm die mindesten Zweifel ab."
([30], Bd. 1, 1. Teil, S. 243)

BUFFON sah aber keinen Anlaß, die Sintflut auszuklammern oder auf sich beruhen zu lassen. Er ging sogar soweit, den von anderen angenommenen stürmischen Rückzug der Sintflutwasser mit dem Hinweis auf die ruhig schwimmende Arche Noahs entkräften zu wollen. Andererseits aber billigte er dem angeblichen Einsturz erdinnerer Höhlen eine Rolle zu und stellte die Entstehung des Mittelmeeres durch Überflutung über die Straße von Gibraltar als ein heftiges Ereignis dar. Gleichzeitig meinte er, daß die größten und allgemeinen Veränderungen auf der Erdoberfläche unbestritten durch Regengüsse, Ströme, Flüsse und Bäche entstanden seien [30].

Seine auch in anderer Hinsicht unklare und widersprüchliche Einstellung zu Dingen der Schöpfungsgeschichte waren für die Theologische Fakultät der Universität Paris Anlaß, sich einzumischen, wie sie es offenbar schon früher getan hatte. In einem Schreiben der Deputierten und des Syndikus dieser Fakultät vom 15. Januar 1751 an Buffon heißt es:

25 „Einer unserer Kollegen hat uns angezeiget, Sie hätten sich sogleich nach erhaltener Nachricht, daß sich Ihre Naturgeschichte mit unter den Werken befände, die nach Verordnung der theologischen Fakultät, ausgewählet wurden, um daher untersucht und beurtheilet zu werden, weil sie Grundsätze und Meinungen enthielten, welche mit den Religionslehren nicht völlig übereinstimmeten, gegen denselben erkläret, es wäre niemals in Ihren Sinn gekommen, von leztern abzuweichen; Sie wären daher geneigt, unserer Fakultät über jeden der in diesem Werk anstößigen Artikel die nöthigen Erklärungen zu geben ..."
([30], Bd. 6, S. 319)

Als anstößig wurden u. a. auch die Meinung Buffons über die Absonderung der Planeten von der Sonne und den daraus abgeleiteten ursprünglich schmelzflüssigen Zustand der Erde empfunden.

Buffon antwortete mit Schreiben vom 12. März 1751:

26 „Ich erkläre hiermit:
1) Daß es mir niemals in den Sinn gekommen, dem Texte der heiligen Schrift zu widersprechen, daß ich alles, was daselbst von der Schöpfung so wohl der Absicht auf die Ordnung der Zeiten, als auf die Umstände der Begebenheiten selbst, erzählet wird, zuversichtlich glaube und gern alles fahren lasse, was ich in meinem Buche der Bildung der Erde oder überhaupt der Mosaischen Geschichte zuwiderlaufendes gesagt haben mögte. Meinen angenommenen Satz von Bildung der Planeten erkläre ich für nichts anders, als für eine philosophische Voraussetzung ..."
([30], Bd. 6, S. 325)

Auf die übrigen strittigen Stellen eingehend, erklärte Buffon u. a., daß er die Glaubenssätze für gewiß, aber nicht für überzeugend halte. Für uns klingt das einigermaßen verwunderlich, ist es aber beileibe nicht. Auch BUFFON wollte ähnlich wie VALLISNIERI und MORO vor ihm einen Unterschied zwischen Glaubensgrundsätzen und Naturerkenntnissen machen, ordnete seine wissenschaftlichen Auffassungen aber schließlich einer „Glaubensgewißheit" unter.

Auch in BUFFONS späterem Werk „Epoques de la nature", 1778,[191]) spielen das Urmeer, gewaltige Überflutungen und eine allgemeine Wasserverminderung infolge von Einbrüchen der Erdkruste und Eindringen des Wassers in unterirdische Hohlräume eine bedeutende Rolle. In Anlehnung an die Schöpfungstage sollte sich das Erdgeschehen in 7 Epochen, von allerdings sehr langer Dauer (siehe auch Zitat 111), zugetragen haben [193].

Durch MICHAIL WASSILJEWITSCH LOMONOSSOWS (1711–1765) Schrift „Über die Erdschichten" (1763) geisterte ebenfalls noch der Sintflutgedanke:

27 „Bedeutende Veränderungen auf der Erdoberfläche wurden von großen Überschwemmungen und Sintfluten verursacht."
([117], S. 478)

Er sprach dann auch folgerichtig von großen unterirdischen Höhlungen.

JOHANN HEINRICH GOTTLOB VON JUSTI (1720–1771) vertrat die Meinung, daß mehrere Überschwemmungen Teile der Erde betroffen hätten, aber eine erdumspannende Sintflut habe es niemals gegeben und:

28 „Vermuthlich ist die Sündfluth, deren in der Bibel gedacht wird, nur eine große Ueberschwemmung gewesen, die sich von Egypten an über Arabien, Syrien, Assyrien bis nach Persien erstrecket hat."
([93], S. 288)

Außerdem ging er davon aus, daß die Sedimentation bei einer Überschwemmung so vor sich gehen müsse, daß erst das Grobe und dann das Feine absinke. An zahlreichen Stellen sah er bestätigt, daß ein solcher Wechsel von Sedimenten, mehrfach übereinanderliegend, anzutreffen ist. Zwei Schichten, deren untere aus groben Teilen und deren obere aus feinen Teilen besteht, gehörten für ihn zu einer Überschwemmung. Deshalb schlußfolgerte er:

29 „Demnach, wenn wir auch öfters nach denen oben angeführten Gründen zwey solcher Lagen und Schichten vor eine einzige Ueberschwemmung annehmen; so ist doch leicht zu erweisen, daß sich wenigstens 40 große Ueberschwemmungen auf unserm Erdcörper zugetragen haben müssen, was vor einen unermeßlichen Zeitraum müssen wir dabei nicht voraussetzen!"
([93], S. 98)

Die Feststellung mehrerer Überschwemmungen, wir würden heute sagen: mehrerer Transgressionen, innerhalb eines bestimmten Gebietes ist natürlich durchaus richtig. Doch er verstand sie ausschließlich als Katastrophen (siehe Zitat 248).

VON JUSTI verwies auch auf andere, die mehrere Überschwemmungen angenommen hätten:

30 „Es hat Gelehrte gegeben, welche eingesehen haben, daß eine jede Erd- oder Steinschicht unseres Erdcörpers von einer großen Ueberschwemmung herrühren müsse, daß eine jede Schicht von Sande, worinnen sich sehr häufig Meermuscheln und Schnecken zeigen, einen gewesenen Meeresgrund veroffenbaren ..."
([93], S. 97)

Wer diese Gelehrten sind, sagte er nicht, doch sei in diesem Zusammenhang z. B. auf VALLISNIERI verwiesen (siehe Zitat 20).

Energisch wandte sich VON JUSTI gegen die ihm unsinnig erscheinende Behauptung, die Sintflutwasser hätten die Erde aufgeweicht, abgeschwemmt und dann das gesamte sog. Flözgebirge abgesetzt. Seine Ablehnung basierte nicht nur auf seiner o. g. Ansicht über die Sedimentation bei Überschwemmungen, sondern auch auf der Überlegung, daß ein solches Aufweichen der Erde ja auch heute in Flußbetten und am Meeresgrund stattfinden müsse, was nirgends der Fall sei. Außerdem stellte er fest, daß selbst dann, wenn die Erdkugel unter der festen Erdkruste vollständig hohl und mit Wasser angefüllt sei, die hervorgebrochenen Sintflutwasser (siehe auch Zitat 11) niemals gereicht hätten, die gesamte Erdoberfläche bis über die höchsten Berge zu überfluten, und daß er keine Möglichkeit sehe, diese Wassermassen anschließend wieder irgendwo unterzubringen.

Die Worte der Bibel bewertete er folgendermaßen:

31 „Ich zweifle sehr, daß man durch überzeugende Gründe jemahls wird behaupten können, daß die Bibel ohnumschränkter Richter in der Erkenntniß der Natur und der dazu erforderlichen Wissenschaften sey ...
... die Bibel hat nichts weniger, als die Absicht gehabt, denen Menschen die Naturgründe und andere Wissenschaften zu lehren. Sie hat lediglich den Endzweck, denen Menschen den Weg zur Seeligkeit zu zeigen; und wenn sie von ohngefähr von Dingen aus der Natur und andern Wissenschaften redet, so geschiehet es allemahl nur zufälliger Weise und allsdenn richtet sie sich nach denen Begriffen, [gemeint sind: Vorstellungen] welche die Menschen damahls von der Naturkunde und andern Wissenschaften gehabt haben."
([93], S. 277–278)

Von Justi hatte durchaus Grund, noch zu seiner Zeit sich entschieden gegen die Sintflut auszusprechen, denn seine diesbezügliche Meinung, mit guten Argumenten untermauert, hob sich wohltuend von der mancher seiner Zeitgenossen und einiger Nachfolger ab, die unbeirrt an dieses von der Bibel verkündete Ereignis glaubten und von denen noch berichtet werden wird (siehe auch Abschnitt 5.).

Georg Christian Füchsel (1722–1773) ging in seiner 1773 erschienenen Schrift [56] von einem ehemals alles bedeckenden Urmeer aus. Durch Einsturz des „alten Landes", gemeint sind die Gebiete der heutigen Meere, sammelte sich das Wasser an diesen Stellen und gab das heutige Festland frei. Auch eine letzte europäische Hochflut nahm er an und meinte dazu:

32 **„Ob aber diese hohe Fluth mit der Asiatischen Sündfluth einerley gewesen sey, kann ich nicht sagen; so wenig sich angeben läßt, wie lange vorher Europa bewohnt gewesen sey.“**
([56], S. 46)

Peter Simon Pallas (1741–1811) glaubte 1777,[235,236]) daß die höheren Berge nicht ganz vom Urmeer bedeckt gewesen waren. Durch die Heraushebung von Bergen infolge vulkanischer Tätigkeit seien Höhlen entstanden, in die eine große Menge des Urmeerwassers abfließen konnte. Noch in neuerer Zeit haben, seiner Meinung zufolge, von den Küsten Afrikas über Japan und den Stillen Ozean bis nach Amerika ungeheure vulkanische Bewegungen stattgefunden, durch die die Gewässer mit Gewalt nach den Polen getrieben worden seien und Pflanzen und Tiere aus Südasien mit nach Norden fortgetragen hätten, wo sie im Gebirgsschutt am Fuße des mittelasiatischen Hochlandes eingefroren zu finden wären [84]. Da er weite Gebiete Rußlands bereist hatte, haben ihn sicher Funde von eingefrorenen Mammutkadavern zu dieser Annahme inspiriert.

Für Horace Benedict de Saussure (1740–1799) waren Findlingsblöcke, Brekzien, Konglomerate und Gesteinsschuttmassen Beweise des gewaltsamen Zusammenbruchs der Erdkruste und des stürmischen Rückzugs der Wassermassen in die unterirdischen Kammern [193]. Man kann entschuldigen, daß die in einer völlig fremden Umgebung liegenden Findlingsblöcke ein damals noch ungelöstes Problem waren. Es ist aber erstaunlich, wie Herkunft und Verbleib der riesigen Sintflut-Wassermassen, die Jahrzehnte, ja sogar Jahrhunderte vorher schon als unvereinbar mit den Naturbeobachtungen erkannt worden waren, immer noch ziemlich bedenkenlos gehandhabt wurden.

Als Beispiel besonders blinden Sintflutglaubens gilt JOHANN ESAIAS SILBERSCHLAG (1721–1791). Vor allem im 2. Teil seines 1780 erschienenen Buches [148] versuchte er, die Sintflut unter Zugrundelegung der Worte der Bibel sowie durch Berechnungen zu beweisen. In der Erdkruste seien, seinen Worten und einer beigefügten Tafel zufolge, riesige untereinander zusammenhängende Höhlen vorhanden, die ihrerseits mit dem hohlen, wassererfüllten Erdinnern in Verbindung stünden. Die während der Sintflut zusammen mit den Wässern austretende Luft habe die Atmosphäre verdichtet, so daß die verdunstende Feuchtigkeit am Ende der Sintflut nicht mehr als Regen hat fallen können. Auch er ließ die Wässer wieder in seinem Höhlensystem verschwinden. Aber damit noch nicht genug. Er errechnete nicht nur die Anzahl der zu Beginn der Sintflut lebenden Menschen, sondern entwarf auch ein Modell zur Nachahmung der Sintflut, ja sogar ein genaues der Arche Noahs. Das Zeitmaß allen Geschehens entnahm er ausschließlich der Bibel (siehe auch Abschn. 5.). Alle bisher gewonnenen Erkenntnisse, sofern sie nur den Worten der Bibel widersprachen, verwarf dieser redegewandte Mann — dem man ansonsten Verdienste auf anderen Gebieten bescheinigte — mit Worten, aus denen deutlich der moralische Hinweis hervorschaute. SILBERSCHLAG verstand von Geologie so gut wie nichts. Deshalb mag ihn die Tatsache entschuldigen, daß nicht er allein noch die Sintflut zu beweisen suchte, sondern nach ihm auch andere und unter ihnen sogar solche, denen man Unwissenheit in Sachen Erd- und Lebensgeschichte nicht zugutehalten kann.

Auch JOHANN GOTTFRIED VON HERDER (1744–1803) hielt die Sintflut, obwohl er alle früheren Sintfluttheorien verwarf, für eine, wie er sich ausdrückte, „naturhistorische Wahrheit" und sah sie im Lichte anderer, angeblich erdweiter katastrophischer Vorgänge [87].

Für JAMES HUTTON (1726–1797), der seine „Theory of the Earth" 1788 veröffentlichte und die in ihren Grundzügen 1790 auch in Deutschland bekannt wurde (vgl.

[15]), konnte eine Sintflut überhaupt nicht in Betracht kommen.

Das erregte nicht nur Widerspruch bei dem Sintflutanhänger RICHARD KIRWAN (1735—1812) [51]. Sein Landsmann JOHN WILLIAMS (etwa 1730—1795/97) gab 1789 eine auf eigene Kosten gedruckte Streitschrift gegen HUTTON heraus, deren 2. Band 1798 in deutscher Übersetzung erschien.[262]) WILLIAMS sah sich, seinen eigenen Worten zufolge, verpflichtet, die „allgemeine Überschwemmung" den Naturgesetzen anpassen zu müssen, weil dieser Gegenstand, über dem ein dunkler und geheimnisvoller Schleier liege, durch frühere Autoren in große Dunkelheit und Widersprüche geraten sei [186]. Diese Reaktionen und die ständigen Bemühungen von JEAN ANDRÉ DELUC (1727—1817), der ebenfalls mit großen Fluten operierte und die Geologie erneut auf die Bibel einschwören wollte (siehe Abschn. 5.), waren jedoch ganz deutliche Rückzugsgefechte von Vertretern alter, überholter Vorstellungen.

2.1.3. *Vom letzten Viertel des 18. Jahrhunderts* (WERNER) *bis gegen die Mitte des 19. Jahrhunderts* (BRONN *1841*)

Mittlerweile hatte ABRAHAM GOTTLOB WERNER (1749 bis 1817) sein unter dem Namen „Neptunismus"[14]) bekanntes System aufgebaut und gelehrt, welches seine Schüler in alle Welt trugen. Mit diesem System, das von einem zunächst alles bedeckenden, stufenweise absinkenden und gelegentlich auch Festländer wieder überflutenden Urmeer ausging [175, 178], konnten sich aber durchaus auch Sintflutsympathisanten anfreunden. Es ist jedoch falsch, wenn VON BÜLOW (1960 und 1968) schreibt, WERNER habe erkannt, daß die einmalige Sintflut nicht ausreicht, weshalb er an ihre Stelle das Urmeer setzte, und wenn er ihn deshalb als „Diluvianisten", also als Sintflutanhänger, bezeichnet. Erstens haben schon andere, lange vor WER-

NER, erkannt, daß die einmalige Sintflut zu keiner befriedigenden Erklärung taugt, zweitens aber hat WERNER nicht das Urmeer an die Stelle der Sintflut gesetzt, sondern es, so wie es gemäß der Schöpfungsgeschichte schon in früheren Darstellungen geschah, in seinem System belassen und auf eine Sintflut verzichtet.[15]) Aber sein System ließ sich wenigstens noch teilweise mit der Bibel in Einklang bringen, ganz im Gegensatz zu dem von HUTTON. Der Neptunismus war, wie HERNECK (1964) feststellt, die letzte Zuflucht der Sintflutanhänger. Gerade dadurch aber konnten sich Sintflut- oder ähnliche Vorstellungen noch latent halten.

Dahinein fügten sich auch die Ausführungen von GEORGES CUVIER (1769—1832) in dessen „Discours sur les révolutiones de la surface du globe", 1812:[200])

33 „Die Veränderungen in dem Höhen-Stande der Wasser haben ... nicht bloss in einem mehr oder weniger stufenweisen Rückzug der Wasser bestanden, sondern es haben mehrer successive Irruptionen und Rückzüge statt gehabt, deren endlichen Resultate jedoch eine universelle Erniedrigung des Meeres-Niveau's war."
([45], S. 14)

Das paßte sehr gut zu den Auffassungen WERNERS. Er schrieb aber weiter:

34 „Die Zerstörung, Umbiegung und Umstürzung der älteren Lager [er meint Gesteinsschichten] lassen uns nicht bezweifeln, dass plötzliche und heftig einwirkende Ursachen sie in die Lage versetzt haben, worin wir sie jetzt erblicken; ja es zeugen von der Heftigkeit und Gewalt der Bewegungen, welche die Masse der Gewässer erlitten haben muss, die Anhäufungen von Trümmern und Geschieben, die an verschiedenen Orten zwischen den festen Lagern sich vorfinden."
([45], S. 15)

Hierin sind unschwer die Auffassungen DE SAUSSURES, SCHEUCHZERS und anderer Sintflutanhänger zu erkennen.

Doch CUVIER wurde noch deutlicher, als er von seiner letzten „Umwälzung" sprach:

35 „Ich glaube daher, mit DE LUC und DOLOMIEU, dass, wenn irgend ein Gegenstand der Geologie feststeht, es der ist, dass die Oberfläche unserer Erde eine grosse und plötzlich eingetretene Umwälzung erlitten hat, deren Epoche nicht viel über 5 bis 6000 Jahre hinausreichen kann; dass durch diese Umwälzung derjenige Theil des festen Landes, auf welchem vormals Menschen und die heutiges Tages bekanntesten Thiere wohnten, in Abgründe versenkt worden und gänzlich verschwunden ist; dass dieselbe Umwälzung dagegen den Boden des vorherigen Meeres aufs Trockene gesetzt und dadurch das bewohnte Festland gebildet hat; dass seit dieser Revolution die kleine Zahl Individuen, welche dieser Catastrophe entgangen sind, auf der neuen aufs Trockene gekommenen Erdoberfläche sich verbreitet und vermehrt hat, und dass folglich seit jener Epoche erst die menschliche Gesellschaft sich wieder ausbreitete ..." ([45], S. 263)

Hier ist sie wieder, die Sintflut, fast mit allem, was dazugehört; die wenigstens ungefähr stimmende Zeit, auf die es so genau ohnehin nie angekommen ist (siehe Abschn. 3.), die alles überschwemmende, Mensch und Tier vernichtende Flut, das Erscheinen des trockenen Landes und die geringe Anzahl der Überlebenden. Man kann es sich nicht verkneifen zu bemerken, daß nur noch Noah und seine Arche fehlen.[16])

Viele der wichtigsten bisher gewonnenen geologischen Erkenntnisse (siehe auch Abschn. 5.) wurden damit geleugnet, nicht nur die seiner Zeitgenossen HUTTON, PLAYFAIR, DE LAMARCK. Wiedererstehen ließ CUVIER die alten, im Absterben begriffenen Vorstellungen; seine mehrfachen Überflutungen haben auch nicht den Reiz der Originalität; man vergleiche hierzu allein die Aussagen VON JUSTIS (1771) und VOIGTS (1786), besonders die Zitate 247, 248, 250, 251. Das Werk des mit immer bedeutenderen Ämtern ausgestatteten CUVIER wurde in mehreren Auflagen und auch in Übersetzungen herausgegeben. So ist es nicht verwunderlich, wenn der Theologe und Professor für Geologie und Mineralogie an der Universität Oxford und nachmalige Dechant von Westminster William Buckland (1784–1856) in seiner 1823 erschienen Schrift „Reliquiae diluvianae“[189]) anhand „der Reste von Lebewesen in Höhlen, Spalten und Kiesen sowie anderen Erscheinungen die Tätigkeit einer allgemeinen Sintflut bezeugen“ zu können glaubte [193]. Wenn auch offenbar nicht mehr so ganz ernst genommen, hatte seine Schrift doch wenigstens noch den Einfluß, daß statt des heute maßgebenden Begriffes „Pleistozän“ für die vorletzte (zweitjüngste) stratigraphische Abteilung der auf die Sintflut hinweisende Begriff Bucklands, „Diluvium“, wohl aus unterschwelligen Gründen, noch über 100 Jahre verwendet wurde. Es ist auch eine bemerkenswerte Tatsache, daß, ohne Bucklands sonstige Verdienste schmälern zu wollen, ausgerechnet ein so später Sintflutanhänger zeitweise Präsident der Geological Society of London [6] war. Daß man ihn manchmal als den letzten Sintflutanhänger bezeichnet, trifft nicht ganz den Kern. Wörtlich hat wohl kein Geologe sich mehr für die Sintflut ausgesprochen, doch völlig überwunden war diese Vorstellung noch nicht.

Alexandre Brongniart (1770–1847) schrieb 1829 von einer „letzten Katastrophe“, von der die Ablagerungen einer „Clysmischen oder Diluvial-Formation“ Zeugnis ablegen sollen:

36 „Dieser eigenthümlicher Charakter geht theils aus ihrer Stellung hervor, indem die clysmischen Formationen auf Höhen oder in solchen Entfernungen von Gewässern vorkommen, daß sie durch keinen heutigen Wasserstand selbst unter Zulassung der stärksten heutigen Naturkräfte, erreicht werden können; theils unterscheiden sich diese Bildungen von den neueren durch das Volumen und die Beschaffenheit ihrer Bestandtheile, indem das erstere oft so groß ist, daß kein heutiges Wasser sie fortzuführen vermöchte, und die einzelnen eingewachsenen Stücke oft aus ganz anderen Felsarten bestehen, als der Boden ihres Fundortes; weshalb man also annehmen muß, daß diese Massen

aus sehr großen Entfernungen, und durch eine Gewalt beigeführt wurden, wovon man sich, dem heutigen Naturzustande nach, weder einen Begriff machen, noch Beispiele anführen kann.“[125])
([21], S. 66–67)

Er hielt die von ihm beschriebenen Ablagerungen, also auch die zu seiner Zeit hinsichtlich ihres Transportes noch ungenügend geklärten Geschiebe, für marine Sedimente. Weil er aber Hebungen nicht gelten lassen wollte und die über dem Meeresspiegel liegenden Ablagerungen als bei einem Abfall des Wasserspiegels infolge Einsinkens der Erdkruste auf einen Punkt zurückgelassen ansah, kam er zu der Meinung,

37 „... daß bei einem Wasserstande von 60 Metern Höhe über dem jetzigen, ... eine Menge bewohnter und seit den frühesten Zeiten civilisirter Länder sich unter dem Wasser befinden mußten“.
([21], S. 93)

Überflutung von bewohnten Ländern, gewaltsamer Rückzug des Meeres in tiefere Teile der Erde, dadurch Verstreuen großer Felsblöcke, Hinwegführung großer Säugetiere (was er ebenfalls erwähnte), das alles als „letzte allgemeine Katastrophe“ bezeichnet – woran zu denken wird man da veranlaßt? Brongniart sprach zwar nicht von der Sintflut und ließ eine Deutung offen, doch der Gefährte Cuviers sagte weiter:

38 „Man kann aber unmöglich glauben, daß eine so große Menge Landes auf der ganzen Erdoberfläche seit dem Beginne geographischer Kenntnisse durch Tradition, Monumente und Geschichte sollte unter Wasser gestanden haben und dann trocken gelegt worden seyn, ohne daß eines so merkwürdigen Ereignisses irgendwo Erwähnung geschehen wäre.“
([21], S. 93)

Dieser Satz, das sei ausdrücklich festgestellt, sollte nicht etwa das Vorherige in Frage stellen. Er war ganz offensichtlich für den Leser bestimmt: Hast Du nicht irgendwo davon gelesen? Und schon wird es klar, daß der

Wissenschaftler, ohne jede vorgefaßte Meinung und ohne das betreffende Wort auch nur zu nennen, etwas „nachgewiesen" hat, was nur die Sintflut sein konnte. So durfte jedenfalls jeder, der es wollte, sich die Sache auslegen.

Heinrich Georg Bronn (1800–1862), welcher meinte, daß es nicht möglich sei, die Findlinge Nordeuropas auf die Tätigkeit von Gletschern zurückzuführen, und sie lieber als Fracht schwimmender Eismassen erklärte, kam (1841) zu dem Schluß:

39 „Finden zerstreute Blöcke im Vorhergehenden ihre Deutung, so bleibt zur Begründung einer noch jetzt so oft angenommenen allgemeinen Diluvial-Flut am Ende der geologischen Zeit kaum mehr etwas übrig."
([22], S. 444)

An „weite Höhlen", die ein Bestandteil der Sintflutvorstellung sind, glaubte aber auch er. Bewiesen sah er sie durch geophysikalische Pendelmessungen. Unterschiedliche Dichten innerhalb der Erdkruste, auf die Carl Friedrich Gauss (1777–1855) entsprechende Ergebnisse solcher Messungen zurückführte, waren für Bronn, nach seinen eigenen Worten, im großen und ganzen dasselbe, wie die Annahme von Höhlen [22].

Es ist nicht sehr verwunderlich, daß bis um 1840 immer noch der Sintflutgedanke in den Köpfen spukte, denn die Katastrophentheorie Cuviers mit all ihren Auswüchsen war noch im Schwange. Warum sollte da die Katastrophe aller Katastrophen, die Sintflut, nicht auch noch mit dabei sein?

Große offene Räume in der Tiefe der Erdkruste – nicht gemeint sind die durch Lösung in karbonatischen und sulfatischen Gesteinen entstandenen relativ oberflächennahen Kavernen – wurden teilweise auch später noch angenommen. Vor allem im Zusammenhang mit der Theorie von der Schrumpfung der Erde (siehe Abschn. 2.2.) dachte man an Hohlräume, die infolge sog. Gewölbespannung entstehen könnten. Doch ihre Existenz wurde immer unwahrscheinlicher, und es konnte mehr und mehr bewiesen werden, daß die Erdkruste und auch darunterliegende Bereiche praktisch massenerfüllt sind, so daß sich die schon von GAUSS angenommenen unterschiedlichen Dichten der Erdkruste bestätigten.

2.1.4. Nachbemerkung

Der Sintflutgedanke beeinflußte die Vorstellungen über die Entstehung der Gesteine erheblich. So lange man glaubte, daß bei diesem biblischen Ereignis Teile des während der Schöpfung geschaffenen Urgebirges aufgelöst und dann als Gesteine sekundärer Formationen, Flözformationen oder wie immer man sie bezeichnete, abgelagert worden seien, so lange mußte man an die Entstehung aller Gesteine — außer denen des angeblichen Urgebirges — im Wasser glauben. Der Neptunismus WERNERS sagte, obwohl ohne Sintflut, nichts grundsätzlich anderes. Die Annahme einer allgemeinen Wasserverminderung, inspiriert durch die Vorstellung von einem einst alles bedeckenden Urmeer bzw. der Sintflut, mit nachfolgendem Sinken des Wasserspiegels, hatte zusammen mit der Vorstellung von einem erschaffenen Urgebirge zu der Annahme geführt, daß jeder Epoche nur ganz bestimmte, unwiederkehrbare Gesteine eigen seien. Besonders HUTTON und LYELL wiesen auf die Wiederkehrbarkeit geologischer Prozesse und damit auf die wiederholte Bildungsmöglichkeit bestimmter Gesteine hin. Später erkannte man, daß es darüber hinaus aber auch Gesteine gibt, die erst im Laufe der Erdgeschichte auftreten konnten und andere, die offensichtlich nur auf frühere Epochen beschränkt blieben (vgl. auch [15]).

Mit dem Erkennen des mehrfach wiederholten Ablaufes bestimmter geologischer Prozesse, z. B. durch Bewegungen der Erdkruste, wurde aber eine weitere außerordentlich wichtige Erkenntnis gewonnen, nämlich die, daß exogene (erdäußere) Vorgänge, z. B. Abtragung und Ablagerung, auch einen endogenen (erdinneren)

Antrieb haben. Heraushebung ermöglicht Abtragung, Senkung ermöglicht Ablagerung. Mit der Intensität der Hebungen und Senkungen hängen Intensität der Abtragung und Mächtigkeit und Art der Ablagerungen zusammen. Es bestehen also gesetzmäßige Beziehungen zwischen bestimmten endogenen und exogenen Vorgängen, die bestimmte Resultate zeitigen, aus welchen die Vorgänge rekonstruiert werden können.

2.2. *Erdinnere (endogene) Vorgänge unter besonderer Berücksichtigung allgemeiner Erdkrustenbewegungen*

2.2.1. *Allgemeines*

Unter den erdinneren (endogenen) Vorgängen verstehen wir alle jene, die unmittelbar auf das tektonische und magmatische Geschehen zurückzuführen sind.

Der größte Teil dieser Vorgänge vollzieht sich mit solcher Langsamkeit und meist auch in solchen Tiefen, daß er gemeinhin nicht bemerkt werden kann und sich nur dem entsprechend ausgebildeten und ausgerüsteten Fachmann erschließt. Vulkanausbrüche und Erdbeben — soweit es sich nicht um gelegentlich vorkommende Einsturzbeben handelt — sind nur Teile solcher Vorgänge und Auswirkungen von Abläufen in tiefen Bereichen der Erdkruste und des darunterliegenden oberen Erdmantels. Aber es sind auch diejenigen, die sehr auffällig sind und das Leben der Menschen oft unmittelbar berühren. Deshalb ist es nicht verwunderlich, daß uns schon aus dem Altertum darüber Berichte und Vorstellungen überliefert sind.

Dabei zeigt sich, daß selbst bei bloßen Tatsachenberichten aus jenen oder auch aus späteren Jahrhunderten der Kenntnisstand über diese Vorgänge eine Rolle spielt. Das heißt, daß das Beobachten eines Vorganges und das Berichten darüber vom jeweiligen Wissen beeinflußt wird. Außerdem muß nicht nur das richtige

Wiedergeben von Beobachtetem, sondern auch das Beobachten selbst erst geübt und herangebildet werden. Ohne Berücksichtigung solcher Zusammenhänge und der zeitbedingten Begriffsinhalte würden manche Berichte der Alten verworren oder märchenhaft klingen, unberücksichtigt der Tatsache, daß sie sich, je weiter man sie zurückverfolgt, oft auch mit Sagen und Mythen verweben. Aber Sagen und Mythen entsprangen nicht selten der Naturbeobachtung.

Die uns geläufige Unterteilung in erdinnere (endogene) und erdäußere (exogene) Vorgänge oder Kräfte darf man bei den Naturforschern der weit zurückliegenden Jahrhunderte nicht erwarten. Zu einer Zeit, als noch recht unklare Vorstellungen darüber bestanden, was unsere Erde überhaupt ist, wäre eine solche Einteilung ohnehin gegenstandslos gewesen. Für Erdbeben, ja selbst für manche Vulkanausbrüche, wurden die von außen her in die Erde eindringenden „Elemente“ Wasser und Wind (Luft) verantwortlich gemacht. Überhaupt wollte man im Altertum alle diese Vorgänge mit Hilfe der damals herrschenden Elementenlehre erklären. Aus Wechselwirkungen zwischen der „kalten und trockenen Erde“, dem „kalten und feuchten Wasser“, der „warmen und feuchten Luft“ und dem „warmen und trockenen Feuer“ versuchte man die Natur zu begreifen. Noch bis über das Mittelalter hinaus waren diese oder ähnliche Vorstellungen anzutreffen.

Bei der Erklärung von Erdbeben und Vulkanausbrüchen spielten auch die schon im Zusammenhang mit der Sintflut erwähnten Hohlräume in der Erde eine große Rolle (siehe Abschn. 2.1.). Man dachte sie sich angefüllt mit Wasser und/oder Luft und Feuer. Meist hatte man wirkliche Luft im Sinn; gelegentlich muß man aber wohl unseren Begriff „Gas“ dafür einsetzen, um bestimmte Aussagen verständlicher zu machen. Bei „Feuer“ hat man aber tatsächlich nur an ein Flammenfeuer, unterhalten durch Brennmaterialien wie z. B. Erdpech und Schwefel, gedacht.

2.2.2. Vom Altertum bis zum 16. Jahrhundert (PALISSY 1580)

Zunächst seien einige Ansichten aus dem Altertum über Erdbeben wiedergegeben.

Nach THALES (um 624—546 v. u. Z.) entstehen Erdbeben durch die hin- und herwogende Flut, weil er sich die Erde als eine auf dem Wasser schwimmende Scheibe dachte [1, 132]. Ähnliche Vorstellungen hatte auch DEMOKRIT (460—371 v. u. Z.), wonach das in Höhlen hineinflutende Wasser bzw. der durch das Wasser bewegte Luftstrom Erdbeben erzeugen sollte [132].

ANAXIMENES (um 585—525 v. u. Z.) meinte, daß sowohl durch Austrocknen und entsprechendes Rissigwerden als auch infolge Durchnässung Teile in die Tiefe fallen und so Erdbeben verursachen [132].

ARISTOTELES (384—322 v. u. Z.), THEOPHRASTOS (um 372—287 v. u. Z.) und KALLISTHENES (um 370—327 v. u. Z.) sahen in dem in unterirdischen Hohlräumen hin- und herströmenden Wind die Ursache für Erdbeben, wobei teilweise noch zwischen den von außen her eindringenden und den innerirdisch entstehenden Winden unterschieden wurde [1, 188]. Manchmal glaubte man auch an den angeblichen Einfluß von Sternkonstellationen. Schon ANAXAGORAS (um 500—428 v. u. Z.)[17]) soll Feuer als Ursache für Erdbeben angenommen haben [1, 132]; auch von ANTIPHON (480—411 v. u. Z.) wird das berichtet [1]. Man dachte offenbar bereits an gewisse Zusammenhänge zwischen Vulkanismus und Erdbeben.

STRABON (um 64/63 v. u. Z.—um 20 u. Z.) glaubte, daß im Meer gelegene Inseln durch unterirdisches Feuer gehoben worden wären, soll aber im übrigen Anhänger der Theorie vom erdinneren Wind gewesen sein [188].

LUCIUS ANNAEUS SENECA (um 4 v. u. Z.—65 u. Z.) vermutete ebenfalls einen Zusammenhang zwischen Erdbeben, die abgesehen von reinen Einsturzbeben durch erdinnere Gase (Wind) entstehen sollen, und feurigen

Vulkanausbrüchen, als besondere Steigerung von Erdbeben [188, 193].

Über Vulkanausbrüche gibt es begreiflicherweise schon aus sehr früher Zeit zahlreiche Schilderungen, auf die im Einzelnen nicht eingegangen werden soll. Man brachte sie, worauf schon hingewiesen wurde, mit unterirdischem Flammenfeuer in Verbindung. Auch der Gedanke, daß Vulkanausbrüche und manche Erdbeben in Zusammenhang stehen müßten, drängte sich auf. Im Gegensatz zu den erdinneren Winden entsprach das erdinnere Feuer schon mehr den endogenen Vorgängen in unserem Sinne.

Die Gelehrten des Mittelalters und der Renaissance fußten z. T. noch mehr oder weniger stark auf den Ansichten des Altertums. Auch für GEORGIUS AGRICOLA (1494—1555) trifft dies zu, der in manchen Dingen den Übergang vom Mittelalter zur Neuzeit repräsentiert. Seine ungefähren Kenntnisse über den Vulkanismus, wie sie sich aus seinen 1546 veröffentlichten Schriften [2, 2a] ergeben, seien deshalb, unter Verwendung seiner Begriffe, kurz wiedergegeben: Die unterirdischen Brände, auch Bergbrände oder Erdbrände genannt, werden unterhalten durch Bitumen und Schwefel. Sie höhlen die Eingeweide und das Mark der Erde aus. Sie leuchten auf oder sind verborgen. Aus Kratern und Kaminen ergießen sich Feuerbäche. Felsen, auch brennende Felsen, eisenähnliche Massen, Asche und Schwefel werden ausgespieen. Aus verbrannter Erde entsteht Bimsstein. Brennende Dämpfe und heiße Quellen stehen mit den erwähnten Bränden in Zusammenhang.

An diesen Worten ist nichts zu belächeln, denn wir dürfen nicht von den uns geläufigen Fachtermini und unserer Ausdrucksweise ausgehen. Die „eisenähnlichen Massen“, die uns vielleicht stutzen lassen, finden ihre Erklärung in dem schlackeähnlichen Aussehen der im damals noch üblichen Rennverfahren gewonnenen Eisenluppe. Poröse vulkanische Lava wird er deshalb damit verglichen haben. Eines der Brennmaterialien sah man in dem Schwefel, der sich aus vulkanischen Exhalationen niederschlägt. Das „Aushöhlen“ der Erde ist eine verständliche Schlußfolgerung daraus, daß man sich durch Herausschleudern vulkanischer Massen einen Hohlraum entstanden dachte. In Verbindung mit einem regelrechten Brand muß man sich diesen Vorgang zwangsläufig so vorstellen.

Die Aussagen Agricolas über den Vulkanismus dürften den Spitzenkenntnissen der gelehrten Oberschicht des 16. Jahrhunderts entsprechen. Selbst hundert Jahre später wußte man kaum besseres zu berichten.

Allerdings tauchte dann bei René Descartes (1596 bis 1650)[208]) der Gedanke an einen feuerflüssigen Zentralkern der Erde auf, weil er sie sich als ursprünglich der Sonne ähnlich und stofflich einheitlich vorstellte [87]. Diese Ansicht von einem feurigen Zentralkern übernahm auch Athanasius Kircher (1602—1680) und stellte in seiner 1664 gedruckten Abhandlung[222]) mehrere verteilte Feuerherde dar, die einerseits Verbindung zum Zentralfeuer und andererseits zu den Vulkanen haben [87]. Allgemein anerkannt scheint diese Auffassung jedoch nicht gewesen zu sein.

Wichtig für die Deutung tektonischer Vorgänge, also Erdkrustenbewegungen, waren die Vorstellungen über Erdbeben.

Im Mittelalter sind aber kaum andere, etwa weiterreichende Erkenntnisse über Erdbeben und Erdkrustenbewegungen zu finden als im Altertum. Auch Albertus Magnus (1192/93—1280) meinte noch:

40 „Berge entstehen durch Erdbeben dort, wo die Oberfläche fest und kompakt ist und nicht zerrissen werden kann; dann nämlich hebt der ungewöhnlich starke und heftige [erdinnere] Wind jene Stelle in die Höhe und schafft Berge.“ ([87], S. 18)

Unter dem noch herrschenden geozentrischen, aber die Erde schon als Kugel betrachtenden Weltbild entwarf Albert von Sachsen (um 1316—1390) eine allein aus kosmischen Zusammenhängen abgeleitete bemerkenswerte Hypothese, mit welcher tektonische Erscheinungen erklärt werden sollten, ohne sie mit Erdbeben oder Vulkanismus in Verbindung zu bringen. Nach dem alten Weltbild fällt der Mittelpunkt der Welt mit der Mitte der Erde zusammen. ALBERT nahm an, daß infolge ungleicher Landverteilung der Mittelpunkt der Erde exzentrisch zum Mittelpunkt der Welt liegt. Deshalb sagte er:

41 „Von dem nicht mit Wasser bedeckten Teil der Erde werden beständig erdige Massen durch die Flüsse dem Grunde des Meeres zugeführt. Die Erde nimmt hier also beständig zu, dort aber ab. Ihr Schwerezentrum bleibt deshalb nicht am gleichen Punkt. Immer strebt das neue Schwerezentrum Mittelpunkt der Welt zu werden, während das seitherige in Richtung auf die nicht wasserbedeckte Erdhälfte gedrängt wird. Durch dieses ständige Wandern und Sich-Bewegen gelangt ein Teil der Erde, der einmal Mittelpunkt war, an ihre Oberfläche und umgekehrt. Man sieht hieraus, wie die großen Gebirge entstanden sind.“ ([87], S. 20)

Diesen Gedanken griff auch LEONARDO DA VINCI (1452–1519) auf, und ALBERTS Name ist in seinen Tagebüchern enthalten [87].

Unter den zeitgegebenen Voraussetzungen ist ALBERTS Hypothese geradezu als genial zu bezeichnen. Folgende Erscheinungen konnten mit ihr, für die damalige Zeit einleuchtend, erklärt werden:

- das Entstehen und Vergehen der Gebirge
- das Absinken und Aufsteigen des Landes überhaupt und damit auch Überflutungen und Trockenlegungen
- der Wechsel von Land und Meer
- die Abtragung und Ablagerung
- die ungleiche Verteilung von Land und Meer.

Solche Gedanken müssen auch mit gewissen Vorstellungen von Gesteinsverfestigung gekoppelt gewesen sein. Und wenn wir den vorletzten etwas dunklen Satz betrachten, der wohl bedeutet, daß auf diese Weise die ganze Erde schließlich „umgeschichtet" wird, dann darf man wohl auch den Gedanken an ein relativ hohes Alter der Erde vermuten, selbstverständlich ohne allzu große Erwartungen zu hegen. Da ALBERT dies alles aber nicht als einmaligen Akt, sondern in beständiger Wiederholung darstellte, dürfte er wohl kaum nur an die biblischen 6000 Jahre gedacht haben.

KONRAD VON MEGENBERG (um 1309—1374) äußerte sich in seinem 1349/50 geschriebenen „Buch der Natur", in welchem er sich in vielen Dingen offenbar auf ältere Quellen stützte, unter anderem auch über Erdbeben:

42 „Das Erdbeben kommt davon, daß in den Höhlen der Erde, vor allem in hohen Gebirgen, sich viele irdische Dünste ansammeln und zwar so viele, daß sie nicht darin bleiben können. So stoßen sie hin und her an die Wände, fliegen von einem Gewölbe in das andere und wachsen so nach oben an, daß sie ganze Gebirge erfüllen; dieses Wachsen bewirkt die Kraft der Sterne. [dann folgen Aussagen über Sternkonstellationen] ... Das Stoßen wird zuletzt so stark, daß sie [Dünste bzw. Winde] mit Gewalt ausbrechen und dann einen Berg auf den anderen werfen. Können sie aber nicht ausbrechen, so schütteln sie die Erde sehr stark."
([105], S. 104; übertragen: BLEI[18]))

Mit dem „Ausbrechen" scheinen Vulkanausbrüche gemeint zu sein, so daß diese und Erdbeben nur graduell unterschiedliche Erscheinungen ein und derselben Ursache sind.

Das einfache Volk wußte natürlich so gut wie nichts von Sternenkonstellationen oder konnte nichts damit anfangen. So berichtete KONRAD auch, daß alte Frauen die törichte Mär erzählen, ein Fisch trage die Erde, und wenn dieser sich bewege, dann bebe die Erde. Der Ursprung dieser Erzählung dürfte in den uralten Vorstellungen über die auf dem Wasser schwimmende Erdscheibe sein (siehe Abschn. 1.1.).

Georgius Agricola (1494—1555), als entschiedener Gegner des Sternenaberglaubens, suchte eine Erklärung des Phänomens „Erdbeben“ im Antagonismus der als wesenhaft gedachten Wärme und Kälte. 1546 beschrieb er in einer seiner Schriften die Entstehung von Erdbeben:

43 „Erdbeben entsteht auf folgende Weise. Wenn die Hitze oder das Feuer unter der Erde eine Masse Dunst erzeugt und die Kälte ihn in die Enge getrieben hat und ihn von allen Seiten umgibt, dann versucht er, wenn er einen Ausweg findet, an der nächsten Stelle durchzubrechen, um der Einwirkung und der Bedrängnis durch die Kälte zu entwischen. Hitze und Kälte können nämlich nicht an ein und derselben Stelle bestehen, sondern sie vertreiben und verdrängen sich gegenseitig von dort. Während also ... die Kraft hierhin und dorthin wirkt und der Luftstrom hin und her wandert, wird die Erde erschüttert, aber sobald er in den Fugen der Felsen eine Stelle findet, da zerbricht er die Felsen und entfernt und wirft alles hinaus, was entgegensteht und hindert.“
([2], S. 118)

Im Gefolge von Erdbeben kann es nach seiner Ansicht zu Zerreißungen, Einstürzungen, Senkungen kommen und Berge können emporsteigen.

Johann Huldrich Ragor (1534—1604) hat in seiner 1578 herausgebrachten Schrift [132] verschiedene Ansichten über Erdbeben zusammengestellt. Auch er erwähnte das bereits oben genannte Märchen mit dem die Erde tragenden Fisch. Weiter berichtete er, daß die Astrologen in Mond- und Sonnenfinsternissen die Ursache für Erdbeben sahen. Die Philosophen, wie er summarisch die nicht-theologischen Gelehrten bezeichnete, führten Erdbeben auf eingeschlossenen Dunst oder Dampf zurück und erklärten den Vorgang so:

44 „Wenn diese innere Ausdünstung durch die Poren der Erde ausbricht, so bringt sie viel Luft mit. Wenn aber die Poren der Erde verstopft sind, daß sie [die Ausdünstung] keinen Ausgang findet, so wird sie von außen durch die

Hitze der Sonne und durch das in der Erde verborgene Feuer bewegt und erzürnt und verursacht Erdbeben."
([132], S. 24; übertragen: Blei[19]))

Er meinte weiter, daß aus der aufreißenden Erde öfter Feuer hervorbreche. So entstünden neue Inseln durch Aufschüttungen, andere würden dagegen weggerissen. Offenbar hatte er das, was wir Schicht- bzw. Stratovulkane und Calderen nennen, im Auge. Zwischen Erdbeben und Vulkanausbrüchen bestand für ihn ein Zusammenhang.

Der Pfarrer Ragor verfolgte eigentlich nur ein moralisches Anliegen. Erdbeben sind Strafen Gottes; das wollte er verkünden. Dabei unterschied er aber zwischen natürlichen, durch den oben geschilderten Vorgang entstehenden Erdbeben und nichtnatürlichen, die Gott ohne Mittel und Hilfe in der Natur bewirke. Es ist aber immerhin bemerkenswert, daß er eine Trennung zwischen natürlichen und durch Beobachtung beweisbaren Vorgängen einerseits und durch angebliche Wunder bewirkte andererseits machte.

Bernard Palissy (1510(?)–1590), der jeder Form von Aberglauben abhold war und alle Erscheinungen mit natürlichen Vorgängen zu erklären versuchte, äußerte sich in seinem „Discours admirable", 1580, unter anderem ebenfalls zu Erdbeben. An seinen Bemerkungen ist unschwer der praktisch tätige Mensch — er fertigte künstlerische Keramiken an — zu erkennen, der seine Erfahrungen mit verwertete:

45 „... das Feuer muß so groß sein, daß es imstande ist, die in den Felsen eingeschlossenen Wasser zum Kochen zu bringen, dann wird durch das Feuer, die Wasser und die eingeschlossene Luft, ein Dampf erzeugt, der durch seine Kraft die Felsen, Länder und Häuser emporhebt. Und wenn die Gewalt des Feuers, des Wassers und der Luft eine so große Masse nicht beiseite werfen kann, dann verursacht sie, daß es bebt, und bei dem Beben entstehen feine Öffnungen, die etwas Luft zu dem Feuer, dem Wasser

und dem Wind gelangen lassen, wodurch die Gewalt beruhigt wird, die sonst alles umgestürzt haben würde ..." ([129], S. 42–43; übersetzt: Blei[20]))

Durch erdinnere Vorgänge, hier Überdruck, erfolgen also Hebungen und Erdbeben – wobei die entstehenden Öffnungen die Funktion von Ventilen haben – oder es werden Massen durch Vulkanausbrüche ausgeworfen, dann erfolgt Beruhigung, bis erneut ein Überdruck entsteht. Der Autodidakt Palissy suchte ohne Umschweife nach den nächstliegenden Erklärungen.

Es kann festgestellt werden, daß im 16. Jahrhundert bereits eine „Theorie" bestand, nach der die damals bekannten Erscheinungen erdinnerer Vorgänge, Vulkanausbrüche und Erdbeben, in Zusammenhang gebracht wurden, wobei man offensichtlich auch an aufwärts gerichtete Bewegungen von Teilen der Erdkruste dachte. Schon 300 Jahre vorher hat man an Hebungen durch „erdinnere" Vorgänge geglaubt (siehe Zitat 40).

2.2.3. *Vom 17. Jahrhundert* (Varenius *1650*) *bis zum Anfang des 19. Jahrhunderts* (Heim *1812*)

In diesem Abschnitt sollen nun nicht die Ansichten über Erdbeben und Vulkanismus weiter verfolgt werden, sondern nur die über bestimmte Folgen erdinnerer Vorgänge, und zwar allgemeine Erdkrustenbewegungen.

Die Erkenntnis, daß Hebungen einen nicht unwesentlichen Anteil an der Gestaltung der Erdoberfläche haben, stand im Widerspruch zu dem besonders im 17. und 18. Jahrhundert weit verbreiteten Glauben an die Sintflut. Diejenigen, die dieser Flut (oder auch dem sog. Urmeer) die maßgebende geologische Rolle zuschrieben, erkannten nicht, vernachlässigten oder lehnten ab, daß Hebungen die einstmals unter Wasser abgelagerten Sedimente wieder zutage gebracht hatten. Sie meinten, dies habe eine allgemeine Wasserverminderung bewirkt. Sintflutüberschwemmung/Urmeer und allgemeine Wasserverminderung hatten als Bindeglied die unsinnige Vorstellung von einer bis in die Höhen der Hochgebirge reichenden Wasserbedeckung der gesamten Erde. Der Hauptteil dieses über die heutige Menge hinausgehenden Wassers sollte in angeblichen großen unterirdischen Höhlen verschwunden sein (siehe Abschn. 2.1.). Andere glaubten, ihren gesunden Menschenverstand gebrauchend, weder an eine solche Wasserbedeckung noch an die erforderlichen geradezu gigantischen Höhlen in der Erde. Ihnen waren die deformierten Schichten der Gebirge und/oder das Vorkommen von Fossilien ehemaliger Meerestiere in Gesteinen der Hochgebirge der Beweis für das Herausheben nach der Ablagerung (siehe auch Abschn. 4.1.).

Bernhard Varenius (1620—1650/60) rechnete mit Hebungen und zählte in seiner 1650 erschienenen „Geographia generalis" Gebirgssysteme auf und stellte Betrachtungen über deren Richtung zur Gestalt der Kontinente an [89].[257])

Vielleicht gehörte er zu jenen, denen Nicolaus Steno (1638—1686) in seinem „Prodromus",[251]) 1669, widersprach:

46 „Die Annahme, es seien die Bergkronen oder -ketten, wie manche zu sagen belieben, nach bestimmten Gegenden der Erde gerichtet, entspricht weder der Vernunft noch der Erfahrung ..."
([154], S. 37)

Steno hat zwar auch an Hebungen gedacht, aber sie waren für ihn eine Nebensache und wurden mehr beiläufig erwähnt:

47 „Berggipfel können emporgehoben und erniedrigt werden."
([154], S. 37)

Bei einer zerbrechenden und ungleichmäßig einsinkenden Erdschale — eine Vorstellung, die die allgemeine Überschwemmung der Sintflut erklären sollte — können die Ränder einzelner Schalenbruchstücke relative Aufwärtsbewegungen erfahren. Stellt man sich so das Entstehen von Gebirgen vor, muß man natürlich an eine völlig willkürlich verlaufende Richtung der Gebirge glauben; deshalb STENOS Ablehnung (Zitat 46). Den durchaus zutreffenden Gedanken, daß bei abwärtsgerichteten Bewegungen stehenbleibende Reste „Berge" bilden können, hat er einseitig verallgemeinert.

Bei seiner Diskussion um mögliche Erklärungen der Sintflut kam er allerdings auch zu der Mutmaßung:

48 „Der Meeresgrund wurde durch Ausdehnung der unterirdischen Hohlräume gehoben."
([154], S. 61)

In seinen Ansichten über die allgemeinen Erdkrustenbewegungen spielen Hebungen trotzdem so gut wie keine Rolle. STENO folgte ganz offensichtlich den Vorstellungen von DESCARTES (siehe auch Abschn. 2.1.), dessen Namen er auch erwähnte.

Nach ROBERT HOOKE (1635–1703)[219]) führen Erdbeben nicht nur zu Hebungen und Senkungen von Bergen, sondern von ganzen Ländern, was sich im großen und ganzen während der Sintflut abgespielt habe [87]. JOHN RAY (1628–1705) soll solche Bewegungen dem Vulkanismus zugeschrieben haben [186].

Hebungen wurden, soweit die Autoren sich überhaupt zur Ursache äußerten, entweder direkt der „ausdehnenden Kraft des Feuers" oder den als Folgeerscheinung gedachten Erdbeben zugeschrieben. Vulkanische Tätigkeit und Erdbeben waren ja die einzigen Prozesse, bei denen Lageveränderungen manchmal beobachtet werden konnten. Solche tatsächlich beobachteten Lageveränderungen stellte man sich dann — zwar unzulässig, aber entschuldbar — einfach übersteigert vor, um das Entstehen von Gebirgen zu erklären. Der Kern der Sache, die erdinneren Vorgänge, welche sich eben auch in Vulkanismus und Erdbeben äußern, wurde durchaus richtig erfaßt. Daß Vulkanausbrüche und Erdbeben nur die gelegentlich eintretenden plötzlichen Folgen von ständig und außerordentlich langsam vor sich gehenden tektonisch-magmatischen Prozessen sind, konnte man noch nicht wissen. Als Grundlage dazu fehlte schon allein die richtige geologische Zeitvorstellung.

GOTTFRIED WILHELM LEIBNIZ (1646—1716) meinte in seiner „Protogaea“:[226])

49 „... daß einige mutmaßen, die Erde sei durch ausbrechende Winde aufgeschwollen und es hätten sich aus der Erde Berge erhoben.“
[ausbrechende Winde: Erdbeben]
([115], S. 78)

Da er aber die Erscheinungen der Erdoberfläche ganz so auffaßte wie sein Vorbild STENO, bezog er hierzu folgende Stellung:

50 „Daß aber die großen Alpen aus der harten Erde hervorgebrochen, halte ich nicht vor möglich ... so ist es eher wahrscheinlich, es seyen die Wasser von freien Stücken herabgeflossen, als daß ein unglaublich großer Theil der Erde so hoch hinaufgestiegen.“
([115], S. 79)

Hebungen, zurückgeführt auf die „ausdehnende Kraft des Feuers“, mußten zwangsläufig an darunter entstehende Hohlräume denken lassen. JOSEPH PITTON DE TOURNEFORT (1656—1708) dachte es sich im Zusammenhang mit der Vergrößerung der Insel Santorin[21]) so:

51 „Wie groß muß nicht die bewegende Kraft seyn, die sie erschüttert, die sie von der Stelle rücket, und die sie endlich über das Wasser und an das Tageslicht bringet? Die Höhlung, welche diese Insel durch eine mechanische Nothwendigkeit verläßt, muß zu gleicher Zeit mit einem eben so großen Klumpen Wasser angefüllt werden.“
([164], Bd. 1, S. 412)

Auf Vorstellungen von ANTONIO VALLISNIERI (1661 bis 1730) fußend, bewies ANTON LAZZARO MORO (1687—1740/64) in seinem 1740 erschienenen Werk[233]) die Unmöglichkeit des Sintflutmechanismus. Er zeigte auch, daß Fossilien, als Reste von Lebewesen, nicht von der Sintflut oder dem Urmeer in den Schichten der Berge zurückgelassen worden waren, sondern

52 „daß die Meergeschöpfe, Thiere, sowohl als Pflanzen, deren Trümmer oder Ueberbleibsel wir heutzutage auf oder unter gewissen Bergen finden, im Meerwasser geboren, ernährt und erwachsen sind, bevor diese Berge über das Meer gehoben wurden. Alsdann erst wurden sie da hinauf getrieben wo sie jetzt, größtentheils versteinert liegen, als die Berge, aus dem Schoose der vom Wasser bedeckten Erde aufsteigend, sich zu der Höhe erhoben, in welcher wir sie jetzt sehen."
([83], Bd. 3, S. 320[22]))

Auch Moro stützte sich unter anderem auf die Ereignisse um die Insel Santorin, und er verallgemeinerte, als ausgesprochener Vulkanist, manches einseitig. Aber er wies auch sehr richtig auf die starke Neigung, also das Einfallen, der den sog. Urgebirgsarten auflagernden Schichten hin, auf Gewölbeform und Faltung, auf Spalten und Verschiebungen, so daß er zu dem Schluß kam:

53 „Daß alle Inseln, alle Berge, auch die im festen Lande, auch alles Land, das die Vorsehung dem Menschen zur Nutzung bestimmt hat, durch unterirdisches Feuer aus dem Schoose des Erdballs in die offene Luft emporgetrieben, und über das Wasser von dem sie vormals bedeckt waren, erhoben worden sind."
([83], Bd. 3, S. 320–321)

Cirillo Generelli (18. Jahrh.) vertrat 1749 die Ansichten Moros, verbunden mit eigenen Auslegungen, vor der Akademie der Wissenschaften zu Cremona. Er beschrieb die Abtragung der Berge und Kontinente durch die Tätigkeit des fließenden Wassers und fuhr dann fort:

54 „Ist es möglich, daß diese Zerstörung 6000 Jahre oder vielleicht eine größere Anzahl von Jahren dauern und die Berge so groß geblieben sein sollen, ohne daß ihre Reste erneuert wurden?
Ist es glaubhaft, daß der Urheber der Natur, die Welt auf solche Gesetze gegründet haben sollte, daß das trockene

Land immer kleiner werde, um zuletzt gänzlich unter die Gewässer zu tauchen?
Ist es glaubhaft, daß inmitten so vieler erschaffener Dinge die Berge allein täglich an Anzahl und Größe sollten gemindert werden ohne Wiederherstellung dessen, was sie verlieren? Das würde gegen jene Ordnung der Vorsehung sein, die, wie wir sehen, in allen anderen Dingen des Universums regiert. Deshalb meine ich abschließend, daß die gleiche Ursache, welche am Anfang der Zeit Berge aus der Tiefe hob, bis zum heutigen Tag anhält, andere hervorzubringen, um von Zeit zu Zeit die Verluste dessen, was an verschiedenen Orten versinkt, auseinanderreißt oder auf andere Weise Zerfall erleidet, wiederherzustellen. Wenn das angenommen wird, können wir leicht verstehen, warum jetzt eine so große Zahl an Schalen- und anderen Meerestieren auf vielen Bergen gefunden werden kann."
([118], Bd. 1, S. 65; übersetzt: Blei[23]))

Natürlich sind uns derartige Begründungen heute fremd geworden. Da werden, ausgehend von Beobachtungen, treffende Schlußfolgerungen gezogen, die man mit einer Zwecktheorie verbindet, um schließlich daraus Gesetzmäßigkeiten abzuleiten. Nicht nur für den Karmelitermönch Generelli war diese Verfahrensweise naheliegend, sondern sie war im 18. Jahrhundert überhaupt ziemlich weit verbreitet. Schließlich suchte man ja einen Grund für die Ordnung der Dinge.

Immanuel Kant (1724—1804), mit Moros Werk vertraut, sagte von den Erdbeben:

55 „Diese haben manche an der See gelegene Landstriche versenkt und Inseln emporgehoben. Moro meinte zwar sehr unwahrscheinlich, daß die Berge größtentheils daher entstanden. Einige aber haben gewiß ihren Ursprung daher."
([98], S. 307)

In seine 1755 gedruckte „Allgemeine Naturgeschichte und Theorie des Himmels" baute er, wie ganz selbstverständlich, auch Hebungen mit ein (siehe [15]).

Der richtigen Feststellung, daß bestimmte Teile der Erdkruste gehoben worden sind, blieb aber immer noch die allgemeine Anerkennung versagt. Dafür können mehrere, sicher zusammenwirkende Gründe genannt werden:

1. In der ersten Hälfte des 18. Jahrhunderts festgestellte negative Strandverschiebungen wurden in Übereinstimmung mit der Vorstellung einer allgemeinen Wasserverminderung einseitig gedeutet (siehe Abschn. 2.1.).

2. Wenige Jahre nach dem ersten Erscheinen von Moros Werk (1740) und noch vor dessen deutscher Ausgabe (1751) erschien 1748/49, nun auch gedruckt, der schon vorher teilweise bekannte „Telliamed",[229]) der vor allem auf der unter (1) genannten Vorstellung aufbaute.

3. Der bekannte Johann Gottlob Lehmann (1719 bis 1767), der bei Erscheinen seines Werkes im Jahre 1756 bereits Bergrat und Mitglied zweier wissenschaftlicher Akademien war, bekämpfte den unbekannten Moro auf der ganzen Linie (siehe auch Abschn. 5.).

4. Der Verbreitung von Kants o. g. Werk stellten sich einige Hindernisse entgegen[55]).

Michail Wassiljewitsch Lomonossow (1711—1765) betrachtete, seiner 1763 gedruckten Schrift [117] zufolge, Hebungen und Senkungen im Zusammenhang mit Erdbeben. Er wollte Höhe und Form der Berge nach Größe und Gewalt der Erdbeben unterscheiden und meinte:

56 „Und so mußte sich, als die Berge von einer inneren Kraft gezwungen, vom Meeresgrund aufstiegen, das Gestein, aus dem sie bestanden, unbedingt wölben, krachend auseinanderbersten, Erdspalten, schiefe Ebenen, Abhänge und Klüfte bilden ... Die Kraft, die eine solche Last gehoben hat, kann niemand anders als der im Schoße der Erde herrschenden Hitze zugeschrieben werden, als einer Naturkraft, die Gottes Gebot gehorcht."
([117], S. 489)

John Michell (1724—1793) beschrieb 1760 die südamerikanischen Anden und erklärte sie durch Hebung [87] vermutlich im Zusammenhang mit Erdbeben [84].[231,232])

Rudolph Erich Raspe (1736—1794) schloß sich 1763[239]) im wesentlichen den Ansichten Hookes über Hebungen an, bestritt aber dessen Auffassung, daß die großen Erdbeben und Lageveränderungen während der Sintflut stattgefunden haben sollen [69].

Johann Heinrich Gottlob von Justi (1720—1771) diskutierte in seiner Abhandlung „Geschichte des Erdcörpers aus seinen äusserlichen und unterirdischen Beschaffenheiten hergeleitet und erwiesen", 1771, die Entstehung von Gebirgen und führte einen Teil von ihnen auf Hebungen zurück:

57 „Ich will also vielerley verschiedene Arten annehmen, durch welche die Gebirge auf dem Erdboden ihren Uhrsprung gehabt haben,
1) Sind viele Ungleichheiten und Erhöhungen auf dem Erdcörper noch von seiner Schöpfung oder ersten Entstehung übrig, da er sich als ein gespaltenes Stück von dem Sonnencörper losgerissen hatte,[24])
2) Sind viele, und zwar die höchsten Felsengebirge, von dem unterirdischen Feuer in dem Mittelpuncte des Erdcörpers in die Höhe und in die Oberfläche emporgetrieben worden,
3) Sind viele Gebirge oder Berge von denen Ströhmen in dem Meer gebildet und formiret worden, zu der Zeit, da die jetzige bewohnte Oberfläche noch den Grund des Meeres ausmachte. Und
4) Sind insonderheit viele Flötz- und Sandgebirge durch Ueberschwemmungen auf der Oberfläche der Erde entstanden."
([93], S. 62—63)

Stimmen dieser Art mehrten sich, trotzdem wurden auch jetzt Hebungen der Erdkruste noch nicht allgemein anerkannt. Auch dafür bieten sich einige Gründe an:

1. Lomonossows, Michells, Raspes und von Justis Schriften dürften international weniger bekannt gewesen sein als die im Jahre 1769 von de Buffon in Paris erschienene „Allgemeine Naturgeschichte"[190]), die ab 1771

auch in Deutschland herausgegeben wurde und worauf weiter unten eingegangen werden wird. DE BUFFON, der sich gegen Hebungen aussprach, war als Intendant des königlichen Pflanzengartens in Paris bereits ein einflußreicher Mann.

2. VON JUSTIS Werk erschien im gleichen Jahr, in dem er als Gefangener auf der Festung Küstrin (1771) verstarb. Man hatte ihn, höchstwahrscheinlich völlig zu Unrecht, der Veruntreuung von Staatsgeldern beschuldigt, worauf er eine Untersuchung gegen sich beantragt hatte. Die damit verbundenen, für ihn unerträglichen Umstände hatten ihn veranlaßt, auf eigenen Wunsch auf die Festung gebracht zu werden [4].

RASPE wurde unter dem Verdacht des Diebstahls 1775 steckbrieflich gesucht und floh nach England [69].

Sicher waren diese Vorfälle nicht dazu angetan, deren Schriften, soweit die Umstände bekannt waren, zu verbreiten und auf sie Bezug zu nehmen.

VON JUSTI verwarf außerdem, ganz im Gegensatz zu DE BUFFON, die Bibel als Richtschnur der Naturerkenntnis (vgl. Zitate 26 und 31), womit er sich einen weiteren Teil an Sympathien verscherzt haben wird.

3. Ein nicht unbedeutendes Gewicht hatte aber sicher das Wirken ABRAHAM GOTTLOB WERNERS (1749—1817). Er konnte nach seiner Berufung an die Bergakademie Freiberg im Jahre 1775 öffentlich seinen auf eine unbewegliche Erdkruste aufbauenden Neptunismus lehren (siehe auch Abschn. 5.) und damit großen Einfluß auf die heranwachsenden Gelehrten nehmen.

GEORGE LOUIS LECLERCE DE BUFFON (1707—1788) ließ, seiner „Histoire naturelle“[190]) zufolge, Hebungen nicht gelten. Er schrieb:

58 „Für schlechterdings unmöglich wäre die Entstehung gewisser Berge durchs Erdbeben eben nicht zu halten, wenn nur nicht der innere Bau und die äussere Gestalt offenbar ein blosses Werk der Gewässer ankündigten. Inwendig bestehen sie aus regelmäßigen gleichlaufenden und schalen-

reichen Schichten; an ihrer äussern Form sind lauter in einander passende Winkel wahrzunehmen.
Könnte wohl ein so gleichförmiger Bau eine so regelmäßige Form lediglich von unordentlichen Erschütterungen und plötzlichen Auswürfen herrühren? Indessen hat diese Meinung doch die Stimmen einiger Naturforscher auf ihrer Seite. Wir glauben daher, daß in Ansehung der Beschaffenheit und Wirkungen der Erdbeben noch viele Irrungen herrschen ..."
([30], Bd. 3, S. 30–31)

Natürlich waren Argumente gegen die Annahme, daß Gebirge direkt durch Erdbeben oder vulkanische Vorgänge entstünden, nicht von der Hand zu weisen, und man war unbefriedigt darüber, das Entstehen von Gebirgen auf einzelne und dazu meist lokale Erscheinungen zurückzuführen. Aber der Mechanismus Vulkanausbrüche/Erdbeben/Hebungen war das richtige und notwendige Gegenstück zu dem alten Mechanismus Höhlen/Einsturz/Sintflut bzw. Urmeer/Höhlen/Einsturz/Trockenlegung höhergelegener Teile. De Buffons Argumente waren aber schon deshalb nicht stichhaltig, weil er einen angeblichen Gegensatz zwischen „unordentlichen Erschütterungen" einerseits und „regelmäßigem und gleichförmigem Gebirgsbau" andererseits konstruierte.[25]

Für ihn waren ohnehin die meisten der auf der Erdoberfläche sichtbaren Geländeerhebungen schon während oder nach der Ablagerung der sie aufbauenden Sedimente durch Ebbe und Flut und andere Wasserbewegungen erzeugt worden. Das war eine von ihm bevorzugte Idee, zu deren Gunsten er Hebungen überhaupt ablehnte. Werners Neptunismus paßte hierzu gut.

Auch Georg Christian Füchsel (1722–1773) kannte, wie seinem 1773 erschienenen Buch [56] zu entnehmen ist, keine Hebungen. Er schrieb:

59 „Das alte Meer, welches unser jetziges Europa bedeckte, mag es so hoch gestanden haben, als man will, (wir wollen ohngefehr die höchsten Gebirge zum Maas dazu annehmen) so mußte doch das umliegende feste Land damals noch

höher stehen. Wenn nun die Oberfläche des alten festen Landes, mit der Oberfläche des alten Meeres, um die ganze Erde, damals einen beihnahe runden Körper vorstellte; so war auch zu der Zeit die Erdkugel im Durchschnitt durch die alten festen Länder genommen, wenigstens um so viel grösser, als die Spitzen der jetzigen höchsten Gebirge angeben. Denn diese waren ja damals vom Meer bedeckt, und folglich der darum liegende Erdboden noch höher."
([56], S. 15)

Einsturz war für ihn die alleinige Bewegung der Erdkruste. Dementsprechend glaubte er auch an große Hohlräume in der Erde. Das Meer sollte in die durch Einsturz entstandenen tiefen Senken geströmt sein, wodurch ein Teil des ehemaligen Meeresgrundes landfest geworden sei. In mehreren Akten ist dies, nach seiner Meinung, vonstatten gegangen. Deshalb meinte er auch, daß die Erde früher größer und leichter gewesen sei. Die Gebirge sind damit gewissermaßen die Überbleibsel des Zusammenbruchs des Erdballs.

Solche Vorstellungen entsprachen etwa denen, wie sie schon von Descartes (1596—1650) (siehe Abschn. 2.1.) und in ähnlicher Weise von den Sintflutanhängern allgemein vertreten wurden.

So wird in der zweiten Hälfte des 18. Jahrhunderts von solchen Gelehrten wie de Buffon, Lehmann, Füchsel und Werner, die sich auf anderen Gebieten Verdienste erwarben, ein altes Bild von der Erde konserviert, das lediglich durch den Zusammenbruch der Kruste gekennzeichnet ist, also letztlich von einer Erde ohne wirkliche erdinnere, tektonische Vorgänge.

Dagegen sprachen sich außer den bereits Genannten z. B. auch Peter Simon Pallas (1741—1811), Horace Benedict de Saussure (1740—1799) und James Hall (1761—1832) für Hebungen aus [33, 174, 193].

In James Huttons (1726—1797) „Theory of the Earth", 1788, bildeten Hebungen einen festen Bestandteil (siehe auch [15]). JOHN PLAYFAIR (1748–1819), als Anhänger HUTTONS, folgte natürlich dessen Ansicht.[238])

Hebungen der Erdkruste wurden meist von denjenigen vertreten, die auch dem Vulkanismus eine Rolle bei der Gesteinsentstehung zubilligten. Sintflutanhänger und Neptunisten verwarfen sie dagegen.

JEAN ANDRÉ DELUC (1727–1817), ein Sintflutanhänger, dachte daher an die stellenweise Aufblähung der Erdkruste durch Gärung infolge von außen her eindringenden Wassers, wodurch unter anderem auch die dann wieder einstürzenden Höhlen entstanden sein sollen [75].

In gewisser Weise ähnlich betrachtete JOHANN FRIEDRICH BLUMENBACH (1752–1840), der die Theorie HUTTONS in Deutschland bekannt gemacht hatte, die Berge als von der inneren Glut emporgehoben, wie „Blasen im Brot“ [83].

Diese beiden Vorstellungen werden ergänzt, wenn JOHANN HEINRICH VOIGT (1751–1823)[26]) im Jahre 1786 u. a. von „unterirdischen Aufbraußungen“ schrieb, wodurch über- und untermeerische Inseln entstehen [172].

JOHANN LUDWIG HEIM (1741–1819) nahm laut seiner „Geologischen Beschreibung des Thüringer Waldgebürgs“, 1812, an, daß Hebungen durch expansible Flüssigkeiten und Gase verursacht würden, und meinte, nach seinen eigenen Worten den Vorstellungen DE SAUSSURES folgend:

60 „Ueber den Stellen wo jetzt die Bergketten sich erheben, stand vorher – wenn nicht allenthalben, doch in den meisten Gegenden – der Ocean, und setzte daselbst dieselben Flözlager ab, und in derselben Ordnung, wie solche ausserhalb des Gebirges liegen. Als die Eruption [hier nur das Hervorbrechen schlechthin gemeint] begann, wurden die Flözdecken gesprengt. Zwischen ihnen stieg aus der Tiefe, das Ur- und Uebergangsgestein das die Zentralkette bildet. Das Flözgestein muste auf diese Weise nothwendig an die Aussenseiten hinausgedrückt werden, an welchen es jetzt hoch heraufsteht, und das Gehänge zuweilen auch,

wie in den Alpen, eigne hohe Ketten ausmacht. Abgesprengte Parthien desselben blieben unterdessen hier und da auf den Rücken im Innern des Gebürgs liegen, oder fielen in die Klüfte des Ur- und Uebergangsgesteins, und wurden darinne verkeilt."
([75], S. 197–198)

Er vertrat den Standpunkt, daß Hebung des einen und Senkung des benachbarten Gebietes gleichzeitig erfolgt sein konnten.

HEIM konnte natürlich noch nichts wissen vom Unterschied zwischen germanotyper und alpinotyper Tektogenese, weshalb er den Thüringer Wald mit den Alpen verglich. Aber den geologischen Bau des Thüringer Waldes hatte er schon erstaunlich gut erkannt.

Bei seinen weiteren Ausführungen geriet er allerdings auf das Gebiet der Spekulation, weil er, wie schon mancher vor ihm, eine Lieblingsidee hatte. Er glaubte nämlich, daß die Erde als Kugel selbst wieder aus kugelförmigen Massen und diese wiederum aus unzählig vielen kleinen Kugeln zusammengesetzt sein müsse, was er von den Himmelskörpern bis hin zu den Mineralen verwirklicht und bestätigt meinte. Demzufolge glaubte er auch

61 „... daß, es höchst wahrscheinlich sey, daß die Gebürgsarten, welche den Granit am Tage [gemeint ist: über Tage] umgeben, auch an den Seiten desselben hinabgehen, und unter ihm bis zu andern Granitmassen fortsetzen ...".
([75], S. 272)

Daß seine beiden hier zitierten Aussagen unvereinbar miteinander sind, ist ihm wohl selbst nicht aufgefallen.

2.2.4. *Vom Anfang des 19. Jahrhunderts* (VON BUCH) *bis um die Mitte des 19. Jahrhunderts* (HALL *1859*)

CHRISTIAN LEOPOLD VON BUCH (1774–1853), Schüler WERNERS und zunächst auch Neptunist, wandte sich unter den Eindrücken seiner Reisen in die Auvergne, zu den Kanarischen Inseln und nach Italien vom Neptunismus ab und vulkanistischen Vorstellungen zu. Wohl an blasige Lava denkend, waren für ihn, ähnlich den Ansichten BLUMENBACHS, einzelne Berge solche Blasen. So beschrieb er einen Kegelberg der Auvergne:

62 „Der Sarcouy sieht völlig einer Blase auf einer viscösen Flüssigkeit ähnlich. Aber sollte es denn auch so ungereimt seyn, ihn würklich für eine Blase zu halten? Deutet nicht darauf seine Form, deutet nicht die Richtung seiner Schichten darauf hin? — Alle Domitkegel sind durch innere Kraft in die Höhe gehoben. Daher die kuppelartige Form, und das Aneinanderhangen und Fortgesetzte ihres Gesteins. Denn sie sind nicht ausgeworfen, sondern aus dem Grunde erhoben."
[Domit: nach dem Puy de Dome benanntes Gestein]
([75], S. 260)

Nach seiner Skandinavienreise sprach er 1810 von allmählichen Hebungen in diesem Gebiet [84] und in den Abhandlungen der Akademie der Wissenschaften zu Berlin aus den Jahren 1812—1815 von der Möglichkeit, daß sehr große Bergmassen gehoben worden seien [83].

Der nunmehrige Vulkanist VON BUCH war, genau wie etwa 75 Jahre vor ihm sein Vorgänger, der Vulkanist MORO, nicht vor einseitigen Auslegungen gefeit. Die Zerkleinerung von Gesteinen und die Verfestigung ihrer Trümmer zu Konglomeraten und Sandsteinen verglich er mit der auf den Kanarischen Inseln beobachteten Durchtrümerung des Untergrundes durch Eruptivgänge [173]. Alle Vulkankegel sah er in der oben beschriebenen Weise als herausgehoben an und baute darauf seine Theorie der „Erhebungskrater" auf, die er von 1818 bis mindestens 1836 vertrat [174]. Aufschüttungskegel, also Schicht- bzw. Stratovulkane, die man teilweise schon im 16. Jahrhundert erkannt hatte (siehe Bemerkungen im Anschluß an Zitat 44), wollte er nicht wahrhaben, obwohl viele andere Forscher nicht daran zweifelten.

Gebirge sind nach VON BUCH entlang großer Spalten durch magmatische Massen senkrecht emporgehoben, wobei auch die Schrägstellung, Faltung und Brucherscheinung in den Schichten erfolgt ist [33, 83, 174]. Beim Herausheben der Alpen soll es dabei nach seiner Meinung zu ungeheuren Schlammfluten gekommen sein (siehe Zitat 286).

Bei den Zeitgenossen LEOPOLD VON BUCHS muß wohl der Eindruck entstanden sein, als habe dieser das Verdienst, die Vorstellungen über Hebungen von Erdkrustenteilen zuerst in die Wissenschaft eingeführt zu haben. ALEXANDER VON HUMBOLDT äußerte sich ([89], Bd. 1) jedenfalls genau in diesem Sinne, obwohl ihm, nach seinem eigenen Zeugnis, die entsprechenden Vorstellungen ROBERT HOOKES (1635—1703) nicht fremd waren. Auch VON HOFF (1771 bis 1837) nannte [83] VON BUCH und A. VON HUMBOLDT als diejenigen, die die Hebungstheorien „neu erfunden" bzw. diese Phänomene „neu entdeckt" hätten. Davon kann natürlich keine Rede sein. Schon der Gedanke, daß diese beiden die diesbezügliche Literatur von HOOKE bis HUTTON nicht gekannt haben sollten, wodurch die Annahme des Wiederentdeckens gerechtfertigt wäre, verbietet sich von vornherein. Daran ändert auch das zeitweilige Nichtgreifbarsein mancher Schriften [89] durch die von NAPOLEON I. gegen Großbritannien verhängte Kontinentalsperre nichts.

Nun aber wurden Hebungen, als Bestandteil geologischen Geschehens, ziemlich rasch anerkannt.

Es fehlte auch jetzt nicht an ablehnenden Stimmen. Sie kamen außer von KARL STROMBECK (1771—1848) und SCIPIONE BREISLACK (1748—1826) [83] auch von JOHANN WOLFGANG VON GOETHE (1749—1832), der bekanntlich ein treuer Anhänger WERNERS war [60].

ALEXANDER BRONGNIART (1770—1847) war noch 1829 der Meinung, man könne, statt mit Hebungen vieler Punkte der Erdrinde, alles viel leichter erklären, wenn man deren Einsinken auf einen einzigen Punkt annehme, wodurch der Meeresspiegel fallen und die vorher abgelagerten Sedimente auf den Höhen zurückgelassen würden, wo man sie jetzt findet [21].

ALEXANDER VON HUMBOLDT (1769—1859) stellte,

seinen eigenen Worten zufolge, bereits 1822 fest, daß die Entstehung von Faltengebirgen nicht einfach nur durch Hebung zu erklären sei, sondern daß zwei funktionell wie zeitlich verschiedene Vorgänge mitwirken, Faltung und Hebung:

> **63** „Die Streichungslinie der aufgerichteten Schichten [gemeint: gefaltete Schichten] ist nicht immer mit der Axe der Kette [gemeint ist: Gebirgskette] parallel, sondern durchschneidet bisweilen dieselbe: so daß dann meiner Ansicht nach, das Phänomen der Aufrichtung der Schichten, die man selbst in der angrenzenden Ebene wiederholt findet, älter sein muß als die Hebung der Kette."
> ([89], Bd. 1, S. 318)

Das war eine außerordentlich wichtige Erkenntnis. Man hatte zwar schon viel früher bemerkt, daß die Schichten der Gesteine in den Gebirgen gefaltet sind, aber man meinte, daß dies eine Folge der Heraushebung sei. Nun aber zeigte sich, daß die Faltung der Schichten nicht, wie man oft angenommen hatte, lediglich eine Begleiterscheinung der Hebung ist; von den Vorstellungen der Sintflutanhänger ganz abgesehen, die die Faltung auf den stürmischen Rückzug der Sintflutwässer zurückführten.

Hebungen, die man in das einseitige Modell vom Einsturz der Erdkruste immer häufiger einbaute, wurden vor allem von jenen, die katastrophistischen Vorstellungen nahestanden, als ziemlich schnell ablaufende Ereignisse gedacht. Erst als unter dem Einfluß der zunehmenden Überzeugung von der sehr langen Erdgeschichte (siehe Abschn. 3.) sich alle geologischen Vorgänge zeitlupenhaft dehnten, wurde auch der schnelle „Einsturz" immer mehr zur langsamen „Senkung". Man erkannte auch, daß nicht nur Teile der einstmals angeblich eingestürzten Erdkruste wieder gehoben wurden, sondern daß Hebungen und Senkungen in benachbarten Gebieten gleichzeitig erfolgen können, wie das z. B. Johann Ludwig Heim 1812 annahm (siehe im Anschluß an Zitat 60).

Charles Babbage (1792—1871) kam nach Auswertung seiner Untersuchungen von Pozzuoli zu dem Ergebnis —

welches er 1834 der Londoner Geologischen Gesellschaft vorlegte —, daß zur Entstehung großer Sedimentmächtigkeiten Senkungen des Untergrundes notwendig sind [71a]. Das war eine fundamentale Feststellung: Langanhaltende Senkung führt zu langanhaltender Sedimentation; weil eine Senke entsteht, wird etwas abgelagert und nicht umgekehrt. Mancher früherer Forscher mag das vielleicht stillschweigend vorausgesetzt haben. Doch als selbstverständlich galt diese Erkenntnis nicht.

Charles Robert Darwin (1809—1882) wies 1859[204]) gleichfalls auf diesen Zusammenhang zwischen Senkung und Sedimentation hin [50].

Leonce Élie de Beaumont (1798—1874) unterschied Heraushebungen von Gebirgen zu unterschiedlichen geologischen Zeiten nach unterschiedlichen Richtungen und gliederte so erst 12, später sogar 21 Gebirgssysteme aus [1]. Die Faltung der Schichten führte er auf seitlichen Druck, wie zwischen Schraubstöcken erzeugt, zurück. Dieser Druck sollte seiner Meinung nach durch die Schrumpfung der Erde infolge Abkühlung entstehen [155].

Faltung durch seitlichen Druck gilt seither als mit den Beobachtungsbefunden in Einklang stehende und experimentell bewiesene geologische Erkenntnis.[27]) Die Schrumpfungstheorie blieb später keineswegs unbestritten. Mit dem — wie zwischen Schraubstockbacken erzeugten — seitlichen Druck kam neben der bisher ausschließlich vertikalen nun auch die horizontale Bewegungskomponente geotektonischer Vorgänge ins Spiel.

James Hall (1811—1898) fand 1859, daß die Faltenzonen, also die Zonen der großen Gebirge, mit Zonen großer Mächtigkeit der Sedimente zusammenfallen [155]. Daraus ergab sich, daß Faltengebirge dort entstanden sind, wo infolge langanhaltender Senkung große Sedimentmassen angehäuft und dann gefaltet wurden. Für diese langgestreckten Senkungsgebiete prägte 1875 James Dwight Dana (1813—1895) den Begriff „Geosynklinale“.

Mächtige Sedimentmassen werden in Gebieten mit

langanhaltenden Senkungen abgelagert; Geosynklinalen, als Zonen besonders großer Sedimentmächtigkeiten, sind die Gebiete der späteren Gebirgsbildungen: das sind seither ebenfalls gesicherte geologische Erkenntnisse.

2.2.5. *Von der Mitte des 19. Jahrhunderts (A. von Humboldt 1845) bis zur Mitte des 20. Jahrhunderts* (Stille *1950*)

Solange der Sintflutgedanke dominierend war, rechnete man fast ausschließlich mit abwärts gerichteten Bewegungen der Erdkruste, was als bloßes Einbrechen über Hohlräumen verstanden wurde. Stehengebliebene oder schräg herausragende Krustenteile sollten die Gebirge darstellen. Dann erkannte man, daß durch erdinnere Kräfte diejenigen Teile, die einstmals wasserbedeckt waren, was entsprechende Fossilien bewiesen, herausgehoben worden sind, daß es also neben abwärts- auch aufwärtsgerichtete Bewegungen gibt, die man schließlich beide auf erdinnere Kräfte zurückführte.

Aber es tauchte schon der Gedanke auf, daß auch die Gestalt der Kontinente mit erdinneren Kräften in Zusammenhang stehen müsse. Alexander von Humboldt äußerte sich 1845 in seinem „Kosmos“ unter Hinweis auf seine früheren Veröffentlichungen hierzu. Ausgehend von einer ehemaligen Verbindung zwischen den Kontinenten, meinte er:

64 „Hier muß nur noch in Betrachtung der allmäligen Vergrößerung (Agglutination) der gehobenen trocknen Erdstriche bemerkt werden, daß ... in der Diluvial-Periode ... ein Theil der jetzigen Continentalmassen doch schon vollkommen von einander getrennt waren. Es herrscht in Südamerika und den Australländern eine große Aehnlichkeit zwischen den dort lebenden und den untergegangenen Thieren ... Unser atlantischer Ocean trägt alle Spuren einer Thalbildung ... Der Parallelismus der Küsten nördlich von 10° südl. Breite an, die vor- und einspringenden

Winkel, die Convexität von Brasilien dem Golf von Guinea gegenüber, die Convexität von Afrika unter einerlei Breiten mit dem antillischen Meerbusen sprechen für diese gewagt scheinende Ansicht."
([89], Bd. 1, S. 302–303, 309)

VON HUMBOLDT führte die Trennung der Kontinentmassen auf eine Störung im Gleichgewicht der hebenden Kräfte im Innern der Erde zurück.

Er war aber nicht der erste, der einen solchen Gedanken zu Papier brachte. Schon DE BUFFON nahm in seinem Werk „Naturepochen", 1778, eine Trennung der ehemals zusammenhängenden Nordkontinente an [193]. A. SNIDER-PELLEGRINI sah 1858 ebenfalls die Ähnlichkeit der Küstenkonfiguration dieser Festländer. Er nahm an, daß sie einstmals zusammenhingen und durch kosmisch bedingte Katastrophen getrennt worden seien [134].

CH. R. DARWIN machte folgende bemerkenswerte Feststellung:

65 „Betrachten wir die jetzigen Weltmeere, ... so finden wir sie mit zahlreichen Inseln besäet; aber kaum eine echte oceanische Insel (mit Ausnahme von Neu-Seeland, wenn man dies eine echte oceanische Insel nennen kann) hat bis jetzt einen Überrest von paläozoischen oder secundären [gemeint sind: mesozoische] Formationen geliefert. Man kann daraus vielleicht schlieszen, dasz während der paläozoischen und Secundärzeit weder Continente noch continentale Inseln da existiert haben, wo sich jetzt der Ocean ausdehnt; denn wären solche vorhanden gewesen, so würden sich nach aller Wahrscheinlichkeit aus dem von ihnen herbeigeführten Schutte auch paläozoische und secundäre Schichten gebildet haben, und es würden dann in Folge der Niveauschwankungen, welche während dieser ungeheuer langen Zeiträume jedenfalls stattgefunden haben müssen, wenigstens theilweise Emporhebungen trockenen Landes erfolgt sein."
([50], S. 396–397)

DARWIN zog daraus den Schluß, daß die Weltmeere sich schon seit den ältesten Zeiten an ihrem jetzigen Ort befinden. Gleiches nahm er für die Kontinente an und kam zu einer grundsätzlichen Einteilung der Erdoberfläche:

66 „,... die groszen Weltmeere [sind] noch jetzt hauptsächlich Senkungsfelder, die groszen Archipele noch schwankende Gebiete und die Continente Hebungsgebiete."
([50], S. 397)

Diese Einteilung sollte später noch eine Rolle spielen. Der allgemein anerkannten Ansicht, daß dort, wo heute Land ist, einstmals Meer gewesen sein müsse, folgte auch er und meinte:

67 „Aber können nicht die Felder vorwaltender Hebungen und Senkungen ihre Rollen vor noch längerer Zeit umgetauscht haben? In einer unermeszlich früheren Zeit vor der cambrischen Periode können Continente da existiert haben, wo sich jetzt die Weltmeere ausbreiten, und können offene Weltmeere da gewesen sein, wo jetzt die Continente emporragen."
([50], S. 397)

Mit den Aussagen von Humboldts und Darwins stehen wir am Anfang zweier unterschiedlicher, heute noch nicht zu Ende diskutierter geotektonischer Bewegungsbilder:

von Humboldt:	Zerteilung der ursprünglich zusammenhängenden Landmasse in die heutigen Kontinente durch „Talbildung".
Darwin:	Örtliche Permanenz der Kontinente und Ozeane seit dem Paläozoikum; vorpaläozoische Umkehr; eingesunkene Landbrücken.

Von Humboldts Gedanken (vorher de Buffon) sind der Anfang der späteren Vorstellungen vom Zerbrechen und Driften der Kontinente. Das ist etwas völlig Gegensätzliches zu der Annahme ortsfesten Verharrens dieser Erdkrustenteile, bei denen eine Trennung ehemals zusammenhängender Landmassen durch eingesunkene Teile (Zwischenkontinente als Landbrücken) erfolgt sein soll.

Es sollen nun im folgenden nicht alle geotektonischen Theorien[28]) besprochen werden. Lediglich die beiden einander völlig entgegengesetzten Auffassungen, die EMILE ARGAND (1879–1940) mit den Begriffen „Fixismus" und „Mobilismus" umriß, werden näher beleuchtet. Zu diesem Zweck wird nur auf die eine oder andere Theorie, die diese Gegensätze besonders anschaulich macht, eingegangen werden.

Geotektonischer Fixismus bedeutet: Die Kontinentschollen der Erdkruste haben ihre Lage zum Gradnetz der Erde nicht nennenswert verändert, sondern fast ausschließlich vertikale Bewegungen ausgeführt.

Geotektonischer Mobilismus bedeutet: Die Kontinentschollen der Erdkruste haben sich nicht nur vertikal sondern auch horizontal bewegt und daher ihre Lage zum Gradnetz der Erde z. T. wesentlich geändert.

Fixistischen Ansichten folgte z. B. EDUARD SUESS (1831–1914), der sich um die Erforschung der Faltengebirge verdient gemacht hat, in seinem seit 1883 erschienenen Werk „Das Antlitz der Erde". Er, der wie DE BEAUMONT und DANA die Schrumpfungstheorie vertrat, folgerte daraus die vor allem abwärts gerichteten Bewegungen der Erdkruste. Bekannt ist sein Ausspruch, daß es der Zusammenbruch des Erdballs sei, dem wir beiwohnen würden [86, 181]. So beachtenswert seine Forschungsarbeiten im einzelnen waren, so huldigte er doch im ganzen noch einem alten Bewegungsbild.

Die Vorstellung von einem heißen, durch Abkühlung schrumpfenden Erdball übernahm 1913 auch HANS STILLE (1876–1966) und baute sie weiter aus, wobei er sich hinsichtlich der tektonischen Vorgänge deutlich für den Katastrophismus aussprach (siehe Zitate 308 und 309). Eigentlich war die Schrumpfungstheorie schon damals nicht mehr recht haltbar, zumindest aber sehr zweifelhaft geworden. Es folgten ihr auch nicht alle

Geowissenschaftler. STILLES Darstellung enthielt Widersprüche, die ihm selbst hätten auffallen müssen. Das soll an einem Beispiel erläutert werden.
Er schrieb 1913:

68 „Vom Auf und Ab der Massen, von der Aufwärtsbewegung und dem Einsinken großer Erdräume wird im folgenden die Rede sein. Alle diese Bezeichnungen sind zunächst relativ zu verstehen, und zwar beziehen wir sie auf den Spiegel des Ozeans. Aber dieser Spiegel steht nicht fest, sondern ist selbst in einer gewissen Abwärtsbewegung im Laufe der geologischen Zeiten begriffen, wenigstens im Sinne der Kontraktionstheorie, die alle tektonischen Vorgänge in der Erde auf die Schrumpfung des Erdkörpers infolge seiner ständig fortschreitenden Abkühlung zurückführt."
([155], S. 8)

Nun ist es selbstverständlich, daß auf einer kleiner werdenden Kugel auch die sich auf ihr befindlichen Wasseransammlungen in Richtung auf den Mittelpunkt, also „abwärts", bewegen. Auf einer sich verkleinernden Kugel und der damit sich verkleinernden Kugeloberfläche muß aber die darauf befindliche Wasserhülle dabei zunehmend mächtiger (dicker) werden. Das bedeutet einen relativen Anstieg des Ozeanspiegels; fortschreitende Überflutung (Transgression) wäre das Erscheinungsbild einer schrumpfenden Erde. STILLE sah es aber nicht so:

69 „Indem die Kompression größerer Erdbezirke in den Phasen der Faltung in der Hauptsache auf Kosten der alten Sedimentationswannen[29]) erfolgt, werden die Kontinentalsphären einander genähert."
([155], S. 25)

Die Vergrößerung der Landgebiete auf Kosten des Wasserareals müßte aber die Tendenz zur fortschreitenden Transgression noch verstärken.[30]) Es gab auch bald Einwände gegen die Schrumpfungstheorie, allerdings anderer Art. STILLE erwähnte (1922) selbst, daß rechnerisch ermittelt worden wäre, ein Körper von der Größe der Erde müsse sich beim Kleinerwerden erwärmen. Ob diese Aussage haltbar ist oder nicht, ist nebensächlich, interessant sind STILLES Argumente dagegen. Der folgende Satz ist typisch für das Beharren auf einer vorgefaßten Meinung:

70 „... denn schließlich muß doch der Wärmeverlust durch Ausstrahlung so groß sein, daß die Erde trotz des Wärmegewinnes durch die Schrumpfung abkühlt. Der Zeitfaktor wird vernachlässigt; wir brauchen uns doch zwischen den einzelnen Schrumpfungsakten nur die nötige Zeit der Wärmeabgabe ohne Schrumpfung eingeschaltet zu denken." ([156], S. 19)

Die Annahme einer Schrumpfung der Erde infolge von Abkühlung war später, nach dem Hinweis auf Wärmeerzeugung durch radioaktiven Zerfall in der Erde, noch unhaltbarer geworden.

Die Schrumpfungstheorie wurde außer von STILLE z. B. auch von ALBERT HEIM (1849–1937), FRIEDRICH NÖLKE (1877–1947) sowie von LEOPOLD KOBER (geb. 1883), der allerdings nicht die Abkühlung, sondern die Gravitation zugrunde legte, vertreten [181].

STILLE faßte 1922 die Ergebnisse seiner Untersuchungen in folgende Aussagen zusammen:

71 Das orogenetische Gleichzeitigkeitsgesetz:

„Alle Gebirgsbildung ist an verhältnismäßig wenige und kurze Termine von erdweiter Bedeutung gebunden. Sie tritt gleichzeitig in den verschiedensten Erdgebieten ein."

Die epirogenetische Gleichzeitigkeitsregel:

„Die Veränderungen im Gange der epirogenetischen[31]) Bewegungen zeigen in den verschiedensten Erdgebieten erhebliche gleichzeitige Gleichsinnigkeiten." ([156], S. 7/10)

Das Zusammenwirken beider Erscheinungen erklärte er folgendermaßen:

72 „Zwar eine ununterbrochene, aber keine gleichmäßig fortschreitende Entwicklung ergab sich für das tektonische Erdbild; in zweierlei Form, in orogenetischen und epirogenetischen Vorgängen, sahen wir die tektonischen Kräfte sich äußern. Ständige Bewegung herrscht in der Erd-

kruste – hier hebt sie sich, dort senkt sie sich, es ist ein langsames Atmen des Erdkörpers. Aber von Zeit zu Zeit treten, wenn ich beim Bilde des Körpers bleiben darf, Paroxysmen, Fieberzustände, ein – das Atmen beschleunigt sich gewaltig, es kommt zu Faltungen."
([156], S. 10–11)

Die „Fieberzustände" der Faltung waren für ihn der Grund, den Aktualismus für die Tektonik abzulehnen.

Stille hatte zweifellos ein zunächst imponierendes geotektonisches Leitbild geschaffen. Die Feststellung der Phasenhaftigkeit tektonischer Vorgänge und eine detaillierte tektonische Gliederung der Erdgeschichte haben dazu beigetragen, eine Fülle von Zusammenhängen und Einzelerscheinungen zu klären. Die Vielzahl seiner und seiner Schüler Publikationen, nicht nur über europäische Gebiete, legen davon Zeugnis ab. Doch dabei wurde vielleicht manchmal die dogmatische Seite von Stilles Lehre übersehen, denn er forderte:

73 „Die erdumfassende Bedeutung der tektonischen Vorgänge von beiderlei Art, d. h. also das orogenetische Gleichzeitigkeitsgesetz und die epirogenetische Gleichzeitigkeitsregel, mache ich insbesondere zum Prüfstein für die geotektonischen Theorien."
([156], S. 11)

Die Richtigkeit der von ihm aufgestellten Gesetzmäßigkeiten durch weitere Forschung zu prüfen, hielt er wohl für überflüssig. Nur diejenigen Theorien sollten Anerkennung finden, die sich auf dem von ihm aufgestellten Prüfstein bewährten.

Stilles „Gleichzeitigkeit" hängt eng zusammen mit seinen Vorstellungen über die Kurzfristigkeit gebirgsbildender Vorgänge. Auf das „Niederdeutsche Becken", also den nordwestdeutschen Raum, eingehend, schrieb er:

74 „... aber in der kurzen Zwischenzeit zwischen dem Jura und dem Neokom waren dort, wo vorher und nachher das Meer flutete, gewaltige Gebirgsketten entstanden und wieder vergangen."
([155], S. 11)

Das Neokom folgt unmittelbar auf die Jurazeit, so daß man nicht direkt weiß, wieviele Jahre absoluter Zeitrechnung er dafür veranschlagte. Er kann aber höchstens ganz wenige Millionen Jahre angenommen haben,[32]) innerhalb welcher „gewaltige Gebirgsketten" entstanden und wieder vergangen sein sollen, und wenn man seiner Schilderung folgt, sogar mehrmals.[33])

Die nordamerikanischen Kordilleren entlang der pazifischen Küste sind etwa zur gleichen Zeit entstanden und sind heute noch, nach etwa 140 Millionen Jahren, ein imposantes Gebirge. Angesichts dessen schmilzt die damals von STILLE angenommene Zeit für das Entstehen und Vergehen von Gebirgen zur Unmöglichkeit zusammen. Gebirgsbildungen waren für ihn schnelle Vorgänge, was auch unterstrichen wird durch seine, zwar nicht wörtlich zu nehmende, aber doch charakterisierende Aussage,

75 „... wo gestern noch die Sedimentationswanne lag, findet sich heute ein Gebirgsland".
([155], S. 10)

Eine derartig engbegrenzte Gleichzeitigkeit, derzufolge kurzfristig in verschiedenen Erdteilen Gebirge entstanden sein sollen, entspricht nicht den Tatsachen, wie sich später immer mehr herausstellte.[34]) Es handelt sich um jeweils auf eine lange Zeit verteilte tektonische Ereignisse, die nicht unbedingt örtlich und zeitlich gleichzeitig und auch nicht gleichartig gewesen zu sein brauchen. Die STILLEschen engbegrenzten „Revolutionen" haben sich mehr und mehr als längere Zeitabschnitte gesteigerter tektonischer Aktivität erwiesen. Es sind nicht Revolutionen im Sinne CUVIERS, wie STILLE meinte, sondern, wenn man bei einem Vergleich aus jener Zeit bleiben will, Zeiten der Unruhe, wie sie, nach HUTTON, den Zeiten der Ruhe folgen.

Bezeichnenderweise sprach STILLE, am Beispiel des „Niederdeutschen Beckens", nur von der Reihenfolge: Senkung und Sedimentation — Faltung — Einebnung und Versinken der Falten — Senkung usw. Von der

Heraushebung der gefalteten Schichten zum Gebirge im orographischen Sinne war nicht die Rede. „Faltung" schloß bei ihm offenbar die Hebung mit ein. Dafür spricht sein gelegentlich verwendeter Ausdruck „Auffaltung", der z. T. heute noch im Gebrauch ist und eine ganz bestimmte und zwar zumeist falsche Vorstellung suggeriert.[35]) Das, was ALEXANDER VON HUMBOLDT bereits erkannt hatte, nämlich daß die Faltung von der Hebung zu trennen ist (siehe Zitat 63), war anscheinend vergessen worden.

Nach STILLE (1913), und allgemein anerkannt, bezeugt ein Faltengebirge einen hochgradigen Zusammenschub der Sedimentgesteine. Er erwähnte selbst, daß man festgestellt habe, die Gesteine des Schweizer Jura seien auf ein Drittel, die der Alpen allgemein auf zwei bis ein Drittel und die in der Nähe des Südportals des Simplontunnels anstehenden Gesteine auf 1/10 der ursprünglichen Breite zusammengeschoben worden [156]. Dabei ging er, wie schon erwähnt, von einem zweiseitigen Zusammenschub, ähnlich dem zwischen den Backen eines Schraubstockes, aus.

Bei einem Zusammenschub auf 1/3 bedeutet das für die Alpen, bei einer ungefähren heutigen Breite von 200 km, eine ursprüngliche Breite des Sedimentationsraumes von 600 km.[36]) Die beiden „Schraubstockbacken" (die Vorländer STILLES) haben sich um 400 km einander genähert, jede für sich hat sich um 200 km bewegt. Ein mehrfaches solcher horizontalen Bewegungsbeträge ergibt sich bei vergleichsweiser Übertragung auf andere größere Faltengebirge der Erde. Bei solch beträchtlichen Bewegungen — und man bedenke, als Bestandteil einer fixistischen Theorie — blieb die Frage offen, was hinter den heranrückenden Fest- oder Vorländern geschah und wie das geotektonische Bild der gesamten Erde nach den mehrfachen, damals schon bekannten Gebirgsbildungen trotz Fixismus dann eigentlich aussehen sollte. Hier zeigt sich, daß die Schrumpfungstheorie in unlösbare Schwierigkeiten geriet. Sie auf die Maßstäbe solch großer, horizontaler Massenverfrachtungen anzuwenden, führt letzten Endes zum Mobilismus, worauf schon AMPFERER (1906) hingewiesen hatte [26].

Aber schon lange gab es neben fixistischen auch mobilistische Anschauungen. W. L. GREEN fiel (1857)[212]) die pyramidale Form der südlichen Umrisse der großen Kontinente und Halbinseln auf, und er nahm daher auf dem flüssigen Erdkern schwimmende Segmente an. W. FRANKLIN COXWORTHY (1890) und PICKERING (1907) hielten die Kontinente für zerrissene Massen. R. MANTOVANI (1909) sprach von Kontinentverschiebung. Vor allem aber behandelte F. B. TAYLOR (1910)[254]) dieses Thema im Hinblick auf die tertiären Faltengebirge. Durch Rotation erzeugte Polflucht sah er als bewegenden Faktor an [181].

Das fixistische, von generell vertikalen Bewegungen ausgehende geotektonische Bild von der Erde wurde als unzureichend erkannt, um globale Erscheinungen deuten zu können. Eine nicht unbedeutende, horizontal gerichtete Komponente in die Betrachtung einzubeziehen, schien unausbleiblich notwendig.

OTTO AMPFERER (1875–1947) legte 1906 in bewußtem und betontem Gegensatz zur Schrumpfungstheorie eine Theorie über Unterströmungen im Bereich des zähplastischen Untergrundes der Geosynklinalen vor [27], in der er mit beträchtlichen Masseneinsaugungen nach tieferen Bereichen rechnete [108].

ALFRED WEGENER (1880–1930) trat mit seiner Kontinentverschiebungstheorie erstmals 1912 in einem Vortrag vor der Geologischen Vereinigung in Frankfurt (Main) und einer ersten Veröffentlichung in Erscheinung. Unterbrochen durch Teilnahme an einer Grönlanddurchquerung 1912/13 und durch den Kriegsdienst, legte er eine ausführliche Darstellung im Jahre 1915 vor. Es ist nicht verwunderlich, daß ein Geophysiker die Geotektonik unter anderen Aspekten betrachtete als ein

Geologe wie STILLE, dabei aber keineswegs einseitig. Nicht nur mit geophysikalischen und geologischen, sondern auch mit paläontologischen und biologischen sowie paläoklimatologischen Argumenten untermauerte er seine Theorie. Wegen der Beziehungen zu TAYLORS vorausgegangenen ähnlichen Auffassungen wurde sie, wie WEGENER selbst mitteilte, von den Amerikanern auch TAYLOR-WEGENERsche Theorie genannt.

Es können und sollen nicht alle seine Argumente hier wiedergegeben werden. Nur einige seien erwähnt, ohne auf das bereits früher festgestellte Ineinanderpassen der Umrißformen der Westküste Afrikas und der Ostküste Südamerikas (siehe Zitat 64) noch einmal einzugehen.

1. Es sind zwei grundsätzlich verschiedene Küstentypen vorhanden: der pazifische Küstentyp mit mehr oder weniger parallelen Randgebirgen und vorgelagerten Tiefseerinnen; der atlantische Küstentyp im Bereich des Atlantischen und Indischen Ozeans, der, von wenigen Ausnahmen abgesehen, Abbrüche eines Tafellandes darstellt.

2. Die statistische Auszählung der Höhenverteilung auf der Erde ergibt zwei Häufigkeitsmaxima; eines bei etwa 100 m über dem Meeresspiegel, das andere bei etwa 5000 m unter diesem. Daraus folgerte WEGENER einen grundsätzlichen Unterschied von Kontinentscholle und Ozeanboden. Er sagt hierzu weiter:

76 „Die äußerste, durch die Kontinentalschollen repräsentierte Schicht bedeckt nicht (vielleicht nicht mehr) die ganze Oberfläche; die Tiefseeböden aber stellen die freie Oberfläche der nächsten Schicht des Erdkörpers dar, welche auch unter den Kontinentalschollen anzunehmen ist“ ...

„... Permanenz nicht der einzelnen Ozeane oder Kontinente als solche, sondern des Tiefseeareals und des kontinentalen Areals im ganzen.“
([181], S. 21–22)

3. Spuren von Eiszeiten während des Karbon und Perm[37]) sind aus Brasilien, Südafrika, Indien, Arabien und Australien bekannt. Hätten die Kontinente ihre Lage bis heute nicht geändert, dann würde dies eine Vereisung vom Südpol bis in Breiten noch nördlich des Äquators bedeuten.[38])

4. Auf den heutigen Südkontinenten bzw. -kontinentteilen kam bis zum Mesozoikum eine einheitliche Landwirbeltierfauna vor; danach erfolgt in den Einzelgebieten eine getrennte Entwicklung. Das bedeutet, daß bis zu einer bestimmten Zeit eine Landverbindung bestanden haben muß, die später unterbrochen wurde.

Einig sind sich Fixisten wie Mobilisten, daß die heutigen Südkontinente, genauer gesagt, Südamerika, Afrika, Arabien, Indien, Australien und Antarktika, einem zusammenhängenden riesigen Festland angehört haben, das man Gondwania nennt. Fixisten glauben, daß die zwischen den genannten Gebieten liegenden Teile (Landbrücken, Zwischenkontinente) eingesunken und so die heute trennenden Ozeane entstanden sind. Mobilisten sind überzeugt, daß die genannten Gebiete einander ursprünglich berührt haben und dann zerbrochen und auseinandergedriftet sind, so daß sich auf diese Weise die dazwischenliegenden Ozeane bildeten.

Versunkene Zwischenkontinente bedeuten, daß sehr große Festlandsteile sich in Ozeanboden umgewandelt hätten. Nicht nur der Geophysiker WEGENER, sondern auch der Geochemiker WLADIMIR IWANOWITSCH VERNADSKY (1863—1945) lehnte 1929/30 solche Vorstellungen ab:

77 „Man wird wohl den Geologen zustimmen können, die die Ansicht vertreten, daß die Ozeane im Verlauf der ganzen geologischen Zeiten seit dem Archäozoikum [Archaikum] im großen und ganzen ihren Charakter als Ozeane bewahrt haben. Das Festland hat sie niemals ersetzt.

Die heutige Verteilung von Land und Ozean zeigt uns jedenfalls zwei verschiedene Typen von konzentrischen Geosphären.

Unterhalb des größten Teils der heutigen Hydrosphäre hat es niemals oder wenigstens seit Hunderten von Millionen Jahren zu keiner Zeit weder eine Stratisphäre [Schale der Sedimente], noch eine metamorphe oder eine granitische Geosphäre gegeben. Nur die Basaltschale bildet ein allgemeines Substrat der von den geochemischen Vorgängen berührten äußeren Zonen unseres Planeten."
([168], S. 55)

Bis heute konnten die Anhänger fixistischer Theorien das unter (3.) genannte Phänomen nicht erklären. Bedenkt man noch, daß im Perm, also zur selben Zeit, auf den (heutigen) Nordkontinenten ein arides, wüstenhaftes Klima weit verbreitet war, dann werden die Beweise gegen den geotektonischen Fixismus geradezu erdrükkend. Die Lage der Kontinente und Ozeane zu den Polen ist auf die Klimate von Einfluß. Große Landmassen in Polnähe — also auch das zusammenhängende Gondwania während des Karbon-Perm — verursachen ein sich selbst verstärkendes extrem kontinentales Klima, begünstigen demzufolge auch eine Vereisung. Daneben waren eisfreie Zeiten — also z. B. auch ein eisfreier Nordpol — während der Erdgeschichte oft Wirklichkeit [113]. Das alles aber erklärt nicht die Klimaverteilung, die sich bei ortsfestem Verharren der Kontinentschollen ergibt: Auf der einen Erdhälfte Vereisung bis zum Äquator, auf der anderen gleichzeitig ein Trockenwüstenklima. Eine solche Anordnung der Klimagürtel gibt es nicht und hat es sicher während der Erdgeschichte niemals gegeben. Eine Erklärung allein durch Polwanderung scheidet aus, davon kann sich jeder selbst anhand eines Globus überzeugen. Offensichtlich müssen sich die Kontinente doch verschoben haben. Die Tatsache ehemaliger Landverbindung zwischen den Südkontinenten muß also durch Landberührung, nicht durch Landbrücken (Zwischenkontinente) erklärt werden.

Das betrifft auch eine offenbare Landverbindung außerhalb Gondwanias zwischen Europa und Nordamerika.

Statistische Untersuchungen von Theodor Arldt (geb. 1878), 1917, ergaben, daß viele Forscher sich damals über den zeitlichen Abbruch der Landverbindungen in folgender Weise einig waren [181]:

— zwischen Australien, Vorderindien und Afrika ab Jura,
— zwischen Südamerika und Afrika ab Unter- bis Mittelkreide,
— zwischen Madagaskar und Vorderindien ab Wende Kreide/Tertiär,
— zwischen Europa und Nordamerika, im Norden endgültig erst im Quartär.

Auf dieser Grundlage datierte Wegener (1929) die Trennung Südamerikas von Afrika an der Wende Unter-/Mittelkreide auf eine Zeit vor 30 Millionen Jahren und kam bei einer Entfernung zwischen Buenos Aires und Kapstadt von 6220 km Luftlinie auf einen jährlichen Verschiebungsbetrag von 20 Zentimetern. Nach den gegenwärtig bekannten Alterszahlen absoluter Zeitrechnung, derzufolge die Wende von der Unter- zur Oberkreide 100 Millionen Jahre zurückliegt,[39]) ergibt sich ein jährlicher Verschiebungsbetrag von nur 6,2 Zentimetern.

Als treibende Kräfte für die Verschiebung der Kontinente sah Wegener Polflucht und eine relative Westdrift infolge der nicht nur auf die Weltmeere, sondern auch auf die Erdkruste wirkenden Gezeiten an. Außerdem rechnete er mit Polwanderungen und internen Achsenverlagerungen.

Die von Ampferer (1906) angenommene Unterströmung wurde von Robert Schwinner (1919) als Konvektionsströmung gedeutet, die später von Joly (1925)[221]), Arthur Holmes (1928) und Gerhard Kirsch (1928) mit radioaktiver Wärmeerzeugung begründet wurde. Danach sollte das sich erwärmende Sima unter den Kontinenten aufsteigen, zu Zerrung und Vulkanismus führen, in Richtung der ozeanischen Gebiete fließend und dabei Stauung und Faltung der Sedimente in den Randgebieten hervorrufend, sich abkühlen und absinken, um schließlich in großer Tiefe zu den Kontinenten zurückzukehren. Die Kontinentschollen sollen dabei infolge von Reibungskopplung mit dem horizontal gerichteten Simastrom in ihrem unmittelbaren Untergrund zerrissen und verschoben werden [27, 181].

Andererseits nahm man aber auch einen rhythmischen Ablauf der Krustenbewegungen an, wonach Zeiten der Verflüssigung in der Magmenzone solche der Erstarrung folgen sollen. In den Zeiten der Magmenverflüssigung drängt, so wurde angenommen, der Ozeanboden durch Vergrößerung seines Areals gegen die Kontinente und erzeugt dort Faltenstränge, wie sie die um den Pazifik angeordneten Gebirge zeigen. Diese Ansicht deckt sich etwa mit der Theorie des „oceanic spreading", des Ausdehnens der Ozeane, von Bayley Willis.

Alfred Wegener (1919) schloß die Mitbeteiligung subkrustaler Strömungen, die nach Holmes eine Geschwindigkeit von max. 5 cm/Jahr haben sollen [27], nicht aus. Er schrieb hierzu 1929:

78 „Wir erwähnten schon früher, daß die relativ große Leichtflüssigkeit des Simas, die hier vorausgesetzt wird, von der Mehrzahl der Autoren bisher für unwahrscheinlich gehalten wird. Bei der Betrachtung der Erdoberfläche läßt sich aber nicht verkennen, daß die Aufspaltung von Gondwanaland und auch die der ehemaligen nordamerikanisch-europäisch-asiatischen Kontinentalscholle sich als Wirkung einer solchen Zirkulation des Simas auffassen läßt. Auch bietet diese anscheinend eine gute Erklärung für die Öffnung des Atlantischen Ozeans. Sie kann also nicht aus dem Grunde abgelehnt werden, weil die Erscheinungen der Erdoberfläche ihr widersprächen. Wenn sich die theoretische Grundlage dieser Vorstellungen als tragfähig erweist, was sich gegenwärtig noch nicht überblicken läßt, so werden sie jedenfalls als mitwirkend bei der Gestaltung der Erdoberfläche in Betracht kommen."
([181], S. 184–185)

Er kam schließlich zu dem Ergebnis, daß eine ganze Reihe von geologischen Erscheinungen ihre gemeinsame Ursache im Wirken der erdinneren Kräfte hat:

79 „Die Kräfte, welche die Kontinente verschieben, sind dieselben, welche die großen Faltengebirge erzeugen. Kontinentalverschiebungen, Spaltung und Zusammenschub, Erdbeben, Vulkanismus, Transgressionswechsel und Polwanderungen stehen untereinander zweifellos in einem großartigen ursächlichen Zusammenhang. Das zeigt schon ihre gemeinsame Steigerung in gewissen Perioden der Erdgeschichte."
([181], S. 185)

Als Gegner der Verschiebungstheorie zählte WEGENER auf: CARL DIENER (1862—1928), OTTO AMPFERER (1875—1947), FRIEDRICH NÖLKE (1877—1947), WOLFGANG SOERGEL (1887—1946), ERICH JAWORSKI (geb. 1890), ALBRECHT PENCK (1858—1945), WALTER PENCK und S. WASHINGTON. HANS STILLE, obwohl nicht erwähnt, gehörte natürlich auch zu ihnen.

Zu denen, die die Verschiebungstheorie befürworteten, gehörten neben den bereits weiter oben Genannten auch: EMILE ARGAND (1879—1940), RUDOLF STAUB (geb. 1890) und HANS CLOOS (1885—1951), der eigenen Angaben zufolge WEGENERS Theorie sofort begrüßte, als sie noch von den meisten Geologen mit Entrüstung zurückgewiesen wurde [41]. Auch ALBERT HEIM (1849—1937) hat sich noch auf den Boden dieser Theorie gestellt [27]. WILHELM SALOMON-CALVI (1868—1941) ging von der Verschiebung von Schollen kleineren Ausmaßes aus und faßte diese unter dem Begriff „Epeirophorese" zusammen. Mobilistische Vorstellungen vertraten ferner auch FRANZ KOSSMAT (1871—1938), SERGE VON BUBNOFF (1888 bis 1957) und ERNST KRAUS (geb. 1889).

Der Begründer der Kontinentverschiebungstheorie, oder wenn man will, ihr Mitbegründer, auf jeden Fall aber deren konsequentester Verfechter, ALFRED WEGENER, ist 1930 auf dem Inlandeis Grönlands umgekommen.

Sicher war es ein Nachteil für diese Theorie, wenn seine Stimme nunmehr fehlte.

Vielleicht konnten wirklich einzelne geologische Erscheinungen damals noch mit der alten Kontraktionstheorie erklärt werden. Aber von ihr sagte 1931 ERICH HAARMANN (1882–1945), daß sie zwar in seiner Jugend das fertige, gesicherte und durchaus zureichende Theoriengebäude war, welches aber durch die gesammelten Beobachtungsergebnisse längst gesprengt worden wäre, und daß es sinnlos sei, immer weiter nur Tatsachen zu sammeln und ohne neue Synthese immer mehr toten Stoff „anzukarren". Er wandte sich vor allem gegen die nach seinen Worten dogmatische und Anerkennung heischende Art, mit der die Kontraktionstheorie propagiert werde [67]. Gegen sie legte er seine Oszillationstheorie vor.[214]) Den Kontinentschollen gestand er darin eine anfängliche Beweglichkeit zu, die mit der Erstarrung der Kruste verlorengegangen sei. Das unter der Erdkruste sich bewegende Sialmagma, so meinte er, balanciert Gleichgewichtsstörungen durch Anschwellen und Abschwellen aus, wodurch sog. Geotumore und Geodepressionen entstehen. Es erfolgt also ein Oszillieren der Kruste durch Hebung und Senkung. Die Sedimente an den Rändern der Senken gleiten und rutschen ab, wodurch es zur Bildung von Falten, Schuppen und Decken kommt [11].

Der Grundbestandteil seiner Theorie ist aber rein fixistisch, die Kontinentschollen werden lediglich auf- und abwärts bewegt. Wie damalige Diskussionen erkennen ließen, waren viele, wohl die meisten Tektoniker, sich einig in deren Ablehnung.

SERGE VON BUBNOFF folgerte (1931), daß die fixistische Grundeinstellung nicht mehr haltbar sei [26]. Diese Meinung scheint tatsächlich auch weit verbreitet gewesen zu sein.

ERNST KRAUS stellte 1931 der Oszillationstheorie in fast programmatischer Weise die Unterströmungstheorie gegenüber, die er in den folgenden Jahrzehnten weiter ausbaute und auf die weiter unten noch eingegangen werden wird. Die Theorie WEGENERS bezeichnete er als anpassungsfähig und meinte weiter dazu:

80 „Es kann dieser Theorie nur nützen, wenn sie im einzelnen von vielen sachlich kritisiert wird. Denn sie besitzt einen fruchtbaren und fraglos richtigen Grundgedanken ...“
([107], S. 322)

HANS CLOOS (1936) meinte gar:

81 „Einige haben die Verschiebungstheorie in vollem Umfang, viele in gemilderter Form angenommen. Kaum eine Gedankenbildung, in der nicht wenigstens ihre Wirkungen spürbar wären!“
([86], S. 201)

Nicht selten kommt es vor, daß man noch unbefriedigenden Deutungen durch eine völlig entgegengesetzte neue Theorie beikommen möchte. Nach B. WILLIS und JOLY breiten sich, wie schon erwähnt wurde, die Ozeanböden infolge Verflüssigung aus und erzeugen, gegen die Kontinente drängend, Faltenstränge, eine Vorstellung, die aber nur für den Pazifik zutreffen könnte [86]. Statt einer Schrumpfung der oberen Erdhaut, wie nach der Kontraktionstheorie, wäre also zumindest teilweise das Gegenteil der Fall. B. LINDEMANN sprach deshalb 1927[227]) von der Erdexpansion, der Ausdehnung des Erdballs [38].

Auch nach MICHAEL BOGOLEPOW (1930) soll sich die Lithosphäre zeitweise ausdehnen. Er nahm Magmenwirbel unter der Erdkruste, ähnlich den Sonnenflecken, an und meinte:

82 „... daß Schrumpfung und Dehnung der Lithosphäre gleichwertige Gegenphänomene sind. Sie entstehen periodisch allenthalben und verlaufen katastrophal schnell.“
([20], S. 227)

Er betonte die Periodizität der tektonischen Bewegungen und vermutete kosmische Ursachen.

OTT CHRISTOPH HILGENBERG veröffentlichte 1933 ein kleines Buch mit dem Titel „Vom wachsenden Erdball“ [82]. Angeregt durch WEGENERS Theorie, wie er bekannte, versuchte er anhand von Modellen nachzuweisen, daß alle Kontinentblöcke — Festlandschelfe, wie er sie nannte — sich lückenlos auf einer Erdkugel mit kleinerem Radius als dem heutigen unterbringen ließen. Demzufolge gab es ursprünglich auch keine Tiefsee, sondern nur flache Meere.

Es ist in der Tat bestechend, daß abgesehen von einigen problematischen Stellen, auf die er selbst aufmerksam machte, die Kontinentmassen sich auf diese Weise zu einer umspannenden Haut vereinigen lassen. Darin steckt sicher mehr als nur Zufall. Bei dieser Theorie entfällt auch das Problem, warum im Pazifik ein großes Stück der Erdkruste fehlt.[50])

Die expandierende Erde riß, nach HILGENBERG, die Sialhaut auf, und es quollen Simamassen vor allem im Bereich der Südhalbkugel hervor. Er verglich diesen Vorgang mit dem Aufsprengen der Kelchblätter einer Blütenknospe. Ein „Kelchblatt" wird heute durch Nord- und Südamerika, das zweite durch Europa und Afrika, das dritte durch Asien und Australien gebildet. Der erste Riß in der Sialhaut soll am Ende des Präkambriums entstanden sein und zur Bildung des Pazifischen Ozeans geführt haben. Die Entfernung der Kontinente voneinander führt er lediglich auf das Anwachsen des Erdballs zurück.

HILGENBERG muß wohl seine Theorie für fixistisch, gemäß der oben gegebenen Definitionen, gehalten haben, denn er schrieb:

> **83** „Die Bewegung der Erdteile relativ zueinander ist nicht im Sinne einer Bewegung relativ zur Sima-Oberfläche aufzufassen; sondern ein bestimmter Punkt des jeweiligen Erdteils behält seine Lage bezüglich des Gradnetzes des Erdkerns unverändert bei, so daß beim allmählichen Anwachsen des Erdkerns das Sima gleichsam zwischen die die Erdteile verkörpernden Sialschollen wächst."
> ([82], S. 28)

Hier unterlag HILGENBERG allerdings einem Irrtum. Er sprach zwar wohlweislich vom „Gradnetz des Erdkerns", nicht der Erdoberfläche, aber seine Aussage stimmt nicht.

Wenn die heute so ungleichmäßig verteilten Kontinentblöcke, von denen der größte Teil auf der Nordhalbkugel liegt und dazu noch sich auf drei der vier Oktanten dieser Halbkugel konzentriert, eine ursprünglich zusammenhängende Kruste gebildet haben sollen, dann ist dies nicht ohne beträchtliche Verschiebung gegen ein beliebiges Gradnetz zu erklären. Das, nach HILGENBERG, einseitige Hervorquellen des Sima auf der Südhalbkugel kennzeichnet diesen Sachverhalt ebenfalls. HILGENBERG kam bei seinen Deutungen auch nicht ganz ohne bedeutende Verschiebungen aus. So ist nach seinen Vorstellungen Nordamerika aus zwei Teilen entlang einer tausende Kilometer langen Scherlinie zusammengeglitten. Sein tektonisches Bewegungsbild von der Erde ist also doch ein mobilistisches.

FRANZ KOSSMAT (1871–1938) machte 1936 [106] auf unterschiedliche Erscheinungen auf den beiden Erdhälften aufmerksam: Der Nordpol liegt im Bereich eines Meeresbeckens, der Südpol auf einem Festland; ein großer Teil der Faltengebirge verläuft auf der Nordhälfte in anderer Richtung als auf der Südhälfte; auf der Südhalbkugel sind auffällige meridional verlaufende Zerrungsspalten vorhanden.

Die fixistische Schrumpfungstheorie als Antrieb für den Zusammenschub der Faltengebirge lehnte er ab. Auf die Bogenform mancher Gebirge eingehend, meinte er:

84 „[Sie] sind keine Runzeln, wie sie durch Schrumpfung ... zustande kommen, sondern sind ausgesprochene Schleppungsgürtel zwischen starren Krustenfeldern, die nicht wie die ‚Backen eines Schraubstocks' gegeneinander bewegt werden, sondern auch nebeneinander gleiten. Wir müssen also damit rechnen, daß die äußere Erdrinde nicht unverrückbar auf ihrer Unterlage ruht, sondern von Magmaströmungen geschleppt wird (Friktionskoppelung nach dem Ausdruck von SCHWINNER)."
([106], S. 382)

An anderer Stelle sagte er:

85 „Ich nehme daher an, daß es sich um eine allgemeine Rindendrift handelt, bei der die Südkontinente und -ozeanböden einer Bewegung mit nordpolar gerichteter Grundtendenz unterlagen ..."
([106], S. 384)

Allerdings sind nach seiner Meinung, im Gegensatz zu Wegeners Auffassung, der Indische und Atlantische Ozean nicht durch Abdriften der Sialdecke entstanden, sondern durch Einsinken infolge des Überschwerwerdens durch eingedrungenes Sima. Zwischen der Erdrotation und dem Mechanismus der Faltengebirgsbildung sah er grundlegende Zusammenhänge, glaubte allerdings, in etwas spekulativer Weise, auch an eine grundsätzliche Änderung der Stellung der Erdachse zur Sonne.

A. Du Toit (1937)[211]) nahm zwei Urkontinente an: das bereits erwähnte Gondwania und Laurasia (das spätere Nordamerika, Europa und Asien), beide getrennt durch ein altes äquatoriales Ozeangebiet mit dem Namen „Tethys"; beide Urkontinente seien zerbrochen und auseinandergedriftet [134].

Gegen Ende der 20er und Anfang der 30er Jahre unseres Jahrhunderts wurden innerhalb weniger Jahre neue Theorien entwickelt oder bestehende verstärkt weiter ausgebaut, die die alte fixistische Kontraktionstheorie ablösen sollten — von der ebenfalls fixistischen Oszillationstheorie, über eine teilweise mobilistische Theorie wechselnden Schrumpfens und Ausdehnens, also, wenn man will: Pulsationstheorie, bis zu den mobilistischen Theorien von Kontinentverschiebung, Unterströmung und Expansion.

Um diese neuen bzw. erneuerten Theorien wurde es aber bald wieder etwas stiller. Die Expansionstheorie erweckte in der englischsprachigen Literatur überhaupt wenig Aufmerksamkeit [38].

Es wäre wohl zu einfach zu sagen: Die Zeit war für

etwas Neues noch nicht reif. Das würde vielen damaligen Meinungen auch entschieden widersprechen. Freilich war noch manches unausgegoren, was man rückblickend immer feststellen kann. Sicher hat aber auch die auf einem „altbewährten", wenn auch nicht unbezweifelten Fundament sich zunehmend ausbreitende „STILLE-Schule" ihren Teil dazu beigetragen.

Nachdem bereits im Jahre 1928 in Tulsa (USA) ein Symposium über Kontinentdrift stattgefunden hatte, veranstaltete die Deutsche Geologische Vereinigung Anfang 1939 in Frankfurt (Main) ebenfalls eine wissenschaftliche Sitzung für und wider die Verschiebungstheorie WEGENERS und zu verwandten Fragen. Bezeichnenderweise wurde dem Titel der Beratung in Klammern hinzugefügt „Atlantis-Frage". Wenn dieser Begriff auch nur im übertragenen Sinn zu verstehen ist, so zeigt doch der Hinweis auf dieses mythisch verbrämte archäologische Problem im Zusammenhang mit geotektonischen Fragen die ganz unterschiedlichen Grundpositionen. Ein gemeinsamer Standpunkt konnte nicht gefunden werden. Das lag aber wohl auch nicht in der Absicht. Es sollte vielmehr eine Bestandsaufnahme sein; aber sie hatte nichts Neues erbracht.

In den 30er und 40er Jahren sind auch in der Sowjetunion[40]) und in den USA weitere Stimmen der Kritik an den Vorstellungen STILLES laut geworden. Im Ergebnis detaillierter Untersuchungen wurde vor allem auf folgendes hingewiesen:

- auch in den anorogenen (evolutionären) Zeiten sind tektonische Vorgänge nachzuweisen;
- die orogenen (revolutionären) Vorgänge sind nicht so kurzfristig, wie er glaubte; die orogenen Phasen haben nicht nur Hunderttausende, sondern müssen Millionen von Jahren gedauert haben; die Faltung ist ein langanhaltender Prozeß, der z. T. auch synsedimentär, also mit der Ablagerung der Sedimente, beginnen kann;

— bestimmte tektonische Phasen setzen in einzelnen Gebieten nicht gleichzeitig ein, sondern gleiten gewissermaßen über eine längere Zeit hinweg. [39].

Hans Cloos (1885—1951) veröffentlichte 1947 sein „Gespräch mit der Erde“ [42]. In diesem, wie der Titel schon erwarten läßt, unterhaltend geschriebenen Buch nannte er zurückblickend Wegeners Theorie einen leicht faßlichen, sensationell erregenden Gedankenbau auf wissenschaftlich gediegenem Fundament. Seine gelegentlichen Zweifel, welches wohl das wahre Wesen und Gesicht der Erde sei, nicht verhehlend, ließ Cloos doch vor den Lesern das mobilistische Bild einer durch innere Dynamik sich ständig verändernden Erde entstehen.

Im Jahre 1949 erschien Stilles „Leitmotiv der geotektonischen Erdentwicklung“ [157]. Unbeirrt hielt er an seinem Fixismus fest, und trotz der zunehmenden Erkenntnis über die lange Zeitdauer orogenetischer Vorgänge umfaßte eine Gebirgsbildung nach seiner Meinung nur einige hunderttausend Jahre (siehe Zitat in Anmerk. 34). Er stellte eine Starrheitsskala der Erdkruste auf, die folgendes besagte:

— mobiler Zustand der Geosynklinalen (mobil im Sinne von faltbar);
— kratonischer Zustand, also einen durch Faltung und Magmatismus versteiften Zustand der Kontinente;
— superkratonischer Zustand unter den Tiefozeanen.[41])

Die Überführung eines Zustandes in den anderen durch geotektonische Transformation (Umbildung) teilte er in drei Arten ein, die er so charakterisierte:

86 „1. die Destruktion, d. h. die Umwandlung vorher kontinentaler Räume in Tiefmeere[42]) infolge Absinkens. Sie schafft ‚Neuozeane‘, die im Gegensatz stehen zu den schon seit ganz frühen Erdzeiten vorhandenen ‚Urozeanen‘

2. die Konsolidation, d. h. die Verwandlung orthogeosynklinaler Bereiche [also Sedimentationswannen außerhalb des kontinentalen Bereichs] in kontinentale auf dem Wege der Orogenese.

Eine dritte Art von großsphärischen Transformationen ist die Regeneration, die Rücküberführung bereits konsolidiert gewesener Räume in den geosynklinalen Zustand ..." ([157], S. 15)

Die geotektonische Erdentwicklung verlief nach STILLE etwa folgendermaßen:

Bis zum Ende des Altalgonkiums[43]), der damaligen geologischen Zeitrechnung entsprechend vor 825 Millionen Jahren, entstand durch fortgesetzte Konsolidation, also durch Faltung und Magmatismus, ein kratonisch gewordener Riesenkontinent, genannt „Megagäa", der alle heutigen Kontinente und viele der heutigen Meeresflächen einschloß. Die damaligen Meere bestanden aus den sog. Urozeanen, zu denen STILLE den Urarktik, den Urskandik, den nördlichen Uratlantik, den südlichen Uratlantik und den Urpazifik zählte. Zwischen dem Alt- und dem Jungalgonkium soll eine weltweite Regeneration, der Algonkische Umbruch, erfolgt sein, wodurch riesige Gebiete der Megagäa in geologisch relativ kurzer Zeit wieder zu Geosynklinalen wurden. Es sind alle diejenigen Gebiete, die durch die Faltungen der späteren assyntischen, kaledonischen, variszischen und alpidischen Ären (im Sinne STILLES) konsolidiert worden sind. Als Reste der einstmaligen Megagäa verblieben der von Südamerika bis Australien einschließlich Vorderindien und Antarktika reichende Kontinent Gondwania. Von diesem durch Meere getrennte weitere Reste der Megagäa waren Laurentia (von N-Amerika bis zu den Hebriden reichend), Fennosarmatia (von Skandinavien bis zum Kaspi-See reichend), Angaria (etwa im Bereich des Mittelsibirischen Berglandes), Serindia (im Raum Tibet), Sinia (im SE der VR China), ein fragliches Philippinia (im Bereich des Philippinen-Beckens). Ein ähnlicher Umbruch steht, nach der Auffassung STILLES, in naher Zukunft bevor, weil fast alle faltbaren Gebiete bereits gefaltet seien; am Ende des Archaikums soll vielleicht schon einmal ein solcher Umbruch, der sog. Postlaurentische, erfolgt sein.

Die Annahme grundsätzlicher geotektonischer Änderungen, von Stille „Umbrüche" genannt, war nicht neu. Kossmat sprach schon 1936 von „Wendepunkten in der tektonischen Erdgeschichte" ([106], S. 377). Den ersten sah er ebenfalls im Zerfall der nördlichen Kontinentkomplexe in einzelne Blöcke, zeitlich allerdings nicht zwischen Alt- und Jungalgonkium, sondern am Ende des Algonkiums. Als zweiten betrachtete er den Zerfall des Südkontinents Gondwania und das Anwachsen der Nordkontinente durch Faltung am Ende des Paläozoikums. Den Beginn eines fraglichen dritten legte er auf das Ende des Tertiärs, was ungefähr dem von Stille angenommenen künftigen Umbruch entsprechen dürfte.

Stille sagte von dem angenommenen Algonkischen Umbruch:

87 „Damit stellt sich der Algonkische Umbruch als die wohl bedeutendste Zäsur in der tektonischen Erdentwicklung, als eine wahre geotektonische Weltenwende, dar."
([157], S. 26)

Die Weltenwende — das ist mehr als nur ein Hauch von allgemeiner Katastrophe und entspricht seinen schon früher gemachten katastrophistischen Äußerungen voll und ganz (siehe Zitate 308 und 309).

Natürlich waren die von den Gebirgsbildungen betroffenen Gebiete ehemalige Senkungs- und Sedimentationsfelder gewesen. Es kommt aber eben sehr darauf an, innerhalb welcher Zeitdauer man sich diese Senkungs-, Faltungs- und Heraushebungsvorgänge vorstellt und welchem Mechanismus man sie zuordnet. Bei Stille war dieser Mechanismus im wesentlichen durch ein fixistisches Auf und Ab gekennzeichnet. Der Anteil an Horizontalbewegungen, die er doch beim Zusammenschub der Sedimentmassen zu Gebirgen anerkannte, fand in seinem geotektonischen Gesamtbild keinen entsprechenden Platz. Man bedenke nur, welch eine Fläche wohl die zwischen dem sibirischen Angaria-Block und dem vorderindischen Block, als Teil des ehemaligen Gondwania, zusammengeschobenen gigantischen Gebirgsmassen einmal als frische Sedimente eingenommen, um wieviele Kilometer sich besagte Blöcke, in mehreren Akten, einander genähert haben müssen.[44])

Eine deutliche Verringerung der Größe der Erde soll dazu noch einhergegangen sein mit dem Einsinken bzw. Einbrechen der riesengroßen Gebiete der angeblich versunkenen Zwischenkontinente bzw. Landbrücken, die STILLES Neuozeane darstellen. Etwa 1/5 der (heutigen) Erdoberfläche hat sich abwärts, also in Richtung geringeren Kugelumfangs, bewegt, und trotzdem soll noch eine Schrumpfung erfolgt sein. Außerdem sind ja die angeblich versunkenen Stücke der einstigen Megagäa auch noch so herausgebrochen, daß die stehengebliebenen sich, wenigstens teilweise, — wie bereits erwähnt wurde — passend zusammenfügen lassen. Ein bleibendes Fundament für geotektonische Theorien konnte das nicht sein. Bei den aus STILLES Megagäa abgesunkenen Zwischenstücken handelt es sich vor allem um die Bereiche des heutigen Indischen Ozeans und des mittleren und nördlichen Atlantik. Einig sind sich Fixisten wie Mobilisten darin, daß der Indische und der Atlantische Ozean — die Neuozeane[45]) — mit dem Beginn des Mesozoikums nach und nach entstanden sind.

STILLES Gesamtbild der Geotektonik ging im Grundtenor nicht über das von EDUARD SUESS 1885 entworfene hinaus; verfeinert und erweitert bestätigte er es nur, wenn er 1949 sagte, daß

88 „... ‚die faltenden Bewegungen' (d. h. die alpinotypen Vorgänge, wie wir jetzt sagen wollen) durch ‚Senkung und Einsturz' (d. h. durch germanotype Tektonik)[46]) abgelöst sind ... Erstarrung ist das Primäre, an das sich der ‚Zusammenbruch' im Sinne von Sueß in weiten Teilen der Erde angeschlossen hat." ([157], S. 22)

Doch STILLE war sich wohl auch bewußt, daß dieses im Prinzip schon Jahrhunderte alte Bewegungsbild vertikaler Primärbewegungen nicht ohne eine Zusatztheorie aufrechtzuerhalten war, denn er schrieb:

89 „Das Sial des Untergrundes kann sich örtlich verdicken, wenn ihm von den Seiten her Material von sialischer Zusammensetzung zuströmt, und umgekehrt kann es durch Abströmen solcher Massen Höhenverminderung erfahren. Ohne Annahme von solchen ‚Tiefenströmungen'... sind gewisse Phänomene der Erdentwicklung, wie das Versinken solcher festländisch gewesener Räume oder das Hochbleiben der Kontinente durch ganz lange Erdperioden, obgleich sie durch Abtragung dauernd an Sial einbüßen, nicht erklärbar."
([157], S. 8–9)

STILLE kam also, obwohl er den Mobilismus ablehnte, nicht ohne größere horizontal gerichtete Bewegungen aus.

Regional angewendet trug seine Lehre, insbesondere was die Beziehungen zwischen den Orogenesen und dem Magmatismus sowie die geotektonische Gliederung der Erdgeschichte[252]) betraf, zweifellos zum Verständnis vieler Zusammenhänge bei; das ist ein Teil seiner großen und bleibenden Erfolge. Das gesamtirdische tektonische Geschehen vermochte sie jedoch nicht befriedigend zu deuten. Aber seine und seiner Schüler Forschungsarbeiten, von Südamerika über Europa bis Innerasien, übten großen Einfluß auf das Denken vieler Geologen aus, welche damit auch seine Vorstellungen übernahmen.

Von 1932 bis 1950 Professor an der Berliner Universität, wurde seine Autorität noch unterstrichen durch die Wahl zum Vizepräsidenten der Deutschen Akademie der Wissenschaften zu Berlin nach dem zweiten Weltkrieg. Und so blieb HANS STILLE für viele der „unbestrittene Führer auf dem Gebiet der Tektonik", wie er laut Glückwunschschreiben der Akademie aus Anlaß seines 90. Geburtstages (1966) bereits im Jahre 1934 vom damaligen Sekretar der Akademie bezeichnet worden war [197].

Doch unbestritten waren STILLES Auffassungen keineswegs, wie zur Genüge dargelegt wurde. Andere Stimmen wurden nur weniger deutlich vernommen. Selten ein geologisches Lehrbuch, in dem nicht STILLES Ansichten dominierten. Mobilistische Vorstellungen wurden oft nur als zwar interessante, aber überholte Hypothesen dargestellt und gar WEGENERS Kontinentdrifttheorie als eine etwas abwegige, nicht ganz ernst zu nehmende Sache. So jedenfalls mußte einer großen Anzahl, um nicht zu sagen der Mehrheit der Studenten der Geologie und Geographie, zumindest im deutschen Sprachbereich, dieser Teil der Geologie erscheinen.

Im Jahre 1964 wurden 31 Arbeiten STILLES aus den Jahren 1908 bis 1958 als ausgewählte Werke in russischer Sprache in Moskau herausgegeben [197]. STILLE war zu einem Symbol für Tektonik geworden; wenn man ihn nannte, dachte man an Tektonik, wenn man „Tektonik" sagte, dachte man zuerst an ihn.

STILLE (1950a) folgerte auf der Grundlage seines „orogenetischen Gleichzeitigkeitsgesetzes" (1922), daß nur 1/40 der nachalgonkischen Zeit, also der Zeit seit Beginn des Kambriums, orogen, dagegen 39/40 dieser Zeit anorogen gewesen sei [158].

Um es sich in Zahlen zu vergegenwärtigen, hätte innerhalb einer Zeit von etwa 570 Millionen Jahren insgesamt nur während 14 1/4 Millionen Jahren eine orogene Tätigkeit stattgefunden (was STILLES Terminologie zufolge nunmehr „Faltung" bedeutet[34]), in den übrigen 555 Millionen Jahren wären also nur epirogene Vorgänge — langsame Hebungen und Senkungen — zu verzeichnen gewesen. Das hat sich aber bald, ebenso wie die angenommene engbegrenzte Gleichzeitigkeit, als unhaltbar erwiesen.

VIKTOR EFIMOVIČ CHAIN schrieb (1971) über die angeblich anorogenen Zeiten:

89 „Gegenwärtig unterliegt es keinem Zweifel, daß in der gesamten Erdgeschichte, mit Sicherheit während des Phanerozoikums [Zeit seit Beginn des Kambriums] (in-

direkte Angaben bestätigen es auch für das Präkambrium), keine ‚anorogenen' Epochen bestanden haben. In jedem geologischen Zeitabschnitt vollzog sich in irgendeinem und gewöhnlich nicht nur in einem, sondern in mehreren Gebieten der Erde eine Faltenbildung."
([39], S. 248)

Das bedeutet jedoch nicht eine gleichmäßige Verteilung tektonischer Vorgänge über die gesamte Erdgeschichte. Nach radiometrischen Untersuchungen von G. Gastil (1960) ergab sich eine Häufung tektonischer Vorgänge innerhalb gleicher, aber sehr langer Zeitabschnitte, mit dazwischenliegenden ereignisarmen Zeiten. Die Bewegungen haben aber durchaus nicht überall gleichzeitig stattgefunden, nur dort, wo sie auftraten, lagen sie innerhalb der Zeiten gehäuften Auftretens [104]. Das alles bedeutet, wie auch Chain (1971) ausdrückte, daß der geotektonische Prozeß zwar keinen Augenblick aussetzt, aber kontinuierlich-diskontinuierlich verläuft.

Ernst Kraus (geb. 1889) hatte in den 30er und 40er Jahren und dann natürlich weiter in der Folgezeit seine mobilistische Unterströmungstheorie weiter ausgebaut. In ihr legte er unter anderem dar, daß sowohl Hochreliefformen als auch Geosynklinalen und andere Senkungsgebiete, wegen der Massenerfüllung der Lithosphäre, ganz zwangsläufig subkrustale Massenverlagerungen beweisen. In tieferen Bereichen strömen demnach Massen von dort ab, wo sich Senken als Folge dieses Vorganges bilden, und bewegen sich offensichtlich nach den Gebieten, die in Heraushebung begriffen sind. In umgekehrter Richtung, also von den hoch- zu den tieferliegenden Gebieten, bewegt sich der Gesteinsschutt infolge der Abtragung. Deshalb weist, wie Kraus betonte, der exogene (erdäußere) Schuttstrom auf einen ihm entgegengerichteten endogenen (erdinneren) Unterstrom hin. Seine Untersuchungen dehnte er auch auf den Meeresuntergrund aus. Von der horizontalen Verlagerung der Kontinente ist auch er überzeugt [108].

2.2.6. *Von den 50er Jahren unseres Jahrhunderts bis zur Gegenwart*

Bis weit in die 50er Jahre hinein wurde der überwältigende Teil aller tektonischen Untersuchungen auf den Kontinentblöcken durchgeführt, also lediglich auf einem Drittel der Erdoberfläche. Nun, da man sich verstärkt den übrigen zwei Dritteln zuwandte, konnte es nicht ausbleiben, daß auch andere Ergebnisse zustande kamen als bisher, und zwar solche, die den Auffassungen derjenigen Forscher näherkamen, die mehr auf den erdweiten Zusammenhang der Tektonik Wert gelegt hatten als auf Details.

Geophysikalische Forschungen und der Nachweis des Charakters der insgesamt 70000 km langen mittelozeanischen Rücken, die sich mit ihren zentralen Spaltenzonen als Achsen ständiger Dehnungsvorgänge herausstellten, rückten solche mobilistischen Vorstellungen wieder in den Brennpunkt des Interesses [146], die z. B. JOLY, KIRSCH, SCHWINNER und andere schon vor Jahrzehnten vertreten hatten. Dehnung im Bereich der Ozeane schien die Expansion der Erde auf Grund der von PAUL DIRAC und anderen angenommenen langsamen Abnahme der Gravitationskonstante [113] zu bestätigen. Damit stand der schon lange angefochtenen Vorstellung von einer Schrumpfung der Erde erneut die einer zumindest teilweisen Ausdehnung gegenüber.

Offensichtlich steigt, wie man jetzt der Meinung ist, Material aus dem Erdmantel im Bereich der mittelozeanischen Rücken nach oben, dringt einerseits in deren zentrale Spaltenzonen ein und fließt andererseits nach beiden Richtungen auseinander, um an Küsten pazifischen Typs, d. h. solchen mit mehr oder weniger küstenparallelen Faltengebirgen, wieder abzusinken. Der Atlantische und der Indische Ozean dehnen sich dadurch aus, sie werden größer. Dehnungserscheinungen sind zwar auch im Pazifik vorhanden, insgesamt aber wird er offenbar kleiner, denn Asien scheint sich mit seinen ostasiatischen Inselbögen gegen ihn vorzuschieben. Die Ozeane, so nimmt man an, durchlaufen verschiedene Stadien mit Dehnung und Schrumpfung, während die Kontinente driften. Die Zonen des Aufsteigens und des Absinkens von Mantelmaterial umrahmen gewissermaßen große, sowohl kontinentale als auch ozeanische Krustenstücke umfassende Platten, weshalb man auch von „globaler Plattentektonik" spricht. Die mittelozeanischen Rücken, die gekennzeichnet sind durch Dehnung und Neubildung von ozeanischer Kruste, sind Plattengrenzen. Es sind die noch tätigen Aufreißfugen der Driftbewegung; an ihnen treten sogenannte Flachbeben auf. In ihre zentralen Nahtstellen dringt immer wieder neues Mantelmaterial von unten her ein. In den Sinkzonen (auch Subduktionszonen oder Konvergenzzonen genannt), die ebenfalls Plattengrenzen darstellen, schiebt sich eine Platte unter die andere, im allgemeinen eine ozeanische unter eine kontinentale. Charakteristisch sind daher für sie kontinentwärts geneigte, tief in den oberen Erdmantel hinabreichende Zonen von Erdbebenherden (BENIOFF-Zonen). Die Dehnung im Bereich der Ozeane und die Unterschiebungen an bestimmten Plattengrenzen sollen einander kompensieren [19, 146].

Diese, allerdings unbewiesene, Kompensation nötigt daher nicht zu der Annahme einer ständigen Ausdehnung des Ozeanbodens, die u. a. als Stütze für die ebenfalls unbewiesene Expansion der Erde dient.

SCHROEDER (1971) beurteilt die Theorie der globalen Plattentektonik folgendermaßen:

90 „Ein Vorzug der Plattentektonik besteht darin, daß Zusammenhänge zwischen Seismizität und geotektonischen Großformen aufgezeigt werden. Dieselben Kräfte, die Erdbeben erzeugen, lassen auch Kontinente und Ozeane entstehen. Von besonderer Bedeutung ist die aktualistische Interpretation der Geosynklinalen und Orogene. Die Phänomene der gegenwärtigen zirkumpazifischen Tektonik stellen keinen Sonderfall (STILLE 1955, 1960), sondern das

Modell für die Analyse des Werdeganges von Orogenen dar. Erdbeben an BENIOFF-Zonen sind ein Ausdruck der zur Bildung von Orogenen führenden tektonischen Prozesse.“
([146], S. 417)

Die Ansichten darüber, wie diese geotektonischen Prozesse in der erdgeschichtlichen Vergangenheit abgelaufen sind, gehen allerdings weit auseinander:

— Die Lithosphäre erreichte ihre Mobilität erst vor 200 bis 300 Millionen Jahren, also mit dem schon von WEGENER angenommenen Beginn des Auseinanderdriftens im Mesozoikum; vor dieser Zeit gab es zwar Ozeanausdehnung, aber keine Kontinentdrift.
— Die Lithosphäre war schon in der frühen Erdgeschichte, vielleicht schon vor 3 Milliarden Jahren, genau so mobil wie später; zerbrechende, driftende und sich wieder vereinende Kontinente, ein zyklischer Werdegang von Kontinenten und Ozeanen kennzeichnen das tektonische Geschehen [146].

Im Lichte aktualistischer Betrachtung möchte man der zweiten Auslegung den Vorzug geben.

Der etwa gegen Ende der 50er Jahre einsetzende Prozeß des Umdenkens vieler Geowissenschaftler über geotektonische Vorgänge, als Folge verstärkter meeresgeologischer und geophysikalischer Untersuchungen, wird gelegentlich als wissenschaftliche Revolution bezeichnet, wobei auf den Namen ALFRED WEGENER besonders hingewiesen wird. Ob man diesem vielleicht etwas übertriebenen Bekenntnis zustimmen kann oder nicht, sei dahingestellt. Zweifellos entstand in der Theorie der globalen Plattentektonik das schönste Denkmal für WEGENERS Wirken, wenn seine Vorstellungen auch nicht unverändert übernommen werden konnten, was er selbst gar nicht erwartet hatte. Unter dem Dach dieser Theorie vereinigten sich Kontinentdrift, Unterströmung und mit der Ozeanausdehnung (oceanic-spreading) auch Teile der Expansionstheorie. Sie ist gleichzeitig eine der bemerkenswerten Bestätigungen in diesem Jahrhundert für den Aktualismus.

Die Theorie der globalen Plattentektonik findet heute breite, keineswegs aber allseitige Zustimmung; verwunderlich, wenn es anders wäre. Etwa gleichzeitig mit dem Entstehen dieser Theorie taucht verstärkt wieder der Gedanke an eine Ausdehnung der Erde auf. S. W. Carey (1975) [38] nennt in diesem Zusammenhang L. Egyed (1956), S. W. Carey (1958), B. C. Heezen (1959), C. H. Barnett (1962), L. Brosske (1962), B. Neymann (1962), K. M. Creer (1965), R. Dearnley (1965), P. Jordan (1966), J. Steiner (1967), R. Meservey (1969).

S. W. Carey (1975) weist darauf hin, daß Afrika und Antarktika von sich ausdehnenden mittelozeanischen Rücken umgeben sind, denen nach der Theorie der globalen Plattentektonik Subduktionszonen gegenüberstehen sollen, an denen 3000 km ozeanischer Kruste, die Ausdehnung kompensierend, verschluckt werden müßten. Er zweifelt dies grundsätzlich an und meint, die Abstände der heute voneinander getrennten Kontinente seien eine Folge der Expansion der Erde. Er bekennt freimütig, daß er die Frage nach der Ursache der Ausdehnung der Erde noch nicht beantworten könne, daß die Antwort sich aber rein empirisch ergebe; man dürfe nicht erwarten, daß empirisch gewonnene Erkenntnisse auch gleich begründet werden könnten. Er nennt verschiedene Grenzbedingungen, innerhalb derer die Expansion erfolgen könne, und hält mehrere physikalische Ursachen, einschließlich Rückkoppelungseffekte, für möglich, unter denen die angenommene langsame Abnahme der Gravitationskonstante nur eine ist.

Nach neuesten Erkenntnissen kann eine solche Abnahme der Gravitationskonstante in dem Maß, wie sie — als alleinige Ursache betrachtet — für eine Volumenzunahme der Erde entsprechend der Expansionstheorie erforderlich wäre, mit an Sicherheit grenzender Wahrscheinlichkeit ausgeschlossen werden [113, 165]. Das bedeutet nicht, daß die Gravitationskonstante als ewig gleichbleibend bewiesen worden wäre.

Die Anhänger der Expansionstheorie konnten bisher zwar die Expansion selbst nicht beweisen, andererseits war der Nachweis des Gegenteils bisher auch nicht möglich.

Einer der schärfsten Kritiker der Theorie der globalen Plattentektonik ist VLADOMIR VLADIMIRIVIČ BELOUSOV. In mehreren Veröffentlichungen hat er sich gegen sie gewandt. In seiner Abhandlung „Die Tektonosphäre der Erde — Idee und Wirklichkeit" (Deutsche Übersetzung 1974; [14]) geht er u. a. von einer Durchlässigkeit der Erdkruste längs vorgezeichneter Richtungen aus, wodurch das basische, schwere Material des Erdmantels aufsteigen kann. Bei hoher Durchlässigkeit der Kruste wird diese mit schwererem Material gesättigt und sinkt ab, bei geringer Durchlässigkeit führt der Aufstieg des Mantelmaterials zur Hebung der Kruste. Durch verschiedene Kombination tektonischer, magmatischer und metamorpher Vorgänge bilden sich bestimmte Formen tiefreichender endogener Prozesse heraus, wodurch die Erdkruste gewissermaßen verankert wird. Deshalb meint BELOUSOV:

91 „Das alles widerspricht kategorisch der gegenwärtigen Konzeption von der Drift der Kontinente, die eine horizontale Verschiebung der kontinentalen Lithosphäre auf der Asthenosphäre annimmt ...

Die Kontinente sind durch vertikale Verbindungen fest mit dem tiefsten Erdinnern verbunden, ...

Schließlich können in einem kompakten Milieu vertikale Verschiebungen nicht von horizontalen begleitet werden. In der Asthenosphäre muß, bedingt durch den örtlichen diapirartigen Aufstieg ihres Mantels, ein horizontaler Materialfluß von unten und ein horizontaler Materialfluß nach oben stattfinden.[47]) Dies geschieht nur in einzelnen tektonischen Teilzonen (z. B. bei Intrageosynklinalen und Intrageoantiklinalen) und nicht als Verschiebung der ge-

samten Lithosphäre. Letztlich bleiben alle tektonischen Zonen am Ort."
([14], S. 1269)

In diesem Zitat spiegelt sich der wohl schärfste Fixismus wider.

Durch Sättigung der Kruste mit schwerem Mantelmaterial sind, wie er meint, ganze Kontinente versunken. Solche Vorstellungen hatte schon KOSSMAT 1936 in bezug auf die Entstehung des Atlantischen und Indischen Ozeans geäußert (siehe im Anschluß an Zitat 85). Nach BELOUSOV sind auch innerkontinentale Senken so entstanden:

92 „Bildet sich unter der Lithosphäre ein bedeutender Magmenherd und kann die Lithosphäre in Schollen zerbrechen, dann müssen letztere in den Mantel eintauchen und sich in ihm auflösen. Gleichzeitig steigt die Mantelschmelze an die Oberfläche. Währenddessen werden die Gesteine der Kruste einer Metamorphose und im weiteren einer Aufschmelzung unterworfen. Hierbei wird von ihnen ebenso wie von der Mantelschmelze Wasser abgegeben, das die sich an der Oberfläche bildende Senke füllt".[48])
([14], S. 1279)

BELOUSOV bezeichnet seine Vorstellungen selbst als eine Hypothese, die lediglich auf eine Untersuchungsrichtung hindeuten solle. Die Theorie der globalen Plattentektonik ist nach seiner Meinung eine vorübergehende Erscheinung, die

93 „... dadurch hervorgerufen [wurde], daß junge Wissenschaftler, die alle zunächst von vorn begannen, keine Vorstellung von der kontinentalen Geologie hatten".
([14], S. 1280)

Ganz anderer Meinung ist dagegen MICHAIL GRIGORJEWITSCH RAWITSCH. In seiner Schrift „Die Rätsel Gondwanas" (1972) [134] beleuchtet er die fixistischen und mobilistischen geotektonischen Vorstellungen. Als ausgezeichneter Kenner der Antarktis weist er vor allem darauf hin, daß dieser Kontinent, der besonders 1957/58 im Rahmen eines Programmes des Internationalen Geophysikalischen Jahres näher erforscht wurde, an alle

Teile des früheren Gondwania gegrenzt habe und daher ein wichtiger Schlüssel zur Klärung weiterer Fragen sei. Nach seinen Mitteilungen wurde u. a. die 1000-m-Tiefenlinie, die etwa dem Außenrand des Kontinentabhanges entspricht, an den atlantischen Küsten Afrikas und Südamerikas mittels Rechenautomaten verglichen. Dabei ergab sich eine Übereinstimmung im Zusammenpassen dieser Küsten von mehr als 95%. Auf diese Weise wurden auch die Küstenkonfigurationen der anderen Teile Gondwanias überprüft, wobei eine mehr als 90%ige Übereinstimmung ermittelt wurde. Gestützt auf weitere Feststellungen kommt er zu dem Schluß, daß ursprünglich ein zusammenhängender Urkontinent Pangäa bestanden haben müsse, der dann vor nicht mehr als 1 Milliarde Jahren in die beiden Kontinente Gondwania und Laurasia zerbrochen sei. Seither driften die wiederum auseinandergebrochenen Teile dieser Kontinente, teils sich voneinander entfernend, teils sich gegeneinander bewegend, noch gegenwärtig mit einer mittleren Geschwindigkeit von etwa 3 cm/Jahr [134].

Es kann selbstredend nicht erwartet werden, daß man mit der Theorie der globalen Plattentektonik alle endogenen Vorgänge im Detail erklären kann. Deshalb ist es auch nicht verwunderlich, wenn diejenigen, die ein anderes geotektonisches Bild oder das bisher herrschende von einer mehr oder weniger ortsfesten Erdkruste vertreten, auf Erscheinungen verweisen können, die zu ihren Gunsten sprechen oder zu sprechen scheinen. Man sollte aber nicht vergessen, daß schon manche Dinge lange Zeit als sicher galten, denen bei Betrachtung unter einem anderen Blickwinkel ihre Überzeugungskraft verlorenging. Ob die Wissenschaftler, die diese Theorie schufen, tatsächlich so unerfahren waren, wie Belousov meint, sei dahingestellt. Es gibt genügend Beispiele dafür, daß das Unabhängigsein von herrschenden Vorstellungen, das Freimachen von eingefahrenen Lehrmeinungen und ein unbekümmerter Neubeginn sich befruchtend auf die

Entwicklung einer Wissenschaft ausgewirkt haben. Ebenso viele Beispiele gibt es dafür, daß jahrzehntelange Erfahrung nicht vor Irrtümern schützt. Im übrigen ist diese Theorie gar keine Neuerfindung. Ihre Einzelteile haben sich in jahrzehntelangen Auseinandersetzungen mit anderen Anschauungen herausgebildet, sei es die Kontinentdrift, die Unterströmung oder die Ausbreitung der Ozeanböden.

Die Theorie der globalen Plattentektonik ist natürlich nicht der „Weisheit letzter Schluß", wie es auch alle anderen Theorien nicht waren und sind. Sie wird im Laufe der Zeit mit Sicherheit noch manche Ergänzung, Änderung, Abwandlung erfahren und in eine neue, bessere Theorie münden. Eines aber ist ebenso sicher: Die neue, höhere Erkenntnis wird nicht wieder in dem alten geotektonischen Bewegungsbild von einem vorwiegenden Auf-und-Ab der Erdkruste gipfeln.

Horizontale Bewegungen werden, in einem bestimmten Ausmaß, von keinem Tektoniker bestritten. Falten, Decken, viele Verwerfungen und die z. T. erlebbaren Verschiebungen bei Erdbeben sind ihre sichtbaren Zeugen. Dabei erhebt sich doch folgende Frage: Wenn sich dies alles Milliarden Jahre lang auf einem rotierenden Himmelskörper abspielt, der aus unterschiedlich beschaffenen Schalen mit dazwischenliegenden Unstetigkeitsflächen besteht, und wenn man dabei eine der wichtigsten Erkenntnisse der Geologie nicht vergißt, daß nämlich kleine Veränderungen sich im Laufe der Zeit zu gewaltigen Erscheinungen summieren können — ist dann die Annahme beträchtlicher Verschiebungen oder die Annahme eines mehr oder weniger ortsfesten Verharrens der Erdkruste wahrscheinlicher?

Ausgehend von Untersuchungen in Mitteleuropa kommt Gerd Olszak (1975) zu dem Schluß:

94 „Der heutige Kenntnisstand erlaubt die Annahme, daß jede tektonische Strukturform in entscheidendem Maße mit horizontalen Bewegungen gekoppelt ist."
([128], S. 407)

Um die horizontalen Bewegungen, d. h. um den Anteil, den sie am tektonischen Werdegang unserer Erde hatten und noch haben, ist es seit etwa einem dreiviertel Jahrhundert immer wieder gegangen. Diesen zugegebenermaßen gewaltig erscheinenden Anteil tektonischer Bewegungen wenigstens in Theorien anzuerkennen — Messungen in diesem Zusammenhang und deren Deutung sollen hier außer Betracht bleiben — bedarf offensichtlich eines ähnlichen prinzipiellen Umdenkens, wie es im vergangenen Jahrhundert erforderlich war, um endlich überhaupt Hebungen der Erdkruste zur Kenntnis zu nehmen.

Jede Theorie spiegelt den Stand der Erkenntnis auf einer bestimmten Stufe wider. Diejenige geotektonische Theorie ist die jeweils beste, die

- die größte Anzahl der verschiedensten geologischen Erscheinungen in einen gesetzmäßigen Zusammenhang bringt,
- ohne mehr oder weniger hypothetische bis spekulative und oft außerhalb der Erkenntnismöglichkeit der Geologie liegende Faktoren auskommt, wie sie Schrumpfung oder Ausdehnung[49]) der Erde und Mondablösung[50]) darstellen,
- von einem Himmelskörper „Erde“ ausgeht, wie ihn auch andere Wissenschaften bzw. Wissenschaftszweige, z. B. die Kosmische Physik und die Paläogeophysik, interpretieren.

3. Das Alter der Erde

3.1. Vom Altertum bis zum 16. Jahrhundert (Bruno)

Schon einige Philosophen des Altertums hielten das Weltall bzw. das, was man damals darunter verstand, hinsichtlich seiner Existenz für ewig, hinsichtlich seiner Ausdehnung teils für endlich, teils für unendlich.

Zum Beispiel glaubte Demokrit (460–371 v. u. Z.) an die Unendlichkeit des Raumes und die Ewigkeit der Zeit [101], Aristoteles (384–322 v. u. Z.) dagegen an ein zwar endliches All, aber über die Zeit und die in ihr geschehenen Veränderungen sagte er:

95 „Da aber alles natürliche Entstehen in Hinsicht auf die Erde allmählich, und im Verhältnis zu unserm Leben in sehr langen Zeiträumen erfolgt; so bleibt dieses Entstehen unbemerkt, und eher gehen die ganzen Völker unter und verderben, ehe von der Umwandlung des Entstandenen vom Anfang bis zum Ende eine Erinnerung statt findet ... Es ist also offenbar, daß die Zeit nicht aufhört, und das All ewig ist, daß weder der Fluß Tanais noch der Nil immer floß, sondern der Ort von wo sie fließen, einst trocken war. Denn ihr Wirken hat ein Ziel, die Zeit aber nicht."
([83], Bd. 3, S. 252)

Den Begriff „ewig" darf man nicht wörtlich und in unserem Sinne verstehen. Er entstammt einer anderen Vorstellungswelt. Es würde uns heute nicht in den Sinn kommen, von einer Zeit, die das Entstehen und Vergehen aller Völker umfaßt oder bis zur Entstehung des Nils zurückgeht, auf eine Ewigkeit zu schließen. Wer keine fundierten Kenntnisse über die wirkliche Zeitdauer langanhaltender Prozesse besitzt, wird leicht geneigt sein, vielleicht schon tausende oder zehntausende von Jahren für etwas zu halten, was der Ewigkeit nahekommt, obwohl ja selbst eine milliardenfach größere Zahl an Jahren dem Begriff „Ewigkeit" – also dem „Ohne-Anfang-und-Ende" – genausowenig nahekäme.[51])

Es ist noch nicht allzulange her, daß man, obwohl man mit dem Begriff „Ewigkeit" umging, eine Zeitdauer von hundert Millionen Jahren als etwas Unfaßbares abzulehnen geneigt war.

Wenn man allerdings dem Bericht Herodots (um 484–425 v. u. Z.) über Berechnungen der Ekliptik glauben dürfte, dann hätte man damals schon ein Alter der Erde von mindestens 399000 Jahren angenommen [117].[52])

Weil für Aristoteles, der das „All" für ewig hielt, die Erde dessen Mittelpunkt war, mußte er auch sie für „ewig" halten. Wichtig ist es, festzustellen, daß ihm die Lebensdauer selbst der gesamten Menschheit, im Vergleich zu dem, was sich in der Natur vollzieht, außerordentlich kurz erschien, und daß zwar das „All", nicht aber alle Dinge schon immer waren, sondern entstanden sind und vergehen werden.

Schon in aztekischen und griechischen Mythen [166] wird, wie später auch in der Bibel, von der Erschaffung der Welt und der Erde berichtet. Damit ist die Erde nicht ewig, sondern sie hat einen Anfang und damit ein Alter — wie hoch, das war eine Frage der Auslegung. Aus den Angaben der Bibel zur Geschlechterfolge der Patriarchen versuchte man die Anzahl an Jahren zu ermitteln, die seither verflossen war. Für die Zeit von Adam bis Christus kamen z. B. drei der sog. Kirchenväter auf folgende Zahlen [117]:

Theophilus aus Antiochia (gest. um 186)	5515 Jahre
Hieronymus (um 347—420)	3941 Jahre
Augustinus Aurelius (354—430)	5351 Jahre

Bei wörtlicher Auslegung der Bibel entsprechen diese Zahlen dem damals angenommenen Alter der Erde bis zur Zeitenwende.

Nach dem Untergang der griechisch-römischen Antike im Zuge der Völkerwanderung und dem damit verbundenen jahrhundertelangen Vergessen der wissenschaftlichen Erkenntnisse, vor allem des griechischen Altertums, und unter dem Einfluß des sich rasch ausbreitenden Christentums mit einer immer mächtiger werdenden Kirche gewann im Mittelalter die Vorstellung von der Erschaffung der Welt und der Erde die Oberhand. Dabei darf man allerdings nicht vergessen, daß auch die in den alten Kulturkreis eindringenden Germanen ganz ähnlich, nur heidnisch abgewandelt, dachten, die Ansichten über diesen Gegenstand also einander durchaus nicht grundsätzlich widersprachen.

Mit dem späteren Bekanntwerden antiken Gedankengutes (siehe Abschn. 6.) tauchten wieder, wenn auch recht verschwommene, Vorstellungen über die Unendlichkeit von Raum und Zeit auf, wie z. B. bei dem Kardinal und Bischof Nicolaus von Cusa (1401–1464) (siehe Abschn. 1.2.).

Die kühne geotektonische Hypothese, die Albert von Sachsen (um 1316–1390) entwarf (siehe Abschn. 2.2.), läßt sich kaum in einen engen Rahmen der biblischen 6000 Jahre unterbringen. Trotzdem darf man wohl nicht erwarten, daß seine Vorstellung vom Alter der Erde etwa um mehr als eine Größenordnung höher gelegen hätte.

Das Alter der Schöpfung und damit der Erde gehörte nicht zu den Dogmen der Kirche (siehe auch Zitat 110). Zur Zeit des späten Mittelalters hat man diesem Gegenstand kaum eine besondere Bedeutung beigemessen. Erst später wurde, im Zusammenhang mit den Auseinandersetzungen der Kirche mit den zunehmenden Reformbestrebungen, aber auch als Folge der zunehmenden Verbreitung der gedruckten Bibel, häufiger auf deren Wortlaut und die je nach Standpunkt sich ergebenden Schlußfolgerungen hingewiesen. Erst dann wurde das Alter der Erde mit ungefähr 6000 Jahren z. T. wie ein Dogma vertreten.

Das gleiche wie für Albert dürfte auch für Leonardo da Vinci (1452–1519) zutreffen, der in einem seiner Tagebücher schrieb:

96 „Da die Dinge viel älter sind, als die Schriften, so ist es nicht verwunderlich, wenn heutzutage aus keiner Urkunde hervorgeht, daß die genannten Meere so viele Länder bedeckt haben. Und wenn es eine solche Urkunde vielleicht auch gegeben hat, so haben die Kriege, die Brände, die Überschwemmungen der Gewässer, die Änderungen der Sprache und Gesetze doch alles Alte längst zerstört.“ ([182], S. 8)

Giordano Bruno (1548–1600), der die Unendlichkeit des Weltalls vertrat (siehe Abschn. 1.2.), äußerte

1584 seine Gedanken zum Unendlichen bzw. zur Ewigkeit:[179])

97 „Innerhalb des Unendlichen ist kein grösserer und kein kleinerer Theil; denn dem Verhältniss des Unendlichen nähert sich ein noch viel grösserer Theil nicht mehr an, als ein noch so viel kleinerer, und deshalb ist in der unendlichen Dauer die Stunde nicht vom Tage, der Tag nicht vom Jahr, das Jahr vom Jahrhundert, das Jahrhundert vom Moment verschieden; denn die Augenblicke und die Stunden haben nicht mehr Sein als die Jahrhunderte, jene haben zur Ewigkeit kein geringeres Verhältnis als diese ... Deshalb sind unendlich viele Stunden nicht mehr als unendlich viele Jahrhunderte."
([24], S. 98–99)

Es wäre verfehlt, aus dieser Aussage BRUNOS dessen Vorstellungen über das Alter der Erde ableiten zu wollen. Wir sind leicht geneigt, „Unendlichkeit der Zeit" und „Ewigkeit" gleichzusetzen. Das ist jedoch dann nicht zulässig, wenn man dabei den von der Bibel und auch hier von BRUNO gemeinten Begriff „Ewigkeit" zugrunde legt. Nach der Bibelexegese werden Zeit und Ewigkeit streng dadurch voneinander unterschieden, daß in der Zeit Veränderungen geschehen, nicht aber in der Ewigkeit. Die Ewigkeit ist ein beständiges, niemals verrinnendes Jetzt [66]. Dieses „Jetzt" ist nicht auf eine bestimmte Gegenwart bezogen. Auch die frühere Bibelexegese kann keine wesentlich andere Aussage getroffen haben. Von diesem Begriff „Ewigkeit" aus kann keine befruchtende Wirkung auf die Zeitvorstellungen über das Naturgeschehen ausgehen.

BRUNO war sich jedoch über die Langsamkeit geologischer Veränderungen im klaren. In seiner Schrift „De l'infinito universo e mondi", 1584, sprach er – das irdische Geschehen auf den Mond übertragend, wo er, wie andere auch, die hellen Stellen als Meere ansah – davon, daß

98 „... sein Angesicht sich uns unverändert zeigt, da es nur im Verlauf sehr großer Zeiträume und vieler Jahrhunderte,

wie sie erforderlich sind, um Meere in Continente und Continente in Meere umzuwandeln, sich ändert".
([25], S. 129)

In einer anderen Schrift aus dem Jahre 1591[184]) äußerte er sich ähnlich:

99 „Denn Ceres und Neptun wechseln hinieden
Im Zeitenlauf erheblich oft die Grenzen,
Wie altererbte Ueberlief'rung nachweist!
Die Grenzveränderung, die ein Jahrhundert
Kaum merklich oft dem Küstennachbar, wirkt,
Wird man von dort [vom Mond] aus schwerlich einseh'n wollen!
Und doch giebt stetig und allmählich weichend
Von Spaniens Strand genau soviel das Meer ab,
Wie's fortspült von dem Küstenland bei Calpe.
...
Und im Verhältniß zu der Erde Lebenszeit
Kann eine solche Aenderung des Ansehens
nichts bedeuten!"
([25], S. 130–131)

Aus diesen Bemerkungen erhalten wir zwar nicht seine Altersvorstellungen über die Erde, aber unter Berücksichtigung seiner prinzipiell richtigen Einschätzung der langsamen Veränderungen dürfen wir annehmen, daß er deutlich über das biblische Zeitmaß hinausgehen wollte, vor allem, wenn er dabei (1591)[184]) auf folgendes hinwies:

100 „Die Religion der Chinesen kennt drei verschiedennamige Weltschöpfer und versetzt dieselben in eine Vergangenheit von zwanzigtausend Jahren."[53])
([23], S. 180)

Doch Brunos Gedanken gingen noch viel weiter. Bewegung und Zeit bildeten für ihn eine Einheit, und so kam er zu der bemerkenswerten Meinung, daß es eine allgemeingültige Zeit für das Weltall überhaupt nicht geben könne. Das schilderte er in einer Schrift aus dem Jahre 1588:[182])

101 „Denn das ist sicher, dass wenn keine Bewegung und Veränderung wäre, nichts zeitlich genannt würde. Dasselbe und Eine wäre die Zeit Aller, die Eine und Dieselbe Dauer, welche Ewigkeit genannt wird: ja die Zeit, die jedes Dinges Lebensmaas ist, wäre gar nicht. Daher hängt das Sein der Zeit nach ihren Arten von der Bewegung ab ...
Es kann so etwas Einheitliches, wie das Maas aller Bewegungen im Universum nicht geben, da, wenn wir auf einem andern Gestirn wären, es sich klar herausstellen würde, dass selbst dessen allerkürzeste Bewegung eine von derjenigen auf diesem unserm Gestirn Erde verschiedene sei ...
Nicht die Zeit ist das Maas der Bewegung, sondern umgekehrt die Bewegung das Maas der Zeit."[54])
([23], S. 184–185)

Eine Relativität der Zeit in Abhängigkeit von der Bewegung: muß man hierbei nicht unwillkürlich an die EINSTEINsche spezielle Relativitätstheorie (1905) denken?

Von solchen oder ähnlichen Erkenntnissen, Vorstellungen und Gedanken liest man nach BRUNO länger als ein Jahrhundert nichts annähernd Vergleichbares.

3.2. *Vom 17. Jahrhundert* (STENO *1669*) *bis um die Mitte des 18. Jahrhunderts* (LOMONOSSOW *1763*)

Der in der Geschichte der Geologie vielzitierte NICOLAUS STENO (1638–1686) stand als späterer hoher kirchlicher Würdenträger ganz auf dem Boden der Bibel. Die Übereinstimmung zwischen deren Aussagen und den Beobachtungen in der Natur war ihm ein Bedürfnis (siehe Zitat 16). Er äußerte sich zwar nicht zum Alter der Erde, aber man darf annehmen, daß er auch hierbei nicht gegen die Auslegung der Heiligen Schrift verstieß.

Naturbeobachtungen führten zwar immer mehr zu der Überzeugung, daß in der Vergangenheit viele verschiedenartige Veränderungen auf der Erde vonstatten gegangen sein müssen, und es entstand der verständliche Wunsch, sie zeitlich einzuordnen, was auch STENO tat, aber mehr als auf die Möglichkeiten einer Chronologie hinzuweisen, vermochte auch ROBERT HOOKE (1635–1703) nicht, wenn er schrieb:

102 „... und wenn es in der Tat recht schwierig ist, die Schriftzüge der Natur zu lesen, eine Chronologie aus ihnen aufzustellen und die zeitlichen Zwischenräume zu bestimmen, in denen sich diese oder jene Katastrophe oder Veränderung ereignet hat, so ist es doch nicht unmöglich."
([87], S. 376)

Damit war aber nichts gegen das biblische Alter der Erde von nur etwa 6000 Jahren gesagt. Die auf die Sintflut aufbauende Literatur über große Erdtheorien, zu der STENO auch einen Anlaß gab (siehe Abschn. 2.1.) und die bis in das 18. Jahrhundert hinein blühte, hemmte ja gerade das Aufkommen anderer Vorstellungen.

Erst als das kopernikanische Weltbild – für welches, die ganzen Konsequenzen aufzeigend, GIORDANO BRUNO im Jahre 1600 den Feuertod erlitt – durch GALILEO GALILEI (1564–1642), JOHANNES KEPLER (1571–1630) und ISAAC NEWTON (1642/43–1726/27) untermauert bzw. bewiesen worden war, kam der Gedanke an eine auch die Erde einbeziehende „ewige Himmelsmechanik" und damit an ein hohes Alter der Erde wieder auf.

So sollte nach BENOÎT DE MAILLET (1656–1738), seinem zwar erst 1748/49 veröffentlichten „Telliamed"[229]) zufolge, die Erde einen immer wiederkehrenden Zyklus durchlaufen, für welchen Wasserbedeckung in Sonnenferne, dann Wasserabnahme und schließliche Entzündung zu einem selbstleuchtenden Stern kennzeichnend sind. Auf Grund von Betrachtungen über Sedimentationsgeschwindigkeit kam er zu der Auffassung, daß es Menschen seit mindestens 500000 Jahren gebe. Die ungeheure Abweichung von der Zeiteinteilung der Bibel begründet er damit, daß die sechs Schöpfungstage nur im übertragenen Sinne zu verstehen seien; es könne sich nicht um Tage von heutiger Länge handeln, abgeleitet von der Umdrehung der Erde auf ihrem Weg um die

Sonne, weil die Sonne erst am vierten Schöpfungstag geschaffen worden sei [167]. Ja, er kam zu dem Schluß:

103 „Wenn ich die Vernunft zu Rate ziehe, die der einzige Führer des Philosophen ist, so sage ich Ihnen: es genügt mir, mir nicht vorstellen zu können, wie die Materie und die Bewegung begonnen haben, um sie für ewig zu halten.“ ([167], S. 304)

Gedanken über eine zeitliche Unendlichkeit der Welt äußerte auch ALBRECHT VON HALLER (1708—1777) in seinem „Unvollkommenen Gedicht über die Ewigkeit“ (1736):

104 „Unendlichkeit! wer misset dich?
Vor dir sind Welten, Tag und Menschen Augenblicke;
vielleicht die tausendste der Sonnen wälzt itzt sich,
und tausend bleiben noch zurücke.
Wie eine Uhr, beseelt durch ein Gewicht,
eilt eine Sonn', aus Gottes Kraft bewegt:
Ihr Trieb läuft ab, und eine andre schlägt,
du aber bleibst und zählst sie nicht.“
([54], S. 109)

In VON HALLERS Ewigkeit geschehen nun, ganz anders als in der biblischen Ewigkeit, durchaus Veränderungen, denn Sonnen entstehen und vergehen. Die Erschaffung der Erde und die früher damit gleichgesetzte Erschaffung der Welt bilden nun keine Einheit mehr. Der „Anfang der Welt“ wird damit unendlich weit zurückdatiert.

IMMANUEL KANT (1724—1804) fußte in seiner „Allgemeinen Naturgeschichte und Theorie des Himmels“ (1755), wo er VON HALLERS Gedicht zitierte, ganz auf diesen Vorstellungen:

105 „Es ist vielleicht eine Reihe von Millionen Jahren und Jahrhunderten verflossen, ehe die Sphäre der gebildeten Natur, darin wir uns befinden, zu der Vollendung gediehen ist, die ihr jetzt beiwohnet ... Es werden Millionen und ganze Gebirge von Millionen Jahrhunderten verfließen, binnen welchen immer neue Welten und Weltordnungen nacheinander in den entfernten Weiten von dem Mittel-

punkt der Natur sich bilden und zur Vervollkommnung gelangen werden."
([99], S. 147)

Damit ist, so wie bei von Haller, die Ewigkeit nicht mehr das nie verrinnende Jetzt, in welchem sich keine Veränderungen vollziehen, sondern sie ist die Unendlichkeit der Zeit, innerhalb der alle Veränderung und Entwicklung eingebettet ist. Wenn auch nur in kühnen Gedankenexperimenten, wurde hier doch eine neue Zeitvorstellung über das Naturgeschehen vermittelt, womit freilich noch nicht erwiesen war, ob man das Alter der Erde auch nach Millionen Jahren messen müsse.

Die ungünstigen Umstände, unter denen Kants Schrift erschien,[55]) und Konsequenzen daraus, auf die er selbst aufmerksam gemacht hatte (vgl. Blei 1974), mögen zu einer relativ geringen Verbreitung und einer geringen Anerkennung seiner Ansichten beigetragen haben. Außerdem beschäftigte man sich immer noch damit, die Aussagen der Bibel und die Naturbeobachtungen auf einen Nenner zu bringen.

Im Jahre 1740, also vor den Veröffentlichungen de Maillets und Kants, erschien das Buch des Mönches Anton Lazzaro Moro (1687–1740/64)[233]). Darin versuchte er die Schöpfungsgeschichte im Sinne der Naturgesetze zu interpretieren. Die Schöpfungstage der Bibel deutete er als eine zeitliche lange Folge von Ereignissen und meinte, daß diese Ansicht von einigen deshalb abgelehnt werde, weil in der Bibel die verschiedenen Geschehnisse jeweils als das Werk eines einzigen Tages geschildert werden. Er glaubte

106 „daß die Berge und ebenen Länder lange Zeit bedurft hätten ehe sie nach und nach dasjenige geworden wären was sie sind ..."
([121], S. 341–342)

Dem zu erwartenden Widerspruch begegnete er sogleich mit dem Hinweis, daß manche, die sich einbildeten, mit der Heiligen Schrift zu kämpfen, lediglich ihre eigenen

Einfälle zu Markte tragen und berief sich dabei auf den heiligen AUGUSTINUS, der schon vor diesem Fehler gewarnt habe. Um seine die Bibel allzuwörtlich nehmenden Gegner vollends in die Enge zu treiben, fuhr er fort:

107 „Ich will ihnen nur eins vorhalten: Entweder ihre Meinung ist, daß Gott bei Entdeckung der Erde, den Gesetzen gemäß gehandelt habe, die er der Natur zu ihren Wirkungen vorgeschrieben, oder daß er mit Vorbeigehung der Naturwege ein Wunder gethan habe. Gott hat nach den Naturgesetzen gehandelt... [hier berief er sich auf spanische Spätscholastiker]..., so müssen sie nothwendig zugeben, daß damals, als die Wasser abgelaufen, und der Erdboden hervorgekommen, einige Zeit darzu erfordert worden und darüber vergehen müssen, weil dergleichen nach den Naturgesetzen, in einem oder wenig Augenblicken nicht zu Stande kommen kann; und sie müssen sodann zugleich einräumen, daß so viele Zeit als nach meiner Meynung zu solcher Verwandlungen nöthig ist, der Heiligen Schrift nicht zugegen sey; indem sie dergleichen Zeitverlauf nicht abspricht noch ausschließt."[56])
([121], S. 343)

JOHANN GOTTLOB LEHMANN (1719–1767), der nicht viel von MORO hielt, äußerte sich 1756 ähnlich wie jener:

108 „Ich will es denen Herren Chronologen überlassen, wie sie diese sechs Tage [der Schöpfungsgeschichte] rechnen wollen. Der berühmte WHISTON nimmt vor jeden Tag ein Jahr an ... Ja, wenn wir uns durch die Bibel selbst erklären lassen, so saget solche, wenn sie von GOTT redet: tausend Jahr sind vor ihm, wie ein Tag. Es wird uns also niemand mit Fug verketzern können, wenn wir diesen Punct willkührlich annehmen, und behaupten, daß der Schöpfer gleich anfangs die Natur eingerichtet, folglich der Auswickelung dieser in einem Chaos beysammen liegenden Materie diejenige Zeit zugelassen habe, welche nöthig war, um eine gehörige Scheidung derer untereinander vermischten Theile vorzunehmen."
([114], S. 11–12)

CARL VON LINNÉ (1707–1778) hätte, seinen eigenen Aussagen zufolge, die Erde gern für sehr alt gehalten, falls es nur die Bibel gestattete. Sein Ahnen von einer langen Vergangenheit der Erde vertraute er auf einer Reise nach Schonen, 1749, seinem Tagebuch an:

109 „Es schwindelt mir, wenn ich auf dieser Anhöhe stehe und auf die langen Zeiträume hinabsehe, die wie die Wogen im Sunde verronnen sind und so beinahe abgenutzte Spuren der früheren Welt hinterlassen haben, die jetzt nur noch imstande sind, zu flüstern, nachdem alles andere geschwiegen hat."
([145], S. 206)

Auch die Argumentation von MICHAIL WASSILJEWITSCH LOMONOSSOW (1711—1765), der LEHMANN, welcher sich ab 1761 in St. Petersburg aufhielt, sicherlich kannte, war auf ein Lösen von der wörtlichen Auslegung der Bibel gerichtet. Er konnte in seiner 1763 gedruckten Schrift „Über die Erdschichten" gute Gründe dafür anführen:

110 „Wem es nicht einleuchtet, daß die Umwandlung und das Entstehen der Dinge in der Natur lange Zeit und viel mehr Jahrhunderte in Anspruch nimmt, der überlege 1., daß dies kein Glaubensdogma ist, auch keine gesetzliche Bestimmung, die durch Kirchenkonzile bestätigt wurde ... 2., daß, obgleich unsere östliche christliche Kirche in der Zeitrechnung von der Erschaffung der Welt an mit der westlichen um mehr als 15 Jahrhunderte differiert, doch deshalb zwischen ihnen niemals Streitigkeiten entstanden sind, 3. und auch wegen der unklaren und zweifelhaften Zahlen im hebräischen Alten Testament, die ... selbst die erfahrensten Lehrer jener Sprache bis heute noch nicht endgültig deuten konnten ..."
([117], S. 534)

3.3. Vom letzten Drittel des 18. Jahrhunderts (BUFFON *1769*) *bis zum Beginn des 19. Jahrhunderts* (LAMARCK *1802*)

Erste Versuche zu einer experimentellen Altersermittlung der Erde stellte GEORGE LOUIS LECLERCE DE BUFFON (1707—1788) an. Auf Grund der Abkühlungszeit glühender Gußeisenkugeln kam er auf ein Alter von 74800 Jahren [87, 193]. Darüber hatte er bereits 1743 in einem Vortrag berichtet [87], aber erst 1778 in seinem Werk „Époques de la Natur“[191]) geschrieben, wo er hinzufügte:

111 „Man wird alsdann sehen, daß die ungeheure Dauer von 75000 Jahren ... noch nicht hinreichend ist, um all die großen Werke der Natur zu erklären, deren Bauart uns zeigt, daß sie nur durch eine langsame Folge regelmäßiger und beständiger Bewegungen entstanden sein können.“
([87], S. 458)

Schon in seiner „Allgemeinen Naturgeschichte“, 1769,[190]) gab er zu bedenken:

112 „... daß es der Natur an der uns mangelnden Zeit nicht fehlet. Wenn wir uns einfallen laßen, die vergangnen Jahrhunderte und die künftigen Zeitalter nach dem Augenblik unsers Daseyns auszumeßen, so bedenken wir wohl nicht, daß dieser Augenblik des menschlichen Lebens, wenn er auch durch die Geschichte noch so sehr verlängert wird, dennoch nur einen Punckt in der allgemeinen Dauer und in der Geschichte der Wercke des Schöpfers nur einen einzelnen Umstand ausmachet.“
([30], Bd. 3, S. 133)

Und er verlangt

113 „... die Archive der Erde zu durchstöbern ..., um ... auf der ewigen Straße der Zeit eine bestimmte Anzahl von Meilensteinen aufzurichten“.
([135], S. 14)

Johann Heinrich Gottlob von Justi (1720—1771) meinte 1771,

114 „... daß unser Erdcörper ein Alterthum hat, daß unsere Zeitrechnung unermeßlich weit übersteigt“.
([93], S. 275)

Nicht nur die vielen Überschwemmungen, von denen er ausging, gaben ihm diese Überzeugung (siehe Zitat 29). Im Zusammenhang damit sagte er sogar:

115 „Millionen Jahre scheinen kaum hinreichend zu seyn."
([93], S. 99)[57])

Aus Betrachtungen über die Zeitdauer der Verfestigung von Lockersedimenten zog er diese Schlußfolgerung:

116 „Es ist noch sehr wenig, wenn man hundert tausend Jahre annimmt, ehe diese Steinwerdung vollbracht wurde.'
([93], S. 75)

Eine Altersberechnung auf der Grundlage der Bibel lehnte er ab, weil sie nur anhand der für ihn sehr zweifelhaften dort aufgeführten Geschlechterfolge vorgenommen werden könne.

Georg Christian Füchsel (1722—1773) verglich das Alte Testament mit Sagen und Berichten alter Völker [120]. 1773 schrieb er:

117 „Wir sind von der Seite der Natur zur Erkenntniß ihres Regenten hinan gestiegen, ohne daß wir im Stande sind, uns von ihr überhaupt einen Anfang vorzustellen, weil wir immer eine aus der andern entspringen sehen, oder doch den Ursprung der einen aus der andern folgern dörfen; noch weniger können wir von ihrem Regenten einen Anfang denken. Denn diese Wirklichkeit der jetzigen Natur beruht in ihrer vorigen Möglichkeit, und diese in dem unendlichen Verstande und Allmacht ihres Meisters. Wie kann man da einen Anfang denken? nichts, als Ewigkeit, und folglich auch eine ewige Allmacht."
([56], S. 139—140)

Unter den Gelehrten, die sich mit entsprechenden Problemen beschäftigten, scheint die Meinung nunmehr ziemlich weit verbreitet gewesen zu sein, daß die Erde seit einer bisher für undenkbar gehaltenen Zeit existiert. Gegen diese um sich greifende Vorstellung waren zwei Männer eifrig tätig, um ihre Zeitgenossen wieder auf die Bibel einzuschwören. Es waren Jean André Deluc (1727—1817) und Johann Esaias Silberschlag (1721 bis 1791). Besonders letzterer stellte 1780/1783 die unsinnigsten Berechnungen an, betrachtete die Schöpfungstage als wirkliche Tage in unserem Sinne und wußte das genaue Datum der Schöpfung (siehe Abschn. 5.).

Wieviel von der unermeßlich scheinenden Zeit seit der Entstehung der Erde bisher tatsächlich verflossen ist, darüber mußten natürlich die Meinungen weit auseinandergehen. Das war aber zunächst völlig unerheblich. Wichtig war die Erkenntnis, daß offenbar genügend Zeit zur Verfügung gestanden hat, um alle bisherigen Veränderungen auf der Erde auf einfache Weise erklären zu können.

JOHANN HEINRICH VOIGT (1751—1823) rechnete, 1786, mit „Myriaden von Jahrhunderten", daß vielleicht alle hunderttausend Jahre Überschwemmung und Meeresrückzug einander abwechseln (siehe Zitat 250), und meinte, es seien

118 „... 1000 Jahre, wie der Tag, der gesteren vergangen ist". ([172], S. 16)

ABRAHAM GOTTLOB WERNER (1749—1817) glaubte, seinen handschriftlichen Aufzeichnungen zufolge, an ein Erdalter von einer Million Jahre [178].[58])

KARL VON KNOBLAUCH (1756—1794) schrieb 1787 in seinem im Zusammenhang mit dem sog. Basaltstreit[123]) gegen WERNER gerichteten Artikel nebenbei von Myriaden von Jahren [102].

ERASMUS DARWINS (1731—1802) Vorstellungen bezüglich des Alters der Erde beliefen sich auf „Millionen von Zeitaltern" [145].

JAMES HUTTON (1726—1797) sah im geologischen Geschehen, nach seiner erstmals 1788 veröffentlichten „Theory of the Earth", keine Spur eines Anfangs und keine Aussicht auf ein Ende. Entgegen der damals noch immer verbreiteten Meinung über die Erschaffung der Erde erklärte er, daß, soweit man sehe, nichts im Bau der Erde in einem ursprünglichen Zustand sei. Er erwähnte zwar die Schöpfungsgeschichte nicht, aber gegen die aus ihr abgeleitete enge Zeitbegrenzung waren auch seine

Bemerkungen gerichtet, mit denen er ausdrücklich eine solche Grenze verneinte:

119 „Um aber die gegenwärtigen Kontinente hervorzubringen, war die Zerstörung der vormaligen, von Pflanzen bewohnten Welt notwendig. Folglich muß zur Hervorbringung unserer gegenwärtigen Kontinente eine Zeit erforderlich gewesen sein, die unbegrenzt ist. Wenn die früheren Kontinente von der gleichen Art wie die gegenwärtigen waren, muß gleichfalls ein ebenso unbegrenzter Zeitraum erforderlich gewesen sein, ehe sie zur Vollendung als einer von Pflanzen bewohnten Welt gelangten."
([90], S. 195; übersetzt: BLEI[59]))

Keinen Anfang zu sehen — das rief gleich nach der ersten Veröffentlichung den bereits erwähnten DELUC auf den Plan, der HUTTON deshalb des Atheismus bezichtigte. Doch dieser fühlte sich durchaus nicht als Ungläubiger und antwortete DELUC, offensichtlich im Hinblick auf das Jüngste Gericht der Bibel, er möge doch auch hinzufügen, daß er, HUTTON, gesagt habe, „keine Aussicht auf ein Ende"; Seine Aussage habe nichts mit der „Ewigkeit" zu tun, er sehe eben nicht den Anfang der Dinge, so wie wir in der Natur nichts davon wahrnehmen, daß irgendwann ein Ende bevorstünde. Einen DELUC konnten solche Bemerkungen nicht befriedigen; HUTTONS übrige Worte waren zu eindeutig (siehe Abschn. 5.).

Das ganze Theoriengebäude des JEAN BAPTISTE PIERRE DE MONET, Chevalier DE LAMARCK (1744—1829) war nur unter der Voraussetzung einer entsprechend langen Zeit denkbar. So sprach er 1802 in seiner „Hydrogeologie"[223]) von Millionen von Jahrhunderten und meinte:

120 „Für die Natur ist die Zeit nichts, sie macht ihr nie Schwierigkeiten, steht ihr immer zur Verfügung und ist für sie ein unbegrenztes Hilfsmittel, womit sie das Größte wie das Kleinste bewirkt."
([111], S. 74)

3.4. *Vom Anfang des 19. Jahrhunderts* (Cuvier *1812*) *bis um die Mitte des 19. Jahrhunderts* (Bischof *1837*)

All den obengenannten, von vielen Gelehrten im Laufe eines dreiviertel Jahrhunderts gewonnenen Erkenntnissen und Überzeugungen über ein sehr hohes Alter der Erde, welches sich, wenn Zahlen genannt wurden, auf 75000 bis zu Hunderten von Millionen Jahren bezifferte, trat nun Georges Cuvier (1769—1832) in seiner Katastrophentheorie entgegen, wo er folgendes ironische Urteil verkündete:

121 „... dass die Naturforscher, obgleich sie sich strenge in der von der Genesis vorgezeichneten Grenze hielten, sich doch noch einigen Spielraum verstatteten. Sie fanden leicht ihr Ziel, und als es ihnen gelungen war, die sechs Tage der Schöpfung als eben so viele unbestimmte Epochen anzusehn, kosteten ihnen die Jahrhunderte nichts mehr; und ihre Systeme schritten um so kecker vorwärts, über je grössere Zeiträume sie zu verfügen hatten."
([45], S. 41)

Wenn es auch zum Teil zutreffen mag, daß Cuvier nicht genügend mit den Leistungen seiner Zeitgenossen auf geologischem Gebiet vertraut war bzw. die Bedeutung ihrer Arbeiten unterschätzte [193], so zeigt doch die von ihm gegebene kurze Darstellung des Werdegangs der neuen Vorstellungen über das Alter der Erde, daß er genau den Kern der Sache erfaßt hatte. Wenn er trotzdem eine solche Meinung äußerte, dann heißt das nichts anderes, als daß er ganz bewußt umdeuten wollte (siehe dazu auch Abschn. 5.). Die Zitate der vielen Forscher vor Cuvier und zu seiner Zeit beweisen eindeutig, daß keine Rede davon sein kann, Cuvier habe, wie von Bülow (1960) behauptete, selbst langwährende Zeiten für absolut kurz halten müssen. Ebenso wenig trifft es zu, daß man bis Cuvier die Erdgeschichte noch immer nach der Bibel maß. Cuvier hat dies keineswegs tun müssen; er wollte es so.

Wie anders als CUVIERS Worte klingen dagegen die von KARL ERNST ADOLF VON HOFF (1771–1837) aus dem 1822 gedruckten ersten Band seines Werkes [83]:

122 „Man wird aber, wenn man die eigentlich geologischen Erscheinungen, die Urkunden die von der Bildung der Erdrinde noch vorhanden sind, genau und frey von Vorurtheilen betrachtet, sich sehr leicht und nothwendig überzeugen, daß zu dieser Bildung Zeiträume erforderlich gewesen sind, mit deren Umfang vier- bis fünftausend Jahre historischer und fabelhafter Ueberlieferung gar keinen Vergleich aushalten. Wenn in die Augen fällt, daß ein Jahrhundert nicht hinreicht, eine Lage von Kalkstein von der Dicke eines Fußes zu bilden, in welcher die Ueberbleibsel mehrerer Generationen von Muscheln in feste krystallinische Steinmassen verwandelt begraben liegen; wenn man Berge von der Höhe mehrerer Tausende von Fussen mit diesen Trümmern organischer Geschöpfe, ehemaliger Bewohner der Meere, angefüllt findet; wenn man die Oberfläche des Meeres jetzt hunderte von Klaftern unter dem Fuße dieser mit seinen Erzeugnissen angefüllten Niederlagen wogen sieht; dann wird man keinen Zweifel an der Größe der Zeiträume aufkommen lassen welche zur Hervorbringung dieser und der mehresten geologischen Erscheinungen nothwendig waren."
([83], Bd. 1, S. 4–5)

An anderer Stelle seines mehrbändigen Werkes sprach er demzufolge von der für uns „unermeßlichen Größe der Zeiträume". Der zwingenden Logik VON HOFFS konnte kaum etwas hinzugefügt werden.

CHARLES LYELL (1797–1875) fußte in seinen „Principles of Geology" (1830–1833) [118] auf den gleichen Zeitvorstellungen wie VON HOFF.

Auch Versuche, das Alter der Erde zu ermitteln, wurden wieder angestellt. CARL GUSTAV CHRISTOPH BISCHOF (1792–1870) verwendete dazu geschmolzene Basaltkugeln und kam 1837 dabei auf 353 Millionen Jahre [145]. Solche Bemühungen muten uns heute etwas kindlich an. Aber man muß bedenken, daß die Grundlagen zu einer genauen wissenschaftlichen Altersermittlung fehlten.

3.5. *Im 20. Jahrhundert*

Ernst zu nehmende grundlegende Einwände gegen ein sehr hohes Alter der Erde scheint es nicht mehr gegeben zu haben; nur über die wirkliche Größenordnung war man sich im unklaren. Fest steht aber, daß einige hundert Millionen Jahre zur Diskussion standen.

Die Methoden zur Berechnung des Alters der Erde bzw. der Zeit, die seit bestimmten geologischen Ereignissen verflossen ist, zu diskutieren, ist nicht Gegenstand dieser Abhandlung.

Erst die radiometrische Altersbestimmung konnte genaue Anhaltspunkte über die absolute Dauer erdgeschichtlicher Ereignisse liefern. Besondere Verdienste auf diesem Gebiet hat sich ARTHUR HOLMES erworben, der 1913 als erster eine geochronologische Zeitskala vom Archaikum bis zum Karbon auf Grund von vier bzw. fünf radiometrischen Messungen vorlegte. Seine Skala aus dem Jahre 1937 basiert auf 18 derartigen Analysen [104].

Seither wurden diese Altersbestimmungen weiterentwickelt und vervollkommnet. Dabei zeigte sich auch, daß die bisher ermittelten Altersdaten der Erdgeschichte gegenüber der Wirklichkeit immer noch zu kurz waren.

Nach ALFRED WEGENERS (1880—1930) Angaben legte man 1929 den Beginn des Tertiärs auf eine Zeit vor 20 Millionen Jahren [181]. Seit 1937 hat sich dafür eine Zeit von über 60 Millionen Jahren ergeben.

HOLMES kam 1937 für den Beginn des Kambriums auf etwa 470 Millionen Jahre; 1966 wurden 570 $\pm$ 15 Millionen Jahre festgestellt [198].

Das Alter der Erde können wir heute mit einiger Sicherheit auf 4,5 Milliarden Jahre und das der bisher ermittelten ältesten Gesteine auf 3,6 Milliarden Jahre beziffern [104]. Die Erde ist also gegenüber der mosaischen Zeitspanne von 6000 Jahren um das 750000fache älter. Bei solchen Größenordnungen versagt jedes Vorstellungsvermögen; wir können sie uns nur durch Vergleiche etwas anschaulicher machen. Man sollte daher gelegentlich kleine Rechenexempel anstellen, um sich zu vergegenwärtigen, welche ungeheuren Veränderungen auf der Erde vor sich gehen konnten, ohne daß besondere Kräftesteigerungen dazu notwendig waren.

4. Die Entwicklung des Lebens

4.1. Fossilien als Zeugen des Lebens

4.1.1. Vom Altertum bis zum 16. Jahrhundert (PALISSY *1580*)

Daß die in der Erde gefundenen „versteinerten" Gebilde, welche lebenden Pflanzen oder Tieren in auffälliger Weise ähnlich sehen, schon im Altertum von manchen Leuten als Reste ehemaliger Lebewesen betrachtet wurden, kann kaum bezweifelt werden. So erwähnte z. B. XENOPHANES (um 570—um 480 v. u. Z.) „Lorbeerblätter" in Gesteinen und Abdrücke von Fischen in den Steinbrüchen von Syrakus. PLINIUS d. Ä. (23—79) erkannte „steinerne Stämme" und deutete Bernstein richtig [10, 61, 192].

Andererseits werden bestimmte Fossilien, vor allem wenn es sich um nicht leicht deutbare Teile ehemaliger Tiere gehandelt hat, zu Spekulationen Anlaß gegeben haben. Fossile Haifischzähne hielt PLINIUS d. Ä. für sog. Glossopetren (Schlangenzungen), die bei zunehmendem Mond vom Himmel gefallen seien [192].

Um uns in die damaligen Vorstellungen hineinzudenken, dürfen wir weder von unseren heutigen Begriffen noch von unserem Wissen von den Fossilien als den Resten ehemaliger Pflanzen und Tiere bzw. Spuren von Tieren, ausgehen. In einer Zeit, in der man sich noch gar nicht im klaren darüber war, was „Steine" eigentlich sind, wie sie entstanden sind und woraus sie bestehen, konnte es auch keine begrifflich faßbare Grenze zwischen Mineral, Gestein und Fossil geben. Alle Gebilde mit auffälligen Formen wurden viele Jahrhunderte lang als „Fossilien“ bezeichnet, was damals allgemein nur „das aus der Erde Gegrabene“ bedeutete. Daß viele Fossilien dem sie umgebenden Gesteinsmaterial ähnlich sehen oder ganz aus diesem bestehen, andere auch aus metallhaltigen, glänzenden Mineralen, z. B. Pyrit, wird man nicht ohne weiteres in einen Zusammenhang mit einem ehemaligen Organismus gebracht haben, weil der Fossilisationsvorgang noch unbekannt war, obwohl die Vorstellung von einem „steinbildenden Saft“ schon sehr alt ist. Hinzu kommt, daß es nicht für alle Fossilien noch jetzt lebende Analoga gibt, weil einige Tierarten und -gattungen ausgestorben sind.

Funde von Fossilien („Fossil“ in unserem heutigen Sinne verstanden) wurden in ein bestehendes Weltbild einzupassen versucht. Das Weltbild der sog. ionischen Naturphilosophen, unter denen hier vor allem Anaximander (um 611—546 v. u. Z.) zu nennen ist, war mit der als Hylozoismus bezeichneten Anschauung verbunden, wonach der Urstoff aller Dinge zugleich das Leben enthält [91, 101].

Die Vorstellung über die Entstehung der Lebewesen beeinflußte auch die Vorstellungen über die Natur der Fossilien. Andererseits werden Fossilfunde auch Anlaß zum Nachdenken über die Herkunft der Lebewesen gegeben haben. Demokrit (460—371 v. u. Z.) glaubte, daß Lebewesen aus blasenartigen, häutigen Gebilden im Schlamm entstanden seien [192].

Auch nach Aristoteles (384—322 v. u. Z.) sind Pflanzen und manche Tiere in der Erde entstanden, weil in ihr Wasser enthalten ist; das Wasser enthält Luft (Pneuma), die Luft ihrerseits Lebenswärme (Psyche). Durch die atmosphärische Wärme wird aus Erde und Wasser ein Gebilde erzeugt. Die in der Luft enthaltene Psyche macht es zu einem Lebewesen, das dann heranwächst [145]. Das entspricht der Auffassung von der Erde als Mutter, die schon Aischylos (525—456 v. u. Z.) vertreten hat. Vergil (70—19 v. u. Z.) nannte die Erde „omni parens“

(Eltern aller). Nach diesen Vorstellungen bringt die Erde nicht nur Pflanzen und Tiere, sondern auch Menschen hervor. Der menschliche Fötus bildet sich in der Erde und gelangt auf geheimnisvolle Weise in den Schoß der Mutter [66].

Relikte solcher Auffassung von der Erde als Mutter haben sogar Eingang in die Bibel gefunden. Im Schöpfungsbericht sind zwei unterschiedliche Aussagen dergestalt vorhanden, daß Gott dem Wasser und der Erde befiehlt, Lebewesen hervorzubringen, und daß er zum anderen aber Lebewesen selbst schafft. Es soll hier ausdrücklich nicht der moderne Bibeltext, sondern der einer vorreformatorischen Ausgabe aus dem Jahre 1490 zitiert werden:

124 Zweiter Schöpfungstag: „Und Gott sprach: Die Erde soll gebären grünendes Kraut ... und Apfelbäume ... und es ist also geschehen. Und die Erde brachte grünendes Kraut ..."
Vierter Schöpfungstag: „Und Gott sprach: Die Wasser sollen gebären kriechende Dinge mit lebendiger Seele und die Vögel auf der Erde ...
und Gott schuf große Walfische ... die die Wasser in ihre Gestalt brachten ..."
Fünfter Schöpfungstag: „Und Gott sprach: Die Erde bringe mit lebendiger Seele nach ihrem [jeweiligen] Geschlecht, das Vieh und die kriechenden Dinge [hervor]. Und es geschah also. Und Gott machte die Tiere der Erde ... und das Vieh und alle kriechenden Dinge der Erde ..."
([195], Teil 1, S. 2; übertragen: Blei[60]))

Es ist daher auch nicht verwunderlich, daß mit dem Bekanntwerden antiken Gedankengutes im Lauf des Mittelalters die Vorstellung von der Erzeugung lebewesenähnlicher Gebilde durch das Zusammenwirken der sog. Elemente Feuer (Wärme), Erde, Wasser, Luft weit verbreitet war. Sie vermischte sich zugleich mit dem noch vorhandenen bzw. wieder auferstandenen Sternenaberglauben, wonach den Himmelskörpern eine Mitwirkung zugebilligt wurde: eine Ansicht, die durchaus nicht der Bibel entsprach und nicht im Sinne der Kirche war. Ganz allgemein schrieb man dieses Zusammenwirken der Elemente einer besonderen Bildungskraft bzw. einem erzeugenden Geist zu, benannt z. B. als „vis plastica“, „virtus formativa“, „spiritus plasticus“, „spiritus architectonicus“. Solche Meinungen waren teilweise bis über das Mittelalter hinaus vorhanden (vgl. [87, 193] u. a.).

Diese Bildungskraft, so glaubte man, habe zunächst nur reine Naturspiele hervorgebracht, die nur zufällig bestimmten Dingen, auch Lebewesen, ähnlich sind. Was man alles zu den Naturspielen zählte, ist nicht genau abgrenzbar. Unter diesem Begriff konnte so Verschiedenartiges vereint sein wie unter dem Begriff „Fossil“ (im alten Sinne), nämlich wirkliche Fossilien (in unserem heutigen Sinne), Kristalle, Konkretionen usw., also alles auffällig Geformte. Aber selbst wenn ein solches Gebilde einem Tier oder einer Pflanze ähnlich sah, hatte ihm nach dieser Vorstellung etwas Entscheidendes gefehlt: es hatte keine Lebenskraft besessen, weshalb es sich auch nicht um den Rest eines ehemaligen Lebewesens handeln sollte. Aber, und hier schließt sich der Kreis zwischen antiker Überlieferung und der Bibel wieder: Gott konnte ja einem leblosen Gebilde den Lebensgeist einblasen.[61])

Die Frage war also: Sind pflanzen- oder tierähnliche Gebilde Reste ehemaliger Lebewesen, also Fossilien (in unserem heutigen Sinne) oder nur Naturspiele, die nichts mit wirklichen Lebewesen gemein haben?

Natürlich werden gelegentlich auch Gebilde gefunden, die tatsächlich nur rein zufällig einem Pflanzen- oder Tierrest ähnlich sehen. Erinnert sei nur an manche absonderlich geformten Konkretionen oder an Psilomelan-Dendriten auf Klüften, die nichts mit organogenen Resten zu tun haben, außer der zufällig ähnlichen Form. Das berührt jedoch nicht den Kern der gestellten Frage.

Die Verwendung der Begriffe „Naturspiel“, „Fossil“ oder gelegentlich noch allgemeiner „Figurensteine (lapides figurati)“ durch die verschiedenen Forscher vergangener Jahrhunderte läßt keine genauen Rückschlüsse auf deren

Ansichten zu. Es darf dabei der im Laufe der Zeit erfolgte Bedeutungswandel der Begriffe nicht übersehen werden; nur aus dem Zusammenhang ist deren Inhalt richtig zu erfassen.[62])

Aus der Reihe der noch vor 1600 verstorbenen Forscher, die die Natur mancher Fossilien richtig erkannt hatten, seien genannt:

Ristoro d'Arezzo (13. Jahrh.)
Leonardo da Vinci (1452—1519)
Alessandro Degli Alessandri (1461—1523)
Geronimo Fracastoro (1483—1543/53)
Geronimo Cardano (1500/01/02—1575/76)
Bernard Palissy (1510 (?)—1590)
[87, 118, 129, 182, 183].

Leonardo da Vinci (1452—1519) erkannte in bestimmten Fossilien die Reste ehemaliger Meerestiere. Nach seiner Meinung haben diese Tiere in den Bereichen gelebt, wo sie gefunden wurden. Der von den Flüssen ins Meer transportierte Schlamm habe die Schalen von Schnecken und Muscheln eingehüllt, erfüllt und versteinert. Er verglich manche Funde naturgetreu mit Resten von Meerestieren, die auf das Ufer geworfen wurden und stellte fest, daß auf manchen Schalentieren andere festgesessen haben müssen [171, 182, 183, 193].

Georgius Agricola (1494—1555) bekämpfte energisch den Aberglauben, daß die Sterne einen Einfluß auf das Entstehen der Dinge hätten. Nach seiner Meinung läuft das Naturgeschehen, von Gott in Gang gesetzt, aus sich selbst heraus ab, wobei ein wichtiger Faktor die Wirkung zwischen Wärme und Kälte ist. Andere, geheimnisvolle Kräfte lehnte er ab, weshalb er auch zu der Auffassung kam:

125 „Die Schnecken, die man in Steinen findet, scheint eingeschlossene Hitze aus öliger und zäher Materie zu bilden und daraus auch kleine Fliegen, Purpurschnecken und Muscheln zu erzeugen."
([2], S. 160)

Agricola glaubte also, wie viele noch lange nach ihm, an die elternlose Entstehung niederer Tiere. Diese Vorstellung bedeutet nicht, daß er alle diese Gebilde für Naturspiele hielt, denn er wußte auch, daß Lebewesen und Baumstämme in Stein verwandelt werden können [2].

Manche Forscher, wie z. B. Ristoro, Alessandro und Cardano, sahen in den Fossilien die Reste ehemaliger in der Sintflut umgekommener Lebewesen. Hier hat sich der Sintflut-Gedanke einmal als fortschrittsfördernd erwiesen, weil er die falsche Vorstellung, es handele sich bei diesen Gebilden nur um Naturspiele, zurückzudrängen half. Damit standen zwei unterschiedliche Auffassungen einander gegenüber:

1. Die Gebilde, die lebenden Tieren oder Resten von ihnen ähnlich sehen, sind Naturspiele; ihr Fundort ist ihr Bildungsort.

2. Derartige Gebilde sind Reste ehemaliger Lebewesen; ihr Fundort ist nicht unbedingt ihr früherer Lebensraum, sondern der Ablagerungsort nach dem Rückzug der Sintflutwässer.

Der Sintflut-Theorie bezüglich der Fossilien wurde aber sofort auch widersprochen, so daß eine dritte, von einigen wenigen von Anfang an vertretene Auffassung vorhanden war:

3. Der Fundort dieser Reste ehemaliger Lebewesen entspricht ihrem früheren Lebensraum.

Einfache aktualistische Vergleiche und der Wortlaut der Bibel wurden z. B. von Leonardo und Fracastoro dazu als Argumente angeführt:

1. Weil manche Muschelreste auf Bergen zu finden sind, müßten sie von den steigenden Sintflutwässern hinaufgetragen worden sein. Die heftigen Regenfälle bei dieser allgemeinen Katastrophe hätten sie aber eher hinabspülen müssen.

2. Die Wandergeschwindigkeit der Muscheln ist viel zu gering, als daß sie während der kurzen Dauer der Sint-

flut hätten von selbst auf die Berge gelangen können. Außerdem sind Muscheln Meerestiere und an Salzwasser gewöhnt, die Sintflutwässer aber waren Süßwasser (Regen).

3. Die Fossilien müßten, falls von der Sintflut an ihren Fundort gebracht, auf der Oberfläche verstreut und nicht in der Tiefe begraben sein.

Auch Bernard Palissy (1510(?)—1590) wandte sich in seinem 1580 erschienenen Werk [129] gegen diese Sintflut-Theorie. Er berichtete davon, daß er ein Buch Cardanos (vielleicht „De Subtilitate"[193]) gelesen und sich über dessen plumpen Irrtum ergötzt habe, daß schalentragende Meerestiere durch die Sintflutwässer auf die Berge gebracht worden wären. Er meinte, daß solche Tiere sich doch nicht forttragen ließen, da sie sich z. B. bei einem Sturm an die Felsen heften und andere in die Tiefe fliehen, wo die Kraft des Windes nicht hinreicht, um das Wasser oder sie selbst durcheinanderzuwirbeln. Er fuhr dann fort:

126 „Deshalb behaupte ich, daß Schalentiere, welche in vielen Steinbrüchen versteinert vorliegen, genau an dieser Stelle geboren worden sind, als die Felsen noch Wasser und Schlamm waren, die dann zusammen mit diesen Tieren versteinert sind ..."
([129], S. 158; übersetzt: Blei[63])

Auf Steinbrüche bei Saint-Marceau in der Nähe von Paris sich beziehend, schrieb er:

127 „Es gibt in diesen Steinbrüchen, eine Gesteinslage, nur 5 oder 6 Fuß unter der Erdoberfläche, welche ebenso viele Schalen wie das ringsum liegende Land zusammen enthält, und sie ist kaum eineinhalb Fuß dick, aber sehr ausgedehnt. Höchstwahrscheinlich war hier früher ein großer See, in welchem diese Tiere in einer so großen Zahl lebten, wie deren Schalen da gefunden werden."
([129], S. 159; übersetzt: Blei[64])

Von einem anderen Fundort bei Sedan berichtete er, daß versteinerte Schalen gefunden würden

128 „... von der Spitze bis zum Fuß des Berges, obwohl der Berg höher ist als irgend eines der Häuser oder gar der Kirchtürme von Sedan und die Leute dieser Stadt täglich Steine zum Bauen aus dem Berg brechen. Und dabei finden sie Schalen, sowohl am Fuße als auch auf der Spitze, selbst im Innern der härtesten Felsen; ich kann bestätigen, daß ich einige einer Art von 16 Zoll im Durchmesser gesehen habe.
Nun frage ich jeden, der Cardanus' Ansicht folgt, durch welches Tor drang die See [er meinte die Sintflutwässer] ein, um diese Schalen in die härtesten Felsen zu bringen?"
([129], S. 161; übersetzt: Blei[65])

Mit diesen Zitaten ist gleichzeitig hinlänglich bewiesen, daß die Behauptung Weyls (1958), Palissy habe von Cardano abgeschrieben, nicht stimmen kann.

Palissy betrachtete den Vorgang der Versteinerungen im Zusammenhang mit der Gesteinsverfestigung, die er noch, wie viele vor ihm, auf Gerinnung bzw. Erstarrung zurückführte. Daneben aber meinte er, daß eine Umwandlung in Metall durch die Tätigkeit metallischer Stoffe, solange diese noch flüssig seien, erfolgen könne [129].

Er erklärte auch das getrennte Auffinden jeweils einzelner Schalenhälften ganz richtig:

129 „Ich habe viele Schalen gefunden, ... welche voneinander getrennt waren, weil Fäulnis das Fleisch befallen hatte vor der Versteinerung ..."
([129], S. 164; übersetzt: Blei[66])

Der Widerspruch, der sich aus der Ansicht ergab, die auf dem Land zu findenden Fossilien habe die Sintflut dorthin gebracht, und der Tatsache, daß solche Versteinerungen nicht nur an der Erdoberfläche, sondern auch in größerer Tiefe vorkommen, war auch Fracastoro schon aufgefallen [118]. Dieser und Palissy kamen offenbar gar nicht auf die später oft auftauchende absurde

Idee, die ganze mächtige fossilführende Sedimentgesteinsfolge sei eine Hinterlassenschaft der Sintflut (siehe Abschn. 2.1. u. 5.).

4.1.2. *Vom Anfang des 17. Jahrhunderts* (COLONNA *1616*) *bis zum Anfang des 18. Jahrhunderts* (SCHEUCHZER *1708*)

Die falschen Ansichten über die Herkunft der Fossilien waren aber noch nicht überwunden. Denn die auf die Sintflut aufbauenden Theorien kamen erst noch in Schwange (siehe Abschn. 2.1.). Auch als Naturspiele wurden die Fossilen noch angesehen. In der nach 1600 bis 1700 erschienenen Literatur wurden diesbezügliche Auseinandersetzungen noch häufig geführt.

FABIO COLONNA (um 1567–1647/50), ein Anhänger der Sintflut, unterschied seiner 1616 erschienenen Schrift[196]) zufolge zwischen marinen und terrestren Fossilien [118]. Einen Unterschied zwischen im Meerwasser und im Süßwasser lebenden Muscheln soll vor ihm schon FRACASTORO gemacht haben [171].

COLONNA und AGOSTINO SCILLA (1639–1700),[242]) letzterer ebenfalls ein Sintflutanhänger, sowie JOHANN DANIEL MAJOR (1634–1693)[230]) fühlten sich veranlaßt, gegen die noch immer bestehende absonderliche Meinung ihrer Zeitgenossen, daß Fossilien Naturspiele seien, Stellung zu nehmen [118, 193]. Zu denen, die an solche Naturspiele glaubten, gehörte ATHANASIUS KIRCHER (1602–1680).[222]) Die Gestaltung solcher Gebilde sollte ein „spiritus architectonius bzw. plasticus" bewirken. Außerdem berichtete er von angeblich in der unterirdischen Tiefe lebenden Fischen, Kröten, Mäusen, Maulwürfen, Drachen und Dämonen [193].

NICOLAUS STENO (1638–1686) teilte in seiner 1669 gedruckten Schrift[251]) die „von Natur aus in anderen

Körpern eingeschlossenen festen Körper“ nach der unterschiedlichen Art des Wachstums ein:

1. Wachstum durch Ansatz von außen
2. Wachstum durch Ansatz von innen [154].

Dadurch unterschied er, der Arzt war und Anatomie studiert hatte, ganz trefflich zwischen Körpern nichtorganogener und Körpern organogener Herkunft, also zwischen Konkretionen, Stalaktiten, Kristallen usw. auf der einen und Fossilien auf der anderen Seite. Diese klar erkannten und klar formulierten Unterscheidungskriterien, die viel Licht in die verworrenen Ansichten über die in der Erde zu findenden Körper hätten bringen können, wurden offenbar kaum von jemandem aufgegriffen.

Martin Lister (1638–1711/12), ebenfalls Arzt, betrachtete die Dinge dagegen völlig anders. Er gilt zwar als der Entdecker der Horizontbeständigkeit der Fossilien, d. h. derjenigen wichtigen Tatsache, daß bestimmte Fossilien an bestimmte stratigraphische Einheiten gebunden sind. Aber für ihn waren diese Gebilde gar keine Fossilien, sondern Naturspiele; er lehnte es sogar strikt ab, in ihnen etwas anderes zu sehen, als Launen der Natur:

130 „Ich finde nichts von einer Muschel in diesen Muschelähnlichkeiten, und Eisensteinmuscheln sind in meinen Augen Eisenstein, Kalkmuscheln Kalkstein, Spathmuscheln Spath.“
([193], S. 20)

Listers Meinung konnte kaum dazu anregen, nach geologischen Zusammenhängen zwischen derartigen Fundstücken und den sie beherbergenden Schichten zu suchen. Wenn eine Muschel angeblich gar keine Muschel war, dann war es auch gegenstandslos festzustellen, ob es sich um eine Meeres- oder eine Süßwassermuschel handelte, ob die betreffende Schicht also einer Meeres- oder Süßwasserablagerung angehört; die Natur hatte sich eine Laune geleistet, das war alles.

Mit seiner Meinung befand sich LISTER in Geistesverwandtschaft mit dem medizinischen Kollegium zu Gotha, welches die im Jahre 1695 in der Nähe von Bad Langensalza in warmzeitlichen Ablagerungen des Pleistozän gefundenen Elefantenknochen (Palaeolox. antiqu.) als Naturspiele aus Mergel und Ton ansah. Gegen diese Auffassung konnte der dortige Gymnasiallehrer ERNST WILHELM TENTZEL (1659–1707), der die wahre Natur dieser Funde erkannt hatte,[67]) sie jedoch auf die Sintflut zurückführte, nichts ausrichten [117, 172, 185, 193].[255])

GOTTFRIED WILHELM LEIBNIZ (1646–1716), ein Bewunderer STENOS, befaßte sich in seiner „Protogaea“[226]) ebenfalls mit dem Problem der Fossilien. Daß manche Leute phantastische Dinge in den Steinen sehen, schrieb er der Einbildung zu, so wie man z. B. auch in Wolkenformen kämpfende Gestalten erblickt. Die Verfestigung der Gesteine führte er auf die Erdwärme zurück, welche die Erde zu Steinen „koche“. Daß dabei Abdrücke von Fossilien erhalten blieben, verglich er mit dem Verfahren der Goldschmiede, die auf ähnliche Weise Gußformen kleiner Tiere herstellten und mit Silber nachbildeten. Er meinte dann weiter, etwas vorsichtig und schwankend:

131 „Will aber jemand nicht gerne zugeben, daß die Natur Steine koche; so habe ich nichts darwider, wenn er annimmt; der Schlamm, der den Fisch umhüllet, sey entweder selbst mit der Zeit, nach Beschaffenheit der Materie, oder anderswoher, durch einen versteinernden Geist oder durch andere Ursachen zu einen Felsen worden und die metallische Materie sey in die von Fischen, entweder da die Massa noch weich war oder vermittelst eines durchdringenden Dunstes gebracht worden, wiewohl auch dieses nicht leicht zu verstehen ist. Gewisses kann ich nicht sagen außer was mir hier genug ist: daß diese metallenen Fische von wahren Fischen abgedruckt sind.“
([115], S. 74–75)

LEIBNIZ wies auch auf HERMANN CONRING (1606–1681) hin, der bezeuge, man grabe öfter Knochen von See- und anderen unbekannten Tieren aus der Baumanns- und der

Schwarzfelder Höhle aus, die keineswegs dort gewachsen, sondern vom Meer dorthingeschwemmt worden seien.[68])

Johann Jakob Scheuchzer (1672–1733) hielt in seiner 1702 erschienenen Schrift[243,245]) Fossilien auch eher für Naturspiele als für Reste von Lebewesen. Erst unter dem Eindruck des von ihm übersetzten Werkes von John Woodward (1665–1728)[263]) folgte er der anderen Meinung. Johann Jakob Scheuchzer ließ nun in seiner 1708[244]) erschienenen Publikation „Piscium querelae et Vindiciae" die fossilen Fische sich als unschuldige Opfer der Sintflut und über die Ungerechtigkeit der Menschen beklagen, die sie nicht als Nachkommen wirklicher Fische gelten lassen wollen [193]. Scheuchzer, ein Mediziner, war von dem Sintflutgedanken so beeindruckt, daß er Ichthyosaurus-Wirbel als menschliche Wirbel ansah, obwohl ihn Johann Jakob Baier (1677–1735), ebenfalls Mediziner und Anhänger der Sintflut, in einem 1708 erfolgten Briefwechsel auf die Unterschiede aufmerksam machte und diese Wirbel großen Fischen zuordnete [160]. Scheuchzers Name ist schließlich auch dadurch in die Literatur eingegangen, daß er ein fossiles Skelett eines Lurchen aus dem obermiozänen Süßwasserkalk von Öhningen am Bodensee für die traurigen Reste eines in der Sintflut umgekommenen armen Sünders hielt (später Andrias scheuchzeri genannt) [87, 193]. Er sah, was er gern sehen wollte.

Solche Schriften müssen aber das Interesse am Sammeln und Beschreiben von Versteinerungen sehr angeregt haben. Jedenfalls erschienen im Laufe des 18. Jahrhunderts viele derartige Publikationen.

4.1.3. *Vom Anfang des 18. Jahrhunderts* (N. Lang) *bis zur Mitte des 18. Jahrhunderts* (Bertrand)

Vor allem im Zusammenhang mit Funden von Überresten niederer Tiere, wie z. B. schalentragender Weichtiere, wurde oft noch von Naturspielen gesprochen. Es wäre jedoch falsch, in jedem Falle darin nur eine staunenswerte Verblendung sehen zu wollen. Solche Vorstellungen gründeten sich manchmal auf eine fundamentale Fragestellung:

> Hat Gott alle Pflanzen und Tiere in der Schöpfung hervorgebracht, also auch die heute noch lebenden, oder konnten bzw. können niedere Tiere auch auf anderem Wege neu entstehen, und gibt es demzufolge eine elternlose Neuentstehung niederer Organismen, eine Urzeugung aus lebloser Substanz?

Je nach Standpunkt zu dieser Frage ordnete man eben auch die Fossilien ein.

Aber Fossilien, ob als solche erkannt oder als bloße Naturspiele betrachtet, wurden oft mehr als Kuriositäten behandelt, so wie andere seltsame Dinge oder auch Mitbringsel von großen Reisen. Aus dem Vorkommen bestimmter Fossilien in bestimmten Ablagerungen auf ein bestimmtes geologisches Geschehen zu schließen, war erschwert, wenn nicht unmöglich, weil die Sintflut in den aus der Bibel abgeleiteten und weit verbreiteten Erdtheorien **das** beherrschende Ereignis war. Zwar wurde damit auch die Meinung verbreitet, daß es sich bei den betreffenden Gebilden um die Reste ehemaliger Lebewesen handelt, doch wurde andererseits jede weitere vernünftige Erklärung der Sachverhalte erstickt. Wenn man nun zu der Erkenntnis kam, daß die Sintflut unmöglich die ganze mächtige fossilführende Folge von Sedimentgesteinen hinterlassen haben konnte, dann mußte derjenige, der sich nicht mit dem Gedanken an einen öfteren Wechsel des Antlitzes der Erde anfreunden konnte, doch wieder zu der Ansicht neigen, es müsse sich statt um Fossilien bei vielen um bloße Naturspiele handeln.

Ähnlich wie LISTER glaubte auch KARL NIKOLAUS LANG (1670–1741), daß mit einer befruchtenden Luft, einer sog. Aura seminalis, vom Meer aufsteigende Dünste in Spalten und Ritzen der Gesteine eindrängen und dort die Entstehung von lebewesenähnlichen Gebilden bewirkten [167]. Demzufolge waren für ihn die Fossilien bloße Naturspiele und diese zusammen mit Kristallen, Stalaktiten und Konkretionen lediglich sog. Figurensteine [193].

Benoît de Maillet (1656—1738) trat in seinem erst 1748/49 veröffentlichten „Telliamed“[229]) solchen Meinungen entgegen. Auf Funde von abgenutzten Haifischzähnen und auf Muschelschalen bzw. Bruchstücke von diesen eingehend, argumentierte er:

132 „Hat man denn jemals die Zerteilung eines zur Erzeugung eines Lebewesens fähigen Samens beobachtet, so dass aus diesem Bruchstück des Samens ein einzelnes Bein oder ein Arm hervorgegangen wäre, selbst in einer dafür geeigneten Gebärmutter?“
([167], S. 301)

de Maillet wies darauf hin, daß die Muschelschalen die Schutzhülle des Tieres seien, die sich im gleichen Schritt mit dem Wachstum des Tierleibes bilde [167].

Es wurde schon erwähnt, daß gelegentlich Gebilde gefunden werden, die zwar Resten von Organismen ähnlich sehen, aber nichts mit Lebewesen zu tun haben und demzufolge keine Fossilien sind. Es gibt aber auch Reste einstiger Lebewesen, die Formen zeigen, welche man nicht ohne weiteres auf Lebewesen beziehen würde. Erinnert sei an die Rostren von Belemniten, die im Volksmund „Donnerkeile“ genannt werden, und an mesozoische Crinoiden, die man wegen ihrer Form auch Seelilien nennt, deren einzelne Stielglieder kleinen Geldstücken ähneln (weshalb sie auch manchmal „Bonifaziuspfennige“ genannt wurden) oder die wie kleine Sterne aussehen. Fossilien können also zuweilen Dingen nichtorganogener Entstehung und nicht-organogen entstandene Dinge können Fossilien ähnlich sehen; nur in diesem Sinne gibt es „Naturspiele“.

Es ist also durchaus verzeihlich, wenn der bereits genannte JOHANN JAKOB BAIER Belemnitenrostren und Seelilienstielglieder für Naturspiele hielt. Er meinte aber auch, daß ein Teil dieser und ähnlicher Körper sich als Fossilien erweisen könnten [160].

Schon im ersten Drittel des 18. Jahrhunderts befanden sich diejenigen, die Fossilien nicht für Reste einstiger Lebewesen, sondern für bloße Launen der Natur hielten, zunehmend in der Rolle zurückgebliebener Außenseiter. Das mußte insbesondere der eigentlich bedauernswerte JOHANN BARTOLOMÄUS ADAM BERINGER (1. Hälfte 18. Jh.) nach der Veröffentlichung seiner Schrift „Lithographia Wirceburgensis“ im Jahre 1726 erkennen. In seiner Verblendung hatte er zu spät bemerkt, daß Studenten die verschiedensten kuriosen Gebilde angefertigt und ihm unter wirklichen Funden mit unterschoben hatten. Er versuchte dann die gesamte Auflage seiner Schrift aufzukaufen, aber sie blieb durch eine Neuauflage im Jahre 1767 der Öffentlichkeit weiterhin zugänglich [193].

Auch ÉLIE BERTRAND (1712/13—1777/78/86) glaubte noch um die Mitte des 18. Jahrhunderts an Naturspiele [114], hat sich aber später revidiert [93]. Doch BERTRAND hielt vor allem solche Versteinerungen, zu denen es kein heute lebendes Analogon gibt, nicht für versteinerte Tiere. Unter der herrschenden Ansicht von der Artenkonstanz, also der Ansicht, daß alle noch jetzt lebenden Organismen von Anfang an, seit der Schöpfung, existieren, suchte man immer nur nach der Gleichheit zwischen Fossil und lebendem Tier bzw. Pflanze.

4.1.4. Nachbemerkung

Im letzten Viertel des 18. Jahrhunderts setzte sich auch erst die Erkenntnis durch, daß Kohle pflanzlicher Herkunft ist. Neben anderen war die Stimme von BALTHASAR KLEIN (1592), der angenommen hatte, daß Kohle aus Holzresten entstanden sei, völlig in Vergessenheit geraten. In dem brennbaren Gestein Kohle erblickte man das Brennmaterial für die mit einem Flammenfeuer in Zusammenhang gedachten Vulkane und hielt es für ein Gemenge aus Erde, Schwefel, Erdpech oder dergleichen [61], welches, gewissermaßen als Grundsubstanz des Erdkörpers, von Anfang an vorhanden war. Bernstein allerdings hatte „ein gewisser HEVEL", wie LEIBNIZ [115] sich ausdrückte, schon für Harz gehalten. Es handelt sich bei dem Genannten vermutlich um JOHANN HEVELIUS (1611—1687). Die großen Pflanzenmassen — meist dachte man dabei nur an Holzreste —, aus welchen die Braunkohle entstanden ist, erklärte man allgemein durch Zusammenschwemmen bei Überflutungen. Die richtige Deutung der Entstehung der Kohle aus Torf und des Torfes aus Pflanzen gab CARL ABRAHAM GERHARD (1738—1821) im Jahre 1776; aber erst ADELBERT VON CHAMISSO (1781—1838) klärte durch Untersuchung der Greifswalder Moore, 1822—1824, daß Torf nicht aus zusammengeschwemmten, sondern an Ort und Stelle gewachsenen Pflanzen entsteht [47].

Schnell übernahm man aber solche Erkenntnisse nicht. Die allochthone Entstehung der Kohle, also die durch Zusammenschwemmung der Pflanzenmassen, paßte zu gut zu der damals in Blüte stehenden Katastrophentheorie (siehe Abschn. 5.). Mindestens noch 1830 lehrte man an den Volksschulen, daß Braunkohle aus Holz entstanden wäre, welches durch „Überschwemmungen, Erdbeben und dergleichen Ereignisse unter die Erde gekommen seyn mag" ([76], S. 143).

Zusammenfassend kann festgestellt werden, daß die Erkenntnis über die wahre Natur der Fossilien sich erst im Laufe des 18. Jahrhunderts endgültig Bahn gebrochen hat; recht spät, wenn man bedenkt, wie nahe man diesen Dingen bereits im 16. Jahrhundert — ja sogar schon im Altertum — gewesen war.

4.2. Vom Niederen zum Höheren

4.2.1. Allgemeines

Zum Anfang wissenschaftlicher Überlegungen gehört es, in die zu untersuchenden Dinge eine Ordnung zu bringen. So haben schon die Gelehrten des Altertums auch die Lebewesen in die gesamte Natur eingeordnet, sie unter bestimmten Aspekten betrachtet und in Beziehung zueinander gebracht. Dieses Ordnen der Organismen hat sicher nicht nur zum Erkennen von Ähnlichkeit oder Andersartigkeit geführt, sondern auch zu einem Höher- oder Niedriger-Einstufen, ganz gleich, auf Grund welcher Überlegungen. Es dürfte auf der Hand liegen, daß man die unbelebten Dinge anders als die belebten, Pflanzen anders als Tiere oder daß man beispielsweise ein Pferd „höher" eingestuft haben wird als beispielsweise einen Wurm.

Ein solches Ordnungssystem hat zunächst nichts mit den abstammungsbedingten verwandtschaftlichen Beziehungen zwischen den Lebewesen zu tun, an die wir heute sofort denken, ohne uns dessen immer bewußt zu sein, weil es eben zu unserer Vorstellungswelt gehört. Unser heutiges Wissen um diese Zusammenhänge zwischen den Lebewesen stellt gegenüber dem früheren Ordnen nach irgendeinem Rang, nach irgendeiner Stellung in einem Ordnungssystem eine viel höhere Stufe der Erkenntnis dar.

Der Weg von einer Stufe der Erkenntnis zur anderen soll hier aufgezeigt werden. Dazu ist es allerdings notwendig, über einige Begriffe Klarheit zu schaffen. In der einschlägigen Literatur wird oft von einer Stufenleiter oder auch von einer Stufenfolge der Lebewesen gesprochen, ohne daß man sofort weiß, was darunter zu verstehen ist. Meist wird erst aus dem Zusammenhang klar, daß manchmal die auf Abstammung gegründete Beziehung, manchmal aber auch nur ein verwandtschaftsloses „Übereinander" bzw. „Nacheinander“ gemeint ist. Erkenntnisstufen müssen sich in unterscheidbaren Begriffen widerspiegeln; das gilt nicht nur für diese Sache. Hier und im folgenden wird immer zwischen den Begriffen „Rangfolge“, „Stufenleiter“ und „Stammbaum“ unterschieden werden. Sie sollen folgende Bedeutung haben.

Rangfolge: Nicht auf Abstammung gegründetes Über- oder Nebeneinander, daher auch gelegentlich unbelebte Dinge und „überirdische Wesen“ mit umfassend.

Stufenleiter: Auf Abstammung gegründetes Nacheinander in linear gedachter Anordnung.

Stammbaum: Auf Abstammung gegründetes Nacheinander in sich verzweigender Anordnung. (Besser noch müßte er „Abstammungsbaum“ heißen.)

Rangfolgen und Stufenleitern waren nicht immer nur in einem „Strang“ angeordnet, so wie nicht alle Lebewesen durch einen einzigen Stammbaum erfaßt werden. Es gab sogar Vorstellungen von verzweigten Rangfolgen. Doch das Erkennen von Verwandtschaft war durchaus nicht immer mit der Vorstellung einer Abstammung verbunden. Deshalb bedeuten in der älteren Literatur die verbindenden Linien innerhalb einer Rangfolge zwar die Richtung der Vervollkommnung, ja sogar „Verwandtschaft“, aber sie bedeuten nicht Abstammung. Das wird weiter unten noch deutlicher werden.

4.2.2. Altertum und Mittelalter

Schon Anaximander (um 611—546 v. u. Z.), der wie die anderen älteren ionischen Naturphilosophen Hylozoist war, also davon ausging, daß der Urstoff der Welt zugleich das Leben enthält, glaubte, daß die Tiere im Flüssigen entstanden seien, und zwar zuerst die unvollkommeneren. Der Mensch, zunächst in Fischgestalt an Land geworfen, habe sich dann angepaßt [37a, 91, 101].

Hippokrates (um 460–377 v. u. Z.) glaubte an die Anpassung und Veränderung der Körpergestalt des Menschen durch das Klima [192].

In solchen Auffassungen mag aber ein erster Keim zur Erkenntnis des Artenwandels gelegen haben. Vieles, was eher Mythen und Sagen entstammte, wird daneben vorhanden gewesen sein.

Aristoteles (384–322 v. u. Z.), der, vielleicht als Reaktion auf märchenhaft-phantastische Vorstellungen, verkündete, daß jeder Organismus nur die ihm artgemäßen Nachkommen hervorbringen könne, stellte eine Rangfolge von den unbeseelten Gebilden über die Pflanzen zu den Tieren auf [101, 192].

Der Schöpfungsbericht der Bibel weist ebenfalls auf eine Rangfolge hin: Pflanzen – Wassertiere und Vögel – Landtiere – Mensch [194]; (siehe auch Zitat 124). Es dürfte sich hierbei um die Wiedergabe des Kenntnisstandes zur Zeit der schriftlichen Fixierung des Alten Testaments handeln.

Vielleicht an die aristotelische Vorstellung anknüpfend, glaubte die islamitische Sekte der „Getreuen von Basrah" (10. Jahrhundert) an eine Rangfolge von den Mineralen bis zum Menschen [192].

Eher der Bibel folgend, dachte Albertus Magnus (1192/93–1280) an eine Reihenfolge Pflanze – Tier – Mensch, wobei er den Menschenaffen zwischen Tier und Mensch stellte. Veränderung von Pflanzen durch Pfropfen und der von Tieren durch Domestikation und Verwilderung von Haustieren war bekannt [192]. Diese Reihenfolge der Lebewesen war sicher nicht mehr als eine Rangfolge. Der Gedanke an einen wirklichen Wandel von Art zu Art wird kaum im Spiele gewesen sein, ganz wie Zimmermann (1953) hervorhob.

Sowohl im griechisch-antiken Kulturkreis des Altertums als auch im arabisch-islamitischen und christlichen des Mittelalters war offenbar eine relativ einheitliche Vorstellung von einer Rangfolge der Lebewesen vorhanden. Vorstellungen von einem Wandel der Lebewesen waren dagegen mehr von Aberglauben durchsetzte Gedankenexperimente denn Ausdruck wirklichen Wissens. Fossilien werden, falls überhaupt als Zeugen einstiger Lebewesen betrachtet, in diese Überlegungen kaum einbezogen worden sein. Denn für die Aufstellung dieser oder jener Rangfolge haben sie keine Bedeutung. Von Interesse war dagegen sicher ihre Ähnlichkeit mit den lebenden Arten; an ihr wurde ja überhaupt erkannt, daß es sich um Reste ehemaliger Pflanzen oder Tiere handelte. Diese Ähnlichkeit mußte aber auch als Bestätigung dafür empfunden werden, daß, wie die Bibel verkündete, alle Lebewesen einst von Gott geschaffen worden waren und daß, nach ARISTOTELES, Gleiches nur aus Gleichem entstehen könne; sie „bestätigte" die angebliche Unveränderlichkeit der Arten.

4.2.3. Vom 16. Jahrhundert (PALISSY *1580*) *bis zur Mitte des 18. Jahrhunderts* (LINNÉ *1744*)

Aus der Tatsache, daß Lebewesen immer die gleichen Nachkommen hervorbringen, oder anders ausgedrückt, daß die Nachkommen in allen wesentlichen Merkmalen den Eltern gleichen, schlußfolgerte man, daß jeder Organismus in allen seinen Teilen bereits im Ei bzw. im Samen vorgebildet sei. Genau diese Aussage macht die Präformationstheorie, in der älteren Literatur gelegentlich auch Einschachtelungs-, Vorbildungs-, Prädelineations- oder auch Evolutionstheorie genannt. Nach dieser Theorie brauchte sich der im winzigen vorgebildete (präformierte) Organismus nur noch zu „entfalten", „auszuwickeln", zu „entwickeln" im wortwörtlichen Sinne und zu wachsen. Die damals in diesem Sinne verwendeten Begriffe „Entwicklung" und „Evolution" hatten also eine ganz andere Bedeutung als heute. Allgemein wird heute die Ansicht vertreten, die Präformationstheorie habe sich im 17. Jahrhundert herausgebildet.[69]) Das ist jedoch nachweisbar nicht richtig. Ganz eindeutig vertrat bereits BERNARD PALISSY (1510(?) bis 1590) in seinem 1580 erschienenen Werk [129] diese Theorie:

133 „Als Gott befahl, daß in jedem Samen die Bestandteile zur Erzeugung neuer Geschlechter eingeschlossen sind, gerade wie im Samen des Eies das Weiße, der Dotter und die Schale eingeschlossen sind und in Nußbäumen unter ihren Schalen der Baum, die Blätter und Zweige, welche, als unsichtbare Bestandteile, bei der Reife erscheinen, sind ähnlich Fleisch, Knochen, Blut und alle Teile des Menschen enthalten und eingeschlossen in Einem ..."
([129], S. 248–249; übersetzt: BLEI[70]))

Es ist nicht einmal eine besonders verwunderliche Tatsache, daß diese Theorie bereits im 16. Jahrhundert vorhanden war. Ist die Präformationstheorie doch gerade die genau zur Schöpfungsgeschichte und der angeblichen Unveränderlichkeit der Arten passende Auffassung. PALISSY brachte sie ganz offensichtlich mit der Bibel in Zusammenhang und erläuterte auch nicht näher, warum er sich das alles so dachte. Offenbar setzte er voraus, daß er auch so verstanden werde. Es muß sich also um eine mehr oder weniger gängige Ansicht gehandelt haben. Auch die Worte eine alten deutschen Bibel aus dem Jahre 1490 über Samen nach Geschlecht und Gestalt (siehe Anm. 60, 1. Teil) sind im Sinne der Präformationstheorie deutbar. Und wenn NICOLAUS VON CUSA (1401–1464) die Linie als die Entfaltung bzw. Auswicklung des Punktes betrachtete [101], dann bedeutet auch das im Prinzip „Präformation": die Linie ist „vorgebildet" im Punkt. Es darf angenommen werden, daß sich noch weitere Hinweise dieser Art in der Literatur des 16. Jahrhunderts oder früher finden lassen.

NICOLAUS STENO (1638–1686) sprach in seinem

„Prodromus",[251]) 1669, wie ganz selbstverständlich von einem

134 „... Pflänzchen, das im Samen einer Pflanze eingeschlossen ist [und von] Lebewesen, die im Ei ähnlicher Lebewesen eingeschlossen sind".
([154], S. 24)

Auch er muß angenommen haben, daß er dazu nichts weiter zu sagen brauche.

Daß der spätere Bischof STENO sowie GOTTFRIED WILHELM LEIBNIZ (1646–1716) und andere Zeitgenossen der Präformationstheorie folgten, bedeutet nicht das Vertreten einer neuen, sondern das Festhalten an einer alten Auffassung. Es waren schon fortschrittlichere Ansichten bekannt, die nicht mehr in den Theorienkreis „Artenkonstanz – Präformation" paßten. LEIBNIZ berichtete in seiner „Protogaea"[226]) selbst darüber:

135 „Ich weiß gar wohl, daß einige so verwegen in ihren Muthmassungen sind und vorgeben, alle Thiere, die ietz die Erde bewohnen, seyen einmal, da das Wasser alles überdeckte, Wasserthiere gewesen, nach und nach hätten sie mit dem Abflusse des Wassers auf der Erde und im Wasser zugleich leben können, endlich hätten sie in ihren Nachkommen, ihres ersten Aufenthaltes gar entwohnt. Diese Meinung hat unendliche Schwierigkeiten, nicht zu gedenken, daß sie mit der heiligen Schrift, von der man nicht abzuweichen hat, streitet."
([115], S. 48–49)

Diese „verwegenen Einigen" – Namen erfährt man nicht – müssen doch an Artenwandel und an eine Stufenleiter Wassertiere – Amphibien – Landtiere gedacht haben. Vielleicht war unter ihnen auch GIORDANO BRUNO (1548–1600) mit zu verstehen, und LEIBNIZ scheute sich nur, ihn zu nennen? Sollte er BRUNOS Schriften nicht gekannt haben, da er doch, wie jener schon 1591, eine „Monadenlehre" aufgestellt hatte? (siehe auch Abschn. 6.).

GIORDANO BRUNO schrieb 1582:[177])

136 „Nichts hindert, anzunehmen, dass nach dem Klang der Leier des Welt-Apoll, Niederes stufenweise in Höherem

> wieder auflebe und auf diese Weise also Niederes durch Mittelglieder hindurch die Natur von Höherem annehme."[71])
> ([23], S. 23)

Und an anderer Stelle der gleichen Schrift:

> „Die Natur deutet jede Species zuerst an, bevor sie dieselbe ins Leben treten läßt."[72])
> ([23], S. 177)

Diese und die folgenden Zitate lassen natürlich die Frage aufkommen, ob denn überhaupt schon irgend eine Grundlage zu solchen Aussagen vorhanden war.

Es sind während des 16. Jahrhunderts bereits einige Klassifikationen erschienen, die zu derartigen Gedanken mit angeregt haben werden, besonders wenn man die Tierklassifikation von E. Wotton (1552)[73]) als Beispiel nimmt, die schon zu einem großen Teil erstaunlich folgerichtig aufgebaut war.

Bruno führte in einer ohne Orts- und Jahresangabe versehenen Schrift[183]) seinen oben erwähnten Gedanken weiter fort:

137 „In den Gattungen sämmtlicher Bäume magst du schon die Gattungen sämmtlicher Tiere angedeutet finden, in den Gattungen sämmtlicher Steine schon die Gattungen sämmtlicher Pflanzen, in den Individuen einer Gattung schon die Gattungen und entsprechenden Individuen aller anderen."[74])
([23], S. 178)

Das ist zunächst nicht die Vorstellung von einer Stufenleiter. Auch sehr viel später findet man ähnliche Aussagen, die doch nur den Gedanken des Übergehens in eine höhere Art oder Gattung innerhalb der angeblich von Anfang an in vollem Umfang vorhandenen Arten oder Gattungen enthalten, also doch nur Rangfolge bedeuten. Doch bei Bruno war es sehr viel mehr. Für ihn war alles in der Welt der Veränderung unterworfen. In einer seiner letzten Schriften aus dem Jahre 1591[186]) erfahren wir es:

138 „So bildet immer die eine Gattung den Ausgangspunkt der andern, wie denn von der Gestalt eines Embryo aus

ein ununterbrochener Uebergang sowohl zu der Gattung Mensch als zu der Gattung Thier gegeben ist ...
In der Species Mensch aber wiederholen sich, nur klarer und deutlicher, die Gattungen sämmtlicher Lebewesen, was nicht anders in allen andern Species (nur etwas weniger auffällig) der Fall sein wird."[75])
([23], S. 177–178)

Hier wurden wichtige Grundlagen der Phylogenie (Stammesgeschichte) und der Embryologie, die erst Jahrhunderte später eine Rolle spielen sollten, in geradezu prophetischer Weise vorweggenommen. Artenkonstanz und Präformation hatten hier gar keinen Platz.[76])

Die im Gefolge der Gegenreformation aufblühende Sintflut-Literatur (siehe Abschn. 6.), verbunden mit dem verstärkten Versuch, Naturbeobachtung und Schöpfungsbericht in Einklang zu bringen, hat viele der bereits gewonnenen Erkenntnisse erstickt oder zumindest zurückgedrängt. Damit trat auch die Präformationstheorie wieder in Erscheinung.

Auf ihrer Grundlage folgerte ALBRECHT VON HALLER (1708–1777): Wenn alle Teile des künftigen Organismus bereits im Ei vorgebildet sind, dann müssen auch in den Eiern des Eierstockes des künftigen Organismus alle Teile der daraus hervorgehenden künftigen Generationen enthalten sein. So soll er schließlich errechnet haben, daß Gott am Schöpfungstage die vorgebildeten Keime von vielen Millionen Menschen gleichzeitig erschaffen und sie Eva kunstgerecht eingeschachtelt habe [72]. Daß in völlig logischer Konsequenz die Präformationstheorie in einer solchen Absurdität endet, hätte eigentlich zur Abwendung von ihr führen müssen. Das war jedoch nicht der Fall.

Die Präformationstheorie und die Vorstellung von einer Unveränderlichkeit der Arten bedingen einander. CARL VON LINNÉ (1707–1778) schrieb deshalb auch in seinem 1735 erschienenen „System naturae":

139 „Es gibt so viele verschiedene Arten, als im Anfang vom unendlichen Wesen verschiedene Formen erschaffen worden sind." ([72], S. 80)

Die Vielzahl der inzwischen bekannten Pflanzen- und Tierarten als „am Anfang“ erschaffen anzusehen, stieß auf Schwierigkeiten; zum Beispiel: Wenn die Pflanzen und Tiere alle im Paradies erschaffen wurden, wie erklärt sich dann ihr gegenwärtiges Vorkommen in unterschiedlichen Klimazonen ohne artverändernde Anpassung?

Linné glaubte daher (1744),[228]) daß das Paradies am Äquator gelegen haben müsse, mit einem die verschiedenen Klimazonen umfassenden hohen Berg [145]. Damit war aber noch nicht geklärt, wie die Tiere aus dem nivalen Klimabereich des Berges in die heutigen nivalen Klimazonen in der Nord- bzw. Südpolarregion gelangt sein sollen. Demzufolge meinte (1756) Johann Gottfried Zinn (1727—1759), Gott habe von jeder Gattung mehrere Paare erschaffen und sie je nach Bau und Eigenschaften über die Erde verteilt [145].

Eine andere Schwierigkeit der Deutung auf der Grundlage der Bibel war: Wie konnte Noah in seiner Arche je ein Paar aller Tierarten überhaupt unterbringen, um sie auftragsgemäß über die Sintflut zu retten?

Linné versuchte auch das zu erklären, indem er annahm, daß Noah gewissermaßen nur bestimmte Grundformen der Tiere gerettet habe. Mit der Unveränderlichkeit der Arten ist das aber unvereinbar. Linné soll deshalb später (1762) auch einen Wandel von Art zu Art für möglich gehalten [87] und die Bastarderzeugung als Quelle der Entstehung neuer Arten angesehen haben [71].

An diesen Beispielen (von Haller, von Linné, Zinn) wird deutlich, daß alle Versuche, aus dieser Sackgasse herauszukommen, ohne grundsätzlichen Wandel in den Anschauungen scheitern mußten.

Doch nicht jeder Naturforscher des 17. und 18. Jahrhunderts folgte der zum Dogma gewordenen Ansicht von der Artenkonstanz. Die Vorstellungen von Veränderungen innerhalb der organischen Welt waren unausrottbar.

Das unlösbare Problem, wie Noah je ein Paar aller Tiere in seiner Arche hat unterbringen können, veranlaßte schon lange vor LINNÉ den strenggläubigen MATTHEW HALE (1609—1676) zu folgenden Überlegungen:

140 „Wir dürfen uns keinswegs einbilden, als wenn alle solche Gattungen und Arten auf solche Weise geschaffen worden, wie sie jetzt von uns gesehen werden, sondern daß solches allein von denen Arten und Gattungen gilt, welche wir primitivas et radicales species, Gattungen so gleichsam die Wurzel und der Ursprung aller anderen sind, nennen mögen. Denn wie vielerlei Arten der Tiere sehen wir jetzt, welche vielleicht derselben Gattung und Art nicht sind, die geschaffen worden, so durch vielfältige Begebnis sich vielfach verändert haben, wie solches in den verschiedenen Arten der Hunde, Schafe, Spechte, Papageien und anderer dgl. zu sehen."
([145], S. 463)

ROBERT HOOKE (1635—1703) stellte[219]) Thesen über erdgeschichtliche Veränderungen auf, woraus er dann Schlußfolgerungen zog. Zwei dieser Schlußfolgerungen lauten:

141 „Drittens wurden manche Spezies von Dingen ganz zerstört und ausgelöscht, während sich andere veränderten und variierten, so daß wir heute manche Arten von Tieren und Pflanzen auf ganz bestimmte Plätze beschränkt, sonst aber nirgends finden können. Viertens muß es vorgekommen sein, daß aus einer Art verschiedene neue Varietäten entstanden, und zwar infolge der Veränderung des Bodens, auf dem sie wuchsen. Denn wir finden, daß ein Wechsel von Klima, Boden und Nahrung oft große Veränderungen bei den davon abhängigen Lebewesen ausgelöst."
([87], S. 376)

HOOKE, der sich gegen die Annahme von Naturspielen aussprach, meinte, daß diejenigen Versteinerungen, die jetzt lebenden Tieren nicht gleichen, von ausgestorbenen Tieren stammen, denn nicht nur Individuen, sondern ganze Gattungen könnten aussterben. Er stützte sich dabei sogar auf die Bibel, wonach die Welt dereinst ihrem Ende entgegengeht; das könne, so meinte er, auch allmählich geschehen [84]. So suchte jeder, das ihm passend Erscheinende aus der Bibel herauszulesen.

Zwar kamen aus England die vielgelesenen Sintflut-Erdtheorien, und es gab auch unter dem Puritanismus Glaubensstrenge, aber es war doch eine etwas freiere Auslegung der Bibel hinsichtlich der Sintflut möglich. Seit dem Bruch mit der Römischen Kirche (1534) und seit der bürgerlichen Revolution (1640—1689) lagen hier die gesellschaftlichen Verhältnisse anders als auf dem Festland und besonders in Frankreich. Dort stand der Absolutismus in seiner höchsten Blüte (Ludwig XIV.), und die Hugenotten gingen ihrer im Edikt von Nantes (1598) zuerkannten Rechte wieder verlustig (1685), mußten entweder ihren Glauben wechseln oder auswandern. Die Theologische Fakultät der Universität Paris kontrollierte in ihrem Einflußbereich und konnte noch 1751 DE BUFFON zum Widerruf veranlassen (siehe Zitate 25 und 26).

Deshalb erschien es wohl dem Staatsbeamten BENOÎT DE MAILLET (1656—1738) nicht ratsam, seinen zwischen 1715 und 1721 geschriebenen „Telliamed"[229]) zu Lebzeiten erscheinen zu lassen. In diesem Werk legte er seine Gedanken in den Mund eines indischen Weisen. Ausgehend von der Vorstellung eines zurückweichenden Urmeeres (siehe Abschn. 2.1.) sah er in den Pflanzen und Tieren des Landes umgebildete ehemalige Wasserpflanzen und -tiere. Er stützte sich dabei auf gewisse Ähnlichkeiten zwischen Wasser- und Landbewohnern und darauf, daß es Tiere gibt, die sowohl im Wasser als auch auf dem Land leben, seinen Beispielen zufolge Schlangen, Krokodile, Fischotter und Seehunde. Nach seiner Meinung ist die Umwandlung eines „Seidenwurms" in einen Schmetterling viel schwieriger zu denken. Samen (Laich) von Fischen könne, wenn in den Sumpf verschleppt, dort zur Umbildung veranlaßt worden sein, meint DE MAILLET und sagte dann weiter:

142 „Und sind auch hundert Millionen zugrunde gegangen, ohne die Gewöhnung zu erlangen, es genügt, wenn zwei Individuen dieselbe erlangten, um für den Ursprung der neuen Art den Grund zu legen."
([167], S. 309)

Er glaubte auch an überall verbreitete organische Keime, sei es, daß sie von Ewigkeit vorhanden oder einem Schöpfungsakt entsprungen seien. Die Vergleiche zwischen Wasser- und Landbewohnern dehnte er auch auf die Menschen aus und hielt die in phantastischen Berichten und Erzählungen erwähnten Meermenschen, Riesen, Zwerge und geschwänzten Menschen für wahr [167, 193]. DE MAILLET ließ seinen Inder schließlich sagen:

143 „Ein chinesischer Autor behauptete, die Menschen seien eine Art von Affen, vollkommener als diejenigen ohne Sprachvermögen.“
([167], S. 319)

Hier wurden ganz offenbar Zusammenhänge vermutet, die, weil an Abstammung denkend, schon eine Art Stufenleiter darstellen.

4.2.4. Von der Mitte des 18. Jahrhunderts (C. F. WOLFF 1759) *bis zum Anfang des 19. Jahrhunderts* (TREVIRANUS *1802*)

Doch mit Vermutungen und bloßen Vergleichen konnten die Probleme nicht geklärt werden. Es fehlte der Nachweis, daß wirklich etwas Neues sich bilden könne, etwas, das nicht schon im Sinne der Präformationstheorie vorgebildet war, der Nachweis, daß in einer Kette von Neubildungen alle Teile des Organismus aus dem Samen bzw. dem Ei entstehen.

CASPAR FRIEDRICH WOLFF (1733–1794) hat in der Dissertation „Theoria generationis“, 1759, mittels seiner Untersuchungen den Nachweis der Neubildung der Teile des Organismus aus dem Ei bzw. Samen erbracht. Gegen die mit der Präformationstheorie verbundene alte Vorstellung von der Evolution[77]) zu Felde ziehend, bekannte er schließlich:

144 „Es kam mir vor Allem darauf an, die Principien und allgemeinen Gesetze der Entwicklung[78]) a posteriori zu finden,

> ausserdem aber zu zeigen, dass die ausgebildete Pflanze nicht ein Gebilde sei, zu dessen Hervorbringung die Naturkräfte durchaus unzureichend seien und welches der Allmacht des Schöpfers bedürfe; haben wir dies einmal eingesehen, so steht nichts im Wege, dasselbe auch für die übrigen Naturkörper zuzugeben.“
> ([187], S. 44–45)

Über Wolffs Theorie, welche in der älteren Literatur auch als Epigenesis-Theorie bzw. als Nachbildungstheorie bezeichnet wurde, sagte Ernst Haeckel (1899) [72] ganz richtig, daß es sich bei ihr gar nicht um eine bloße Theorie, sondern um den Nachweis von Tatsachen handelt. Die relativ leichte Nachprüfbarkeit dieser Theorie nützte wenig gegen die Ansichten der herrschenden Autoritäten, zu denen von Haller und andere Verfechter der Präformationstheorie gehörten. Und als Wolff, seit dem Ende des Siebenjährigen Krieges (1763) am Berliner Collegium medico-chirurgicum Vorlesungen haltend, der Ablehnung durch das dortige Professorenkollegium offenbar müde geworden, 1767 nach Petersburg ging, da blieb erst recht wieder alles beim alten, obwohl 1774 eine neue lateinische Ausgabe seiner Schrift erschien [187].

Charles Bonnet (1720–1793) kam, vor allem in seinen Schriften von 1764 und 1769[172–173]) zu mehreren Rangfolgen.

Von sog. feinen Materien aus: Feuer — Luft — Wasser — Erde — Erdpech — Schwefel — Halbmetalle — Metalle — Vitriol — Salze — Kristalle — Steine — Pflanzen.
Von den Pflanzen aus: Pflanzen — Mimosen — Seenesseln — Schlangen — Aale — Fische.
Von den Fischen aus: Fliegende Fische — Vögel.
Von den Fledermäusen aus: Fledermäuse — Vierfüßler — Affen — Mensch — Engel — Erzengel — Seraphim.

Er sprach von einer Leiter der Schöpfung und dachte an eine Verzweigung derselben. 1764 schrieb er:

145 „Alles in der physischen Welt ist nichts als Metamorphose. Die Gestalten ändern sich unaufhörlich; die Quantität der Materie allein ist unveränderlich."
([192], S. 218)

1769 schrieb er gar:

146 „Vielleicht gibt es auch einen immerwährenden und immer mehr oder weniger langsamen Fortschritt aller Arten auf eine höhere Vervollkommnung hin, so daß also alle Abstufungen der Leiter unter einer bestimmten und gleichbleibenden Beziehung variabel wären: ich will damit sagen, daß die Wandelbarkeit jeder Stufe ihren zureichenden Grund immer in der Stufe hätte, die unmittelbar vorausgegangen ist."
([192], S. 218)

Hier würde man kaum mehr an einer Stufenleiter zweifeln. Aber BONNET blieb trotzdem bei der Überzeugung:

147 „Der schaffende Wille hat mit einer Tat alles realisiert, was je möglich war. Er schafft nicht mehr; aber er konserviert, und diese Konservation wird, wenn man so will, zu einer kontinuierlichen Schöpfung."
([192], S. 219)

Alles ist also schon da, irgendwo im Verborgenen. Das entspricht genau dem, was man damals unter dem mit der Präformationstheorie verbundenen Begriff „Evolution"[77]) verstand. Demzufolge kann sich zwar eines in das andere vervollkommnen, aber auch das Vollkommenere ist schon vorhanden und entsteht nicht; demzufolge keine Abstammung. Aber BONNET stand vor dem Tor zur Erkenntnis einer auf Abstammung gegründeten Stufenleiter.

Unter dem Aspekt, daß neben dem Unvollkommenen das Vollkommenere und auch das Vollkommenste gewissermaßen von Anbeginn vorhanden ist, wurde innerhalb der auf bloße abstammungslose Rangfolge gegründeten Klassifikationssysteme der Mensch durchaus auch der Klasse der Säugetiere zugerechnet.[79])

LINNÉ (1735) folgend, stellte PHILIPP LUDWIG STATIUS MÜLLER 1773 die Ordnung der „menschenähnlichen Tiere" in die Klasse der Säugetiere und unterteilte erstere wie folgt (in seiner Schreibweise) [124]:

1. Geschlecht: Der Mensch (Homo)
   1. Art: Der vernüftige Tag-Mensch (Homo Sapiens, diurnus)
   2. Art: Der Nachtmensch (Homo nocturnus; Troglodytes; Orang Outang; Satyr; Erd- oder Buschmensch; Kakurlacko; Chimpanzée)
2. Geschlecht: Affen (Simia) Baviane (Papio) Meerkatzen (Cercopithecus)

Zur sog. Art Nachtmensch wurde allerlei gerechnet. Offenbar hielt man Angehörige dunkelhäutiger kleinwüchsiger Völker (Buschmänner = Buschmensch?) für „Nachtmenschen". Hinzugerechnet wurde die (heutige) Familie der Menschenaffen. Phantasiegestalten, an die man immer noch glaubte, brachte man auch mit unter.

Nach MÜLLER galt die „Art Nachtmensch" allgemein als eine Varietät, entstanden durch Kreuzung zwischen Menschen und Pavianen, eine Meinung, die auch im 17. Jahrhundert schon weit verbreitet war und sich auf Gerüchte über angeblich von Affen verschleppten Frauen gründete [167]. Eine Entstehung von Varietäten durch Kreuzung ist aber mit der Unveränderlichkeit der Arten unvereinbar. LINNÉ lehnte deshalb diese Auffassung ab und hielt die Menschenaffen für eine besondere Art (Spezies) von Menschen [124].

PETER SIMON PALLAS (1741–1811) schrieb 1766[237]):

148 „Unter allen übrigen bildlichen Vorstellungen des Systems der organischen Körper würde es aber wohl die beste sein, wenn man an einen Baum denkt, welcher gleich von der Wurzel an einen doppelten, aus den allereinfachsten Pflanzen und Tieren bestehenden, also einen tierischen und vegetabilischen, aber doch verschiedendlich aneinanderkommenden Stamm hätte. Der erste, welcher von den schallosen Tieren anfinge und sich bis zu den Fischen

erhöbe, würde, nachdem er einen großen Seitenast für die Insekten getrieben hätte, alsdann zu den Amphibien übergehen. Und gleichwie dieser Stamm auf seinem äußersten Gipfel die vierfüßigen Tiere zu tragen hätte, so würde er unterhalb desselben für die Vögel einen gleichfalls großen Seitenast herausgehen lassen."
([192], S. 236–237)

Nach ZIMMERMANN (1953) dachte PALLAS aber mehr an eine ideelle Verknüpfung der Organismen. Es handelt sich also um eine Rangfolge, die nur formal einem Stammbaum ähnlich ist.

Mehr war es vielleicht auch bei ANTOINE NICOLAS DUCHESNE (1747–1827) nicht, der ebenfalls 1766 meinte:

149 „Die genealogische Ordnung ... ist die einzig natürliche, die einzige, die den Geist vollkommen befriedigt. Jede andere ist willkürlich und gedankenlos ... Die Form des Stammbaumes (arbre généalogique) macht die Verwandtschaft anschaulicher und läßt sie mit einem Blick überschauen."
([192], S. 237)

Dieser „arbre généalogique" DUCHESNES (wohl mehr „Baum der Verwandtschaft", statt „Stammbaum" = Abstammungsbaum) und der „Baum" von PALLAS kennzeichnen den um die Mitte des 18. Jahrhunderts erreichten Stand der Kenntnis über die Verwandtschaft der Organismen, die aber doch noch vorwiegend im Vergleich von Merkmalen steckenblieb. Zwar ahnte man gewisse Zusammenhänge, aber führte sie im allgemeinen noch nicht auf Abstammung und damit auf Entwicklung zurück.

Im Laufe des 18. Jahrhunderts wurden in Dutzenden von Publikationen Tier- und Pflanzenklassifikationen und Fossilien behandelt.[80]) Man sammelte und beschrieb und brachte immer mehr Ordnung in die Vielfalt der Organismen und ihrer fossilen Reste. Bei den Fossilien versuchte man meist die Ähnlichkeit mit den lebenden Arten aufzuzeigen; man betrachtete sie mehr oder weniger für sich allein und nicht auch im Zusammenhang mit der Fundschicht. Der Gedanke, daß sie wichtige Zeitmarken sind und daß aus dem Auftreten verschiedenartiger oder aus der Veränderung gleichartiger Fossilien in übereinanderliegenden Schichten wichtige Schlußfolgerungen im Hinblick auf die Entwicklung der Lebewelt gezogen werden können, war nicht zu erwarten, weil man im allgemeinen noch glaubte, daß die jetzt lebenden Pflanzen und Tiere schon seit der Schöpfung existieren.

Johann Gottlob Lehmann (1719—1767) lieferte in seiner 1756 erschienenen Schrift [114] ein Beispiel dafür, wie man Fossilfunde auch im Sinne einer vorgefaßten Meinung deutete. Ausgehend von der für ihn wirklich geschehenen Sintflut, kam er zu folgendem Übereinander der Fossilien in den abgelagerten Schichten (hier von oben nach unten aufgeführt; der Verlauf der Ereignisse von unten nach oben), ungefähr mit seinen Worten wiedergegeben:

Muscheln und Schnecken:

Auf Bergen in nicht allzu großer Tiefe, weil sie sich am längsten auf dem Wasser halten konnten, als es ablief;

Fische und Landtiere:

Meist in Schiefern; Landtiere sind gleich am Anfang ertrunken; Fische haben sich im Schlamm versteckt, als das Wasser abgelaufen ist;

Versteinerte Hölzer:

Sie wurden von der Flut gleich umgerissen und mit Erdreich, Steinen und Schlamm bedeckt;

Abdrücke von Blumen:

Sie wurden vom ersten Ansturm des Wassers von den Bergen gerissen und mit Schlamm bedeckt.

Lehmanns Beobachtungen, in Thüringen angestellt, sind durchaus zutreffend. Aus heutiger Sicht ergibt sich:

Muscheln und Schnecken:

Im Muschelkalk (Trias)

Landtiere:

Fußspuren des Landtieres Chirotherium im Buntsandstein (Trias)

Fische:

z. B. Palaeoniscus im Kupferschiefer des Zechstein (Perm)

versteinerte Hölzer:

Im Rotliegenden (Perm) und Oberkarbon (Karbon) (Was er mit „Blumen“ meinte, sei dahingestellt. Vielleicht sollten es die Crinoiden — sog. Seelilien — des Devon sein.)

LEHMANN sah aber diese Reihenfolge vor allem so, weil sie zu seiner Vorstellung von der Sintflut paßte.[81]) Es konnte einem solchen Mann nicht unbekannt gewesen sein, daß es über dem Bereich, in dem er Schnecken und Muscheln fand, auch Hölzer (Tertiär) gab und daß über 50 Jahre vorher „Elefantengerippe“,[82]) also Landtiere, auch in Thüringen gefunden worden sind (Pleistozän) (siehe Abschn. 4.1.). Ob nicht auch schon die unter dem Perm vorkommenden Fossilien schalentragender Wassertiere (Clymenien und Spiriferen des Devon) bekannt waren, soll hier außer Betracht bleiben. Das alles hätte jedoch nicht zu LEHMANNS Vorstellungen gepaßt. Aber unabhängig davon, ob ihm all diese Dinge bekannt waren oder nicht, ist dieses Beispiel bezeichnend dafür, wie sehr die Ergebnisse eigener Beobachtungen von einer vorherrschenden Meinung beeinflußt werden können.

JEAN LOUIS GIRAUD SOULAVIE (1752—1813) hatte in seinem 1780—1784 erschienenen Werk[249]) aus der eigentümlichen Verteilung der Fossilien in Schiefern und Kalksteinen verschiedenen Alters geschlossen, daß die Tierfamilien sich vervielfältigt haben und aus einfachen älteren Formen vollkommenere hervorgegangen sein müssen. Er soll aber, nach VON ZITTEL (1899), zu keinen befriedigenden Ergebnissen gekommen sein, weil er als Geistlicher versucht habe, sie mit der Bibel in Einklang zu bringen. Seine Ideen aber hätten bedenkliche Übereinstimmung mit dem „Telliamed“[229]) gehabt.

In Deutschland wies 1790 Johann Friedrich Blumenbach (1752–1840) mit Nachdruck auf die Bedeutung der Fossilien für die relative Altersbestimmung hin:

150 „Sieht man die Versteinerungen aus dem großen Gesichtspunkt an, daß sie die infallibelsten Urkunden im Archiv der Natur sind, woraus sich die verschiedenen mit unserm Planeten vorgegangenen Revolutionen und selbst die Art und Weise und gewissermaßen die Epochen derselben ergeben, und wonach sich folglich das respektive Alter verschiedner der wichtigsten Gebirgsarten bestimmen läßt; so fällt es von selbst in die Augen, daß ihre Geschichte als einer der allerwichtigsten lehrreichsten Theile der ganzen Naturhistorie, besonders aber der ganzen scientifischen Mineralogie[83]) angesehen werden muß.“
([17], S. 1–2)

Wie berechtigt diese mahnende Feststellung war, zeigt u. a. die Tatsache, daß selbst James Hutton (1726–1797), der doch einer der Fortgeschrittensten auf dem Gebiet der Geologie seiner Zeit und ihr eigentlich voraus war (siehe Abschn. 5.), mit Fossilien nichts im Sinn hatte, weil er noch an die Unveränderlichkeit der Arten glaubte [17].

Unbekümmert um alle Theorien und lediglich auf seine eigenen Beobachtungen gestützt, die er als Landvermesser machen konnte, stellte William Smith (1769 bis 1839) die Beschränkung gewisser Fossilien auf bestimmte Ablagerungen, welche begrenzten Zeitabschnitten der Erdgeschichte entsprechen, fest. Lister war zwar etwa 100 Jahre früher etwas ähnliches aufgefallen, aber seine falsche Auffassung von diesen Gebilden (siehe Zitat 130) konnte nicht zu weiteren Erkenntnissen führen. Ganz anders nun Smith. Er notierte 1796:

151 Fossilien sind seit langem als große Kuriositäten studiert, mit viel Mühe gesammelt, mit großer Sorgfalt aufgestellt

> und mit ebenso viel Vergnügen gezeigt und bewundert worden ... Dies taten Tausende, die niemals auch nur im Geringsten die wundervolle Ordnung und Regelmäßigkeit beachteten, mit der die Natur diese sonderbaren Erzeugnisse verteilt und jeder Klasse ihre besondere Schicht zugewiesen hat."
> ([70], S. 125–126)

Damit schilderte er kurz und treffend den wahren Sachverhalt.

1799 stellte SMITH sein erstes Schichtenverzeichnis mit einer Liste der wichtigsten Fossilien auf, welches später eine der Grundlagen für die 1815 erschienene Schichtenkarte von England und Wales und einem Teil von Schottland war, die ihm finanziell Haus und Hof verschlungen hatte. Zur Veröffentlichung seiner Ergebnisse mußte er wegen zu großer Bescheidenheit und Zurückhaltung gedrängt werden. Damals war er schon unter dem Namen „Strata-Smith" bekannt [70]. HAARMANN (1942) hebt zu Recht hervor, daß es die Unvoreingenommenheit und das Unbelastetsein von dogmatischer Lehre und Klischeevorstellung war, was SMITH, der sich nicht einmal in den damals in wissenschaftlichen Kreisen gebräuchlichen Fossilnamen auskannte, zu seinen Erkenntnissen verhalf.

Auf das Jahr 1799 kann man demzufolge den Beginn einer wirklich fundierten Verbindung zwischen Gesteinsfolge und Fossilinhalt, also eine Biostratigraphie, datieren. Dabei stand wohl, ganz im Sinne des schon zur führenden Kolonialmacht aufsteigenden kapitalistischen Großbritanniens, mehr die praktische Seite im Hinblick auf die Rohstofferkundung im Vordergrund. Aber es wurde damit gleichzeitig auch ein wichtiges Fundament zur Aufklärung der Geschichte des Lebens gelegt.

Inzwischen waren Präformation und Artenkonstanz immer mehr in Frage gestellt worden und neue Erkenntnisse herangereift.

IMMANUELL KANT (1724–1804) schrieb 1790 in seiner „Kritik der Urteilskraft", § 79:

152 „Die Übereinkunft so vieler Tiergattungen in einem gewissen gemeinsamen Schema, das nicht allein in ihrem Knochenbau, sondern auch in der Anordnung der übrigen Teile zum Grunde zu liegen scheint, wo bewunderswürdige Einfalt des Grundrisses durch Verkürzung einer und Verlängerung anderer, durch Entwicklung dieser und Auswicklung jener Teile, eine so große Mannigfaltigkeit von Spezies hat hervorbringen können, läßt einen obgleich schwachen Strahl von Hoffnung ins Gemüt fallen, daß hier wohl etwas mit dem Prinzip des Mechanismus der Natur, ohne das es ohnedies keine Naturwissenschaft geben kann, auszurichten sein möchte. Diese Analogie der Formen, sofern sie bei aller Verschiedenheit einem gemeinschaftlichen Urbilde gemäß erzeugt zu sein scheinen, verstärkt die Vermutung einer wirklichen Verwandtschaft derselben in der Erzeugung von einer gemeinschaftlichen Urmutter durch die stufenartige Annäherung einer Tiergattung zur anderen ..."
([71], S. 71)

Hier haben wir die auf Abstammung gegründete Stufenleiter. Das Prinzip des Mechanismus ist für Kant dabei durchgehend verfolgbar, von der anorganischen Materie, wo er es in den Kristallen verwirklicht sieht, bis zu den höchstentwickelten Lebewesen.

Kant hatte schon 1771 bemerkt:

153 „... daß die ursprüngliche Gangart des Menschen die vierfüßige gewesen ist, daß die zweifüßige erst allmählich entwickelt und daß der Mensch erst allmählich sein Haupt über seine alten Kameraden, die Tiere, so stolz erhoben hat".
([71], S. 69)

Johann Gottfried von Herder (1744—1803) dagegen blieb in seinen „Ideen zur Philosophie der Geschichte der Menschheit", 1784—1791, bei einer abstammungslosen Rangfolge. Er leitete die Unveränderlichkeit der Arten aus seiner Überzeugung ab, daß die Natur jedes Lebendige in seinem ihm zugewiesenen Rahmen festzuhalten vermag [145, 152]. Eine Veränderung zu Varietäten hielt er gerade noch für möglich, aber mehr wollte er auf keinen Fall zugeben:

154 „Niemand wird z. B. verlangen, daß in einem fremden Klima die Rose eine Lilie, der Hund ein Wolf werden soll: denn die Natur hat genaue Grenzen um die Gattungen gezogen und läßt ein Geschöpf lieber untergehen, als daß es ihr Gebilde wesentlich verrücke oder verderbe. Daß aber die Rose verarte, daß der Hund etwas Wolfartiges an sich nehmen könne; dies ist der Geschichte gemäß ..."
([77], S. 267)

Herder glaubte aber, daß die Lebewesen trotz aller Vielfalt alle nach einem gewissen einheitlichen Bauplan — „Hauptplasma der Organisation" — gebildet seien.

Hierin traf er sich mit Johann Wolfgang von Goethe (1749—1832), der mit ihm darüber auch im Briefwechsel stand. Es war dessen besonderes Anliegen, nach dem verbindenden Gemeinsamen zu suchen. Daher war ihm das Aufdecken von Analogien ein Bedürfnis. Diese Analogien verdichteten sich ihm, ähnlich wie Kant, in einem jeweiligen Urbild. Über die Wirbeltiere schrieb er in diesem Zusammenhang 1796:

155 „Dies also hätten wir gewonnen, ungescheut behaupten zu dürfen, daß alle vollkommeneren organischen Naturen, worunter wir Fische, Amphibien, Vögel, Säugetiere und an der Spitze der letzten den Menschen sehen, alle nach einem Urbilde geformt seien, das nur in seinen sehr beständigen Teilen mehr oder weniger hin und her weicht und sich noch täglich durch Fortpflanzung aus- und umbildet."
([71], S. 63)

In seiner „Metamorphose der Pflanzen", 1790, wo er ebenfalls nach einem Urbild suchte, schrieb Goethe:

156 Die Natur „... kann nicht ruhen und beharren, aber auch nicht alles, was sie hervorbrachte, bewahren und erhalten. Aus dem Samen entwickeln sich immer abweichende, die Verhältnisse ihrer Teile zueinander verändert bestimmende Pflanzen."
([71], S. 62)

Und noch ein weiteres Zitat aus seinen naturwissenschaftlichen Schriften soll erwähnt werden:

157 „Wenn man Pflanzen und Tiere in ihrem unvollkommensten Zustande betrachtet, so sind sie kaum zu unterscheiden ... Ob diese ersten Anfänge nach beiden Seiten determinabel durch Licht zur Pflanze, durch Finsternis zum Tier hinüberzuführen sind, getrauen wir uns nicht zu entscheiden ... So viel aber können wir sagen, daß die aus einer kaum zu sondernden Verwandtschaft als Pflanzen und Tiere nach und nach hervortretenden Geschöpfe nach zwei entgegengesetzten Seiten sich vervollkommnen, so daß die Pflanze sich zuletzt im Baum dauernd und starr, das Tier im Menschen sich zur höchsten Beweglichkeit und Freiheit ganz verherrlicht."
([152], S. 11)

Urbild der Wirbeltiere und Urbild der Pflanze bedeuten nicht „anfängliches Wirbeltier" und „anfängliche Pflanze" – also z. B. auch nicht „Urpflanze". Sie bedeuten auch mehr als Pflanze bzw. Wirbeltier „an sich" – etwa im Sinne des „Dinges an sich" bei KANT. GOETHE suchte nach den Grundmustern, den einheitlichen Bauplänen, den gemeinsamen Merkmalen zwischen den verschiedenen Pflanzen bzw. Wirbeltieren, die ja tatsächlich vorhanden sind. Aber seine Gedanken gingen doch noch weiter: „Die ersten Anfänge" von Pflanze und Tier und die „nach und nach hervortretenden Geschöpfe" (siehe Zitat 157), die nicht ruhen und verharren könnende Natur (siehe Zitat 156) und die durch Fortpflanzung erfolgende Aus- und Umbildung (siehe Zitat 155) sind zusammengenommen doch kaum anders deutbar als das Erkennen oder zumindest Ahnen der Verwandtschaft durch Abstammung,[84]) also einer Stufenleiter für das Pflanzenreich und einer für das Tierreich (siehe Zitat 157). Daß GOETHE besondere Sympathien für GEOFFROY DE SAINT-HILAIRE und nicht für dessen Gegner GEORG CUVIER hegte und deren Streit große Bedeutung beimaß – wovon noch zu berichten sein wird –, rundet dieses Bild ab.

Immer mehr verbreitete sich der Gedanke an eine langsame Veränderung der Lebewesen im Laufe der Erdgeschichte. ERASMUS DARWIN (1731–1802) sprach sich in diesem Sinne aus [71, 145].

HENRIK STEFFENS (1773–1845) stellte 1801[250]) fest, daß eine Beziehung bestünde zwischen der relativen Altersfolge der Gesteine und der Organisationshöhe der Tiere. Er fand, daß in den „ältesten Gebirgen" (Gebirge im Sinne von Gesteinsformationen) die niedersten Tierstufen, in den jüngeren die der höheren und in den jüngsten die der Säugetiere zu finden seien, und fuhr dann fort:

158 „Also: dieselben Stufen der Animalisation, die jetzt alle auf einmal da sind, sehen wir die Natur von dem ersten Punkt der Entstehung der Animalisation überhaupt wirklich allmählich durchlaufen, bis der Mensch das Werk krönt und vollendet."
([145], S. 323)

Der Stand der Erkenntnisse gegen Ende des 18. Jahrhunderts ist etwa folgendermaßen zu umreißen:

— Die meisten Gelehrten hatten die Bibel als Grundlage für die Erklärung von Naturvorgängen beiseite gelegt oder waren im Begriff es zu tun, bis auf einige ganz wenige, wie z. B. SILBERSCHLAG und DELUC (siehe Abschnitte 2.1. und 5.).
— Viele Naturforscher rechneten bereits mit einem Erdalter von Millionen Jahren (siehe Abschn. 3.).
— Von einem Wandel zu Varietäten innerhalb einer Art durch Züchtung oder andere Einflüsse waren wohl die meisten Naturforscher überzeugt; einen Wandel von Art zu Art zogen immer mehr Wissenschaftler ernsthaft in Erwägung.

Wenn nun noch festgestellt worden war, daß in den jüngsten Ablagerungen die Reste der gleichen oder ähnlich hochorganisierter Lebewesen wie die heutigen zu finden sind, in den älteren dagegen nur die Fossilien niederer Lebewesen, dann mußte sich bei denjenigen, die dies alles nicht getrennt betrachteten, der Gedanke an eine langsam fortschreitende Veränderung der Organismen im Laufe der langen Erdgeschichte aufdrängen.

Gottfried Reinhold Treviranus (1776—1837) forderte in seiner „Biologie oder Philosophie der lebenden Natur", 1802:

159 „Jede Untersuchung über den Einfluß der gesamten Natur auf die lebende Welt muß von dem Grundsatze ausgehen, daß alle lebenden Gestalten Produkte physischer, noch in jetzigen Zeiten stattfindender und nur dem Grade oder der Richtung nach veränderter Einflüsse sind."
([71], S. 65)

Seine Überzeugung war:

160 „In jedem lebenden Wesen liegt die Fähigkeit zu endloser Mannigfaltigkeit der Gestaltungen; jedes besitzt das Vermögen, seine Organisation den Veränderungen der äußeren Welt anzupassen, und dieses durch den Wechsel des Universums [gemeint ist einfach „Umwelt"] in Tätigkeit gesetzte Vermögen ist es, was die einfachen Zoophyten der Vorwelt zu immer höheren Stufen der Organisation gesteigert und eine endlose Mannigfaltigkeit in die lebende Natur gebracht hat."
([71], S. 64)

4.2.5. Vom Anfang des 19. Jahrhunderts (Lamarck *1809*) *bis um die Mitte des 19. Jahrhunderts* (Darwin *1859*)

Das aufgehäufte Wissen über Biologie und Paläantologie bedurfte einer umfassenden Ordnung und Synthese. Jean Baptiste Pierre de Monet, Chevalier de Lamarck (1744—1829) hielt es daher für reine Zeitverschwendung, wenn nur immer neue Arten mit allen Schattierungen und geringsten Eigentümlichkeiten beschrieben würden, um ihre ungeheure Liste immer weiter zu vergrößern [112]. Ihm, der die Tierwelt auch am Individuum studiert hatte, ging es immer wieder um das Aufdecken von Zusammenhängen, um eine Synthese, welche ihren Niederschlag in seiner „Philosophie zoologique", 1809, fand.[224])

Dieses Werk LAMARCKS muß etwas ausführlicher behandelt werden. Neben seiner Bedeutung für die Erkenntnisse über die Entwicklung des Lebens ist es als Zeitdokument hervorragend geeignet, in Verbindung mit seinem Lebenslauf (und dem Werk und Lebenslauf seines größten Gegners) die Wechselwirkungen zwischen den gesellschaftlichen Verhältnissen, der Rolle der Persönlichkeit und dem Werdegang der betreffenden Wissenschaften zu erhellen. Nicht zuletzt ist es aber auch notwendig, die im Zusammenhang mit diesen Auseinandersetzungen bis auf unsere Tage mit überkommenen bewußten oder unbewußten Verdrehungen seiner Ansichten zu korrigieren.

LAMARCK, der ein Millionen Jahrhunderte umfassendes Erdalter annahm (siehe Abschn. 3.), meinte, die fortdauernden Veränderungen der Erdoberfläche kurz beleuchtend:

161 „Mit einem Wort: alles auf der Erdoberfläche verändert seine Lage, Gestalt, Natur und sein Aussehen. Sogar die Klimate der verschiedenen Gegenden sind nicht beständig. Wenn nun die wechselnden Verhältnisse, ... bei den Organismen überhaupt und bei den Tieren insbesondere, Veränderungen in den Bedürfnissen, in den Gewohnheiten und in der Lebensweise herbeiführen, und wenn diese Veränderungen die Umwandlung und die Entwicklung der Organe und der Gestalt ihrer Teile verursachen, so muß man einsehen, daß jeder Organismus unmerklich ein wenig abändern muß, besonders in der Gestalt und in seinen äußeren Charakteren, obschon diese Abänderung erst nach beträchtlich langer Zeit bemerkbar wird."
([112], S. 28)

LAMARCK ging auf den Einwand ein, daß alle Tiere, deren Geschichte seit zwei oder drei Jahrtausenden bekannt sei, sich weder in der Gestalt noch in der Ausbildung der Organe verändert hätten. Als Beweise dafür galten u. a. die von SAINT-HILAIRE aus altägyptischen Gräbern mitgebrachten Tiermumien. LAMARCK sagte dazu, er glaube gern, daß sie ganz den heute lebenden Tieren ähnlich sehen; es wäre merkwürdig, wenn dem nicht so wäre, denn die seither verflossene Zeit bedeute nichts im Vergleich zur Erdgeschichte; er fuhr fort:

162 „... wir [sind] nie Zeugen dieser Veränderungen ... Wir beobachten die geschehenen Operationen; da wir aber ihre Ausführung nie sehen, so sind wir natürlich geneigt, zu glauben, daß die Dinge immer so gewesen seien, wie wir sie sehen, und nicht, daß sie fortschreitend so geworden sind. Von den Veränderungen, welche die Natur unaufhörlich in allen ihren Teilen ohne Ausnahme erleidet, wobei ihr Ganzes und ihre Gesetze immer dieselben bleiben, werden diejenigen, welche annähernd während der Dauer eines Menschenlebens ausgeführt werden, von dem Menschen, der sie beobachtet, leicht erkannt; diejenigen aber, welche eine sehr lange Zeit erfordern, kann er nicht bemerken."
([112], S. 94–95)

Als Ergebnisse seiner Untersuchungen formulierte er zwei Gesetze:

163 „Erstes Gesetz: Bei jedem Tiere, welches den Höhepunkt seiner Entwicklung noch nicht überschritten hat, stärkt der häufigere und dauernde Gebrauch eines Organs dasselbe allmählich, entwickelt, vergrößert und kräftigt es proportional der Dauer dieses Gebrauches; der konstante Nichtgebrauch eines Organs macht dasselbe unmerkbar schwächer, verschlechtert es, vermindert fortschreitend seine Fähigkeiten und läßt es endlich verschwinden.
Zweites Gesetz: Was die Individuen durch den Einfluß der Verhältnisse, denen ihre Rasse lange Zeit hindurch ausgesetzt ist, und folglich durch den Einfluß des vorherrschenden Gebrauchs oder konstanten Nichtgebrauchs eines Organes erwerben oder verlieren, wird durch die Fortpflanzung auf die Nachkommen vererbt, vorausgesetzt, daß die erworbenen Veränderungen beiden Geschlechtern oder den Erzeugern dieser Individuen gemein sind."
([112], S. 73)

Zunächst einmal muß festgestellt werden, daß an der grundsätzlichen Richtigkeit der Aussage, daß Anpassung und Vererbung eine wichtige Rolle bei der Entwicklung des Lebens spielen, nicht gezweifelt werden kann. Da nun Lamarck von „Bedürfnissen und Gewohnheiten“ und dem damit in Zusammenhang stehendem „Gebrauch oder Nichtgebrauch von Organen“ sprach, versuchten seine Gegner und ihre Nachbeter an dieser Stelle seine ganze Theorie lächerlich zu machen. Die herrschende Auffassung war ja die, daß jeder Organismus seiner Aufgabe und seinem Platz gemäß erschaffen worden sei. Nun sollte dieser Organismus gar an seiner Umgestaltung „mitwirken“. Das war in der Tat unerhört.

Lamarck hatte schon in einer Vorlesung im Mai 1800 gesagt:

164 „Ich könnte beweisen, daß es weder die Form des Körpers noch die seiner Teile ist, die seine Gewohnheiten und seine Lebensweise veranlaßt, sondern daß es umgekehrt die Lebensweise und alle einwirkenden Umstände sind, die mit der Zeit Körper und Körperteile formten.“[85])
([111], S. 137)

Das war ebenfalls etwas völlig Neues. Denn, wenn man nur die Gegenwart für sich ohne ihre Verbindung zur Vergangenheit betrachtet, dann ist es doch so, daß jeder Organismus auf Grund seiner spezifischen Fähigkeiten und Beschaffenheit nur in der ihm gemäßen Umwelt leben kann. Diesen Augenblickzustand in die Vergangenheit oder Zukunft übertragen, würde Unveränderlichkeit der Arten bedeuten. Lamarck aber war zu der richtigen Erkenntnis gelangt, daß der gegenwärtige Zustand in jeder Beziehung ein gewordener ist.

Lamarck wußte aber auch, was er als Reaktion auf seine Theorie erwarten durfte. Er sagte es, auf den Widerspruch zur herrschenden Ansicht hinweisend, selbst:

165 „Sollte ich den bestehenden Ansichten zu Liebe wider mein Gewissen handeln, den Irrtum fördern und die berauben, welche zu mir kommen, um meine Ansicht ... kennen zu lernen? Diesen Weg habe ich nicht eingeschlagen; das,

was meine Forschungen mir zeigten, durfte ich nicht verschweigen. So sehe ich mich in einen Konflikt hineingezogen, den die Zeit besser lösen wird, als die Vernunft, denn für jetzt habe ich keinen anderen Richter, als die Partei, deren Ansicht ich bekämpfe, und die stützt sich mit Erfolg auf die herrschende Ansicht."
([111], S. 26)

An dieser Stelle ist es notwendig, einige allgemeine Bemerkungen hinzuzufügen.

Lamarck war seit 1793 Professor am Jardin des Plantes in Paris. Sein Hauptgegner war Georges Léopold Chrétien Fréderic Dagobert Cuvier (1769—1832), 1795 Professor an der École normale, 1800 Professor für Naturgeschichte am Collége de France, seit 1802 Professor für vergleichende Anatomie am Jardin des Plantes, seit demselben Jahr Generalinspektor des öffentlichen Unterrichts und seit 1808 Rat der Universität. Cuvier, der sich vor allem auf dem Gebiet der vergleichenden Anatomie Verdienste erworben hat, erkannte nur innerhalb einiger Tierarten die Wandlung zu Varietäten durch die Einflüsse des Klimas und der Züchtung an, vertrat aber eine Artenkonstanz der Landsäuger und lehnte eine Stufenleiter der Organismen ab [45, 192]. Lamarck hatte sich 1802 und 1809 gegen die Annahme allgemeiner Katastrophen ausgesprochen (siehe Zitate 265—267). Cuvier veröffentlichte 1812 seine Katastrophentheorie als Einleitung zu den „Recherches sur les ossements fossiles", in denen er Lamarck angriff; er hielt dessen Ansichten für reine Phantasie [103]. In dem von ihm herausgegebenen offiziellen Jahresbericht über die letzten naturwissenschaftlichen Veröffentlichungen hatte er Lamarcks „Philosophie" mit keinem Wort erwähnt [111]. Über Cuviers „Eloge historique de M. de Lamarck" gibt es zwei einander völlig widersprechende Meinungen. Kühner (1913) bzeichnete sie als einen Schulfall für raffiniert gehässige Verkleinerung. Es seien darin Lamarcks Anschauungen verdreht dargestellt worden, und vermutlich stamme die Unterstellung, er führe den Erwerb neuer Organe bei den Tieren auf deren Wollen zurück, von CUVIER, weil sie in spöttischer Weise wiederholt vorgebracht worden seien. KOHLBRUGGE (1914) dagegen gibt an, daß er nichts Spottendes und Erniedrigendes gefunden hätte.

Fest steht jedoch, daß man einer einseitigen Verallgemeinerung von LAMARCKS Theorie in der Literatur öfter begegnet, bis hin zu der noch heute verbreiteten Behauptung, mit ihr wäre „die aktive Selbstanpassung der Organismen durch den ihnen innewohnenden Willen" vertreten worden (siehe [169], S. 455), obwohl z. B. schon F. ROLLE (1863), E. HAECKEL (1868), H. SCHMIDT (1909) und F. KÜHNER (1913) eine bessere und differenziertere Einschätzung gegeben hatten [137, 71, 112, 111].

Wenn heute noch solche Auffassungen vorhanden sind, dann können sie nur auf unglückliches Mißverstehen oder auf unkritische Übernahme der Meinung anderer zurückzuführen sein, wenn man nicht annehmen will, daß sein ihm damals sehr verübeltes Unbequemsein als untilgbares Odium immer noch anhaftet. Denn unbequem war er wirklich, nicht nur darin, daß er seine Meinung, auch wo er irrte, hartnäckig verteidigte [111] — was er übrigens mit seinen Gegnern gemein hatte. Er lehnte es ab, seine „Flore francaise" König Ludwig XVI., einem Minister oder einem Edelmann zu widmen. Er begrüßte die französische Revolution und widmete dem siegreichen Volk eines seiner Werke. Nach der Rückkehr der Bourbonen blieb er bei seinem politischen Bekenntnis [111]. Dafür verstarb er auch verarmt, ganz im Gegensatz zu seinem ständig in Amt und Würden höher steigenden Gegner CUVIER. LAMARCK hatte sich weder wissenschaftlich noch politisch mit den Herrschenden arrangiert — ein unverzeihlicher „Makel".

Zwar war es LAMARCKS Auffassung, daß die durch die veränderte Umwelt aktivierte Mitwirkung der Tiere eine wichtige Rolle bei deren Anpassung spielt, aber diese Mitwirkung allein auf den „Willen" zurückzuführen, ist ihm als durchgehendes Prinzip gar nicht eingefallen; es wurde nur ständig von seinen Gegnern behauptet und nacherzählt.

Daß LAMARCK die aktive Mitbeteiligung (Gewohnheiten, Bedürfnisse) betonte, ist nur zu verständlich. Verbreitet war noch immer die Auffassung, daß die Arten der Lebewesen selbst in langen Zeit ihrer Existenz im wesentlichen unveränderlich seien — und eher glaubte man an Untergang als an ihre Veränderung (siehe z. B. auch die Meinung HERDERS, Zitat 154). LAMARCK mußte deutlich machen, wie die Umwelt auf die Organismen einwirkt. Er erklärte es über folgende Kette:

> Große Veränderungen der äußeren Verhältnisse — Änderung der Bedürfnisse — Änderung der Tätigkeit — bei entsprechend langer Dauer Änderung der Gewohnheiten, die ebenso dauerhaft werden wie die Bedürfnisse — Vererbung.

War die Vorstellung von einer derartigen Mitbeteiligung der Organismen grundsätzlich falsch? Doch gewiß nicht.
Es besteht eben ein Unterschied zwischen dem passiven Ausgeliefertsein der anorganischen Dinge an die Einflüsse der Umwelt und der aktiven Reaktion der Organismen auf sie. Wenn LAMARCK diese aktive Seite besonders hervorkehrte, ja auch überbetonte, so war das für einen Naturforscher an der Wende vom 18. zum 19. Jahrhundert kein größerer „Fehler" — und wo war denn eine bessere Theorie zu finden?
Der noch weit verbreiteten Meinung seiner Zeit stellte er seine eigene Folgerung gegenüber:

166 „Bisher angenommene Folgerung: Die Natur (oder ihr Urheber) hat bei der Schöpfung der Tiere alle möglichen Verhältnisse, in welche dieselben kommen würden, vorausgesehen und hat jeder Art eine konstante Organisation und eine bestimmte in ihren Teilen unveränderliche Gestalt gegeben, welche jede Art zwingen, an den Orten und Klimaten, wo man sie findet, zu leben und hier ihre Gewohnheiten beizubehalten.

Meine eigene Folgerung: Die Natur hat alle Tierarten nacheinander hervorgebracht. Sie hat mit den unvollkommensten oder einfachsten begonnen und mit den vollkommensten aufgehört. Sie hat ihre Organisation stufenweise entwickelt. Indem sich diese Tiere allgemein auf alle bewohnbaren Orte der Erde ausbreiteten, hat jede Art derselben durch den Einfluß der Verhältnisse, in denen sie sich befand, ihre Gewohnheit und die Abänderungen in ihren Teilen erhalten, die wir bei ihr beobachten."
([112], S. 83)

LAMARCK hat dazu erläuternde Beispiele gegeben. Darunter sind auch solche, die nicht besonders glücklich gewählt sind und die, wenn man sie aus dem Zusammenhang reißt, den Eindruck von einer simplen Vorstellung über den Erwerb von Organen durch den Willen entstehen lassen können. Er führte aber auch andere Beispiele an (siehe dazu Anmerkung 86 und 87). In dem Beispiel vom Vogel ist nicht davon die Rede, daß dieser seine Veränderung wünschte. Und niemand wird behaupten wollen, daß LAMARCK in dem Beispiel mit dem Wasserhahnenfuß darlegen wollte, es sei auf den Wille der Pflanze zurückzuführen, wenn sie unterschiedliche Blätter bekommt.

Noch eine weitere Bemerkung LAMARCKS wird offensichtlich übersehen. Im Anschluß an Betrachtungen über die Bewegung der Körperflüssigkeiten sagte er:

167 „Ich glaube, daß die niedrigsten Tiere, die kein Nervensystem besitzen, nur durch die Einwirkung der Außenwelt leben, d. h. durch feine und immer in Bewegung befindliche Fluida, welche die umgebenden Media enthalten, die unaufhörlich diese organisierten Körper durchdringen und in ihnen das Leben so lange erhalten, als es der Zustand dieser Körper ermöglicht."
([112], S. 4)

Niemand wird glauben wollen, LAMARCK habe einen Willen ohne Vorhandensein eines Nervensystems für möglich gehalten. Auch hier also nichts von dem vielstrapazierten Willen, wohl aber die Absage an die noch herrschende Vorstellung von einer imaginären „Lebenskraft" der dualistischen Systeme seiner Zeit.

Aus allem ergibt sich also:

- Pflanzen und niederste Tiere (welche er als solche verstand, sei dahingestellt) sind den Einflüssen der Umwelt passiv ausgesetzt.
- Höhere Tiere sind aktiv Mitbeteiligte bei der Anpassung an die Einflüsse der Umwelt.

Die Höherentwicklung betrachtete LAMARCK nicht nur als einfache Stufenleiter. Zu einer beigegebenen Skizze bemerkte er:

168 „Man wird aus ihr ersehen, daß nach meiner Meinung die tierische Stufenleiter wenigstens mit zwei besonderen Ästen beginnt, und daß in ihrem Verlauf einige Zweige an gewissen Stellen abzubrechen scheinen."
([112], S. 94)

Es ist die Vorstufe zu einem Stammbaum.

LAMARCK wandte sich, 1815,[225]) auch gegen die seit alters herrschende Zwecktheorie:

169 „Es ist aber ein entschiedener Irrtum, der Natur einen Zweck oder irgendwelche Absicht in ihrem Geschehen zuzuschreiben, und dieser Irrtum ist unter Naturforschern ganz alltäglich. Ich will nur noch sagen, daß, wenn das Resultat solcher Vorgänge vorausgesehene Zwecke zu erfüllen scheint, dies daher kommt, weil ... die Mannigfaltigkeit der Umstände ... Ergebnisse herbeiführt, die immer in Übereinstimmung mit jenen Gesetzen sind, welche alle Arten bewirkter Veränderungen regieren."
([111], S. 217)[88])

LAMARCKS Lehre wurden verschiedene Namen gegeben: Abstammungslehre, Entwicklungslehre, Deszendenztheorie, Transformismus, Transmutationslehre, Evolutionslehre. Auch die Theorien seiner Vorgänger, die eine Stufenleiter vertraten, wurden mitunter so bezeichnet.

LAMARCKS Theorie war folgerichtig und konsequent monistisch aufgebaut. Wenn man noch berücksichtigt, daß dies alles eingebettet war in eine richtige Vorstellung vom hohen Alter der Erde (siehe Abschn. 3.) und einen bewußten Aktualismus (siehe Abschn. 5.), dann muß man feststellen, daß sie die fortschrittlichste Theorie ihrer Zeit war.

Die Einschätzung durch von Bülow (1960, S. 165), der einerseits zwar von „genialer erdgeschichtlicher Schau", im gleichen Zuge aber von „apodiktischer scholastischer Darstellungsweise", „spekulativer, geradezu metaphysischer Denkart" und „ungeordnetem Ideenreichtum" sprach, muß entschieden abgelehnt werden.

Den Auffassungen Lamarcks waren diejenigen von Cuvier völlig entgegengesetzt, welche wie folgt kurz zusammengefaßt werden können:

— Verneinen einer Verwandtschaft und Entwicklung der Organismen (siehe in diesem Abschn. weiter unten)
— Verneinen eines hohen Alters der Erde (siehe Abschn. 3.)
— Verneinen eines aktualistischen geologischen Geschehens; Begründen einer Katastrophentheorie (siehe Abschn. 5.).

Abgesehen davon, daß manche Auffassungen Lamarcks seiner Zeit vielleicht zu weit voraus waren, um auf fruchtbaren Boden fallen zu können, darf doch nicht übersehen werden, daß ihm in Cuvier ein Mann von großer Autorität und mit hohen Ämtern ausgestattet gegenüberstand, dem kaum jemand zu widersprechen wagte (siehe auch Abschn. 5. und 6.).

Lamarck lebte in Cuviers Schatten. Doch wohl noch schlimmer ist die bedauerliche Tatsache, daß er gerade von manchem, der ihm in vielen Dingen geistig nahestand, postum abfällig behandelt wurde, worauf schon Kohlbrugge (1914) zu Recht hingewiesen hat. Beispiele werden an passender Stelle erwähnt.

In Cuviers Auffassungen fügten sich diejenigen von Georg Wilhelm Friedrich Hegel (1770—1831) ein. Er lehnte, 1807[217]) und 1817,[218]) die Abstammung der höheren Organismen von niederen als eine „ungeschickte" Vorstellung ab und behauptete, die organische Natur habe keine Geschichte [145].

Trotzdem lebte der Gedanke an einen Wandel der Arten und eine Höherentwicklung der Lebewesen weiter.

CHRISTIAN LEOPOLD VON BUCH (1774—1853) wurde bei seinem Besuch in Paris 1798/99 mit den Gedanken LAMARCKS bekannt [65]. Schon 1806 sagte er in einer Rede vor der Akademie der Wissenschaften zu Berlin:

170 „Gelingt es der Geologie, dies große Fortschreiten der Ausbildung vom formlosen Tropfen bis zur Herrschaft des Menschen durch bestimmte Gesetze zu führen, so scheint auch sie nicht unwürdig in den großen Verein der Wissenschaft zu treten ..."
([65], S. 1376)

Er kam dann später durch pflanzengeographische Betrachtungen zu der Auffassung, daß eine Veränderung der Arten über die Varietäten zu neuen Arten durch den Einfluß der Verschiedenheit der Standorte, der Nahrung und des Bodens erfolge [65, 71].

LORENZ OKEN (1779—1851) verkündete 1810 (was er in der Folgezeit weiter ausbaute), daß alles Organische aus Schleim hervorgegangen sei, der sich im Laufe der Erdgeschichte aus anorganischer Materie an der Meeresoberfläche durch die Verbindung von Kohlenstoff, Sauerstoff, Wasserstoff, mit etwas Stickstoff sowie mit etwas Wasser, Kalziumoxid und Natriumchlorid unter der Einwirkung der Sonnenbestrahlung gebildet habe. Aus der Anatomie der tierischen Organismen leitete er deren Entwicklungsgeschichte von den einfachen zu den kompliziert zusammengesetzten Lebewesen ab. Das Entstehen, die Gesetze der Verwandtschaft und die Entwicklungsgeschichte der Organismen bildeten für ihn eine selbstverständliche Einheit[89]) [127, 71, 140]. OKEN, der in patriotische Burschenschaftsbewegungen seiner Zeit verwickelt war, wurde 1819 gemaßregelt. Eine Kabinettsorder sollte außerdem verhindern, daß seine oder ähnliche Lehren an den preußischen Universitäten vorgetragen würden [10, 116]. An den Höfen zu Weimar, München und Karlsruhe fiel er wegen seiner freisinnigen Äußerungen und schonungslosen Kritik in Ungnade [130].

Naturphilosophen wie LAMARCK und OKEN wurden nicht selten mißverstanden oder gar verhöhnt, sie würden sich eine Natur nach ihrem Belieben zurechtzimmern. Oft wurde, ganz und gar unbegründet und sogar wider besseres Wissen, ihr Wirken so dargestellt, als hätten sie selbst kaum eigene Beobachtungen angestellt und kaum Untersuchungen und Experimente durchgeführt. Viele der sog. Naturphilosophen wandten sich zu recht gegen die herrschende Überbetonung der Empirie mit ihrer immer weitergehenden Zerstückelung und Zergliederung der Natur. FRIEDRICH ENGELS hat die Naturphilosophie höher eingeschätzt als den damaligen Empirismus, dem er vorwarf, das Denken mit souveräner Verachtung behandelt und es in der Gedankenlosigkeit am weitesten gebracht zu haben [140].

Die Naturphilosophen suchten nach den verbindenden Gesetzmäßigkeiten und allgemeinen Zusammenhängen. Nicht selten war bei ihnen eine gesellschaftskritische Einstellung zu verzeichnen; LEY (1969) meint, die Naturphilosophie habe sich als weltanschauliches Programm empfunden.

Das einseitig verallgemeindernde Urteil, die Naturphilosophen hätten allein ein spekulatives Bild von der Natur gezeichnet — ein Urteil, das sich auf die Meinung ihrer Gegner stützt —, trifft zumindest nicht auf LAMARCK und OKEN zu.

Auch andere, heute weniger bekannte Gelehrte jener Zeit glaubten an die ständige Veränderung und Anpassung der Lebewelt.

Nach FRIEDRICH SIEGMUND VOIGT (1781—1850) (1817)[258]) bewirken Nahrung, Klima, Züchtung und Standortveränderung die Umbildung. LAMARCKS Lehre lehnte er jedoch ab und glaubte, anklingend an ähnliche

Vorstellungen des 18. Jahrhunderts, daß die Menschen aus Hermaphroditen hervorgegangen seien [141].

JOHANN CHRISTOPH MATTHIAS REINECKE (1770—1818) vertrat (1818) die Entstehung neuer Arten durch schrittweise Änderung über Varietäten. Fortgesetzte allmähliche Umgestaltung und Modifikation über Generationen hinweg standen für ihn fest [135].

A. M. TAUSCHER meinte in einer auf eigene Kosten gedruckten Schrift (1818):[253])

171 „Alle Schritte der Natur deuten aus einem uns kaum wahrnehmbaren Anfang auf graduelle Entwicklung, auf fortwährende progressive Steigerung bis zum vollendetsten Organismus, den wir kennen, dem des menschlichen Körpers und bis zu der an ihn geknüpften die ganze Schöpfung umfassenden Intelligenz ohnleugbar hin."
([141], S. 150)

Bezüglich des Menschen sagte er:

172 „Er hat sich aus dem Schooße der Natur nach dem allgemeinen Grundgesetz der Gradation und Succession entwickelt."
([141] S. 153)

Inzwischen ließ — bis etwa 1830 — die Kenntnis der Tatsache, daß die Wirbeltier-Embryonen während ihrer Entwicklungsstadien Merkmale nachgeordneter Tiergruppen des Wirbeltierstammes aufweisen, immer stärker die Überzeugung wachsen, daß sich hierin der Zusammenhang der Abstammung offenbart, was ERNST HAECKEL später in seiner „Generellen Morphologie" (1866)[215]) als „biogenetisches Grundgesetz" bezeichnete.

Wenn man von GIORDANO BRUNO einmal absieht, hatten schon J. F. MECKEL, C. F. KIELMEYER (1765 bis 1844), TREVIRANUS, OKEN, GEOFFROY DE SAINT-HILAIRE und andere auf diesen Zusammenhang hingewiesen [71, 72, 192].

ETIENNE GEOFFROY DE SAINT-HILAIRE (1772—1844) glaubte, anders als LAMARCK, an eine mehr passiv erfolgende Veränderung der Organismen, die, statt kontinuierlich, sprunghaft geschehe. Zum Beispiel soll der erste Vogel aus einem Reptil-Ei geschlüpft sein. Der Atmosphäre billigte er als einwirkenden Faktor eine besondere Rolle zu [112, 145, 192]. Den entwicklungsgeschichtlichen Zusammenhang der Lebewelt leitete er unter anderem aus den Analogien im Bau der Organismen ab.

Cuvier, von dem Goethe sagte, ihm sei die Gabe verliehen, grenzenlose Einzelheiten zu bemerken, zu unterscheiden und zu ordnen [152], leugnete solche Analogien. Nach seiner Meinung sind in der Tierwelt vier Haupttypen zu verzeichnen, die vier allgemeinen, aber getrennten Bauplänen folgen: Wirbeltiere, Weichtiere, Artikulaten, radiäre Tiere. Die Untergliederungen innerhalb dieser Typen seien nichts weiter als Modifikationen [192]. Stark vereinfacht und bildhaft ausgedrückt bedeutet dies: Es gibt vier Grundbaukästen, die zueinander keine andere Beziehung haben, als daß es eben Baukästen sind. Aus den Steinen jedes Kastens können, einem jeweiligen Grundmuster folgend, unterschiedlich gestaltete Gebilde zusammengestellt werden.

Cuvier nahm jedoch Varietäten innerhalb der Arten durch die Einflüsse der Zeit, des Klimas und der Züchtung an [45].

Die Typenlehre war natürlich nicht ohne Vorteil, erlaubte sie doch, aus einem „Baustein“ auf das Grundmuster, auf den Haupttyp, zu schließen. Sie war aber eben nur die Systematik eines Sammlers, der seine Stücke wohlgeordneten und numerierten Kästchen zuweist und meint, nun habe er alles Wissenswerte erfaßt.

Den Vertretern der Analogielehre waren nicht die einzelnen „Bausteine“, sondern deren Anordnung wichtig. Sie schlossen aus vorhandenen Ähnlichkeiten dieser Anordnung auf einen verwandtschaftlichen, ja zum Teil sogar auf einen abstammungsbedingten Zusammenhang.

Die Spannung zwischen diesen Gegenpolen entlud sich auf der Sitzung der Pariser Akademie, besonders am

22. Februar und 19. Juli 1830 [137, 152]. Vordergründig ging es zum Teil um hier nicht interessierende Einzelheiten, aber auch um die bereits erwähnten Analogien im Bau der Organismen, wofür eine von GOETHE wörtlich wiedergegebene Bemerkung CUVIERS in einer Eingabe vom 5. April 1830 an die Akademie zeugt, in der er schrieb:

173 „Ich weiß wohl, ich weiß, daß für gewisse Geister hinter dieser Theorie der Analogieen, wenigstens verworrenerweise, eine andere sehr alte Theorie sich verbergen mag, die, schon längst widerlegt, von einigen Deutschen[90]) wieder hervorgesucht worden, um das pantheistische System zu begünstigen, welches sie Naturphilosophie nennen.“ ([152], S. 395)

Die Theorie der Analogien war anfangs auch mit dem Gedanken an ein „Urbild“ der Pflanze und „Urbild“ des Tieres, etwa im Sinne des „Dinges an sich“ bei KANT, verbunden. Sofern CUVIER dies meinte, hatte er nicht unrecht. Es konnte aber keine Rede davon sein, daß mit der Widerlegung der nicht näher bezeichneten „älteren Theorie“ — womit er vielleicht obiges meinte — auch die „Theorie der Analogien“, so wie sie sich jetzt darstellte, widerlegt sei. Das war nur CUVIERS persönliche Auffassung. Man darf hingegen nicht außer acht lassen, daß CUVIER seit 1822 eine bedeutende Rolle innerhalb der protestantischen Theologischen Fakultät spielte [5], um zu verstehen, warum er pantheistische Ansichten bzw. alles, was danach aussah, ablehnte.

GOETHE brachte den Auffassungen ST.-HILAIRES große Sympathie entgegen, entsprachen sie doch ganz und gar den seinen. Ihn bewegte dieser Streit, in dem er zwei grundsätzliche Denkweisen aufeinanderprallen sah, mehr als die gleichzeitige Juli-Revolution in Paris [71, 152]. Es standen einander aber nicht nur zwei unterschiedliche Denkweisen gegenüber, vereinfacht ausgedrückt als

— Analyse (Zerlegen, Zergliedern) — Typenlehre;
— Synthese (Zusammenfügen, Vereinigen) — Analogielehre.

Es war mehr. Es waren zwei Weltbilder, die aufeinander prallten:

— das eine, das ausging von angeblich die Arten nur variierenden Naturbedingungen, gekennzeichnet durch den Theorienkomplex: Präformation (Vorbildung) — Evolution (im alten Sinne als bloßes In-Erscheinung-Treten des eigentlich schon Vorhandenen) — Typenlehre — Artenkonstanz; sich letzten Endes gründend auf den Schöpfungsbericht der Bibel.
— das andere, das ausging von den die Arten verändernden Umweltbedingungen, gekennzeichnet durch den Theorienkomplex: Epigenese (Neubildung) — Embryologie — Analogienlehre — Deszendenztheorie, das losgelöst vom Schöpfungsbericht die natürliche Entwicklung des Lebens vertrat.

Dabei ist noch hinzuzufügen, daß Präformation und Evolution (im alten Sinne) bloße Vorstellungen waren, dagegen die Epigenese und die Entwicklungsstadien der Embryonen gar nicht mehr Theorien, sondern damals schon nachgewiesene und nachprüfbare Tatsachen.

Aus dem Streit zwischen den beiden Wissenschaftlern ging Cuvier als offizieller Sieger hervor. Sicher hatte das neue Weltbild im einzelnen auch noch seine schwachen Seiten. Niemand wird aber ernsthaft behaupten wollen, daß die überragende Autorität Cuviers keine Rolle bei seinem „Sieg“ gespielt habe. Diese Autorität gründete sich nicht nur auf seine wissenschaftlichen Leistungen auf dem Gebiet der vergleichenden Anatomie, sondern auch darauf, daß ihn, den führenden Vertreter der restaurativen Katastrophentheorie (siehe Abschn. 5.), die herrschenden Kreise der Restauration mit immer höheren Würden ausstatteten: Kanzler der Universität, in den Kabinettsrat berufen, Baron, Aufsicht über die protestantische Theologische Fakultät, Großoffizier der Ehrenlegion. Die Meinung eines solchen Mannes mußte Gewicht haben.

Was aus Frankreich kam, hatte für Deutschland nicht

selten Vorbildcharakter, und Paris war, wie Herneck (1973, S. 20) bemerkte, „die naturwissenschaftliche Hauptstadt der Welt zu jener Zeit". Zu gern ließ man sich in Deutschland eher von Autoritäten leiten, als von Vernunftsgründen überzeugen. Es ist deshalb kein Wunder, daß die Lehre von der Entwicklung des Lebens, die eine Absage an überlieferte Vorstellungen war und Umwelt und Lebensbedingungen ins Blickfeld rückte, sich unter den Verhältnissen der kontinental-europäischen Restauration gegenüber den zu ihr passenden alten Ansichten zunächst nicht durchzusetzen vermochte.[91])

In Großbritannien lagen die gesellschaftlichen Verhältnisse zwar anders, aber man durfte wohl nicht erwarten, daß mit den moderneren Bedingungen automatisch auch eine größere Aufgeschlossenheit neueren Erkenntnissen gegenüber vorhanden war. Außerdem werden weder die anglikanische Kirche als Institution noch der Puritanismus der Entwicklungslehre positiv gegenüber gestanden haben.

Nur so ist es wohl zu verstehen, daß Charles Lyell (1797—1875), der in seinen zwischen 1830—1833 erschienenen „Principles of Geology" gegen die Katastrophentheorie und für den Aktualismus eintrat, die Entwicklungslehre regelrecht bekämpfte und dabei besonders gegen Lamarck zu Felde zog. Während Lamarck alle Vorgänge in der Natur unter dem einheitlichen Gesichtspunkt langsamer, sich summierender Veränderungen betrachtete, die sich bei den Lebewesen in sichtbaren Qualitätsmerkmalen manifestieren, ließ Lyell solche Veränderungen nur im Bereich des Anorganischen gelten. Er meinte:

174 „Lamarck hat in der Tat einen Beweis zugunsten seines Systems zu erbringen versucht, ... das entstanden ist beim Studium einiger Pflanzen- und Tierordnungen und als Folgerung aus schwachen Schatten von Unterschieden, welche die neuen, im vergangenen Jahrhundert entdeckten Arten aufweisen."
([118], S. 430—431; übersetzt: Blei[92]))

Diese „schwachen Schatten von Unterschieden" hätten LYELL eigentlich stutzig machen müssen, denn im anorganischen Bereich vertrat er ja sinngemäß das gleiche mit den langsamen, kaum merkbaren Veränderungen. Beide, LAMARCK und LYELL, gingen von außerordentlich langen Zeiten des Erdgeschehens aus, doch LYELL versuchte sogar, aus der vergleichsweise kurzen menschlichen Geschichte Beweise gegen eine fortschreitende Veränderung innerhalb der organischen Welt abzuleiten.

Es mutet seltsam an, daß er, der doch wußte, wie wenig innerhalb von zwei bis drei Jahrtausenden sich verändern konnte, die Gleichheit von Tiermumien aus altägyptischen Gräbern mit denen jetzt lebender Tiere hervorhob. Ausgerechnet jenes Beispiel, auf welches LAMARCK (1809) bereits erklärend eingegangen war (siehe zwischen den Zitaten 161—162), verwendete er gegen denselben, so daß mancher Leser glauben mußte, LAMARCK seien diese Tatsachen entgangen.

Ausführlich versuchte LYELL die fortschreitende Entwicklung der Lebewesen zu widerlegen. Bestärkt sah er sich auch dadurch, daß nach so langer Zeit der Erdgeschichte noch immer niedere Wasserlebewesen existieren. Es ist wohl entschuldbar, daß er sich nicht darüber im klaren war, daß schon eine sich kaum ändernde Umwelt, wie sie eben im Meer über größere Bereiche hinweg gegeben ist, im Gegensatz zu den Bedingungen auf dem Lande, eine Erklärung für dieses Phänomen sein kann.

Unter dem Gesichtspunkt der von ihm vertretenen „Gleichförmigkeit" (Uniformity) ist auch seine Frage verständlich:

175 „Warum hat sich überdies der Prozeß der Entwicklung mit solch ungleicher und unregelmäßiger Kraft in jenen Klassen der Lebewesen, die viel vollkommener gewesen sind, vollzogen, so daß es breite Lücken in den Reihen gibt, Löcher so groß, daß Lamarck billigerweise zugibt, wir könnten niemals erwarten, sie durch künftige Entdeckungen auszufüllen!"
([118], S. 419; übersetzt: BLEI[93])

Alles Ungleichmäßige und Unregelmäßige lehnte er offenbar deshalb ab, weil es ihn zu sehr an die ungleichmäßigen, zeitweise übersteigerten Kräfteäußerungen der Katastrophentheorie erinnerte. Was die „Lücken in den Reihen“ betrifft — LYELL meinte bildhaft die Lücken in der Stufenleiter —, so waren sie schon ein wichtiges Problem. In einer verwandtschaftslosen Rangfolge spielen sie keine Rolle, wohl aber in einer auf Abstammung gegründeten Stufenleiter.

Wir wissen, daß die Folge der sich entwickelnden Lebewesen nicht in einer Stufenleiter, d. h. in einer nur hintereinander gereihten Kette aufzufassen ist, sondern in Form sich verzweigender Stammbäume. In der Stufenleiter wurden aber nicht nur unterschiedlich hochorganisierte Lebewesen übereinander angeordnet, sondern in Unkenntnis der Verzweigung auch unterschiedlich hochorganisierte Lebewesen verschiedener „Zweige“ eines Stammbaumes, zwischen denen nur dann eine Verbindung besteht, wenn man — bildhaft — bis zur „Astgabel“ zurückgeht; nur in einem Strang angeordnet, sind selbstverständlich unüberbrückbare Lücken vorhanden. LAMARCK war diesem Problem auf der Spur, denn er hatte die Vorstufe zu einem Stammbaum entwickelt (siehe Zitat 168).

Daß LYELL dies alles noch nicht bewältigen konnte oder auch noch Unzulänglichkeiten in den neuen Auffassungen sah, spricht kaum gegen ihn. Entschieden gegen ihn spricht aber, daß er LAMARCKS Theorie grob und unzulässig vereinfachend und Teile aus dem Zusammenhang reißend darstellte:

176 „... und wenn Lamarck von ‚dem Bestreben der inneren Empfindung‘, ‚dem Einfluß feiner Flüssigkeiten‘ und ‚Tätigkeiten der Organisation‘ als von Gründen spricht, wodurch Tiere und Pflanzen neue Organe erwerben können, dann setzt er Namen ein für Dinge und nimmt, unter Nichtachtung der strengen Regeln der Folgerung, Zuflucht zu Fiktionen, vergleichbar denen der ‚vis plastica‘ und anderer Phantome von Geologen des Mittelalters.“
([118], S. 413–414; übersetzt: BLEI[94]))

Man braucht nur die weiter oben wiedergegebenen Zitate LAMARCKS mit den Ausführungen am Anfang des Abschnittes 4.1. zu vergleichen, um festzustellen, daß LYELLS Behauptung absurd ist. In der gleichen Weise behandelte er LAMARCKS Bemerkungen über die Entwicklung des Menschen aus affenartigen Säugern, wofür eine überleitende Bemerkung charakteristisch ist:

177 „Von dieser Art ist der Ablauf des Lamarckschen Systems ...
Ich habe nur Platz für die Darlegung eines kleinen Teils des gesamten Herganges, wodurch eine vollständige Umwandlung vollbracht wird und werde die Art und Weise übergehen, durch welche, nach einer zahllosen Folge von Generationen, ein kleiner gelatinöser Körper in eine Eiche oder einen Affen umgewandelt wird ..."
([118], S. 421; übersetzt: BLEI[95])

Mit dieser unsinnigen Behauptung sollten LAMARCK und seine Theorie zweifellos lächerlich gemacht werden.[96])

So bekämpfte leider der Aktualist LYELL den Aktualisten LAMARCK. Hier haben wir die andere Seite des sonst sehr verdienstvollen Mannes vor uns, der sich allerdings etliche Jahre später zur Entwicklungslehre bekannte. Zunächst aber mußte nun, da der Katastrophist CUVIER und auch der auf völlig entgegengesetzter Grundlage stehende LYELL auf ihre jeweilige Art die Deszendenztheorie LAMARCKS bekämpft hatten, jeder, der mit den Problemen nicht genau vertraut war, annehmen, LAMARCK habe lauter Unsinn geschrieben. Damit war ein Urteil auch über alle ähnlichen Ansichten anderer gefällt und der Durchsetzung moderner Erkenntnisse auf diesem Gebiet eine weitere Schranke entgegengestellt. Kein Wunder auch, daß, trotz LYELL, die Katastrophentheorie mit der Vorstellung von der Vernichtung ganzer Tierklassen und dem „unerklärlichen" Auftreten neuer weiterblühte.

Es waren zwar nicht wenige, die immer wieder auf die Veränderlichkeit der Arten hinwiesen, aber ihre Stimmen drangen nicht durch. Deshalb erregte das Werk von

ROBERT CHAMBERS (1802–1871) „Vestiges of the natural history of creation", das 1844 anonym erschien, großes Aufsehen [145]. Die Unlogik in den herrschenden Ansichten, die darin bestand, daß man zwar ständige Veränderungen im anorganischen Bereich erkannte und vertrat, innerhalb des Organischen aber weitestgehend leugnete, kritisierte CHAMBERS mit treffenden Worten:

178 „Die Abgeschmacktheiten... müssen jedem denkenden Geist sogleich auffallen. Der Ewige richtet ein Sonnen- oder Astralsystem ein mittels gewisser, der Materie uranfänglich innenwohnender Anlagen; er läßt durch dieselben Mittel Oceane sich bilden, und Continente sich erheben und all' jene großartigen meteorischen Agentien ihr ruheloses Zersetzungswerk treiben, um die Erde zur Aufnahme organischer Wesen vorzubereiten. Wenn nun aber im Laufe dieser Operationen Meergras und Korallen in jene Oceane gesetzt werden sollen, dann soll ein besonderer Eingriff der göttlichen Machtvollkommenheit nöthig sein, dann ist nach dem Glauben der Unwissenden die Hand Gottes selbst, nach dem Glauben der Weisen aber ... ‚ein göttliches Werde' von Nöthen! ... Und nicht nur bei dieser Gelegenheit, sondern während des ganzen Verlaufs der geologischen Zeit ist diese Aufmerksamkeit nothwendig, sobald eine neue Familie von Organismen eingeführt wird: ein neues Werde für Fische, ein anderes für Reptilien, ein drittes für Vögel; ja, halten wir die Ansichten der gegenwärtigen Geologen in Betreff der Species fest, so müßte ein Ereignis, wie der Anfang eines neuen Cephalopoden, mit einigen Höckerchen und Runzlein mehr auf der Muschel [gemeint ist: Schale], nach dieser Theorie, die besondere Mühe desselben Allmächtigen in Anspruch nehmen ..."
([40], S. 118–119)

Aus dem allgemeinen Zusammenhang leitete CHAMBERS die Entwicklung der Pflanzen und Tiere ab und meinte:

179 „Sie treten auf in langgedehnter Aufeinanderfolge und ... in der Reihenordnung einer fortschreitenden Organisation – Stufe nach Stufe, bis, von einem niedersten Ausgangspunkt an, in beiden Reihen die höchsten Formen verwirklicht werden."
([40], S. 121)

Die Tatsachen über die Entwicklungsstadien der Wirbeltier-Embryonen spann er allerdings zu einer Theorie aus, die vieles erklären sollte, bis hin zum Unterschied zwischen den Menschenrassen.

Es ist nun interessant, was Carl Vogt (1817—1895), der Chambers' Werk 1851 ins Deutsche übersetzt hatte, noch ganz im Banne der Katastrophentheorie Cuviers, in einer Anmerkung dazu sagte:

180 „Wir glauben auch, daß keine Species aus einer Formation[97]) in die andere übergegangen sei, sondern daß mit jeder geologischen Revolution auch eine völlige Vernichtung der Organismen und eine Erneuerung derselben verbunden gewesen sei; aber deshalb nehmen wir noch gar nicht einen Schöpfer an, weder am Anfange, noch im Verlaufe der Erdgeschichte, und finden, daß ein selbstbewußtes, außer der Welt stehendes Wesen, welches dieselben erschafft, ebenso lächerlich erscheint, wenn es fünf und zwanzig Mal oder noch öfter die Erde mit ihren Organismen ändert, bis es endlich das Rechte trifft, als wenn es, nach Erschaffung der Welt und nach Gebung der Naturgesetze, sich pensioniert und in Ruhe setzt, wie unser Verfasser es will. Die Materie (die Welt) ist für uns so wenig erschaffen, als die Naturgesetze gegeben — beide sind nothwendige, gegenseitig bedingte Dinge, die keinen Dritten zum Urheber haben." ([40], Anmerk. S. 124)

Diese Aussage Vogts ist geradezu ein Musterbeispiel dafür, daß selbst eine fortschrittliche Überzeugung nicht automatisch die Gewähr für richtige Schlußfolgerungen bietet. Denn es mußte schon eine besondere Kunst dazu gehören, so Gegensätzliches zu vereinen wie das Unerschaffensein und die Ewigkeit der Materie auf der einen Seite und auf der anderen die Vernichtung und Erneuerung der Organismen, 25mal oder noch öfter (die Anzahl ist nicht etwa ironisch gemeint, sondern sie entsprach einer durchaus gängigen Ansicht (siehe Zitat 186 und 295)). Was sollte man sich unter „Erneuerung" der Organismen vorstellen, wenn gleichzeitig eine Entwicklung vom Niederen zum Höheren geleugnet wurde. Die Konsequenz war doch die, daß jedesmal höher organisierte Lebewesen gleich „fertig" erschienen — fertige Fische, fertige Amphibien, fertige Reptilien, fertige Säugetiere. Woher kamen sie? Weder VOGT noch andere Anhänger solcher Vorstellungen konnten es sagen. Da war es doch naheliegend, an göttliche Schöpfung zu denken.

Man muß natürlich auch anerkennen, daß VOGT die Ansichten CHAMBERS in Deutschland verbreiten half. Schon daraus darf geschlossen werden, daß er zu dieser Zeit nicht mehr so ganz fest auf dem Boden der alten Anschauungen stand.[99])

Doch zurück zum Jahre 1844 und zu CHAMBERS. Er meinte, LAMARCK habe dem Anpassungstrieb in seiner Theorie zu viel aufgebürdet, erkannte aber dessen Wirken im Sinne einer Entwicklungsgeschichte des Lebens an.[98]) Seine eigenen Ansichten zusammenfassend schrieb er:

181 „Meine Behauptung geht dahin: die verschiedenen Reihen belebter Wesen vom einfachsten und ältesten zum höchsten und neuesten sind das Resultat, erstens eines in den Lebensformen selbst liegenden Triebes, sich zu entwickeln, und zwar in bestimmten Zeiten, generationsweise und durch Organisationsgrade hindurch, die mit den höchsten Dicotyledonen [zweikeimblättrige Pflanzen] und Wirbeltieren enden; der Grade sind nur wenige und dieselben sind im Allgemeinen durch Zwischenräume von organischem Charakter bezeichnet, zu welchen es praktisch schwierig ist, Verwandtschaften zu finden; zweitens durch einen anderen inhärirenden Trieb, der mit den Lebenskräften verbunden ist, und der, im Verlauf der Generationen, die organischen Structuren zu modificiren sucht und zwar, in Uebereinstimmung mit äußeren Verhältnissen; z. B. den Nahrungsmitteln, der Beschaffenheit des Wohnortes und den meteorologischen Agentien ..."
([40], S. 150)

CHAMBERS wollte offensichtlich den mehr mechanistisch bestimmten Zwang zur Anpassung von außen her durch den Hinweis auf eigene biologische Gesetzmäßigkeiten der Organismen ergänzen.

Daß in den jeweils jüngeren erdgeschichtlichen Perioden auch die jeweils höheren Lebewesen auftreten, wenn auch damals noch lückenhaft durch Fossilien belegt, daran konnte keine geologische Theorie mehr vorbei. Man versuchte dies, wie es auch FRIEDRICH ROLLE (1827—1887) 1851 tat, durch ein angebliches Verschwinden der älteren und ständiges Erscheinen neuerer Organismen in den heute als Perioden bzw. System zu bezeichnenden stratigraphischen Einheiten zu erklären. Abgesehen davon, daß ein solcher Wechsel an diesen Grenzen durchaus nicht allgemein zu verzeichnen ist, war man sogar bereit zuzugeben, daß sich darin eine fortschreitende Umbildung der Organismen widerspiegele. Aber den verbindenden Faden wollte man einfach nicht sehen, bzw. man bemerkte ihn aus der Voreingenommenheit zählebiger Ansichten nicht. ROLLE schrieb:

182 „Von diesem ersten Anfange aus hat man ... eine wirkliche Umbildung niederer Formen in höhere angenommen, auch eben in solcher Weise die jetzige Schöpfung von den im Schoose der Gebirge vergrabenen früheren abzuleiten versucht. Hiervon kann, so sehr auch Manches dafür spricht, doch thatsächlich keine Rede seyn. Eine jede Art Organismen, eine jede Gruppe dürfte besonders für sich entstanden seyn, nicht etwa durch eine Ausartung einer älteren Form. Eine wirkliche Umwandlung einer Thierart durch äussere Einflüsse (Aenderung von Klima, Nahrung u. a.) in eine andre verschiedene, wirklich im inneren Bau verschiedene Art hat, selbst nach Verlauf von Jahrtausenden, noch kein Mensch beobachtet."
([136], S. 10)

Rund 40 Jahre früher hatte schon LAMARCK darauf hingewiesen, daß aus der Unmöglichkeit, solche Veränderungen während der vergleichsweise kurzen Dauer der menschlichen Geschichte beobachten zu können, nicht die Unwandelbarkeit geschlußfolgert werden kann.

ROLLE glaubte fortschrittlichen Anschauungen zu folgen, wenn er die Abstammung aller heutigen Menschenrassen von einem ersten Elternpaar als kirchliche Überlieferung ablehnte. Von einer noch gegenwärtigen angeblichen Isoliertheit der Fauna und der menschlichen Volksstämme Amerikas ausgehend, schlußfolgerte er, daß jeder in einem Land mit einer selbständigen Fauna lebende Volksstamm dort auch „besonders erschaffen" sei. Damit vertrat er zwar eine nicht bibelgerechte Mehrfachschöpfung des Menschen, aber auch die sehr bibelgerechte Unveränderlichkeit der Arten.

Man stritt sich um die Mitte des 19. Jahrhunderts heftig darüber, ob die Menschen von einem oder von mehreren Urelternpaaren abstammen, wie CARL VOGTS Schrift „Köhlerglaube und Wissenschaft" (1855) zu entnehmen ist, wobei es vor allem für oder wider die Aussagen der Bibel ging. Interessant ist aber, daß man schon damals über bestimmte anderweitige Auslegungen diskutierte, weil offenbar einige unter dem Gesichtspunkt der Abstammung der heutigen Menschen von mehreren verschiedenen Urelternpaaren eine Rechtfertigung für ihre rassenpolitischen Anschauungen sahen, weshalb VOGT z. B. besonders heftig AGASSIZ kritisierte [170].

In den 40er Jahren des 19. Jahrhunderts mehrten sich die Stimmen, die eine fortschreitende Entwicklung des Lebens im Laufe der Erdgeschichte annahmen bzw. davon überzeugt waren.

Unter ihnen war auch CARL BERNHARD VON COTTA (1808—1879), Professor an der Bergakademie Freiberg, einer der verschwindend wenigen Professoren der Geologie, die nicht der Katastrophentheorie erlegen waren (siehe auch Abschn. 5.).

Er war schon 1848[190]) ziemlich fest davon überzeugt, daß die Klassen der Wirbeltiere im Laufe der Erdgeschichte sich entwickelt hatten [63a].

1858 schrieb er in seinem Werk „Geologische Fragen" unter anderem:

183 „Man erkennt ein Entwicklungsgesetz im organischen Leben. Die Organisation stieg und näherte sich stets mehr ihrem jetzigen Zustand." ([43], S. 344)

ALEXANDER BRAUN (1805—1877) meinte 1849/50,[174]) daß im Laufe der Erdgeschichte immer höhere Stufen organischer Wesen erschienen, Gattungen und Arten auch verschwunden seien. Er fuhr dann fort:

184 „Daß dieser ganze Fortschritt der organischen Natur vom ersten Anfang bis auf unsere Zeit ein wesentlich zusammenhängender und, wenn auch durch Katastrophen, welche über unsere Erde hingegangen sind, ein vielfach erschütterter, doch nie ganz unterbrochener war, mit einem Worte, daß sich in ihm eine ganze Entwicklungsgeschichte darstellt und nicht eine Reihe getrennter und unabhängiger Schöpfungen, dies scheint auch durch die Resultate der geognostischen Forschung mehr und mehr bestätigt zu werden."
([192], S. 390)

Schon behandelt wurde das 1851 von C. VOGT in deutscher Sprache herausgegebene Werk von CHAMBERS aus dem Jahre 1844. Wenn auch noch etwas ablehnend kommentiert, so war es doch ein Zeichen zunehmenden Interesses an Theorien über den Artenwandel.

VICTOR CARUS (1823—1903) äußerte sich 1853 folgendermaßen:

185 „Die in den ältesten geologischen Lagern begrabenen Organismen sind als die Urahnen zu betrachten, aus denen durch fortgesetzte Zeugung und Akkomodation an progressiv sehr verschiedene Lebensverhältnisse der Formenreichtum der jetzigen Schöpfung entstand."
([71], S. 75)[195])

Demgegenüber behauptete HEINRICH GEORG BRONN (1800—1862) auf einer Naturforscherversammlung in Karlsruhe noch 1858:

186 „Ein Wechsel der Erdbevölkerung hat mindestens 25 bis 30mal stattgefunden. Die neuen Organismenarten sind dann immer und überall neu geschaffen, nie und nirgends aus den alten umgestaltet worden."
[„Erdbevölkerung" dürfte „Lebewesen" bedeuten]
([145], S. 243)

Ähnlich äußerte er sich in einer 1858 von der französischen Akademie der Wissenschaften preisgekrönten Schrift,[176]) in welcher er bekannte, daß er an eine Erschaffung der Pflanzen- und Tierarten durch eine unbekannte Naturkraft glaube [145].

Ein Gegner der Entwicklungslehre Zeit seines Lebens war LOUIS AGASSIZ (1807—1873), der ganz auf dem Boden der Bibel blieb [87, 145].

CHARLES ROBERT DARWIN (1809—1882) glaubte zunächst auch felsenfest an die Unveränderlichkeit der Arten. Erst 1837 bzw. 1838 wurde er schwankend, wie seiner Autobiographie zu entnehmen ist [51]. In einem Brief aus dem Jahre 1844 schrieb er darüber:

187 „... endlich kamen Lichtstrahlen, und ich bin beinahe überzeugt (der Meinung, mit der ich an die Frage herantrat, völlig entgegengesetzt), daß die Spezies nicht (mir ist, als gestände ich einen Mord ein) unveränderlich sind ..."
([87], S. 387)

Den Menschen mit in die gleichen Überlegungen einzubeziehen, umging er; nicht, wie er in seiner Autobiographie sagte, um zu vermeiden, ohne Beibringung von Beweisen glänzen zu wollen [51], sondern aus anderen Überlegungen, wie er in einem Brief an WALLACE bekannte:

188 „Sie fragen mich, ob ich den Menschen mit in die Erörterung ziehe. Ich gedenke das ganze Kapitel zu vermeiden, da es so sehr von Vorurteilen umgeben ist, obgleich ich vollständig zugebe, daß es das höchste und interessanteste Problem für den Naturforscher darstellt."
([87], S. 428)

Was andere vor ihm längst ausgesprochen hatten, vermied er peinlich. Man muß natürlich zugeben, daß es sehr zweckmäßig für das Durchsetzen einer bestimmten Anschauung sein kann, seinen Lesern nicht zu viel auf einmal zuzumuten. Diesem Gedanken ist er offensichtlich gefolgt.

Woher der Anstoß kam, seine Ansichten zu einer Theorie zu verarbeiten, berichtete er in einem an Ernst Haeckel gerichteten Brief vom 8. 10. 1864:

189 „Dadurch, daß ich vielfach die Lebensweise und Sitten der Tiere studiert hatte, war ich darauf vorbereitet, den Kampf ums Dasein richtig zu würdigen; und meine geologischen Arbeiten gaben mir eine Vorstellung von der ungeheueren Länge der verflossenen Zeiträume. Als ich dann durch einen glücklichen Zufall das Buch von Malthus „über die Bevölkerung“ las, tauchte der Gedanke der natürlichen Züchtung in mir auf.“
([71], S. 91)

Darwin hatte das erwähnte Buch 1838 gelesen und meinte nun, daß er endlich eine Theorie habe, mit der er arbeiten könne [51]. Es wurde seine Theorie der natürlichen Auslese, auch bezeichnet als Theorie der natürlichen Zuchtwahl. Doch er veröffentlichte zunächst nichts darüber.

Inzwischen aber hatte unabhängig von Darwin auch Alfred Russel Wallace (1823—1913), der sich im Malayischen Archipel aufhielt, eine Selektionstheorie aufgestellt, wovon er ein Manuskript mit der Bitte um Veröffentlichung 1858 an Darwin schickte [51, 71]. Nun drängten ihn Charles Lyell und Joseph Dalton Hooker (1817—1911), einen Auszug aus seiner Niederschrift zusammen mit der von Wallace einzureichen. Die Veröffentlichung erfolgte im „Journal of the Linnean Society“ im August 1858. Das Jahr darauf erschien Darwins Werk „On the Origin of species ...“.[204]) In ihm legte er, gestützt auf eine große Anzahl von direkten und indirekten Beweisen und Beispielen, seine Theorie dar, die meist als Entwicklungslehre oder Abstammungslehre bezeichnet wird.

An ihr war nicht der Gegenstand neu, was schon Rolle (1863), der einer der frühen sog. Darwinisten wurde, unter Hinweis auf die Verdienste Lamarcks betonte. Die Zeit war reif, wie man zu sagen pflegt, überreif sogar, durch das Wirken von Darwins Vorgängern. Nicht zuletzt deshalb fiel ihm — ohne seine Verdienste schmälern zu wollen — der Lorbeer zu. Er selbst muß es wohl nicht ganz so gesehen und geglaubt haben, seine Theorie sei völlig neu. Denn in dem bereits erwähnten Brief (1844) schrieb er:

190 „Der Himmel bewahre mich vor Lamarckschem Unsinn einer ‚Neigung zum Fortschritt‘ oder ‚Anpassung infolge des langsam wirkenden Willens der Tiere usw.‘. Aber die Schlußfolgerungen auf welche ich geführt worden bin, sind von den seinigen nicht sehr verschieden, obschon die Abänderungsmittel es gänzlich sind.“
([192], S. 465—466)

Nun, der Himmel hatte ihn doch nicht ganz davor bewahrt. Es ist interessant festzustellen, wieviel von dem, was er durch unzulässige Verallgemeinerung als „Unsinn“ bezeichnete, sich in seiner Theorie wiederfindet.

Lamarck erklärte die Wandlung der Arten und das Entstehen neuer, wie bereits dargelegt wurde, über folgende Kette:

Veränderung der äußeren Verhältnisse — Änderung der Bedürfnisse — Änderung der Tätigkeiten — bei entsprechend langer Dauer, neue Gewohnheiten — Vererbung und damit Anpassung.

Darwin ging ebenfalls von der Veränderung der Umweltbedingungen aus und kam zur Änderung der Bedürfnisse:

191 „Wir wollen ein Beispiel fingiren von Veränderungen, welche auf einer Insel im Fortschreiten begriffen sind: — wir wollen annehmen, die Organisation eines hundeartigen Thieres, welches hauptsächlich auf Kaninchen, zuweilen aber auch auf Hasen jagt, werde im geringen Grade plastisch; wir nehmen ferner an, dasz die Zahl der Kaninchen sehr langsam ab-, die der Hasen dagegen zunimmt. Das Resultat hiervon würde das sein, dasz der Fuchs oder Hund dazu getrieben würde, zu versuchen, mehr Hasen zu fangen ...“
([50], S. 15—16)

Ein solches Bedürfnis unterscheidet sich nicht grundsätzlich von dem „Willen“, denn dieser ist das Resultat des Zwanges, sich in einer veränderten Umwelt Nahrung zu beschaffen.

Hinsichtlich der Vererbung von Gewohnheiten ist Darwins Meinung nicht anders als die Lamarcks; Darwin schrieb:

192 „Veränderte Gewohnheiten bringen eine erbliche Wirkung hervor wie die Versetzung von Pflanzen aus einem Clima ins andere deren Blüthezeit verändert.“
([50], S. 31)

Und an anderer Stelle:

193 „Wenn wir annehmen — und es läszt sich nachweisen, dasz dies zuweilen eintritt —, dasz eine durch Gewohnheit angenommene Handlungsweise auch auf die Nachkommen vererbt wird, dann würde die Ähnlichkeit zwischen dem was ursprünglich Gewohnheit, und dem was Instinct war, so grosz sein, dasz beide nicht mehr unterscheidbar wären...“
([50], S. 288)

Die Meinung Lamarcks über die Wirkung des Gebrauchs oder Nichtgebrauchs von Organen bzw. Körperteilen war auch die Darwins:

194 „Wie Abänderungen im Körperbau durch Gebrauch und Gewohnheit veranlaszt und verstärkt, dagegen durch Nichtgebrauch verringert und ganz eingebüszt werden können, so ist es zweifellos auch mit den Instincten der Fall gewesen.“
([50], S. 289)

Man vergleiche diese letzten drei Zitate von Darwin mit den von Lamarck als Ergebnis seiner Untersuchungen formulierten Gesetzen (Zitat 163), um die prinzipielle Übereinstimmung festzustellen. Diese Tatsache wird noch unterstrichen durch die Wahl ähnlicher Beispiele. Man vergleiche hierzu Darwins Beispiel von der Hausente[100]) mit Lamarcks Beispiel vom Vogel in der Gefangenschaft.[86])

Man sieht, daß der wesentliche Teil von Lamarcks Theorie sich in der von Darwin wiederfindet; oder anders ausgedrückt: ohne den angeblichen Unsinn des einen nicht die Theorie des anderen. Darwin hatte von allen die wenigste Veranlassung, sich über Lamarck abfällig zu äußern.

Doch das zu deuten, was Lamarck nicht erklären konnte, warum nämlich die jeweils besser angepaßten Organismen herrschend wurden und die anderen zurückdrängten, ist Darwins Verdienst. Dessen Verdienst ist es auch, erkannt zu haben, daß die schon sehr lange bekannte Tatsache, durch künstliche Auswahl dauerhafte Veränderungen herbeizuführen, ein auch in der Natur wirkendes Prinzip ist, hervorgerufen durch die Umweltbedingungen, die er durch Einbeziehung des Kampfes um das Dasein in einen erweiterten Rahmen stellte:

195 „Kann es bei dem Kampfe den jedes Individuum zum Erlangen seiner Subsistenz zu führen hat, bezweifelt werden, dasz jede kleinste Abänderung im Bau, in der Lebensweise oder in den Instincten, welche dieses Individuum besser den neuen Verhältnissen anpassen würde, Einflusz auf seine Lebenskraft und Gesundheit haben würde? Im Kampfe würde es bessere Aussichten haben, leben zu bleiben, und diejenigen von seinen Nachkommen, welche die Abänderung, mag sie auch noch so unbedeutend sein, erbten, würden gleichfalls eine bessere Aussicht haben. Jedes Jahr werden mehr Individuen geboren, als leben bleiben können; das geringste Körnchen in der Wage musz mit der Zeit entscheiden, welche dem Tode verfallen und welche überleben sollen. Wir wollen nun einerseits diese Arbeit der Zuchtwahl, andererseits das Absterben für ein tausend Generationen fortgehen lassen, wer möchte da wohl zu behaupten wagen, dasz dies keine Wirkung hervorbringen würde ..."
([50], S. 15)

Die Ausgangspositionen von Lamarck und Darwin waren verschiedene, was nach Ablauf eines halben Jahrhunderts nicht anders sein kann. Deswegen mußten auch die Schwerpunkte in ihren Theorien andere sein:

LAMARCK mußte erklären, wie es überhaupt möglich sein kann, daß die Umweltbedingungen einen Artenwandel herbeiführen können und daß dies auch geschieht. Obwohl die durch Züchtung zu erreichenden Veränderungen durchaus bekannt und auch gehandhabt wurden, hielt man verständlicherweise eine Veränderung nur innerhalb der Art und nicht von Art zu Art für möglich.

DARWIN brauchte nicht mehr besonders für das Verständnis zu kämpfen, daß ein Artenwandel möglich ist, denn die Schar derjenigen, die diese Ansicht vertraten, war inzwischen unübersehbar geworden. Er selbst erwähnte auch, daß Zuchtwahl seit etwa einem halben Jahrhundert methodisch befolgt werde [50].

Nach ZIMMERMANN (1946) unterscheiden sich die Theorien beider in folgendem:

LAMARCK: Es ist ein prämutativer richtender Faktor vorhanden, d. h. ein Faktor, der im Organismus sitzend, die Richtung der Mutationen (Erbänderungen) innerhalb einer Population (Fortpflanzungsgemeinschaft) vorbestimmt.

DARWIN: Es gibt keinen prämutativen, sondern nur einen postmutativen richtenden Faktor, d. h., aus den erfolgten Mutationen einer Population werden die zweckmäßigsten ausgewählt — Auslese.

Das veranlaßte DARWIN auch, den Schluß zu ziehen, daß damit die Zweckfreiheit in der Natur bewiesen sei.[88])

Erst in unserem Jahrhundert konnte experimentell nachgewiesen werden (darüber ZIMMERMANN 1938 und DOBZHANSKY 1939[210])), daß die Mutationen innerhalb einer Population richtungslos erfolgen, daß also in den Nachkommenschaftsreihen sich ganz offensichtlich durch Auslese die anpassungsfähigsten Mutationen häufen [191].

Wenn nun schon LAMARCK sagte (siehe Zitat 169), es existiere kein vorbestimmter Zweck, keine Absicht in der Natur, es scheine nur so, weil die Resultate immer in Übereinstimmung mit den alle Arten von Veränderungen bewirkenden Gesetze stünden, dann bedeutet das, daß er kurz vor der Entdeckung der Auslese als dem bestimmenden Faktor stand.

Daß der Gedanke des Kampfes ums Dasein auch in der Tierwelt gerade aus dem inzwischen zur führenden Kolonialmacht aufgestiegenen Großbritannien mit seinem in Blüte stehenden Kapitalismus kam, ist mehr als nur Zufall.

FRIEDRICH ENGELS (1820–1895) und KARL MARX (1818–1883) erkannten diesen Zusammenhang und die philosophische Tragweite der Theorie DARWINS. ENGELS übte aber auch heftige Kritik daran, daß DARWIN seine Theorie vom Kampf ums Dasein nach dem Vorbild der MALTHUSschen These von der Übervölkerung geschaffen hat und damit die HOBBESsche Lehre vom Kampf aller gegen alle und somit den kapitalistischen Konkurenzkampf einfach in die Natur übertrug. Er wies in Beispielen darauf hin, daß eine Abänderung, Anpassung und Neubildung von Arten auch ohne MALTHUSsche Theorie der Überbevölkerung erfolgen konnte [53].

4.2.6. Von 1860 bis zur Gegenwart

In Deutschland hat BRONN die Theorie DARWINS bereits ein Jahr nach ihrem Erscheinen, 1860, übersetzt und verbreitet; mehrere Auflagen folgten. Viele, die ursprünglich solchen Vorstellungen ablehnend gegenüberstanden, wurden ziemlich schnell zu Anhängern, als habe man darauf gewartet, aus einer Sackgasse befreit zu werden. Demzufolge brach auch die auf Artenkonstanz aufbauende Katastrophentheorie nunmehr erdrutschartig zusammen.

In Frankreich, vor allem an der Pariser Akademie, war dagegen weitgehende Ablehnung zu verzeichnen [145]. Auch die Katastrophentheorie hielt sich dort länger als in Deutschland (siehe Abschn. 5.).

Als folgerichtige Weiterführung behandelten THOMAS HENRY HUXLEY (1825—1895) in seiner Schrift „Man's Place in Nature" (1863)[220]) und ERNST HAECKEL (1834—1919) in seiner „Generellen Morphologie der Organismen" (1866) das Thema, welches DARWIN vorsorglich ausgelassen und erst 1871[205]) aufgegriffen hatte: die Abstammung des Menschen.

HAECKEL bewies ausführlich, worüber vor ihm schon mancher Naturforscher mehr oder weniger eingehend geschrieben hatte, daß die Entwicklung des Embryos eine kurze und schnelle Wiederholung der Entwicklung des zugehörigen Stammes ist. Diesen Sachverhalt bezeichnete er als „biogenetisches Grundgesetz" [71].

Das rief AGASSIZ 1869[167,168]) noch einmal auf den Plan, um zu verkünden:

196 „Die Darwinsche Idee ist eine Konzeption a priori. — Der Darwinismus ist eine Travestie der Tatsachen. — Der Darwinismus schließt fast die ganze Masse der erworbenen Kenntnisse aus, um nur das zurückzubehalten und sich zu assimilieren, was seiner Doktrin dienen kann."
([71], S. 83)

Das änderte nichts daran, daß nun, nach langen Auseinandersetzungen, sich kurz nach der Mitte des 19. Jahrhunderts die Erkenntnis von der Entwicklung der Organismen vom Einfachen zum Komplizierten und damit vom Niederen zum Höheren weitgehend durchgesetzt hatte, wenn man von einigen Stimmen, die sich immer wieder einmal meldeten, absieht. Denn AGASSIZ war keineswegs der letzte, der auch jetzt noch dagegen zu Felde zog.

Um die materialistisch-monistische Entwicklungslehre möglichst vielen Leuten nahezubringen, gründete ERNST

HAECKEL im Jahre 1906 den „Deutschen Monistenbund". Mit ihm sollten die modernen Erkenntnisse gleichsam als eine neuzeitliche Weltanschauung verbreitet werden.

Als Gegner der Entwicklungs- bzw. Abstammungslehre im ersten Drittel des 20. Jahrhunderts nennt ZIMMERMANN (1953) die Zoologen A. FLEISCHMANN (1901) und A. NAEF (1919) und den Genetiker D. EINHORN (1924). Und gar noch 1941 behauptete N. HERIBERT-NILSSON, daß die Artenkonstanz eine Tatsache sei [192].

EDGAR DACQUÉ (1878—1945) versuchte zwischen 1924 und 1945[201–203]) in einer Mischung von Mythos und Entwicklungslehre zu beweisen, daß der Mensch ein uranfängliches Wesen sei, welches bereits in den niedersten Organismen manifestiert, in allen Lebewesen vor ungezählten Jahrmillionen schon als durchgehende „Urform" da war, welche die anderen Vertreter der Tierwelt aus seinem Stamm entließ und damit schließlich hervortrat [192]. Es ist eine moderne Art von Präformationstheorie mit der zu dieser gehörenden Vorstellung von Evolution im alten Sinne (Auswickelung).[77]) Solche Gedanken nannte DOBZHANSKY (1965) originellerweise und treffend eine Art von Striptease-Show, wobei eine Verkleidung nach der anderen abgeworfen werde, bis das höchst vollkommene Endprodukt sich offenbare [101]. DACQUES Veröffentlichungen wurden seiner Zeit viel gelesen [192], was aber wohl vor allem in Deutschland der Fall gewese sein dürfte.

Die Abstammung des Menschen wurde gelegentlich noch umgedeutet, indem man die Verwandtschaft zwischen Mensch und Affe als eine nur ganz weit entfernte darzustellen versuchte. Ein Beispiel dafür bot TSCHULOK (1938), als er schrieb:

197 „Seit man gelernt hat, die Spezifizität der organischen Sippen als das logische Korrelat, den Hintergrund der Deszendenztheorie richtig einzuschätzen, ist in der Vorstellung der maßgebenden wissenschaftlichen Kreise „der Mensch" von „dem Affen" eher abgerückt. Die Abbildungen

> der Affen aus dem 18. Jahrhundert zeigen es deutlich: der Spazierstock und das recht freundliche Lächeln sind dazu angetan, die Kluft zwischen den beiden Formen zu überbrücken. In der Zeit, die die Wirkung von „Erziehung" gewaltig überschätzte (sie nebenbei mit Dressur verwechselnd) und der die Chromosomen unbekannt waren, konnten auch ernste Menschen glauben, aus einem Affen durch Erziehung einen Menschen machen zu können."
> ([167], S. 333)

TSCHULÖK hat vielleicht selbst nicht bemerkt, daß seine Begründung irrig ist. Es lag überhaupt nicht in der Absicht solcher Abbildungen aus dem 18. Jahrhundert, eine abstammungsmäßige Verwandtschaft zwischen Mensch und Affe zu demonstrieren. Die dazugehörenden Klassifikationen zeigen eindeutig, daß man verwandtschaftslose Rangfolge meinte und allenfalls eine Kreuzung zwischen Mensch und Affe für möglich hielt, wie bereits erwähnt wurde. Man glaubte allerdings, daß man einem Affen menschenhaftes Verhalten beibringen könne. Die Unmöglichkeit der Erziehung des „Individuums Affe" zu einem „Individuum Mensch" beweist hinsichtlich der Abstammung der „Gattung Mensch" von der „Gattung Affe" natürlich gar nichts. Tatsächlich besteht zwischen den gegenwärtigen Menschen und den gegenwärtigen Affen eine entwicklungsbedingt immer breiter gewordene „Kluft". Durch die Abstammungslehre wurde ja auch zu keiner Zeit behauptet, daß die Menschen von den heutigen Affen abstammen. Heutige Menschen und heutige Affen sind, bildhaft ausgedrückt, verschiedene Äste am Stammbaum der Wirbeltiere, die, wenn man sie zurückverfolgt, sich in einer gemeinsamen „Astgabel" treffen. Zwischen den „Ästen" der Affen und denen der Menschen ist natürlich ein Abstand, liegt eine „Kluft", wenn man will, nur eben nicht eine durchgehende und trennende. An der Abstammung des Menschen ändert das jedoch nichts. Inzwischen sind so viele Zwischenglieder dieser Entwicklung zurück bis zu dieser bildhaften „Astgabel" gefunden worden, daß es weiterer Beweise für die Herkunft des

Menschen nicht mehr bedarf. Im übrigen hat schon LAMARCK gesagt und HUXLEY bestätigt, daß zwischen den Arten der Affen größere Unterschiede bestehen, als zwischen den höchstentwickelten Affen und den Menschen.[85]) Daß aber andererseits der seither entstandene Unterschied ein gewaltiger ist, muß hier nicht besonders behandelt werden. So wie es aber ein Biologismus ist, wenn die Eigengesetzlichkeit der menschlichen Gesellschaft übersehen wird, wie DABER (1971) ausführte, so mündet jedes übertriebene, einseitige Hervorkehren der Unterschiede zwischen Affe und Mensch und das Verwischen der tierischen Herkunft des Menschen im — wenn auch gelegentlich modernisierten — Anthropozentrismus.

Es sollen nun noch einige Probleme der Geschichte des Lebens in ihrer Beziehung zur Geschichte der Erde gestreift werden, die in unserem Jahrhundert diskutiert wurden bzw. noch werden und die vor allem den Geowissenschaftler interessieren. Dabei wird weder eine genaue zeitliche Reihenfolge beachtet noch Vollständigkeit angestrebt.

Nachdem man die Entwicklung der Tierwelt und Pflanzenwelt mehr oder weniger getrennt untersucht hatte, stellte E. WEISS im Jahre 1877 fest,[260])

198 „... daß überall in den größeren Entwicklungsphasen des organischen Reiches die Umprägung der Pflanzendecke denen der Tiere vorausging".
([49], S. 708)

Diese Feststellung, die GOTHAN (1922) als eine Fundamentaltatsache der Paläobotanik bezeichnete [49], erscheint uns heute als einleuchtend und selbstverständlich. Natürlich war früher genau so bekannt wie heute, daß die Pflanzen die Ernährungsgrundlage letzten Endes für alle oder fast alle Tiere ist, daß diese Tatsache aber lebensgeschichtliche Bedeutung hat, dürfte man kaum umfassend erkannt haben. Es ist außerdem so, daß manche im Nachhinein als selbstverständlich erscheinende Erkenntnisse erst einmal festgestellt und ausgesprochen werden müssen. Dem Erkennen der Abhängigkeit der Tierwelt von der Pflanzenwelt folgte die Untersuchung des Zusammenhangs zwischen der Entwicklung der Organismenwelt insgesamt und der Entwicklung der Erde. Hier mußte es zwangsläufig häufere Diskussionen und Meinungsverschiedenheiten geben, weil z. B. je nach Standpunkt zu den erdinneren Vorgängen zum Teil einander widersprechende Zustandsbilder von der Erdoberfläche für die Erdgeschichte entworfen wurden, in die die Paläontologen ihr Bild von der Entwicklung des Lebens einpaßten.

Von diesen Zustandsbildern dominierten jahrzehntelang diejenigen der fixistischen geotektonischen Auffassungen STILLES (siehe Abschn. 2.2.). Dieser nahm eine einstmalige riesenhafte Landmasse „Megagäa“ an, von welcher während des sog. Algonkischen Umbruchs große Teile eingesunken sein sollen. An die Reste der Megagäa sind durch spätere Gebirgsbildungen landfest werdende Teile wieder „angeschweißt“ worden. Ebenso soll der einstmalige große Kontinent der Südhalbkugel „Gondwania“ nicht durch Auseinanderdriften geteilt worden sein, wie WEGENER und andere sagten, sondern durch Einsinken der „Zwischenkontinente“. Daraus leitete man eine abwechselnde Geokratie und Thalattokratie, d. h. ein abwechselndes Vorherrschen des Landes und des Meeres, ab. STILLE vertrat außerdem die weltweite Gleichzeitigkeit der Gebirgsbildung. Weiträumiges Einsinken von Krustenteilen sollte demzufolge zum Vorherrschen des Meeres, Gebirgsbildung dagegen zum Vorherrschen des Landes geführt haben. Zeiten der Vorherrschaft des Meeres wären z. B. Jungproterozoikum, Ordovizium-Silur, Jura; Zeiten der Vorherrschaft des Landes: Kambrium und Untertrias. Ein so gedachter Wechsel des Erdbildes wurde oft gleichgesetzt mit einer angeblich großräumigen Erweiterung bzw. Einengung der Lebensräume. Einige sich daraus ergebende zeitliche Beziehungen zur Entwicklung der Lebewelt schienen für diesen Zusammenhang zu sprechen. Weit verbreitet war die Meinung, daß die zeitweise beschleunigte Stammesentwicklung mehr oder weniger direkt durch die geotektonischen Vorgänge verursacht worden wäre. Zum Beispiel war J. H. F. Umbgrove (1941; 1947) überzeugt, daß der „Puls der Erde" den „Puls des Lebens" regiert ([142], S. 86).

Otto H. Schindewolf (1896–1971) wandte sich 1948 gegen die Meinung, die Psilophyten seien als Folge der kaledonischen Gebirgsbildung erschienen und die Erweiterung mariner Räume wäre die Ursache dafür, daß bestimmte Reptilien und Säugetiere zum Wasserleben zurückgekehrt seien. Er wies zurecht darauf hin, daß die äußeren Voraussetzungen dafür schon weit früher gegeben waren, ohne daß diese Ereignisse eingetreten sind. Nach seiner Auffassung war es die erreichte morphologisch-funktionelle Entwicklungshöhe der Organismen, die sie befähigte, sich anderen Lebensräumen anzupassen [142]. Ob man allerdings so weit gehen kann, wie er es tat, nämlich die erreichte Entwicklungshöhe, also die in den Organismen selbst liegenden Voraussetzungen, als allein maßgebend für die Anpassung zu halten, sei dahingestellt. Es dürfte wohl die Möglichkeit und Notwendigkeit zu anpassender Weiterentwicklung eine wechselseitige Angelegenheit gewesen sein. Zweifellos aber war es notwendig, auf die den Organismen eigenen Gesetzmäßigkeiten aufmerksam zu machen und auch darauf, daß die Geschichte des Lebens kein unmittelbares Abbild der Geschichte des physischen Erdbildes, daß das biologische Geschehen kein Abklatsch des geologischen sein kann.

Sicher haben die zeitweise beschleunigten geotektonischen Veränderungen in bestimmten Regionen der Erde auch zu einer beschleunigten Veränderung und Abwandlung regionaler und lokaler Lebensräume beigetragen. Aber ein modernes mobilistisches geotektonisches Weltbild macht in der Tat ein Festhalten an der Vorstellung von allgemeiner, also erdweiter Erweiterung bzw. Einengung der Lebensräume durch Thalattokratie bzw. Geokratie unmöglich.

In KURD VON BÜLOWS Ausführungen (1955b) ist deutlich die STILLEsche katastrophistische erdweite Gleichzeitigkeit der Orogenesen zu erkennen, wenn er schreibt:

199 „Ihre Folgen [gemeint ist die Orogenese] auf biologischem Gebiet sind grundstürzend und grundlegend gewesen. Jede Orogenese formte die Umwelt des irdischen Lebens bis in die fernsten Winkel um. Jede revolutionäre Phase stellt höchste Anforderungen an die Einpassungsfähigkeit, an das Anpassungsvermögen der Organismen.“
([32], S. 403)

Daß jede Orogenese umformend bis in die letzten Winkel der Erde gewesen sein soll, wurde schon damals angezweifelt und darf mittlerweile als endgültig widerlegt angesehen werden (siehe Abschn. 2.2.).

Natürlich blieben geomorphologische Veränderungen und Änderungen in der Verteilung von Land und Wasser mit ihren klimatischen Folgeerscheinungen nicht ohne Auswirkungen auf die Welt der Organismen. So meinte auch SCHINDEWOLF (1950), daß das erdgeschichtliche Geschehen zeitweise einen Impuls für die Stammesentwicklung geliefert habe und mit deren einschneidenden „Wendepunkten“ in Zusammenhang stünde [142]. Allerdings haftet seiner Aussage, die Ursachen für das Aussterben gewisser Tierstämme liege in der Erschöpfung der „Lebensenergie“ und andere hätten dagegen mehr „Lebenskraft“ bessesen, etwas Mystisches an. Die Endkonsequenz einer überbetonten Autonomie wäre, daß das geologische und das biologische Geschehen auf der Erde im wesentlichen unabhängig voneinander, gewissermaßen nebeneinander her verlaufen sei und Beziehungen zwischen beiden nur Zufallscharakter trügen. Das ist aber nicht der Fall, denn die Entwicklung des Lebens auf der Erde hat sich eben auf dieser Erde vollzogen und nicht unabhängig von ihr. Zwischen der gleichzeitigen und gleichräumlichen Geschichte der Erde und des Lebens müssen bestimmte gesetzmäßige Beziehungen bestehen.

Rudolf Daber (1971b) schrieb über diese Beziehungen im Hinblick auf das Aussterben der Saurier:

200 „Man weiß heute, daß ein wesentlicher Grund für die großen Veränderungen in der Tierwelt in der Zeit vor 120 bis 70 Millionen Jahren in den großen Veränderungen der Pflanzenwelt, im Wechsel von der mesozoischen Vegetation mit Farnen, Koniferen, Gingko-Arten, Cycadeen und Bennettiteen und keiner Gliederung in Florenreiche und Formationen zur modernen Pflanzenwelt mit Laubbäumen, tropischem Regenwald, subtropischem Monsunwald, Mangrove, Steppe, Savanne, Wiese zu suchen war. Die Populationen der Dinosaurier- und Riesenflugechsen-Arten waren in dieser so wesentlich veränderten und vervielfältigten Umwelt anderen Tieren nicht mehr überlegen, und daher verringerten sich ihre Populationen trotz neuer Arten-Entwicklung so sehr, daß ihre letzten Vertreter 50 Millionen Jahre nach der Veränderung der Pflanzenwelt verschwanden."
([49], S. 708)

Nach seinen Untersuchungen sind die biologischen Auswirkungen der variscischen geotektonischen Vorgänge offenbar sehr groß gewesen, die der alpidischen dagegen sehr viel geringer; selbst den gravierenden Vereisungszeiten im Pleistozän sei keine artneubildende Wirkung zuzuschreiben [48]. Daber kommt daher zu dem Schluß:

201 „Die biologische Bewegungsform hat sich — wie an der Geschichte der Landpflanzenwelt erkennbar ist — trotz ursprünglich großer Abhängigkeit von der geologischen Bewegungsform immer mehr selbständig durch eigene biologische Zusammenhänge gesteuert — entwickelt. Es wäre ein ‚Geologismus', diese wachsende biologische Eigengesetzlichkeit zu übersehen, wie es ein ‚Biologismus' ist, die gewachsene Eigengesetzlichkeit der sozialen Bewegungsform (menschliche Gesellschaft) zu übersehen."
([48], S. 442)

Die Welt der Organismen hat nicht nur eine Eigengesetzlichkeit gegenüber dem anorganischen Bereich entwickelt, sondern ihrerseits selbst Einfluß auf diesen ausgeübt. DABER stellt hierzu fest:

202 „[Die] Biosphäre stand unter einem wechselnden Einfluß geologischer Bedingungen — ... doch hat die Biosphäre in immer zunehmendem Maße auf geologische Ereignisse selbst Einwirkung genommen, sei es durch die biogene Boden- und Gesteinsbildung, durch Beeinflussung des Klimas und des Wasserhaushaltes oder auch nur durch Festlegung der Hänge durch die geschlossene Pflanzendecke.“
([49], S. 710)

So wie man festgestellt hat, daß das geotektonische Geschehen nicht kontinuierlich, sondern kontinuierlich-diskontinuierlich verlaufen ist (siehe Abschn. 2.2.), kam man auch zu der Erkenntnis, daß die Entwicklung des Lebens im Laufe der Erdgeschichte nicht immer gleichschnell, nicht kontinuierlich vonstatten gegangen sein kann. SCHINDEWOLF (1950) schrieb dazu:

203 „Eine starke Beschleunigung der Stammesentwicklung ... ist in der Regel[101]) am Beginn neuer Entwicklungszyklen zu beobachten. Sie tritt wohl nahezu ausnahmslos überall dort auf, wo sich ein neuer Bauplan herausgestaltet, wo gegenüber den Vorfahren das Grundgefüge der Organisation mehr oder weniger durchgreifend abgewandelt wird.“
([142], S. 61)

Diese zeitweilige Schnelligkeit der Entwicklung belegte er mit einem eindrucksvollen Beispiel.[102]) SCHINDEWOLF begründete damit das Fehlen kontinuierlicher Bindeglieder von einer Ordnung zur anderen und wandte sich gegen die oft vertretene Auffassung, es handele sich um Lücken in der fossilen Überlieferung. Er fuhr fort:

204 „Man gewinnt ... [den] ... Eindruck, daß die Umgestaltung einer Ordnung zur anderen im Gegensatz zu der anschließenden langsamen, kontinuierlichen Entwicklung sprunghaft, in großen Entwicklungsschritten erfolgt sein dürfte. Für

lange Reihen etwaiger verbindender Übergangsformen fehlt einfach die nötige Zeit; denn die Umbildung vollzieht sich im einzelnen Falle außerordentlich rasch.“
([142], S. 63)

Walter Zimmermann (1953) ist ein Gegner der Auffassung von einer eingeschalteten Sprunghaftigkeit[103]) und verweist auf Kenntnislücken. Er gibt aber zu, daß die Entwicklung nicht immer gleichschnell vor sich gegangen sei; vorübergehende Steigerung existiere offensichtlich [192]. Doch auch das bedeutet: kontinuierlich-diskontinuierlicher Verlauf. Man ist sich nur nicht einig über Art bzw. Grad der Diskontinuität.

In gewissen Zeiten der Erdgeschichte zeigt also die Entwicklung des Lebens eine auffallende Neuartigkeit und Vielfalt. Daber (1971a) meint hierzu:

205 „... man beginnt zu ahnen, ... daß bestimmte Zeiten, wie Obersilur—Unterdevon, Oberkarbon, Kreide—Tertiär geradezu Brutöfen für spätere, auch heutige Formen der Lebewesen waren.“
([48], S. 440)

Es war das Verdienst von James Hutton (1726—1797) und anderer, auf die Wiederkehrbarkeit geologischer Prozesse und deren Ergebnisse hingewiesen zu haben. Das Erkennen und der Nachweis zyklischer, d. h. wiederkehrender, Prozesse sind Grundlagen und Stütze des Aktualismus (siehe Abschn. 5.).

Zyklischer und linearer Verlauf sind zwei Seiten des historischen Gesamtprozesses. Es ist falsch, die Betonung zyklischer, also wiederkehrender Prozesse mit ahistorischem, das Hervorheben linearer, also der Kette einmaliger Prozesse mit historischem Denken gleichzusetzen [16].

Schindewolf (1950) verfiel in diesen Fehler, indem er in den oft zyklischen geologischen Vorgängen ein unhistorisches Geschehen erblickte und ihnen allenfalls ein relativ historisches Moment zubilligte.

Er stellte das Organische dem Anorganischen gegenüber und betonte zu Recht die Sonderstellung der Lebewelt:

206 „Ein jedes Lebewesen bildet so das Teilglied eines weitgespannten historischen Entfaltungsprozesses und ist ihm an ganz bestimmter Stelle eingefügt. Es verkörpert die jeweils von dem betreffenden Stamme erreichte Entwicklungshöhe und trägt das Gesicht einer ganz bestimmten Zeit. Die Irreversibilität der Entwicklung bietet ferner die Gewähr dafür, daß eine jede Art oder Gattung nur einmal in der Erdgeschichte auftritt ..."
([142], S. 15)

Die Einmaligkeit der Arten und Gattungen der Lebewesen ermöglicht es gerade, auch zyklisch wiederkehrende, gleichartige Gesteine an Hand ihres Fossilinhaltes als unterschiedlich alt zu erkennen. Aber es kommt auch hier auf die Betrachtensweise an. Das wiederholt im Laufe der Erdgeschichte auftretende gleiche Gestein ist nicht dasselbe Gestein. Sandstein ist nicht gleich Sandstein und Kalkstein nicht gleich Kalkstein. Sie bestehen aus jeweils anderen Bestandteilen von anderer Herkunft, auch wenn sie äußerlich noch so ähnlich sein mögen. Zyklus und Linie finden sich also im geologischen Ablauf immer wieder.

Wenn Erdgeschichte und Lebensgeschichte Teile des historischen Gesamtprozesses sind, sollten da nicht Zyklus und Linie auch im organischen Bereich nachzuweisen sein? SCHINDEWOLF (1950) sah es nicht so:

207 „Wir dürfen daher als etwaige Abbilder des erdgeschichtlichen Geschehens in der organischen Entwicklung keine ... Zickzackkurven oder Spirallinien erwarten, wie sie für jenes bezeichnend sind. Eine solche Kongruenz ist nicht zu fordern. Die Entwicklungsreihen der Organismen stellen sich vielmehr in Form von geraden Linien oder leicht geschwungenen aufsteigenden Wellenkurven dar."
([142], S. 85)

Natürlich kann eine Deckungsgleichheit zwischen geologischem Geschehen und organischer Entwicklung nicht vorhanden sein. Zyklische Prozesse eines toten Stoffes müssen sich gegenüber solchen in der ungeheuer komplizierten Lebewelt selbstverständlich anders manifestieren.

Walter Zimmermann hat aber schon 1938 die Evolution der Organismenstämme, die er Phylogenie nennt, in Form einer Spirale oder besser gesagt Schraubenlinie als Abwandlung der Ontogenien (Lebenskreise der Individualentwicklung) dargestellt [191, 192].[264])

Eine Schraubenlinie ist gekennzeichnet durch die Wiederholung der einzelnen Windungen. Nach Zimmermann, der im wesentlichen nur von einer kontinuierlichen Entwicklung ausgeht, hat diese bildhafte Schraubenlinie nur Windungen mit einem gleichen und zwar sehr kleinen Anstiegswinkel. Von Lebenskreis zu Lebenskreis erfolgt eine nur geringfügige Abänderung, die über viele solcher Kreise hinweg schließlich zu einer deutlichen Wandlung führt (die lineare Seite des Prozesses). In jedem Lebenskreis wiederholt sich aber immer Gleiches (die zyklische Seite des Prozesses).

Wäre die Entwicklung des Lebens ausschließlich so darzustellen, dann gäbe es nur eine Wiederholung von „Windung" zu „Windung", nicht aber eine Wiederholung bestimmter Merkmale nach längerer Zwischenzeit. Wenn nun aber nicht nur das geologische, sondern auch das biologische Geschehen im Laufe der Erdgeschichte kontinuierlich-diskontinuierlich vorangeschritten ist, dann bedeutet das, wieder ins Bildhafte übertragen, es wechseln sich Abschnitte mit engen Windungen, also mit sehr kleinem Anstiegswinkel (kontinuierlicher Verlauf = geringfügige Abänderung) mit Abschnitten weiter Windungen, also steilem Anstiegswinkel (diskontinuierlicher Verlauf = stärkere Abänderung) ab. Dabei ist es offensichtlich so, daß die Abschnitte mit engen Windungen länger sind (zeitlich lang), als diejenigen mit weiten.

Auf der „Schraubenlinie der Lebensgeschichte" wiederholen sich demzufolge bestimmte Windungsabschnitte; es müssen sich also auch bestimmte Merkmale nach längerer Zeit — auf höherer Ebene — wiederholen. Das hat man in der Tat festgestellt.

Die auf niederer Stufe stehenden Algen deuteten mit

z. T. blattartigen Assimilationsflächen, mit z. T. saftleitenden Geweben und baumförmigen Arten die Merkmale späterer, höherer Pflanzen an. Sie zeigten auch mit der Entwicklung ihrer Fortpflanzungskörper von gleichen über ungleiche zu solchen, die von Gewebe eingeschlossen sind, die spätere Entwicklung bei höheren Pflanzen: isoospor (gleichsporig) — heterospor (verschiedensporig) mit männlicher Mikrospore und weiblicher Makrospore — Samen [46]. Die Triasammoniten nahmen gewisse Verzierungen der Schalen der späteren Juraammoniten vorweg [123]. Ein weiteres Beispiel erwähnt Daber (1971):

208 „In eigenartiger Weise wiederholen die angiospermen Pflanzen der Kreide—Tertiär—Jetztzeit in einzelnen ‚Zügen und Eigenarten' die Morphologie von Pflanzen des Paläophytikums ..."

„... känophytische Entwicklung [wiederholt] gewisse Momente der paläophytischen Entwicklung auf höherer Ebene."

([148], S. 439)

Er zeigt, wie bestimmte Pflanzenblätter aus der Oberkreide solchen aus dem Perm gleichen; z. B. gleicht Aenigmatophyllum (Oberkreide Bulgariens), zu den Angiospermen gehörend, den permzeitlichen Pteridospermenblättern der Gattung Callipteris [49].

Mit diesen wenigen Ausführungen über einige Probleme der Wechselbeziehungen zwischen der Entwicklung des Lebens und der Geschichte der Erde ist deren Komplexität natürlich nicht annähernd vollständig erfaßt. Es sollten damit lediglich einige Erkenntnisse der jüngsten Vergangenheit etwas beleuchtet werden. Man kann diese Erkenntnisse, die sich, soweit hier behandelt, in unserem Jahrhundert durchsetzten bzw. auf dem Wege dazu sind, etwa folgendermaßen zusammenfassen:

1. Es gibt Beziehungen sowohl zwischen der Erdgeschichte und der Entwicklung der Pflanzenwelt als auch zwischen diesen beiden auf der einen Seite und der Entwicklung der Tierwelt auf der anderen.

2. Das biologische Geschehen ist kein unmittelbares Abbild des geologischen Geschehens, letzteres hat aber Impulse geliefert.

3. Die Biosphäre hat eine zunehmende Eigengesetzlichkeit entwickelt und ihrerseits auch auf Ergebnisse geologischer Vorgänge mit eingewirkt.

4. Die Entwicklung des Lebens verlief kontinuierlich-diskontinuierlich. Die Stammesgeschichte verlief bildhaft gesprochen in einer Schraubenlinie und läßt deshalb auch Wiederholungen auf höherer Ebene erkennen.

5. Vom Exzeptionalismus zum Aktualismus

5.1. Allgemeines

Unter dem Begriff „Exzeptionalismus" sind alle jene Auffassungen zu verstehen, nach denen das geologische Geschehen der erdgeschichtlichen Vergangenheit durch nach Art und/oder Stärke heute nicht mehr wirksame oder unerklärliche Kräfte erfolgt sein soll.[104]) Ausgangspunkt bzw. besondere Merkmale des Exzeptionalismus sind der Glaube an Wunder, die Meinung, daß manche Dinge überhaupt unerklärlich sind, sowie die Vorstellung von allgemeinen Katastrophen.

Allgemeine Katastrophen sind relativ kurzfristige[105]) Ereignisse, die tiefgreifende Veränderungen auf der gesamten Erde oder zumindest großen Teilen davon hervorgerufen haben sollen. Solche Katastrophen wurden nicht selten auch für unerklärlich gehalten.

Der Begriff „Katastrophismus" umreißt alle jene Auffassungen, die allgemeine Katastrophen zum Bestandteil der Erd- und Lebensgeschichte machen bzw. geologische Vorgänge und Ergebnisse im Lichte solcher angeblichen Katastrophen sehen.

Örtlich begrenzte Katastrophen, wie z. B. durch Vulkanausbrüche, Erdbeben oder lokale Überschwemmungen hervorgerufen, sind keine allgemeinen Katastrophen.

Das genaue Gegenteil des Exzeptionalismus ist der Aktualismus. Ungeachtet der Tatsache, daß über den Aktualismus schon öfter geschrieben wurde, ist es notwendig, dazu einiges zu sagen. Hier seien zunächst drei etwas unterschiedliche Definitionen des Begriffes „Aktualismus“ wiedergegeben:

209 „Grundvoraussetzung der Geologie, nach der die heute beobachtbaren Prozesse auf und in der Erde auch für die erdgeschichtliche Vergangenheit gelten.“
([26], S. 237)

210 „Grundlegende Arbeitsmethode der Geologie, beruht auf der Anschauung, daß das geologische Geschehen in der erdgeschichtlichen Vergangenheit sich in derselben Weise und unter der Wirkung der gleichen Kräfte vollzog wie in der Gegenwart.“
([9], S. 460)

211 „Lehre, nach der geologische Vorgänge und die sie erzeugenden Kräfte nach Art und Stärke im Verlauf der Erdgeschichte die gleichen geblieben sind.“
([10], Bd. 1, S. 52)

Weit verbreitet ist die Auffassung, daß der Aktualismus eine Methode sei bzw. daß es eine aktualistische Methode gebe (siehe auch Zitat 210). von Bülow (1964) meinte:

212 „Aktualistische Methode ist demnach nichts anderes als die Forderung, durch Beobachtung Festgestelltes kritisch-logisch auszuwerten und dabei die Phantasie auf die ihr zukommende Rolle als Dienerin zu verweisen.“
([36], S. 161)

Ist der Aktualismus eine Methode? Ist eine Methode eine Forderung?

213 „[Eine Methode ist] ein System von Regeln oder auch Prinzipien, das Klassen möglicher Operationssysteme bestimmt, die von gewissen Ausgangsbedingungen zu einem bestimmten Ziel führen.“
([101], Bd. 2, S. 792)

Eine Methode, die man je nach Ausgangsbedingungen aus verschiedenen Möglichkeiten als zweckmäßig auswählt und anwendet, kann der Aktualismus nicht sein. Es kann demnach auch keine „aktualistische Methode" geben, wie es keine „katastrophistische Methode" gibt.

Ist der Aktualismus eine Lehre (eigentlich: Lehrmeinung), die gestern noch aktuell war, heute schon etwas zweifelhaft geworden ist und morgen sicher überholt sein wird? Eine solche Auffassung ist nicht selten anzutreffen gewesen und ist manchmal auch heute noch vorhanden. Gleichermaßen verhielte es sich, wenn man den Aktualismus als Theorie bezeichnete. Theorien über einen Bereich der objektiven Realität kann es nacheinander oder auch gleichzeitig mehrere, unterschiedliche geben, die mit fortschreitender Erkenntnis durch immer bessere ersetzt werden. Ist nun der Aktualismus eine solche vorübergehende Theorie, genau so wie die vorübergehende Lehrmeinung? Wäre zu einer bestimmten Zeit vielleicht auch die „Theorie des Katastrophismus" die richtige gewesen? Die Geschichte zeigt, daß es sich nicht so verhalten hat. In der Tat gibt es aber solche und ähnliche Auffassungen, auf die noch eingegangen werden wird.

von Bülow (1964) sprach auch vom Aktualismus als der Lehre von der Anwendung des Naturgesetzes von Ursache und Folge und dem Aktualismus als der speziellen Fassung des Kausalitätsgesetzes.

Was ist ein Gesetz (Naturgesetz)?:

214 „[Es ist ein] objektiver, notwendiger, allgemeiner Zusammenhang zwischen Dingen, Sachverhalten, Prozessen usw. der Natur, ... der sich ... unter gleichen Bedingungen wiederholt."
([101], Bd. 2, S. 490)

Der Aktualismus fußt zwar auf diesen „Zusammenhängen" (Naturgesetzen), stellt aber selbst kein Naturgesetz dar; er gründet sich auf die Überzeugung vom Wirken dieser Gesetze sowohl in der Vergangenheit als auch in der Gegenwart. (Am Ende dieses Hauptabschnittes wird noch einmal darauf zurückzukommen sein.)

Vergleicht man die verschiedenen Definitionen zum Aktualismus (Zitate 209—211), so kann man feststellen, daß sie sich alle um einen gemeinsamen Kern bewegen. Man ist sich nur nicht darüber einig — oder hält es für zweitrangig —, welchen äquivalenten Terminus man dem Begriff „Aktualismus" gegenüberstellen soll. Gerade das aber ist wichtig, weil sich daraus weitreichende Folgerungen ableiten.

VON BÜLOW (1964) charakterisierte diesen Kern treffend:

215 „‚Aktualismus' heißt in der einfachsten Fassung ... vom erlebten Bekannten ausgehen, um ein nicht erlebtes Unbekanntes zu verstehen."
([36], S. 75)

Er betonte — worin man ihm nur zustimmen kann —, daß, so gesehen, der Aktualismus nicht die Domäne der Geologie ist, sondern ein „Denkprinzip", welches auch einigen anderen Wissenschaften zugrunde liegt.

Der Aktualismus als Prinzip, das kommt seinem Wesen am nächsten, wenn man „Prinzip" folgendermaßen definiert:

216 „Allgemeiner Grundsatz, der aus der Verallgemeinerung von Gesetzen und wesentlichen Eigenschaften der objektiven Realität abgeleitet ist und in der theoretischen Arbeit wie auch im praktischen Verhalten als Leitfaden dient."
([101], Bd. 2, S. 972)

Der Aktualismus baut auf den überall und zu jeder Zeit wirkenden Naturgesetzen auf. Deshalb soll der Terminus „Prinzip" anerkannt werden, obwohl auch er nicht ganz befriedigt.[106])

VON BÜLOWS Feststellung (Zitat 215) war sehr wichtig. Sie wies dem Aktualismus die ihm gebührende Bedeutung zu. Denn man kann wohl behaupten, daß eine Reihe von Wissenschaften sich nur auf dieser Grundlage herausbilden und weiterentwickeln konnte. Schon allerfrüheste Naturbeobachtungen, mit denen versucht wurde, unter den gegebenen Möglichkeiten die objektive Realität widerzuspiegeln, beruhen darauf. Nur wenn man vom jeweils Bekannten bzw. Erkannten ausgeht und nicht mit unbekannten Kräften und geheimnisvollen Ursachen operiert, kann man zu wissenschaftlich begründeter Erkenntnis gelangen.

Es liegt auf der Hand, daß der Exzeptionalismus kein Prinzip nach obiger Definition (Zitat 216) ist. Aktualismus auf der einen Seite und Exzeptionalismus auf der anderen kennzeichnen zwei völlig entgegengesetzte Betrachtensweisen; die eine streng vom Bekannten ausgehend, die andere mit Unbekanntem spekulierend. Auch hieraus wird klar, daß der Aktualismus weder eine Methode noch eine Theorie sein kann, die man anwendet oder nicht oder auf Grund derer man eine Sache so erklären kann oder auch anders.

Mit Hilfe des Terminus „Betrachtensweise" kann man Aktualismus und Exzeptionalismus einander gegenüberstellen, weshalb er in diesem Abschnitt, in dem es um den Weg von einem vorwissenschaftlichen zu einem wissenschaftlich begründeten Weltbild der Geologie geht, bevorzugt wird.[107])

Weil der Katastrophismus ein Teil des Exzeptionalismus, also jener dem Aktualismus konträren Betrachtungsweise ist, kann der Einteilung, wie sie Hooykaas (1970) vornimmt, in „nichtaktualistischen Katastrophismus" „aktualistischen Katastrophismus" und „nichtkatastrophistischen Aktualismus" nicht zugestimmt werden. Was damit ausgedrückt werden soll, ist vermutlich dies:

Die Auseinandersetzungen im Laufe des Erkenntnisprozesses vollziehen sich nicht nur zwischen Personen und Personengruppen mit ihren jeweiligen Betrachtensweisen, Hypothesen und Theorien, sondern auch in jedem um Wissen ringenden Menschen selbst. Die Erkenntnisse über die verschiedenen Dinge und Erscheinungen schreiten auch nicht „gleichschnell" voran. Aus diesen Gründen kann man einzelne Personen oft nicht als reine Aktualisten oder reine Katastrophisten und ihre Theorien oft nicht als durchgehend aktualistisch oder katastrophistisch bezeichnen. Nicht selten liegt eine Mischung vor, aus der es herauszuschälen gilt, ob der Grundtenor aktualistisch oder katastrophistisch ist. Es ist auch nicht immer einfach zu erkennen, was im einzelnen unter den zeitbedingten Möglichkeiten zwar „etwas weit hergeholt" aber noch aktualistisch und was als Spekulation und daher als exzeptionalistisch zu werten ist, weil auch nicht immer genau gesagt werden kann, wieweit selbst bei Befolgung einer bewußt-aktualistischen Betrachtensweise extrapoliert werden darf.

In manchen Theorien waren bestimmte Einzelheiten „aktualistisch" dargestellt, ihre Gesamtaussage bzw. der Grundtenor war „katastrophistisch". Das hat aber beileibe nichts damit zu tun, daß der Katastrophismus, dem jemand huldigt, nun deshalb etwa „aktualistisch" wäre. Ohne einen gewissen Anteil an aktualistischer Substanz kann es überhaupt keine wissenschaftliche geologische Theorie geben. Selbstredend gab es auch Theorien, die in der Gesamtaussage bzw. im Grundtenor aktualistisch waren, aber noch einige exzeptionalistische Reste enthielten.

Hooykaas (1970) möchte die Auseinandersetzung zwischen den beiden konträren Betrachtungsweisen auf einen bloßen Methodenstreit[108]) reduzieren, Blei (1977) hat in anderem Zusammenhang schon auf das Unhaltbare solcher Auffassungen hingewiesen.

Diese Auseinandersetzungen gingen viel tiefer. Der Katastrophismus, als ein Teil des Exzeptionalismus, wurzelt mit seiner Unerklärlichkeit der irgendwo von außen hervorgerufenen allgemeinen Katastrophen unverkennbar im Idealismus. Der Aktualismus dagegen hat mit seiner Voraussetzung der Erkennbarkeit der Welt, der Ablehnung des Unerklärlichen und fußend allein auf den materiellen Erscheinungen und ihren Gesetzmäßigkeiten einen eindeutig materialistischen Bezug. Es werden also damit Grundfragen der Philosophie berührt.

Daß man den Aktualismus so oft als eine Methode ansieht oder von aktualistischer Methode spricht, hängt damit zusammen, daß die aktualistische Betrachtensweise von einer ganz bestimmten Methode, der Methode des

Vergleichens, ausgeht. Es wird Früheres mit Gegenwärtigem verglichen, bisher Unbekanntes mit Bekanntem usw. Die Methode des Vergleichens ist aber nicht gleichzusetzen mit „aktualistische Methode“. Man denke nur, als ein Beispiel unter vielen, an das Vergleichen von Spuren an abgefeuerten Geschossen in der Kriminalistik. Jeder wird einsehen, daß das mit Aktualismus nichts zu tun hat. Aber nach der Methode des Vergleichens werden in der Geologie Vergleiche nach dem Prinzip des Aktualismus, d. h. aktualistische Vergleiche, durchgeführt. Man darf also die Methode des Vergleichens, das Prinzip, nach dem sie durchgeführt wird, und die Theorien, die sich darauf gründen, nicht in einen Topf werfen und zu einem Brei mit dem Namen „Aktualismus“ verrühren.

Verständlicherweise wurden früher zunächst nur einfache, d. h. direkte aktualistische Vergleiche angestellt. In solchen direkten Vergleichen erschöpft sich aber der Aktualismus keineswegs, wie man auch heute noch gelegentlich zu meinen scheint. Der durch solche Vergleiche gewonnene Erkenntniszuwachs führte zu der Einsicht, daß zwar vieles, aber eben nicht alles auf diese Weise zu vergleichen ist, und daß manche Dinge nicht vergleichbar sind, wie z. B. manche heutigen Lebewesen mit manchen Fossilien. Aber auch die begründete Aussage „nicht vergleichbar“ ist ein Ergebnis des Vergleichens. Das immer tiefere Eindringen in die Zusammenhänge der Natur erforderte immer komplizierte, gewissermaßen indirekte Vergleiche. Solche Vergleiche sind damit nicht etwa nichtaktualistisch, denn sie berücksichtigen lediglich den auf aktualistischer Grundlage gewonnenen Erkenntniszuwachs. Aber es drängt sich verständlicherweise gelegentlich die Frage auf, wieweit denn nun der Aktualismus Gültigkeit habe. Ja man zweifelte sogar daran, daß die Erdgeschichte überhaupt mit Hilfe des Aktualismus ergründet werden könne. Doch — wie anders als durch Fortschreiten von Bekanntem zu noch Unbekanntem, durch Klärung erst einfacher, dann komplizierter Zusammenhänge sollte die Erdgeschichte ergründet werden? Ein solches Fortschreiten der Erkenntnis kann man bildhaft in Stufen darstellen. So sind auch, ein Ergebnis dieses Abschnittes vorwegnehmend, verschiedene Stufen auf dem Weg vom Exzeptionalismus zum Aktualismus zu unterscheiden:

1. Stufe (Vorstufe):
Es werden nur sporadisch einfache aktualistische Vergleiche angestellt, d. h., einzelne beobachtbare Dinge und Prozesse werden hinsichtlich ihrer Entstehung und Erscheinung direkt in die Vergangenheit übertragen.
Ein Gesamtbild von einer Erdgeschichte ist, falls überhaupt vorhanden, noch sehr undeutlich und verworren, bzw. es läßt nicht erkennen, ob man den Ablauf der Erdgeschichte dem Wirken der zur Zeit bekannten Naturgesetze und Kräfte zuschreibt oder nicht.
Einfache aktualistische Vergleiche können Bestandteil eines ansonsten exzeptionalistischen Gesamtbildes sein, das z. B. durch die Annahme allgemeiner Katastrophen gekennzeichnet ist.

2. Stufe;
Es ist ein weitgehend bewußt-aktualistisches Gesamtbild erkennbar, d. h., es werden nicht nur einfache, also direkte aktualistische Vergleiche durchgeführt, sondern die Ergebnisse und Ursachen von Vorgängen der Vergangenheit werden unter Anwendung der jeweils zur Zeit bekannten Naturgesetze und der nach Art und Stärke bekannten Kräfte unter vorsätzlicher Ablehnung „unbekannter Gesetze" sowie „unbekannter" bzw. „unerklärlicher" oder „überirdischer Kräfte" erklärt.
Ein derartiges Gesamtbild stellt ein solches Alter der Erde in Rechnung, das im allgemeinen ausreicht, um alle geologischen Erscheinungen durch langsam wirkende Vorgänge zu erklären. Es kann noch einzelne exzeptionalistische Züge tragen und umfaßt oft noch nicht die Lebensgeschichte.

3. Stufe:
Es ist ein vollständig bewußt-aktualistisches Gesamtbild

vorhanden, d. h., aus ihm sind nicht nur alle exzeptionalistischen Reste verschwunden, und es umfaßt nicht nur die Erd-, sondern auch die Lebensgeschichte. Es werden nicht nur die zur Zeit bekannten Naturgesetze und nach Art und Stärke wirksamen Kräfte berücksichtigt, sondern es werden auch deren gesetzmäßige Verflechtung und damit die fortschreitende Abwandlung der geologischen Ergebnisse ihres Wirkens im Laufe der langen Erdgeschichte erkannt.

Selbstverständlich gibt es zwischen diesen drei Stufen auch Übergänge und innerhalb der Stufen Erkenntnisfortschritte. Außerdem stehen zu einer gegebenen Zeit nicht alle beteiligten Personen auf der gleichen Erkenntnisstufe. Die Methode des Vergleichens ist Bestandteil aller drei Stufen. Zunehmend werden aber neben einfachen, direkten Vergleichen, die ihre Rolle nie ganz verlieren, kompliziertere Vergleiche durchgeführt.

Heute können wir aber noch von einer weiteren, einer vierten Stufe sprechen. Sie ist durch zwei Aspekte gekennzeichnet: durch die Anwendbarkeit des Aktualismus auf außerirdische Himmelskörper, worauf besonders Kurd von Bülow hingewiesen hat, und seine Anwendung zu Schlußfolgerungen über künftige irdische Prozesse.

Wenn zum Beispiel im Zusammenhang mit dem Eingriff des Menschen in die Erdkruste Aussagen über die dadurch hervorgerufenen künftigen geologischen Prozesse gemacht werden, dann geschieht das auf aktualistischer Grundlage. Es wird das Heute untersucht, um nach Rekonstruktion des Gestern auf das Morgen zu schließen. Ebenso verhält es sich, wenn man auf die Folgen von Eingriffen in den Wasserhaushalt bzw. in das Grundwasserregime oder die Folgen von Eingriffen in die Biosphäre hinweist. Nicht unberechtigt wird dabei vor Störung des biologischen Gleichgewichtes und weiteren Folgen gewarnt und davor, daß auf Grund des wechselseitigen Zusammenhanges zwischen Lithosphäre, Hydrosphäre, Biosphäre und Atmosphäre schädliche Folgen sich lawinenartig summieren und in kurzer Zeit, in vielleicht nur wenigen hundert Jahren, zum Verlöschen allen höheren Lebens auf der Erde führen könnten. Das wäre im wörtlichen Sinne eine allgemeine Katastrophe. Solche Aussagen haben aber nichts mit Katastrophismus zu tun, denn die Vorhersage einer solchen Möglichkeit geschieht voll und ganz auf aktualistischer Grundlage.

Diese Stufe kann wie folgt kurz umrissen werden:

4. Stufe:

Die Erkenntnisse aus einem vollständig bewußt aktualistischen Gesamtbild werden nicht nur zur Aufhellung der Vergangenheit der Erde herangezogen, sondern auch auf deren Zukunft sowie zur Deutung gegenwärtiger und vergangener Erscheinungen und Prozesse auf anderen Himmelskörpern angewendet.

Diese Stufe entspricht etwa dem, was von Bülow (1964) als „extrapolierenden Aktualismus" und Wiefel (1969) als „entwickelten bzw. schöpferischen und universellen Aktualismus" bezeichneten.

Einfache aktualistische Vergleiche wurden sicher schon durchgeführt, als Menschen überhaupt begannen, Naturbeobachtungen anzustellen und unter Zuhilfenahme ihrer Erfahrungen Schlußfolgerungen zu ziehen. Beobachtungen zum Beispiel an einem fließenden Wasser mußten zwangsläufig zu der Annahme führen, daß das, was jetzt geschieht, auch schon früher so geschehen ist.

Der Glaube an allgemeine Katastrophen oder an Wunder wird davon nicht berührt. Ein Mensch, der einfache aktualistische Vergleiche anstellte, nahm vielleicht an, daß Berge und Täler sowie die Verteilung von Land und Meer vorwiegend auf Katastrophen zurückzuführen seien.

Tatsächlich erlebte Naturereignisse wie Überschwemmungen, Felsstürze, Vulkanausbrüche, Erdbeben, die eben augenfälliger sind als die stetigen langsamen Veränderungen, sowie Erzählungen und Berichte von ihnen haben die Vorstellung von einem mehr oder weniger katastrophischen Verlauf der Erdgeschichte immer wieder genährt.

Daß diese plötzlichen, nur gelegentlich und nur hier und da und nur Minuten oder Stunden, höchstens Tage oder Wochen dauernden Ereignisse und ihre Resultate gegenüber den zwar langsam, aber ununterbrochen und großräumig ablaufenden Vorgängen in der ungeheuer langen Erdgeschichte, wie die Abtragung und Ablagerung und die Bewegungen der Erdkruste, nicht ins Gewicht fallen, mußte man erst richtig erkennen. Dies und die Überzeugung, daß die Naturgesetze überall und zu jeder Zeit wirken, war ein wechselseitiger Prozeß. Damit festigte sich auch die Erkenntnis, daß das heute so vielfältig erscheinende Antlitz der Erde — die ungeheuren Mächtigkeiten der Sedimentgesteine, die großen Gebirge usw. — durch das Summieren kleiner, im einzelnen fast unscheinbarer Vorgänge im Laufe einer sehr langen Zeit zustande gekommen ist. Das heißt, ohne Anerkennung einer sehr langen Erdgeschichte kein Aktualismus. Wieviele Jahre eine solche lange Zeit umfaßt, ist nicht ausschlaggebend; sie muß nur als ausreichend lang angenommen werden, um auch große Veränderungen auf der Erde nicht durch große oder gar allgemeine Katastrophen erklären zu müssen. Allerdings ist es ein Trugschluß zu glauben, daß jeder, der eine lange Erdgeschichte annahm, auch ein Aktualist gewesen ist. Wer die Summierung ständiger kleiner Veränderungen im Laufe der Zeit zu oft ungeheuren Ergebnissen nicht erkennt, muß trotz Annahme langer Zeiten zu Katastrophen greifen, um bedeutsame Veränderungen erklären zu können. Für ihn geschieht in der langen Zeit zwischen den angeblichen Katastrophen nichts oder so gut wie nichts. Die Annahme einer langen Erdgeschichte macht allein noch keinen Aktualisten. Es gibt mehrere Beispiele aus früherer Zeit für diese uns heute befremdlich erscheinende Auffassung.

Mit den folgenden Ausführungen soll der durch die Stufen 1 bis 3 charakterisierte Weg zum Aktualismus untersucht werden. Dieser Weg ist nicht identisch mit demjenigen der Herausbildung einzelner geologischer Disziplinen; um sie geht es hier nicht. Hier soll festgestellt werden, wie das Fundament für die Geologie als Wissenschaft — Stück für Stück und auch von Rückschlägen betroffen — gelegt wurde.

5.2. Beispiele aktualistischer Vorstellungen im Altertum und Mittelalter

Es kann keinem Zweifel unterliegen, daß bereits im Altertum einfache aktualistische Vergleiche — gemäß der o. g. Stufe 1 — durchgeführt wurden. Einzelne Gelehrte dürften vielleicht schon teilweise darüber hinausgelangt sein. Die Bemerkungen von ARISTOTELES (384—322 v. u. Z.) über die in langen Zeiten ablaufenden langsamen Veränderungen auf der Erde (siehe Zitat 95) lassen jedenfalls eine solche Vermutung zu.

Daneben war natürlich auch der Glaube an allgemeine Katastrophen verbreitet. Es sei nur an die Sintfluten des babylonischen Gilgamesch-Epos und der griechischen Deukalions-Sage erinnert (siehe auch Abschn. 2.1.), die, wie später die Sintflut der Bibel, die Vorstellungen über die Erdgeschichte mit beeinflußt haben.

Weitere Aussagen von Gelehrten des Altertums sollen in diesem Zusammenhang aber nicht näher untersucht werden. Es war lediglich darauf aufmerksam zu machen, daß das Durchführen einfacher aktualistischer Vergleiche keine Errungenschaft der Neuzeit ist.

Die längste Zeit des Mittelalters soll hier übersprungen werden (siehe Abschn. 6.). Erst das spätere Mittelalter lieferte wieder mehr Material für interessante Untersuchungen.

RISTORO D'AREZZO (13. Jahrh.) schrieb die Zerstörung der Berge dem Wasser zu und schloß von der Form gerundeter Steine auf ihre Herkunft aus einem Fluß. Seinen einfachen aktualistischen Vergleichen über die

Abtragung und Ablagerung stehen andere, ganz und gar exzeptionalistische Auffassungen gegenüber, nach denen er glaubte, daß die Großformen der Erdoberfläche durch irgendeine Kraft des Himmels oder der Gestirne beeinflußt würden [1, 87]. Wenn er aber Versteinerungen als Beweise für die Sintflut ansah, dann mußte er aus Vergleichen erkannt haben, daß es sich um Reste ehemaliger Lebewesen handelt. Die Funde von Fossilien mit der Sintflut in Zusammenhang zu bringen, entspricht zwar nicht den Tatsachen, kam aber der Wirklichkeit doch noch näher als die zu seiner Zeit noch weit verbreitete Annahme, Fossilien seien Naturspiele (siehe Abschn. 4.1.).

5.3. *Aktualismus im 15. und 16. Jahrhundert* (Leonardo da Vinci *bis* Bruno)

Ausgeprägte aktualistische Betrachtungen stellte dann Leonardo da Vinci (1452—1519) an. Er beschrieb, wie ein Fluß aus den Bergen kommend erst grobes, dann feines Material absetzt, daß Sand und Ton dann ins Meer gelangen und daß der von den Ufern durch die Wellen ins Meer entführte Schlamm auf dem Grund abgelagert wird und dort versteinert. Bei den richtig gedeuteten marinen Fossilien unterschied er Einbettung am Lebensort und Zusammenschwemmung von Resten durch Wellenschlag. Eine zweimalige Folge fossilführender Schichten führte er auf zweimalige Überflutung zurück. Den gegenwärtigen Zustand des Mittelmeeres betrachtete er als aus einem früheren anderen Zustand hervorgegangen. Daß er sich für Fossilien interessierte, war seinen Landsleuten bekannt, aber er vertraute die Ergebnisse seiner Untersuchungen im allgemeinen nur seinen Tagebüchern an [182, 183].

Weyl wies zu Recht auf die Darstellung von Gebirgen und geschichteten Felsen in Leonardos Gemälden hin. Die weitgehend naturgetreue Wiedergabe war nur möglich, wenn der Maler Einsicht in gewisse Zusammenhänge ihrer Entstehung hatte.

Eine Folge der aktualistischen Betrachtungen LEONARDOS war sein Zweifel an der Sintflut (siehe Abschn. 2.1.).

Die einfachen aktualistischen Vergleiche GEORGIUS AGRICOLAS (1494—1555) offenbaren sich in vielen der von ihm behandelten Dinge, am deutlichsten wohl in seiner Schrift „De ortu et causis subterraneorum", 1546. Der Wechsel von Land und Meer, die Verwitterung, Abtragung und Ablagerung, die Gesteine und die Mineralentstehung sind so dargestellt, wie es ihm objektiv möglich war. Manche Aussagen muten zwar noch antiquiert an, aber er mußte sich auch, anders als LEONARDO, mit alten, dogmatischen Lehrmeinungen öffentlich auseinandersetzen. Seine Absage an jede Spekulation kommt am besten zum Ausdruck, wenn er sagte:

217 „[man hat früher] das Verborgene phantasievoll gedeutet, aber keine Prüfung der Phantasiegebilde anhand der Erfahrungen vorgenommen, und man hat die ganz obere, die Sternenwelt bis zu den letzten Ursachen ... für eine Gesamtauffassung herangezogen, aber die nächstliegenden Ursachen ... nicht sorgfältig ausfindig zu machen gesucht. Man hat daher oft Wunder ... angenommen, wo nichts zum Wundern vorliegt."
([2], S. 63)

Seine Ablehnung des Sternenaberglaubens wurde ergänzt durch das Bestreben, die Naturerscheinungen aus sich selbst heraus zu erklären. Vielleicht äußerte er sich gerade deshalb nicht zur Sintflut, weil er als gläubiger Christ nichts schreiben wollte, was ihm als Ketzerei hätte ausgelegt werden können. Er sprach sich auch aus gegen die

218 „völlig lächerliche Ansicht der großen Masse, ... wenn sie behaupten, nicht nur die Felsen, sondern auch die Erze und Edelsteine und die verschiedenen Erdarten in ihren Gängen, Klüften und Fugen habe zu Beginn der Welt Gott so gebildet und geschaffen, wie man sie jetzt findet und in der Zwischenzeit wären aus den dazu geeigneten

> Stoffen keine solchen Dinge entstanden oder wieder entstanden, und der höchste Werkmeister habe keine irgendwie geartete Naturkraft zu ihrer dauernden Erzeugung in Bewegung gesetzt."
> ([1], S. 161)

Prescher (1956) sieht in dieser Äußerung eine ganz deutliche Ablehnung des angeblichen Dogmas von der Unveränderlichkeit der Welt. Fraustadt (1956) meint dagegen völlig richtig, daß die Feststellung der Weiterbildung des Geschaffenen sich nicht gegen eine Schöpfung wende, da sie Gott als „summus rerum opifex" betrachte. Agricola war zwar ein nüchterner Naturforscher, aber dennoch überzeugter Katholik. Hätte die Kirche etwas Wesentliches an ihm auszusetzen gehabt — eine Ablehnung des Schöpfungsberichtes wäre der Gipfel der Ketzerei gewesen —, dann hätte man ihn, trotz seiner schon zu Lebzeiten anerkannten Berühmtheit, nicht in einem Dom (Dom zu Zeitz) beigesetzt.

Es gab übrigens kein wirkliches Dogma von der Unveränderlichkeit der Welt. Die Tatsache der Veränderungen im anorganischen Bereich der Erde war kein Streitgegenstand. Völlig frei haben selbst kirchliche Würdenträger solche Veränderungen diskutiert und vertreten, weil weder der Schöpfungsbericht noch die Bibelexegese dem entgegenstehen. Anders verhielt es sich aber hinsichtlich der Lebewelt.

Bernard Palissy (1510 (?)—1590) kam auf Grund einfacher aktualistischer Vergleiche zu wichtigen Erkenntnissen, die weit über die herrschenden Ansichten hinausgingen. Aus seinem 1580 erschienenen Werk [129] seien nur einige Ergebnisse seiner Überlegungen und Untersuchungen wiedergegeben:

— Die Felsen wurden nicht am Beginn der Welt geschaffen. Wäre dies nur dann geschehen und danach nicht mehr, so wären sie infolge der Abtragung längst verschwunden.

— Alle Erden (gemeint sind Gesteine) werden zu Ton.
— Ton ist der Anfang der Gesteine.
— Gesteine bzw. Felsen wachsen nicht, denn sie haben keine belebte Seele. Sie entstehen durch Erstarrung (Erstarrung war die damals übliche Vorstellung von der Verfestigung).
— Durch Erdbeben können Berge zu Tälern werden oder umgekehrt (siehe Zitat 45).
— Die Quellen in den Gebirgen sind nicht auf angeblich vom Meer her zufließende unterirdische Wässer zurückzuführen, sondern werden vom Regenwasser genährt.
— Versteinerte Schalentiere wurden nicht durch die Sintflut verstreut, sondern die Tiere haben dort gelebt, wo man ihre Reste findet. Aus ihrem Vorkommen ist auf einen ehemaligen See zu schließen (siehe Zitate 126—128).
— Voneinander getrennte versteinerte Schalen zeigen, daß vor der Versteinerung die Fäulnis wirksam gewesen ist (siehe Zitat 129).

Giordano Bruno (1548—1600) legt seine Auffassungen in mehreren Schriften verstreut dar. In „Acrotismus ...“[182]) 1588, schrieb er:

219 „Alle Gestirne, wie die Erde und der Mond, welche für uns die hauptsächlichsten Weltkörper sind, bewegen sich nicht einen einzigen Augenblick, in welchem sie sich nicht zugleich veränderten. Aehnlich verhält es sich mit den auf diesen Weltkörpern vorkommenden Gegenständen. An diesen ist es unmöglich, auch nur eine einzige Gattung von Bewegungen wahrzunehmen, welche nicht zugleich auch eine Veränderung darstellte. Die Bewegung ist immer zugleich eine Veränderung und Umwandlung.[109])
[Diese Veränderungen gehen aber sehr allmählich vor sich.]
Die Oberfläche der Erde verändert sich zwar ununterbrochen, sodass bald ein Meer ist, wo vorher ein Fluss war, bald sich Berge erheben, wo vorher Täler sich vertieft hatten (was häufiger zu geschehen pflegt), bald Dämpfe aufsteigen, bald Regengüsse niedergehen, bald Dick-

flüssiges sich zu Stein verhärtet, bald harte Steine sich zu Pulver auflösen. Aber in dem Allen möchte ich nichts Gewaltsames zugeben, sondern ganz und gar nur einen natürlichen Verlauf erkennen. Denn ich nenne nur dasjenige gewaltsam, was ausserhalb der Schranken der Natur oder gar gegen dieselbe geschieht.“[110])
([23], S. 179)

Gewaltsames, also auch allgemeine Katastrophen, lehnte er ab. Das zeigt auch ein Zitat aus „De l'infinito universo e mondi“, 1584:

220 „Wir brauchen nicht zu fürchten, das was sich zu dieser Welt zusammengethan hat, könne einmal durch den gewaltsamen Ansturm eines irrenden Geistes oder den Zorn eines blitzenden Zeus zerschmettert werden ...“
([25], S. 23)

In seiner Schrift „De immenso“ geißelt er die Beängstigungskunst der Kirche, die den Menschen immer wieder Strafgerichte Gottes androhte mit scharfen Worten.

Zu den geologischen Veränderungen äußerte er sich ein weiteres Mal in „La cena delle ceneri ...,[180]) 1584:

221 „Alle diese Veränderungen der Erdoberfläche sehen wir nach und nach vor sich gehen. Auch sind sie deutlich an den Auswaschungen der höchsten und vom Meer entfernten Berge zu beobachten, die, als ob sie noch ganz frisch wären, die Spuren der ungestümen Wogen zeigen.[111]) Und man weiß aus der Geschichte des Felix Martyr von Nola († nach 312), dass zu dieser Zeit, etwa vor tausend Jahren, das Meer bis an die Mauern der Stadt reichte, wo ein Tempel steht, der jetzt noch den Namen Portus, Hafen, führt, von welchem bis zum Meere gegenwärtig zweitausend Schritte Entfernung sind. Sieht man nicht das Nämliche in der ganzen Provence? Zeigen dort nicht alle Steine, die auf den Feldern hin zerstreut liegen, eine Zeit an, in welcher sie von den Meereswogen hin- und herbewegt worden sind?“[112])
([23], S. 35–36)

Einzelne Irrtümer Brunos beeinträchtigen seine Gesamtaussage nicht. Diese lautet stichwortartig: langsame Veränderungen während einer langen Erdgeschichte (siehe auch Abschn. 3.); durch diese Veränderungen Wechsel im Antlitz der Erde; keine allgemeine Katastrophen und keine unbekannten Kräfte. Das ist ein bewußt-aktualistisches Gesamtbild (Stufe 2). Wie hoch es zu veranschlagen ist, zeigt die Tatsache, daß darin bereits eine, wenn auch etwas spekulative Stufenleiter des Lebens vom Niederen zum Höheren eingeschlossen war (siehe Abschn. 4.2.).

Dieser im letzten Viertel des 16. Jahrhunderts erreichte Höhepunkt fand keine unmittelbare Fortsetzung. Die Gegenreformation erzeugte einen tiefen Einschnitt (siehe auch Abschn. 6.).

VON BÜLOWS (1968) Behauptung, daß bis zu dem nachfolgend zu nennenden STENO keine bewußt wissenschaftlichen Bemühungen zu verzeichnen gewesen wären, sondern — wie bei LEONARDO und PALISSY — nur unbeabsichtigte Beobachtungen, wie er meinte, ist mit den bisherigen Ausführungen eindeutig widerlegt.[113])

5.4. Aktualistische und exzeptionalistisch/katastrophistische Vorstellungen vom 17. Jahrhundert (STENO *1669*) *bis zum ersten Viertel des 18. Jahrhunderts* (DE MAILLET *1715/21*)

Auch die Leistungen eines NICOLAUS STENO (1638 bis 1686) müssen unter den eingangs gemachten Darlegungen über den Aktualismus und seine stufenweise Herausbildung betrachtet werden. Daraus ergibt sich, daß die von BECKSMANN (1939, S. 332) getroffene Bewertung, STENO sei der „Begründer des Aktualismus als Arbeitsmethode", eine Ansicht, die sich allgemein eingebürgert hat, entsprechend zu korrigieren ist. Auch solche Bemerkungen wie „STENO ist ... der Erste gewesen, der Geologie als Erdgeschichte verstanden und aktualistisch aufgebaut hat ..." (VON BÜLOW, 1960, S. 162), sind mit Vorsicht zu genießen. Erstens darf man den Begriff „Erdgeschichte" dabei keineswegs in unserem heutigen, eine Entwicklung vom Einfachen zum Komplizierten einschließenden Sinne verstehen, sondern als bloßes Aneinanderreihen von Veränderungen. Zweitens ist, wie gezeigt wurde, STENO keineswegs der erste gewesen, der solchermaßen eingeschränkt zu verstehende Erdgeschichte betrieben hat. Man kann BECKSMANN (1939, S. 334) auch darin nicht zustimmen, daß STENOS „geniale Leistungen ... in keiner Weise durch Zeitströmungen angeregt und gefördert" worden seien (siehe Abschn. 6.).

Sicher hat STENO auch Beispielhaftes geleistet, doch eine richtige Bewertung kann man nur finden, wenn man das Vorausgegangene und die Nachwirkungen sowie das berücksichtigt, was sich „um ihn herum" noch tat.

Sein 1669 erschienener „Prodromus"[251]) zeigte, daß er von aktualistischen Vergleichen ausging:

222 „Wie der gegenwärtige Zustand einer Sache ihren Zustand in der Vergangenheit aufdeckt, das zeigt vor anderen Toskana deutlich durch sein Beispiel ..."
([154], S. 57)

In der italienischen Landschaft Toskana hatte er vor allem seine Beobachtungen angestellt. Zur Veränderung der Lage von Schichten äußerte er sich folgendermaßen:

223 „Wie nämlich das Wasser die Erdmaterie auflöst und sie zu tiefer gelegenen Stellen führt, so wohl auf der Oberfläche der Erde als auch in Hohlräumen der Erde, so löst auch das Feuer jeden ihm im Weg stehenden festen Körper auf und treibt nicht nur seine leichteren Teilchen aus, sondern schleudert manchmal sogar sehr schwere Massen fort. Dadurch entstehen auf der Erdoberfläche Abgründe, Kanäle und Mulden, in den Eingeweiden der Erde jedoch unterirdische Hohlräume und Grotten bei welcher Gelegenheit Erdschichten ... ihre Lage ändern konnten ... ein plötzliches Herabgleiten oder ein Einsturz der oberen Schichten, wenn sie nach Wegführung der unten befindlichen Materie oder des Fundamentes allmählich Risse bekommen haben."
([154], S. 35)

Hierin stecken nicht mehr als nur einfache aktualistische Vergleiche (Stufe 1), die erst die Vorstufe zum bewußten Aktualismus sind. Viele Katastrophisten haben diese Vorgänge ganz ähnlich geschildert. Wenn man STENOS Vorstellungen über das Entstehen tiefer Täler sowohl durch obige Beschreibung als auch im Zusammenhang mit Bemerkungen zum Rückzug der Sintflutwässer (siehe Zitat 14) in Betracht zieht, dann sind die spekulativen, also exzeptionalistischen Aspekte schon angedeutet. Sie zeigen sich weiter darin, daß er, wie viele nach ihm, eine „Erdtheorie“ in Anlehnung an den Schöpfungsbericht der Bibel aufstellte, in die er seine Erkenntnisse zusammenfassend verpackte. Seine Meinung über den Einfluß der Gestirne war ausgesprochen exzeptionalistisch:

224 „Was angeblich von der Sonne hervorgebracht wird, hat die Bewegung seiner Teilchen von den Sonnenstrahlen, und auf gleiche Weise werden die Körper, die dem Einfluß der Gestirne zugeschrieben werden, von den Gestirnen die Bewegung ihrer Teilchen haben können. Da es nämlich sicher ist, daß unsere Augen vom Licht der Gestirne bewegt werden, so wird es auch unbestreitbar sein, daß der übrige Teil der Materie ebenfalls von ihnen bewegt wird.“
([154], S. 24–25)

Hier begegnen wir einer Ansicht, die schon AGRICOLA entschieden bekämpft hatte (siehe Zitat 217). Doch das außerordentlich Positive an STENO war, daß er seine aktualistischen Vergleiche bzw. Erkenntnisse genau, man möchte fast sagen brillant, formuliert hat. Er ging so exakt vor, erst einmal ein Begründung für die Möglichkeit aktualistischer Vergleiche zu geben:

225 „Wenn ein fester Körper einem anderen festen Körper nicht nur was die Bedingungen der Oberfläche anlangt, sondern auch bezüglich der Anordnung der Teile und Teilchen im Innern in allem ähnlich ist, so wird er ihm auch hinsichtlich der Art und des Ortes der Erzeugung ähnlich sein ...
Jene Körper, die aus der Erde gegraben werden und die Teilen von Pflanzen und Tieren in allem ähnlich sind,

entstanden auf dieselbe Weise und am nämlichen Ort wie auch die Teile von Pflanzen und Tieren selbst."
([154], S. 26–27)

Steno formulierte auch wichtige Unterscheidungsmerkmale zwischen organogenen und nicht-organogenen Körpern (siehe Abschn. 4.1.) und zwischen Sedimenten und Krusten:

226 „Sedimente kommen also zustande, während die in einer Flüssigkeit enthaltenen Bestandteile durch ihre Schwere zu Boden sinken, mögen nun diese Bestandteile anderswo dahin gebracht oder von den Teilchen der Flüssigkeit selbst allmählich ausgeschieden worden sein ... Wenn schon die Krusten und Sedimente nahe verwandt sind, so lassen sie sich doch leicht dadurch unterscheiden, daß bei den Krusten die obere Oberfläche der unteren parallel ist, auch wenn verschiedene größere Vorsprünge vorhanden sind, wogegen bei den Sedimenten die obere Oberfläche dem Horizont parallel ist oder doch nur wenig davon abweicht."
([154], S. 33)

Er begründet diese Parallelität der Sedimente zum Horizont noch näher und zog daraus Schlußfolgerungen für die Deutung von schräg oder senkrecht stehenden Schichten:

227 „Zur Zeit der Entstehung einer Schicht war die ganze darauflagernde Materie flüssig, so daß bei der Bildung der untersten Schicht keine der oberen Schichten vorhanden war. Was die Gestalt anlangt, so ist sicher, daß zur Zeit der Bildung einer Schicht ihre unteren und seitlichen Oberflächen den Oberflächen des unten und der seitlich befindlichen Körper entsprachen, die obere Oberfläche aber dem Horizont möglichst parallel war, so daß mit Ausnahme der untersten, alle Schichten zwischen zwei dem Horizont parallelen Ebenen lagern. Daraus folgt, daß zum Horizont senkrechte oder geneigte Schichten einmal parallel gewesen sein müssen."
([154], S. 35)

Was die Bemerkungen zu den „seitlichen Oberflächen" und den „seitlich befindlichen Körpern" betrifft, so geht aus ihnen und aus weiteren anderen hervor, daß er offenbar noch kein natürliches Auskeilen einer Schicht kannte. Seine Bemerkungen lassen aber auch darauf schließen, daß er diese Erkenntnisse möglicherweise im Versuch gewonnen hatte bzw. bestätigt fand; Versuche hatte er, wie er selbst bemerkte, durchgeführt. Sie sollten in der geplanten, aber nicht mehr zur Ausführung gelangten Dissertation näher beschrieben werden. Er zog auch aus der Art des Materials der Schichten bemerkenswerte Schlußfolgerungen:

228 „Wenn an der nämlichen Stelle die Materie aller Schichten dieselbe ist, so ist gewiß, daß jene Flüssigkeit keine Flüssigkeiten von verschiedener Natur aufgenommen hat, die von verschiedenen Stellen zu verschiedener Zeit zusammenflossen.
Wenn an einer Stelle das Material der Schichten verschieden ist, so strömten dortselbst entweder zu verschiedener Zeit aus verschiedenen Orten Flüssigkeiten von verschiedener Art zusammen (mag nun die Verschiedenheit der Winde oder ein an gewissen Stellen heftiger Regenfall bei der Ursache mitspielen), oder im gleichen Sediment fand sich Material von verschiedener Schwere, so daß die schweren Teile zuerst und dann erst die leichteren zu Boden sanken. Diese Verschiedenheit kann auch durch den Wechsel der Jahreszeiten veranlaßt sein ..."
([154], S. 34)

Die Klarheit seiner Aussagen und die Logik seiner Schlußfolgerungen sind es, die ihn über viele seiner Zeitgenossen und Nachfolger hinausragen lassen und die uns heute noch an ihm beeindrucken. Wären seine Nachfolger nur diesem Teil seines Werkes gefolgt, dann hätten manche irrigen oder unsinnigen Ansichten z. B. über die Entstehung der Sedimentgesteine und ihrer Lagerung vermieden werden können.

Steno hat also zwar ausgezeichnete aktualistische Vergleiche gezogen, ein bewußt-aktualistisches Gesamtbild aber hat er nicht entworfen. Einzelne exzeptionalistische Aspekte hätten dem Ganzen keinen wesentlichen Abbruch getan, aber er nahm die allgemeine Katastrophe der Sintflut als naturhistorische Wahrheit (siehe Zitate 14 und 16) und ging bewußt auf dieser Linie noch weiter, was er selbst sagte:

229 „Damit aber niemand eine Gefahr von der Neuerung befürchte, werde ich die Übereinstimmung der Natur mit der heiligen Schrift auseinandersetzen ...“
([154], S. 58)

Das alles verwundert nicht. Anderes war von dem im Erscheinungsjahr seiner Schrift zum Katholizismus übergetretenen nachmaligen Bischof STENO kaum zu erwarten. In Anlehnung an die Schöpfungstage der Bibel zeigte er anhand von sechs Darstellungen und Beschreibungen die Übereinstimmung der Natur in der Landschaft Toskana mit den Aussagen der Bibel. Nach diesem Vorbild wurden die späteren Erdtheorien geschrieben, in denen die Sintflut eine bedeutende Rolle spielte.

TSCHULOK (1938; S. 325) schrieb hinsichtlich STENOS induktiver Arbeitsmethode, daß dessen „Anregungen wirkungslos geblieben sind und sein Werk erst nachträglich wiederentdeckt werden mußte (von ÉLIE DE BEAUMONT, 1798–1874)“. HAARMANN (1942a) meinte gar, daß kein Mensch sich um STENOS Ansichten gekümmert und er als Geologe umsonst gelebt habe.

Beide Aussagen treffen in keiner Weise zu. STENOS Schrift wurde von OLDENBURG (1671) ins Englische übersetzt, LEIBNIZ hat ausdrücklich auf ihn Bezug genommen.[226]) J. SCHEUCHZER hat ihn 1708 und DE BUFFON 1769 erwähnt. Aber man kann nicht erwarten, daß die Leser des 17. und 18. Jahrhunderts ausgerechnet nur STENOS Arbeitsmethode hätten interessant finden sollen und nicht dessen Ansichten über das vergangene geologische Geschehen, welches er eben mit der Bibel verknüpfte. Schrieb ihm doch A. VON HUMBOLDT (1845) auch nur „Verdienste um die Positions- und Lagerungs-Geognosie“ zu und empfand im übrigen dessen Schrift als „trostlos wortkarg“ ([89], Bd. 2), ganz im Gegensatz zu uns, die wir seine wohltuend knappe und klare Ausdrucksweise zu würdigen wissen.

Jeder, der damals STENOS Schrift las, durfte annehmen oder fand sich darin bestärkt, daß die Bibel zur Erklärung von geologischen Vorgängen und Erscheinungen geeignet sei. Auch das gehört zu den Nachwirkungen und erklärtermaßen sogar zu den gewollten (siehe Zitat 16). Daß nach der englischen Ausgabe seiner Schrift im Jahre 1671 aus England die Sintflut-Literatur anrollte, dürfte nicht gerade ein Zufall sein, wenn auch noch von anderen Faktoren mitbestimmt (siehe Abschn. 6.). Nach dem Vorbild STENOS wurden jedenfalls diese späteren Erdtheorien geschrieben.

STENOS Schrift hat also zwei ganz unterschiedliche Seiten: erstens seine ausgezeichneten aktualistischen Vergleiche, die seine exakte Arbeitsmethode widerspiegeln, und zweitens das in seiner Überzeugung begründete und seiner späteren gesellschaftlichen Stellung entsprechende nicht unwesentlich exzeptionalistische Gesamtbild. Zeitbedingt kam nach der Gegenreformation die zweite Seite zum Tragen. Bei aller Würdigung der Exaktheit seiner Methode steht das Gesamtbild, das er entwarf, weit unter dem von BRUNO. In manchen geschichtlichen Darstellungen entsteht der Eindruck, als beginne die Geologie und der Aktualismus erst eigentlich mit STENO. Richtig ist aber, daß er nur der Neubeginn nach einer hoffnungsvollen, aber gewaltsam unterbrochenen Entwicklung war.

Aktualistische Vergleiche mit Erfolg anstellen zu können, gründet sich auf die Überzeugung, daß überall und zu jeder Zeit die Naturgesetze wirken. Diese Tatsache war natürlich nicht nur geologisch tätigen Leuten, wie STENO, bekannt. Sein Zeitgenosse BENEDICT SPINOZA (1632–1677) schrieb in einem ganz anderen Zusammenhang in seiner „Ethica", 1677:

230 „... die Gesetze und Regeln der Natur, nach denen alles geschieht und aus einer Gestalt in die andere übergeht, sind überall und immer dieselben. Deshalb kann es nur

eine Weise geben, die Natur von irgend einem Gegenstande zu erkennen, nämlich durch die allgemeinen Gesetze und Regeln der Natur."
([151], S. 102)

Gottfried Wilhelm Leibniz (1646–1716) folgte in seiner Art und Weise, Naturbeobachtungen anzustellen, ganz dem ihm bekannten Steno. Aktualistische Vergleiche unter Zuhilfenahme aller möglichen Erfahrungen (siehe Zitat 131) kennzeichnen seine „Protogaea",[226]) was unter anderem auch in folgender Bemerkung zum Ausdruck kommt:

231 „Es ist schon etwas groses, in der Erkenntnis der Dinge, auch nur einen Grund ihrer Hervorbringung zu wissen; eben wie die Meeskünstler aus einer einzigen Art die Figur zu beschreiben, alle ihre Eigenschaften herleiten. Wenn übrigens ähnliche Instrumente und Gefässe vorkommen, Feuer mit Schwefel, Wasser mit Salzen, Arten von Erdreich und Steinen, die unseren und der Natur ihren Werkstätten gemein sind; so wird man verwandten Körpern sicherer einen ähnlichen Ursprung zuschreiben, als ihnen ohne alle Erfahrung einen verschiedenen andichten. Denn die Natur ist nichts anderes als eine grose Kunst."
([115], S. 58)

Andere Erklärungen als die aus Erfahrungen abgeleiteten wollte er nicht gelten lassen. Große Bedeutung maß er dem Experiment bei und wünschte, unter Hinweis auf van Leeuwenhoek (1632–1723), daß man zu bestimmten Untersuchungen Vergrößerungsgläser gebrauchen möge.

Das, was wir heute an Steno würdigen, nahm sich Leibniz zum Vorbild. Gegenüber dessen exzeptionalistischer Gesamtdarstellung war er offenbar zurückhaltender; eine jener Sintflut-Erdtheorien schuf er nicht. Er kannte auch Ansichten, die nicht mit der Bibel in Einklang standen (siehe Zitat 135), schwankte wohl auch hin und her, um sich dann doch zu entschließen, sich nicht zu sehr von der Richtschnur der Heiligen Schrift zu entfernen. Leider wurde sein Werk erst 1748/49 größeren Kreisen bekannt, nachdem schon mehrere Sintflut-Erdtheorien bekannt geworden waren.

Die Sintflut-Erdtheorien gingen in den Einzelheiten auch von einfachen aktualistischen Vergleichen aus. Verbunden wurden sie jedoch zu einem mehr oder weniger stark exzeptionalistischen Bild mit der Katastrophe als dem entscheidenden Prozeß geologischen Geschehens. Die Katastrophe fand aber noch unter einem anderen Aspekt Eingang in diese Theorien. In Anlehnung an die Bibel wurde oft nicht nur das vergangene, sondern auch das künftige Geschehen mit behandelt.

Nach Thomas Burnet (1632/35–1715)[192]) findet der nach der Sintflutkatastrophe eingetretene jetzige Zustand in einem Weltbrand sein Ende, worauf wieder ein Chaos folgt, aus dem eine bessere Welt hervorgeht. Damit bewegte er sich völlig auf dem Boden des Alten Testaments. Die Bibelexegese sagt zu dieser Angelegenheit:

232 „Für das Alte Testament ist die Schöpfung nicht nur ein Faktum der Vergangenheit, sondern ein Ereignis, das sich in der Geschichte wiederholt ... Gott schafft in neuen Schöpfungsakten seine Heilstaten ... Vor allem sein eschatologisches Handeln[114]) wird als Neuschöpfung erwartet.“ ([66], S. 1228)

Es sei dahingestellt, ob Burnet der erste war, der diesen Zusammenhang herstellte. Wichtig ist, daß im Zuge der Bestrebungen, Ergebnisse von Naturbeobachtungen und Bibel in Einklang miteinander zu bringen, das irdische Geschehen im Lichte wiederkehrbarer Katastrophen gesehen wurde, welche so Eingang in die geologischen Theorien fanden, begünstigt durch das noch weitgehende Fehlen einer Vorstellung von der Länge der verflossenen Zeit.

Auch Benoît de Maillet (1656–1738) entwickelte in seinem „Telliamed“, erschienen 1748/49,[229]) ähnliche Vorstellungen. Brand der Erde durch Vereinigung der Vulkane, wenn sich die Erde in Sonnennähe befindet, und

Wasserbedeckung der Erde in Sonnenferne wechseln einander ab [167]. Über den eigentlichen Gegenstand der Ausführungen hinaus zu orakeln war eine weit verbreitete Gepflogenheit, dabei sich in Spekulationen zu verlieren eine ebensolche Folge. Aber das Wesentliche an seinem Werk war nicht dieses spekulative Anhängsel.

Seine aktualistischen Vergleiche führten ihn zu der Erkenntnis:

233 „Die Mannigfaltigkeit der verschiedenen Stoffe, die die Erdkugel zusammensetzen; der Kitt, der sie verbindet; ihre fast gleichmäßige Anordnung in übereinandergeschichteten, horizontalen Lagern; ihre Lage und Aussehen, und die erstaunliche Übereinstimmung all dieser Erscheinungen mit den Ergebnissen der gegenwärtigen Tätigkeit des Meeres auf seinem Grunde und an seinen Küsten, alle diese Umstände bilden einen unwiderlegbaren Beweis für die Entstehungsweise der Erdkruste."
([167], S. 295)

Die Annahme einer sehr langen bisher verflossenen Zeit, das Fehlen der Sintflut, die wenn auch noch recht primitiven Vorstellungen von einer Stufenleiter der Organismen (siehe Abschn. 4.2.), das alles zusammen zeigt, daß de Maillet einem bewußt-aktualistischen Gesamtbild schon sehr nahe gekommen ist. Seine Weltbrand- und Wasserbedeckungskatastrophen, als besondere Ereignisse eines immerwährenden Zyklus, liegen gewissermaßen außerhalb der bisher abgelaufenen Erdgeschichte; Geologisches und Astronomisches, oder anders ausgedrückt: Erdgeschehen und Weltgeschehen, muß man in solchen Darstellungen voneinander trennen.

5.5. *Der Aktualismus* Moros (*1740*) — *sein Gegenspieler* Lehmann (*1756*)

Noch vor dem „Telliamed" erschien 1740 das Werk[233]) von Anton Lazzaro Moro (1687—1740/64). Darin ließ dieser zwar die Sintflut als Glaubensgrundsatz gelten, verzichtete aber auf sie in seiner Beschreibung des geologischen Geschehens (siehe Abschn. 2.1.). Seine bewußt-aktualistische Betrachtensweise war auch schon VON HOFF (1834) aufgefallen, der dazu schrieb:

234 „MORO ... hält sich an den von ihm wiederholt und nachdrücklich vertheidigten Satz: Daß die Gesetze nach welchen die Natur wirkt, immer dieselben bleiben und daß in den ältesten Zeiten alle Naturbegebenheiten eben so erfolgt sind, wie wir sie heutzutage erfolgen sehen.“
([83], Bd. 3, S. 319)[115])

MORO folgte hierin seinem Vorgänger ANTONIO VALLISNIERI (1661—1730), welcher verlangte, daß alle Erscheinungen ohne Annahme von Gewaltsamkeit, ohne Voreingenommenheit und ohne Wunder erklärt werden müssen [118].

Da MOROS Auffassung über die Sintflut, über Hebungen (siehe Abschn. 2.2.) und über die Zeitdauer, in welcher die Veränderungen auf der Erde sich vollzogen haben (siehe Abschn. 3.), eine andere war als die vieler seiner Zeitgenossen, weshalb er als Mönch sich zu verteidigen veranlaßt sah, stellte er immer eine Beziehung her zwischen den Naturgesetzen und Gott, welcher sie eingerichtet habe. Sein Aktualismus, den man getrost schon der Stufe 2 zuordnen kann, ist daher gleichsam auch ein Ausdruck der ewigen göttlichen Ordnung. MOROS Glaubensüberzeugung schränkt die Bedeutung seiner Aussagen nicht ein. Selbst daß er einem einseitigen und übertriebenen Vulkanismus huldigte, ändert daran wenig, sondern beweist nur, daß auch mit dem Aktualismus keine Garantie auf Richtigkeit verbunden ist. Ein Vergleich von Aussagen MOROS mit denen von JOHANN GOTTLOB LEHMANN (1719—1767) macht dies deutlich.

MORO schrieb:

235 „Wo aber in der Tiefe von England Elephantenknochen, in Irrland americanische Hirschgeweihe, in Deutschland Gerippe von Crocodillen gefunden wurden, dann hat es damit auch keine andere Bewandniß, als daß die damaligen obersten Erdschichten solche Kräuter und Pflanzen ge-

tragen, und solche Insecten und andere Thiere genähret hat, davon dergleichen wilden Thiere leben können; welche Nahrung aber heute zu Tage allda nicht mehr vorhanden ist. Der Beweis ist an den Fichten und Tannen in England zu ersehen."
([121], S. 439)

Das ist, aus damaliger Sicht, ein auf aktualistischer Grundlage vollkommen einwandfrei und nüchtern geschilderter Tatbestand. Moro meinte weiter:

236 „Und weil deren vormaliger Grund und Boden von ganz anderer Beschaffenheit gewesen ist, als der gegenwärtige, auch gar viel tiefer gelegen hat, hat auch eine andere Athmosphäre darüberstehen; und die Luft dergestalt gemäßigt sein können, als es diesen Thieren zuträglich gewesen ist."
([121], S. 439)

Wenn wir darüber auch anders denken, so ist doch seine Schlußfolgerung, die im wesentlichen besagt, daß einstmals ein anderes Klima als heute geherrscht haben müsse, völlig logisch.

Gerade aber in diesem Punkt widersprach ihm Lehmann, der annahm, daß der Erdboden ehemals besser gewesen war, denn die heutige Vegetation deutete er als Folge einer Verschlechterung des Bodens. In ganz aktualistischem Sinne meinte Lehmann:

237 „... und überhaupt däuchtet mir, man müste das wunderbare so lange vermeiden, als man die natürlichen Ursachen einer Sache ungezwungen angeben kann."
([114], S. 52–53)

Schlechter gewordener Boden schien ihm naheliegender als ein verändertes Klima. Wir wissen heute, daß diese Schlußfolgerung falsch ist, müssen ihm aber dennoch Gerechtigkeit widerfahren lassen, wenn er aus damaliger Sicht gerade eine Klimaänderung für exzeptionalistisch hielt.

Der gute Vorsatz, alles nur natürlich deuten zu wollen, schützte Lehmann nicht davor, auf Grund seines Glaubens an die Sintflut die Schichtenfolge im Raume Thüringens unter diesem Aspekt zu sehen (siehe Abschn. 4.2.). Seine Überzeugung beeinflußte die Ergebnisse seiner Beobachtungen, eine Tatsache, die natürlich nicht nur auf ihn beschränkt ist.

Der Sintflutanhänger und Neptunist LEHMANN bekämpfte den einseitigen Vulkanisten und die Sintflut ausklammernden MORO auf der ganzen Linie. Er nahm dessen anfechtbare bzw. falsche Auffassungen von der Gesteinsentstehung zum Anlaß, auch MOROS bewußt-aktualistische Grundsätze zu zerpflücken:

238 „Desto schlechter ist aber seine Entschuldigung [es müßte eigentlich „Begründung" heißen], wenn er sagt: Die Natur handle so beständig auf einerley Art und Weise mit gleichförmiger ungekünstelter Einfalt, daß eine jede einzelne Naturbegebenheit die auf eine gewisse Art, und vermittelst der dazu bestimten würckenden Ursache zu stande kommt, völlige Versicherung giebt, die Natur habe sich vorhin in anderen dergleichen Fällen nicht anders, als diesmahl mit ihrer Würkung verhalten. Dies ist leicht gesagt aber schwer bewiesen. Ich will den Herrn Moro gleich das Gegenteil beweisen."
([114], S. 47–48)

LEHMANN hatte MORO also durchaus richtig verstanden (siehe auch Zitat 234). Weil nun aber MORO auf Grund seines einseitigen Vulkanismus auch falsche aktualistische Vergleiche anstellte, behauptete LEHMANN:

239 „Wer siehet hieraus nicht, daß in der Natur einerley Begebenheiten vielerley, und zwar gantz verschiedene Ursachen haben können; und also nicht alle von einerley Ursache herzuleiten sey."
([114], S. 49)

Damit verwarf LEHMANN auch alles Positive bei MORO. Diese Stellungnahme des brühmten LEHMANN gegen den kaum bekannten MORO hat sicher mit dazu beigetragen, daß letzterer so ziemlich vergessen wurde.

5.6. Aktualistische und katastrophisch/ exzeptionalistische Vorstellungen in der zweiten Hälfte des 18. Jahrhunderts (LOMONOSSOW *1763 bis* J. H. VOIGT *1786*)

MICHAIL WASSILJEWITSCH LOMONOSSOW (1711–1765) folgte, trotz einfacher aktualistischer Vergleiche, doch katastrophistischen Vorstellungen. Er glaubte an die Sintflut (siehe Zitat 27) und an schreckenerregend einstürzende unterirdische Höhlen. Von den Erdbeben (siehe auch Zitat 56) sagte er in einer 1763 erschienenen Schrift:

240 „Wenn sie nun auch heute, da sie sozusagen durch die vielen Jahrhunderte abgeschwächt wurden, oft ganze Staaten bewegt und das Antlitz der Erde verändert haben, so kann man sich leicht ein Bild davon machen, wie gewaltig ihre Kräfte am Anfang gewesen sind.“
([117], S. 489)

Die Annahme, daß heute wirkende Kräfte einstmals stärker gewesen wären, ist ausgesprochen unaktualistisch. In bezug auf die Tätigkeit des Windes, der Regengüsse, der Brandung, der Gezeiten, des fließenden Wassers usw., also der exogenen Kräfte, meinte er:

241 „Und wenn man den Gesamtzustand der Erdoberfläche und der Schichten beurteilt, so sind alle großen Veränderungen, die durch die erwähnten Naturkräfte hervorgerufen werden, in unseren Augen keiner Beachtung wert.“
([117], S. 479–480)

Solche Aussagen sind kennzeichnend für ein doch weitgehend exzeptionalistisches Gesamtbild.

GEORG LOUIS LECLERCE DE BUFFON (1707–1788) setzte die Reihe derjenigen fort, welche große Erdtheorien entwarfen und dabei, wie schon vor ihm DE MAILLET, von neuen Vorstellungen über das Alter der Erde ausgingen (siehe Zitate 111 und 112). Was er zunächst in seiner „Naturgeschichte"[190]) schrieb, klingt recht gut:

242 „Um ein richtiges Urteil von dem zu fällen, was ehemals geschehen ist, und so gar von dem, was noch geschehen kann, muß man nur desjenige genau untersuchen, was sich gegenwärtig zuträgt."
([30], Bd. 1, S. 141)

Auf Theorien anderer eingehend, meinte er:

243 „Jene entfernte Ursachen, die man eher prophezeien, als gewiß vorhersehen kann, oder jene Erschütterungen der ganzen Natur, deren kleinste Wirkung der völlige Untergang der Welt seyn würde, übergehe ich hier gänzlich mit Stillschweigen ... So große Ursachen können alles was wir wollen möglich machen. Aus einer einzigen dergleichen Hypothese lassen sich tausend physikalische Mährchen ersinnen welche von ihren Erfindern Theorien der Erde genennt werden können ...
Ursachen, deren Erfolg sich selten, aber eben so gewaltsam, und plötzlich ereignen kann, müssen uns gar nicht rühren. Sie gehören nicht zum gewöhnlichen Lauf der Natur. Nur solche Wirkungen, die täglich geschehen; nur solche Bewegungen welche richtig aufeinander folgen und sich ununterbrochen erneuern; nur solche beständige, und immer wiederholte Vorfälle, gehören zu den Ursachen und Gründen, worauf wir zu sehen haben."
([30], Bd. 1, S. 143–144)

Seinen guten Ansatz hatte er selbst aber eingeschränkt:

244 „Eben diese Ursachen also, welche heut zu tage, in einer Zeit von vielen Jahrhunderten kaum eine merkliche Veränderung zuwege bringen, mußten damals in wenigen Jahren schon sehr wichtige Veränderungen möglich machen können."
([30], Bd. 1, S. 119)

Also nahm er doch, wie LOMONOSSOW, früher stärker wirkende Kräfte an. Damit verließ DE BUFFON wieder den Weg zum Aktualismus. So ist man schließlich nicht völlig verblüfft, wenn er in seinen „Époques de la Nature", 1778, gewaltige Überschwemmungen, furchtbare Erdbeben und Zusammenbrüche der Erdkruste ihr katastrophisches Werk tun ließ [193]; trotz Rechnens mit relativ langen Zeiten des geologischen Geschehens und anderer guter Gedanken greift er wieder auf allgemeine Katastrophen zurück. Seine 7 Epochen der Natur sind keine zufällige Referenz an die Bibel. Erklärlich wird das alles wohl nur, wenn man es in Zusammenhang mit seinem Widerruf im Jahre 1751 sieht (siehe Zitate 25 und 26).[116])

Georg Christian Füchsel (1722—1773) schrieb 1761 in seiner „Historia terrae et maris“:

245 „Die Art aber, mit der die Natur bis zur heutigen Zeit wirkt und die Körper hervorbringt, ist ... als Norm anzunehmen, eine andere kennen wir nicht.“
([120], S. 23)

Diese Aussage wird ergänzt durch folgende Bemerkung aus dem Jahre 1773:

246 „Was sich also weder durch das Gegenwärtige einer Sache, noch durch ihre Ueberbleibsel noch aus der bekannten vorigen Zeit von ihr erweisen läßt, darf man ihr auch nicht eigenmächtig weder für das Gegenwärtige, noch Vergangene, noch auch Zukünftige andichten ...“
([56], S. 148)

Seine Untersuchungen im Raume Thüringen brachten durchaus beachtliche Ergebnisse und führten ihn zu der richtigen Erkenntnis von vormaliger Meeresbedeckung. Daraus zog er den Schluß, daß dort, wo heute Meer ist, Land gewesen sei. Dann fuhr er, ganz im Sinne der früheren Erdtheorien, fort: Einsturz von großen Höhlen durch die Wirkung des Mondes hätten dazu geführt, daß das Meer zu den so entstandenen Senken strömte und an anderer Stelle Land freigab (siehe auch Zitat 59). Die mehraktige Überflutung des ehemaligen Landes soll zwar so langsam vonstatten gegangen sein, daß eine „Übersiedelung“ der Lebewesen möglich gewesen sei, aber trotzdem ist es ein erdweites Geschehen ganz im Sinne allgemeiner Katastrophen, weil er annahm, daß die Erde durch das Einstürzen besagter Höhlen nicht nur ihre Pol-Lage verändert, sondern sich sogar „überschlagen“ habe.

Seine aktualistischen Vorsätze, seine Abkehr von der Bibel als naturwissenschaftlichen Leitfaden [120], seine Vorstellungen vom Alter der Erde, durchaus auf der Höhe der Besten seiner Zeit (siehe Zitat 117), verhinderten nicht ein Abgleiten in den Katastrophismus.

Johann Heinrich Gottlob von Justi (1720—1771), der sich in seinem 1771 erschienenen Werk [93] gegen die Sintflut aussprach (siehe Zitat 28), die Bibel als Leitfaden für die Wissenschaft ablehnte (siehe Zitat 31), an klimatische Veränderungen in der Vergangenheit durch Polverlagerungen glaubte, die zeitliche und räumliche Unendlichkeit der Welt vertrat und der Erde ein Alter von Millionen Jahren zubilligte (siehe Zitat 115), huldigte ebenfalls katastrophistischen Vorstellungen. Seine richtige Auffassung, daß die mächtigen, verschiedenartig aufgebauten Sedimentgesteinsfolgen nur durch mehrere Überflutungen zu erklären seien, für ihn 40 an der Zahl, ergänzte er durch folgende Aussage:

247 „Es ist demnach keine andere Ursache vorhanden, welcher man diese verschiedenen Erd- und Steinlagen zuschreiben könnte als großen und gewaltigen Ueberschwemmungen der Meere, die sich häufig auf unserm Planeten ereignet haben müssen.“
([93], S. 93)

Daß er dabei wirklich allgemeine Katastrophen im Auge hatte, sagte er selbst:

248 „Denn nachdem das jetzige feste und trockene Erdreich den Grund des Meeres abgegeben, auch sonst viele große Ueberschwemmungen erlitten hatte; so wurde dasselbe wiederum von Menschen cultiviret und bewohnet, als wodurch und durch die Erde von verfaulten Pflanzengewächsen allein ein schwarzes fruchtbares Erdreich entstehen kann. Nachherige große Ueberschwemmungen haben alsdann die bewohnte Oberfläche verwüstet, das feste und

trockene Land noch einmal zu dem Grunde des Meeres gemacht, und endlich nach einem großen Zeitraume einer abermahligen Bewohnung und Bevölkerung des jetzigen festen Landes Platz gelassen."
([93], S. 96)

An die Stelle der einen allgemeinen Katastrophe „Sintflut" setzte er also mehrere allgemeine Überschwemmungen. Für diese machte er Polverlagerungen verantwortlich, eine offensichtliche Lieblingsidee von ihm, die ihn vermutlich auch zu katastrophistischen Vorstellungen verleitet hatte.

Eine Erwiderung auf Theorien über ein gewaltsames geologisches Geschehen sind die Worte, die Friedrich Wilhelm Heinrich von Trebra (1740—1819) seinen „Erfahrungen vom Innern der Gebirge" (1785) voranstellte:

249 „Ich sah so viele emsige Naturforscher bemüht, über den Bau der Erde, über die Entstehung der Körper, die sie in ihrem Innern enthält, mühsame und gefahrvolle Untersuchungen anstellen. Die vorzüglichste Aufmerksamkeit hatten die großen Erschütterungen der Natur, die vulkanischen Ausbrüche, die gewaltsamen allgemeinen Fluten auf sich gezogen, und die weniger zur Beobachtung sich aufdringenden stillern, langsamern, in einem ununterbrochenen Kreislaufe fort wirkenden Veränderungsmittel der alles durchdringenden Feuchtigkeiten, gradweis allenthalben sich findenden Wärme, schienen mir vergessen, wenigstens nicht so, wie sie es verdienten, unter Beobachtung genommen zu sein. Auf meinen Wegen unter der Erde wurde ich nun gerade auf die letzteren geführt. Ich glaubte zu bemerken, daß auch sie einen großen Anteil an den Veränderungen des Innern und Äußern der Erde haben könnten und auch wohl haben müßten."
([87], S. 469)

Johann Heinrich Voigt (1751—1823) hinderten seine modernen Vorstellungen vom Alter der Erde auch nicht daran, 1786, ein von Katastrophen geprägtes Bild zu entwerfen. Auf untermeerische Hebungen sich beziehend, schrieb er:

250 „Wird nach und nach des Dinges [gemeint sind eben diese Hebungen] so viel, so hat das Wasser in seinem bisherigen Bette oder Basin nicht mehr hinlänglichen Raum, und es stürzt sich ein mehr oder minderer Theil desselben in die nächste beste tiefere Gegend. Diese wird dann ein Stück See, und dafür wird etwas auf der anderen Seite trockenes Land das vorher Meeresgrund war ... Auch Tiere werden dann an der Küste mit fortgerissen. Die neuen Berge haben Höhlungen die nach und nach einstürzen und es entsteht wieder ein Bassin, wo das Meerwasser nach vollendeter ersten Periode nach Myriaden von Jahrhunderten, zum zweytenmal Platz nehmen kann ...
Und so bedeckt vielleicht alle hunderttausend Jahre einmal alles Wasser alle Theile der trockenen Erde, und alle mit Wasser bedeckte werden hinwiederum in dieser Zeit einmal trockenes Land."
([172], S. 15–16)

Das alles sah er im Lichte allgemeiner Katastrophen:

251 „... bey den großen Ueberschwemmungen geht nemlich alles, was die Kultur schönes und herrliches hervorgebracht hat, mit einemal verlohren, nur wenige Menschen und Thiere retten sich auf die höchsten Plätze und sind froh, wenn sie nur ihr Leben davon bringen und sich fortpflanzen können."
([172], S. 17–18)

Johann Gottfried Herder (1744–1803) glaubte ebenfalls an ein katastrophisches Geschehen. Die Sintflut brachte er in Zusammenhang mit der Tatsache, daß die Südhalbkugel der Erde weniger Landmassen aufweist als die Nordhalbkugel. Deshalb nahm er nach Süden gerichtete Einsenkungen und Einstürze der Erdkruste an, in deren Gefolge es zur Überschwemmung gekommen sein soll. Dazu meinte er dann:

252 „... unmöglich aber würde sie eine so mächtige Folge gehabt haben, wenn nicht mit ihr der Planet selbst aus seinem alten Gleichgewicht gebracht wäre."
([161], S. 482–483)

Aus jener Zeit resultiert, nach seiner Auffassung, die Neigung der Ekliptik. Diese Vorstellungen ähneln den bereits erwähnten von FÜCHSEL.

An gewaltige Überschwemmungskatastrophen und Zusammenbrüche der Erdkruste glaubten auch HORACE BENEDICT DE SAUSSURE (1740—1799) und PETER SIMON PALLAS (1741—1811) [84, 87, 193].

Ganz extreme Ansichten verfocht JEAN ANDRÉ DELUC (1727—1817). Er operierte mit großen, in mehreren Stockwerken übereinander liegenden Höhlen, ließ im Zuge der Sintflut das ehemals feste bewohnte Land einbrechen und überschwemmen, die jetzigen Kontinente, deren Alter er entsprechend der alten Zeitvorstellung auf kaum älter als 4000 Jahre veranschlagte, aus dem Meer steigen und erneut bevölkern. Er stritt ab, daß das fließende Wasser einen namhaften Anteil an der Gestaltung der Erdoberfläche hat [193]. Das ist eine Darstellung der Naturvorgänge, die die Erkenntnisse seiner eigenen Generation und die mehrerer Generationen vor ihm ignorierte und teilweise im vorausgegangenen Jahrhundert wurzelte. Doch es war nicht Unkenntnis, sondern er verband damit ein gezieltes moralisches Anliegen. In diesem Sinne kritisierte er auch die früheren geologischen Theorien als antimosaisch und gegen die ehrwürdigen Überlieferung gerichtet [118].

Mit eben demselben Anliegen trat auch JOHANN ESAIAS SILBERSCHLAG (1721—1791) hervor, der das noch überbot. Er ist im allgemeinen nur als ein Vertreter blinden Sintflutglaubens bekannt. Diese Tatsache allein würde nicht ausreichen, ihm hier viele Zeilen zu widmen, denn er war nicht der einzige, der noch an dieses Phänomen glaubte, wenn auch die Zahl derjenigen Gelehrten, die solches noch in Erwägung zogen, schon sehr zurückgegangen war. Dieser zweifellos kluge und belesene Mann, ausgestattet mit guten mathematischen und physikalischen Kenntnissen, predigte in seinen 1780/83 erschienenen Schriften [148, 149] mit großem Wortschwall den totalen Exzeptionalismus. In einer Person Prediger, Schuldirektor, Oberconsistorialrat, Mitglied der Berliner Akademie der Wissenschaften und im Oberbaudepartement mit dem Referat Maschinenwesen und Wasserbau betraut [4], versuchte er, die wortwörtliche Richtigkeit des Schöpfungsberichtes der Bibel mit Hilfe von wissenschaftlichen Beweis vortäuschenden Berechnungen, die ihrerseits meist auf konstruierten Behauptungen beruhten, zu untermauern. Vielleicht mag er das alles selbst geglaubt haben. Doch seine Richtung war klar, wenn er z. B. sagte:

253 „Physikalische Hypothesen sind an sich sehr unschädlich, die Natur gehet ihren Gang nach ihren Bewegungsgesetzen fort und kehret sich nicht an unsre Theorien. Wenn aber diese Hypothesen der heiligen Schrift widersprechen, und mit deren allerhöchsten Glaubwürdigkeit streiten; so werden sie desto gefährlicher, je scheinbarer sie sind.“
([148], 1. Teil, S. 3)

Allen Ernstes vertrat er die Ansicht, daß ein plötzlich entstandenes unterirdisches Feuer an einem einzigen der bewußten Schöpfungstage das Festland hervorgebracht habe:

254 „Der Ausbruch derjenigen Kraft von welcher die Rede ist, war plötzlich, dauerte keinen vollen Tag, dennoch an demselben Tage, als das Erdreich hervorgieng, bekleidete sich das Land mit Bäumen, Pflanzen und Gewächsen. Folglich war diese Kraft plötzlich ...“
([148], 1. Teil, S. 20)

Dem Vulkanismus schrieb er, sich dabei auf Walch (1725–1778) berufend, die Entstehung von Sanden und Kiesen zu. Das war aber auch eine von Moro entliehene Idee, dessen 40 Jahre früher erschienenes Werk er kannte. Nur war diese abwegige Erklärung das mit Abstand Absonderlichste bei jenem, während sie bei Silberschlag noch etwas Harmloses war. Denn er hatte sogar berechnet, wieviele Menschen durch die Sintflut umgekommen seien, ergründete den Bauplan der Arche Noahs und wußte, daß die Welt einst in der Zeit vom 17. bis zum 22. September erschaffen wurde. Diese und ähnliche Zeitrechnungen hatte er eigens zum Gebrauch an den Realschulen verfaßt [149].

Vielen schienen diese Machwerke schon damals zu großer Unsinn gewesen zu sein, um darauf zu antworten. Aber es gab natürlich auch heftigen Widerspruch. Aus der sog. „Vertheidigten Geogenie usw." des Jahres 1783 [150] erfährt man, daß ein Ungenannter SILBERSCHLAG entgegnete, noch jetzt würden neue Welten durch die bloßen Wirkungen der Naturkräfte entstehen; Worte, die an KANT erinnern (vgl. [15]). Dieser ungenannte Gegener meinte abschließend zu SILBERSCHLAGS Bemühen:

255 „... wem diese Ideen in unserm aufgeklärten Zeitalter behagen können, der behalte sie! Aber man lasse auch dem Denker sein Wohlgefühl, wenn er ruhig in der Natur die harmonischen Data sammelt, die ihm andere Verhältnisse, einen andern Zusammenhang, und eine andere Zeitrechnung angeben."
([150], S. 69)

Entrüstung hat jedoch diese „Vertheidigte Geogenie" selbst hervorgerufen. Wiederum mit entsprechender Rhetorik vorgetragen, weshalb und wegen der genauen Kenntnis aller Einzelheiten diese Verteidigungsschrift der SILBERSCHLAGschen Auffassungen von diesem selbst stammen könnte, wurden darin alle Kritiker fast wie Dummköpfe behandelt. Das veranlaßte einige „naturforschende Freunde" zu einer außerordentlich scharfen Entgegnung, nach der dann diese pseudowissenschaftlichen Schriften ihre Rolle im wesentlichen ausgespielt hatten.

Man kann aber SILBERSCHLAGS Elaborat nicht einfach als Verirrung menschlichen Geistes abtun, so als sei jemand zufällig auf diesen Abweg geraten. Vielmehr muß man es mit DELUCS Schriften[206,207]) im Zusammenhang sehen und mit dem, was man inzwischen an Erkenntnissen gewonnen hatte. Dann wird ersichtlich, daß es der Ausdruck des blinden und manchmal fast haßgeladenen Widerstandes der Vertreter einer zum Abtreten verurteilten Naturbetrachtung war.

5.7. Der Aktualismus HUTTONS (*1788/95*)

Das Gegenstück zu den eben behandelten Schriften stellt die „Theory of the Earth" von JAMES HUTTON (1726—1797) dar, die jener 1785 erstmals vorlegte, um sie dann 1788 einer breiten Öffentlichkeit bekanntzugeben, und an welcher sich DELUC und Gleichgesinnte heftig stießen. Mit dieser Theorie wurde nicht nur eine völlige Trennung vom mosaischen Schöpfungsbericht vollzogen, dem viele der bisherigen Theorien noch mehr oder minder verhaftet waren, sondern sie stellte auch sonst eine neue Qualität dar.

Seine Beobachtungen führten HUTTON darauf, daß die heutigen Kontinente, zumindest aber große Teile davon, aus Gesteinen bestehen, deren Bestandteile Kies, Sand und Ton sind, den gleichen Materialien, die auch heute das fließende Wasser talab, letztlich ins Meer transportiert. Er meinte daher:

256 „In Anbetracht dieser Bestandteile, die das gegenwärtige Land zusammensetzen, haben wir Grund zu folgern, daß während der Zeit, während der dieses Land durch Sammlung seiner Bestandteile auf dem Grunde des Meeres gebildet wurde, ein früheres Land gewesen war, das Bestandteile gleich jenen enthielt, die wir jetzt bei der Untersuchung der Erde finden. Wir dürfen ferner schlußfolgern, daß es Wirkungen gegeben hat, welche wir jetzt naturgemäß auf dem Globus und notwendigerweise offenbart finden in den gegenwärtigen Bildungen aus Kies, Sand und Ton."
([90], Bd. 1, S. 175; übersetzt: BLEI[117])

HUTTON unterschied drei Zustände in den geologischen Bildungen, aus denen er einen Kreislauf des Geschehens ableitete: das gegenwärtige Festland; die gegenwärtigen

Ablagerungen von einem abgetragenen älteren Festland; die gegenwärtig verfestigten Ablagerungen eines abgetragenen noch älteren Festlandes, welche der Heraushebung zu einem künftigen Festland harren.

BLEI (1974) hat auf die Ähnlichkeit der Theorie HUTTONS mit Auffassungen IMMANUEL KANTS (1724—1804) in dessen „Allgemeiner Naturgeschichte und Theorie des Himmels", 1755, hingewiesen, die einem der Kritiker HUTTONS, nämlich JOHN WILLIAMS (etwa 1730—1795/97) schon aufgefallen sein muß, und gezeigt (1977), daß das zyklische geologische Geschehen nach HUTTON nicht etwa zu einem ewig gleichen Ergebnis führt, sondern zu einer rhythmischen Folge a-b-c-a-b-c usw., daß bei genauer Berücksichtigung seiner Aussagen diese Folge noch weiter abgewandelt wird. HUTTON sprach zwar von Gleichförmigkeit (Uniformity), aber er stellte sie sich, wie er selbst sagte, nur vor, um neue Erkenntnisse daraus ableiten zu können.

HUTTON betrachtete das zyklische Geschehen, welches sich auch im Umlauf der Planeten zeige, als ein allgemeines System der Natur und sah deshalb auch keinen Anfang und kein Ende (siehe Abschn. 3.). Außerdem meinte er:

257 „... daß so weit wir blicken, nichts im Bau der Erde in seinem ursprünglichen Zustand zu finden ist ... Er [der Bau der Erde] ist von diesem gegenwärtigen Zustand, in welchem die massiven Teile der Erde gefunden werden, so daß ich mich bemüht habe, die verschiedenen Zustände, in denen sie gewesen sein mußten, zurückzuverfolgen."
([90], Bd. 1, S. 234; übersetzt: BLEI[118]))

Die Heraushebung des Landes, mit der er auch das Falten und Verwerfen der Schichten in Zusammenhang brachte, dachte er sich durch vulkanische Hitze bewirkt, die auch zur Verfestigung der Gesteine geführt habe [90]. Die Zeiten der Hebung kennzeichnen Zeiten gesteigerter tektonischer Aktivität zwischen Zeiten der Ruhe.[119]) Es ist darin, wie GUNTAU (1967) feststellte, der Gedanke der Einheit von Kontinuität und Diskontinuität angedeutet.

Johann Friedrich Blumenbach (1752–1840), der Huttons Theorie 1790 in Deutschland auszugsweise bekanntgemacht hatte [18], hielt sie für eine glückliche Ergänzung der Vorstellungen des bereits genannten J. H. Voigt. Blumenbach betrachtete die Aussagen beider in einem anderen Lichte als wir. Ihm war wesentlich, daß sie von langen Zeiten des Geschehens ausgingen und einen ständigen Wechsel von Land und Meer, mitverursacht durch Erdkrustenbewegungen, in ihren Theorien verankert hatten. Der gravierende Unterschied, daß Voigt ein katastrophistisches, Hutton aber ein aktualistisches Bild entwarf, ist ihm offenbar nicht aufgefallen, oder er hielt es für unwichtig [15].

Zu denen, die Hutton scharf attackierten, gehörte der bereits erwähnte Deluc. Er fand, daß dessen Theorie nicht mit dem Schöpfungsbericht der Bibel übereinstimme. Er legte noch einmal seine durch und durch katastrophistischen Vorstellungen dar, welche all die alten Elemente enthielten, wie allgemeine Wasserverminderung, Einbrechen von Kontinenten, verbunden mit großen Überschwemmungen, und ein niedriges Alter der Erde. Er meinte, daß die Geologie dadurch, daß einige Autoren in Opposition zur mosaischen Geschichte stünden, das besondere Interesse der Geistlichen erfordere, denn alle Kenntnis, die für die Menschheit wesentlich sei, vermittle die Offenbarung. Es seien verschiedene Hypothesen über die Entstehung der Kontinente durch langsame Veränderungen aufgestellt worden. Weil sie aber von irrigen Beobachtungen abgeleitet worden wären, hätten sie fallengelassen werden müssen, so daß jetzt alle wohlgebildeten und aufmerksamen Geologen darin übereinstimmten, die Entstehung der Kontinente als Folge großer Umwälzungen auf unserem Globus anzusehen [52]. Das war ein eindeutiges Urteil: Alle jene, die dem Schöpfungsbericht folgen, sind wohlgebildet und aufmerksam, demzufolge alle anderen dumm und oberflächlich.

Deluc schrieb in diesem Zusammenhang auch Briefe an

HUTTON und BLUMENBACH[207]) und trat, seinen eigenen Angaben zufolge, überall dort auf den Plan, wo er Abweichler witterte. So beeinflußte er, wie er selbst zugab, auch DEODAT DE DOLOMIEU (1750—1801), so daß dieser schließlich 1792 schrieb, er glaube mit DELUC, daß die Kontinente nicht alter, sondern sehr junger Entstehung seien [52].

HUTTON nahm, in der Ausgabe seines Werkes von 1795, zu DELUCS Kritik Stellung, indem er einen scharfen Trennungsstrich zwischen dessen und seinen Auffassungen zog:

258 „Er scheint meine Abhandlung mißverstanden zu haben. Ich maße mir nicht an, so wie er es in seiner Theorie tut, den Anfang der Dinge zu beschreiben. Ich nehme die Dinge so, wie ich sie gegenwärtig vorfinde, und von diesen schließe ich im Hinblick auf das, was gewesen sein muß. Wenn wir anhand einer Sache, die wir gut kennen, eine andere, von der wir weniger wissen, erklären, dann erforschen wir die Natur. Wenn wir aber Dinge ersinnen ohne Modell oder Beispiel in der Natur, dann schreiben wir, anstelle einer natürlichen Geschichte, nur Märchen.“
([90], Bd. 1, S. 173; übersetzt: BLEI[120]))

An dieser Stelle sei wiederum auf die Ähnlichkeit der Aussage HUTTONS mit der von KANT hingewiesen. KANT meinte 1788:

259 „[Eine] Naturgeschichte ... würde, wenn man [darunter] eine Erzählung von Naturbegebenheiten, wohin keine menschliche Vernunft reichte, z. B. das erste Entstehen der Pflanzen und Thiere, verstehen wollte, ... eine Wissenschaft für Götter ... und nicht für Menschen sein. Allein nur den Zusammenhang gewisser jetziger Beschaffenheiten der Naturdinge mit ihren Ursachen in der älteren Zeit nach Wirkungsgesetzen, die wir nicht erdichten, sondern aus den Kräften der Natur, wie sie sich und jetzt darbietet, ableiten, nur blos soweit zurück verfolgen, als es die Analogie erlaubt, das wäre Naturgeschichte ...“
([97], S. 70)

Beide, Hutton und Kant, stimmten überein darin,

- nicht den „Anfang der Dinge“ zu beschreiben;
- von den jetzt beobachtbaren Tatsachen auszugehen;
- die Ableitung der vergangenen Geschehnisse anhand von jetzigen Beispielen, Modellen und Gesetzen vorzunehmen;
- nichts zu erdichten, sondern nur Analogieschlüsse zu ziehen.

Hutton meinte, auf Delucs Ansichten eingehend, daß jener mit seiner Theorie die Geschichte eines Unheils vorgestellt habe, die dieser wohleingerichteten Welt angeblich widerfahren sei, und noch einmal betonte er:

260 „Es sind nicht nur keine Kräfte im Gange, die der Erde nicht naturgemäß sind, keine Prozesse sind zugelassen, mit Ausnahme jener, welche wir dem Ursprung nach kennen, keine außergewöhnlichen Ereignisse sind anzuführen, um gewöhnliche Erscheinungen zu erklären. Die Naturkräfte sind nicht angelegt, um das nämliche Objekt jener Kräfte zu zerstören. Wir verdeutlichen keinen Naturprozeß durch Verletzung jener Ordnung, die wir gegenwärtig beobachten ... Chaos und Verderben sind nicht in die Ordnung der Natur eingeführt, nur weil uns bestimmte Dinge durch unsere begrenzte Sicht etwas in Unordnung scheinen.“ ([90], Bd. 2, S. 547; übersetzt: Blei[121]))

Das war eine klare Absage an den Katastrophismus. Hutton verdeutlichte, daß die Erforschung der Erdgeschichte nichts mit Bibelauslegung zu tun hat und demzufolge auch nichts mit Sintflut und Weltuntergang. Nur ein Rest ist geblieben: Die Ausgewogenheit des Wechsels von Land und Meer zum Zwecke der Erhaltung des Lebens, statt umgekehrt anzunehmen, daß das Leben sich dem Geschehen angepaßt hat.

Dadurch, daß dieses zyklische Geschehen durch nichts störend unterbrochen wird, glaubte er auch schlußfolgern zu müssen, die frühere Tierwelt sei von der gegenwärtigen nicht verschieden gewesen. Diese falschen Vorstellungen haben kein besonderes Gewicht, denn es handelt sich nur um ergänzende Bemerkungen.

Das von ihm entworfene Gesamtbild ist durch und durch ein bewußt-aktualistisches (Stufe 2).

JOHN PLAYFAIR (1748–1819) veröffentlichte 1802 seine „Illustration of the Huttonian Theory", die 1815 auch ins Französische übersetzt wurde. Er war ein begeisterter Anhänger HUTTONS und bekräftigte:

261 „Inmitten all der Umwälzungen auf dem Globus ist der Gang der Natur gleichförmig gewesen, und ihre Gesetze sind die einzigen Dinge, die einer allgemeinen Fortbewegung widerstanden haben. Die Flüsse und Felsen, die Meere und die Kontinente sind in all ihren Teilen verändert worden, aber die Gesetze, welche jene Veränderungen vorschreiben, und die Richtschnüre, denen sie folgen, sind unverändert die gleichen geblieben."
([118], Titelseite; übersetzt: BLEI[122])

5.8. *Aktualistische und exzeptionalistische Vorstellungen und der Neptunismus* WERNERS

In den letzten beiden Jahrzehnten des 19. Jahrhunderts wurden die Gemüter durch einen besonderen Streit erregt. Es war der zwischen den sog. Neptunisten auf der einen Seite, vertreten durch ABRAHAM GOTTLOB WERNER (1749–1817), die allen Gesteinen, also z. B. auch den Tiefengesteinen (Plutoniten) und Ergußgesteinen (Vulkaniten) eine sedimentäre Entstehung zuschrieben, und den sog. Plutonisten bzw. Vulkanisten auf der anderen, welche die magmatogene Herkunft bestimmter Gesteine wie z. B. Granit und Basalt vertraten,[123]) zu ihnen gehörte HUTTON. Nur ganz wenige von diesen huldigten einem extremen Vulkanismus.

WERNER hat neptunistische Ansichten nicht ins Leben gerufen, sondern als erster Lehrer der Geologie ein abgerundetes Lehrsystem daraus geschaffen, welches seine zahlreichen Schüler weiter verbreiteten.[124]) Durch diese Möglichkeit der Breitenwirkung, sowie durch die Geschlossenheit seines Systems und seine vorbildlichen Arbeitsmethoden, aber auch durch sein starres Festhalten an der schon damals so gut wie überholten Vorstellung über die Gesteinsentstehung, wurde er zur Symbolfigur des Neptunismus.

Die Aussage von Bülows (1960), daß Werner wie alle Diluvianisten Anhänger katastrophistischer Vorstellungen gewesen sei, ist unrichtig. Werner war erstens gar kein Diluvianist (Sintflutanhänger) (siehe Abschn. 2.1.), und zweitens war er ein Vertreter eines ruhigen Ablaufes der Erdgeschichte.

Sein System gründete sich auf viele einfache, also direkt aktualistische Vergleiche. Ohne diese wäre es gar nicht möglich gewesen, ein solches Lehrsystem zu schaffen, und ohne sie hätten auch nicht Teile davon nach seiner endgültigen Überwindung als brauchbar fortbestehen können. Wagenbreth [178] hält die Vorstellung Werners, daß der heutige Zustand der Erdoberfläche von dem früherer Perioden ganz verschieden gewesen sei, für unaktualistisch. Dem muß entschieden widersprochen werden. Es ist ganz und gar kein Merkmal aktualistischer Vorstellungen, die früheren Zustände der Erdoberfläche für gleich mit den heutigen zu halten. Mit Aktualismus oder Exzeptionalismus hat das nichts zu tun. Auch Werners Aussage ist in dieser Hinsicht wertungsfrei, denn aus ihr allein kann man nicht ableiten, wie er sich diese Zustände und ihre Veränderung vorgestellt hat.

Aber der Rahmen von Werners System war zu einem nicht unwesentlichen Teil doch exzeptionalistisch. Friedrich von Hövel (1766–1826), nach seinen eigenen Worten Werner die Schwierigkeit der Auflösung der Bestandteile des Granits in Wasser vorhaltend, schrieb 1824:

262 „Er [Werner] bezog sich auf die Möglichkeit höherer Temperaturen, einen anderen Luftdruck, und auf die Verschiedenartigkeit der Flüssigkeiten, so wie auf neue Auf-

> schlüsse, die künftige chemische Entdeckungen uns geben würden."
> ([125], S. 242)

Es waren reine Spekulationen, um seine neptunistischen Ansichten zu stützen. Das Bild rundet sich ab, wenn in einer Handschrift WERNERS zu lesen ist:

263 „Gewächse u. Thiere entstanden auf der nunmehro zu der Erhaltung dieser Körper geschickten Erde, entweder durch das bloße Wort des Schöpfers gerufen, oder durch die, der Natur vom Schöpfer beygelegte u. sich nunmehro entwickelnde Erzeugungskraft hervorgebracht."
([122], S. 29)

WERNERS Vorstellungen waren zwar nicht katastrophistisch, aber doch zu einem guten Teil exzeptionalistisch. Er hat sie aber offenbar, abgesehen von seinem Neptunismus, nicht ausdrücklich verfochten.

Gegenüber der dem Neptunismus verpflichteten WERNER-Schule, die z. T. sogar durch sog. WERNER-Gesellschaften weiterwirkte, verblaßte das, was der privatisierende „Plutonist" HUTTON verkündete. Außerdem war der Neptunismus ein Sammelbecken, in dem sich, mit etwas Geschick, die Vertreter unterschiedlicher Auffassungen arrangieren konnten: Sintflutanhänger und gemäßigte Überschwemmungskatastrophisten und Aktualismussympathisanten, wenn es einmal erlaubt ist, solche grob vereinfachenden Schlagworte zu gebrauchen. Ausgesprochene Katastrophisten sahen ihre Auffassungen durch diese Lehre nicht gefährdet. Nur für Plutonisten bzw. Vulkanisten war hier kein Platz.

Neptunist oder Plutonist/Vulkanist zu sein, bedeutete zunächst noch kein Bekenntnis zu einer bestimmten Grundauffassung über den Ablauf des erdgeschichtlichen Geschehens, ob aktualistisch oder katastrophistisch/exzeptionalistisch. So wie unter dem Dach des Neptunismus sich auch katastrophistische Vorstellungen unterbringen ließen, so gab es unter den Plutonisten/Vulkanisten auch Leute, die gerade durch die Beschäftigung mit dem Phänomen des Vulkanismus zu katastrophistischen Auffassungen inspiriert wurden. Man konnte mit unterschiedlichen erdgeschichtlichen Grundvorstellungen sowohl der einen als auch der anderen Partei angehören bzw. mit gleichbleibendem Vorzeichen unbeschadet die Seiten wechseln, d. h. vom Neptunisten zum Vulkanisten werden.

5.9. Aktualismus (LAMARCK *1802*) *und exzeptionalistische Vorstellungen* (HEIM *1812*) *am Anfang des 19. Jahrhunderts*

Es fehlte nicht an Stimmen, die sich, wie HUTTON, gegen die Annahme allgemeiner Katastrophen aussprachen. Die Meinung des JEAN BAPTISTE PIERRE DE MONET, Chevaliers DE LAMARCK (1744—1829), der, seiner Zeit voraus, die allmähliche Entwicklung der Lebewesen vom Niederen zum Höheren vertrat (siehe Abschn. 4.2.), konnte hierzu gar keine andere sein. In seiner „Hydrogéologie“, 1802, schrieb er:

264 „Die einzigen Katastrophen, deren Vorkommen ein Naturforscher vernünftigerweise zugeben kann, sind örtliche und begrenzte, die von Ursachen abhängen, welche an vereinzelten Stellen wirken; z. B. Umwälzungen infolge von Vulkanausbrüchen, Erdbeben, örtliche Überschwemmungen, heftige Stürme usw.“
([111], S. 76)

In seiner „Philosophie zoologique“, 1809, bemerkte er unter anderem:

265 „Die Naturforscher, welche die Veränderungen der meisten Tiere in der Zeit nicht erkannt haben, die aber die Tatsachen der beobachteten Versteinerungen sowie der Umwälzungen, die man an verschiedenen Stellen der Erdoberfläche beobachtet hat, erklären wollen, haben angenommen, daß eine allgemeine Katastrophe auf der Erdkugel alles verrückt und einen großen Teil der damals existierenden Arten vernichtet habe. Schade, daß dieses bequeme Mittel,

sich aus der Verlegenheit zu ziehen, wenn man die noch unerklärten Vorgänge der Natur erklären soll, nur in der Phantasie ihre Begründung hat und sich auf gar keinen Beweis stützen kann."
([112], S. 28)

Noch einmal auf örtlich begrenzte, plötzliche Veränderungen eingehend, sagte er:

266 „... wenn man andererseits bedenkt, daß die besonderen oder örtlichen Ursachen der Verwüstungen, Umwälzungen und Verrückungen usw. ... doch ihren [der Natur] Gesetzen und ihrem allgemeinen Gange unterworfen sind, so wird man erkennen, daß man keineswegs nötig hat, anzunehmen, daß eine allgemeine Katastrophe alles umgestürzt und einen großen Teil der Werke der Natur vernichtet habe."
([112], S. 28)

Deutlich äußerte sich auch JOHANN FRIEDRICH WILHELM TOUSSAINT VON CHARPENTIER (1738–1805) in einer Publikation von 1804:[194])

267 „Wer gewaltsame Revolutionen liebt, ist freilich mit der Antwort bald fertig; denn mit diesen versetzt man sehr leicht Berge und ganze Gebirge und stürzt alles zusammen, was einem im Wege steht: Mir scheint es jedoch, als ob man die Erklärung dieser eigenen Erscheinung in dem allenthalben langsamen Gange der Natur finden könnte."
([87], S. 471)

Ein breites Echo blieb diesen Stimmen jedoch versagt.

Im großen und ganzen doch exzeptionalistischen Vorstellungen folgte, trotz mancher einfacher aktualistischer Vergleiche, JOHANN LUDWIG HEIM (1741–1819), 1812. Er meinte:

268 „... daß die ehemaligen Ströme weit stärker waren, als es die dermaligen sind".
([75], S. 213)

Er betrachtete auch die endogenen Vorgänge unter diesem Licht:

269 „Allerdings können die Würkungen unterirdischer Kräfte, so wie sich dieselben in unsern Zeiten bey Erdbeben und Vulkanen äussern, nicht mit denen der Vorzeit in Vergleichung gestellt werden, wo sich dieselben nicht blos auf gewisse Räume und Gegenden, sondern über die ganze Erdoberfläche erstreckt haben.
Solche ausserordentlichen Würkungen müssen auch ausserordentliche Ursachen gehabt haben."
([75], S. 219–221)

Heim glaubte, daß die unterirdischen Kräfte früher Gebirge gehoben hätten, heute aber sich nur noch in Erdbeben und vulkanischen Vorgängen äußerten.

5.10. Die Katastrophentheorie Cuviers *(ab 1812)*

Die immer noch vorhandenen katastrophistischen Auffassungen fanden ihren erneuten Niederschlag in der Darlegung George Cuviers (1769–1832), die unter den Bezeichnungen Katastrophentheorie oder Kataklysmentheorie bekannt ist und erstmals 1812[200]) veröffentlicht wurde. Es ist bemerkenswert, daß diese Theorie bis heute ganz unterschiedlich bewertet wird. Kühners (1913), auch auf andere Autoren gestützter, geradezu vernichtenden Kritik an Cuvier und dessen Theorie und der auch auf Engels' gestützten Kritik von Herneck (1964) steht das summarische Lob von Bülows (1960) gegenüber, welchem Guntau (1967) folgt. Friedrich Engels (1820–1895) urteilte in seiner „Dialektik der Natur":

270 „Cuviers Theorie von den Revolutionen der Erde war revolutionär in der Phrase und reaktionär in der Sache."
([53], S. 15)

Auf die unterschiedlichen Meinungen und auf die Kritik an Cuviers Theorie eingehend, meinte Guntau (1967):

271 „Diese dem eigentlichen Wesen der Katastrophentheorie nicht entsprechende idealistische Interpretation der Cuvierschen Auffassungen fand in der Wissenschaft eine weite

Verbreitung. Durch die falsche weltanschauliche Deutung wurde die positive Bedeutung der Katastrophentheorie übersehen. Auch F. Engels vertritt in gewisser Weise eine solche Wertung ..."
([63], S. 21–22)

Doch die Angelegenheit war und ist für die Geologie viel zu bedeutungsvoll, als daß man über dieses Urteil hinweggehen könnte. Nur eine Analyse des Inhalts dieser Theorie und eine Beleuchtung der historischen Umstände können hier weiterführen.

Es wurde schon bewiesen (siehe Abschn. 2.1.), daß CUVIER dem schon fast gestorbenen Sintflutgedanken neuen Auftrieb gab und die schon recht weit verbreiteten Vorstellungen von einem hohen, bis in die Millionen Jahre gehenden Alter der Erde ausdrücklich ablehnte (siehe Abschn. 3.).

Daß die auch heute beobachtbaren langsam ablaufenden Vorgänge während der langen geologischen Vergangenheit sich zu großen Erscheinungen summiert haben, stellte er in Abrede:

272 „... man [hat] lange geglaubt ..., durch die gegenwärtigen Ursachen die früheren Umwälzungen erklären zu können, gleich wie man in der politischen Geschichte die vormaligen Ereignisse leicht erklärt, wenn man mit den Leidenschaften und Triebfedern der Gegenwart genau bekannt ist. Wir werden indess bald sehen, daß dieses in der physischen Geschichte leider nicht so sehr der Fall ist; der Faden der Wirksamkeit ist zerrissen, der Gang der Natur verändert, und keine der Agentien, deren sie sich heute bedient, würde zugereicht haben, ihre alten Wirkungen hervorzubringen."
([45], S. 25)

Damit seine Meinung nicht vergessen werde, wiederholte er noch einmal:

273 „... wir wiederholen es, sucht man in den Kräften welche auf der Erde noch heut zu Tage thätig sind, vergebens nach zureichenden Ursachen, um jene Umwälzungen und Catastrophen hervor zu bringen, deren Spuren uns die Erdhülle darbietet; und will man gar bei den bis jetzt bekannten

äussern stetigen Ursachen stehen bleiben, so erscheinen diese noch weniger ausreichend."
([45], S. 25)

Anderen eine unlautere Absicht unterschiebend, setzte er, beobachtbare Tatsachen leugnend, noch hinzu:

274 „... langsame Actionen, [hat] man ohne Zweifel in der Hoffnung ausgedacht ..., dass man ihre Existenz nicht werde abläugnen können, weil sich stets behaupten lasse, dass ihre Langsamkeit sich selbst unbemerklich mache. Ob diese langsamen Actionen in der Natur vorhanden sind oder nicht, darauf kömmt es nicht an; sie können nichts erklären, weil keine langsame Ursache eine plötzliche Wirkung hervorbringen kann."
([45], S. 38)

Natürlich waren zur Zeit CUVIERS verschiedene geologische Phänomene noch nicht oder nur ungenügend geklärt, die man bei einer aus dem Zusammenhang herausgelösten Betrachtung auch katastrophistisch deuten konnte.[125]) Aber nicht das war es, was CUVIER zu seiner Theorie führte. Man muß sich vergegenwärtigen, daß er Dinge in Abrede stellte, die zwar noch nicht von allen, aber doch schon von vielen erkannt und vertreten worden waren:

1. Die Bedeutung langsam wirkender Vorgänge.
2. Die Möglichkeit der Deutung der Vergangenheit anhand jetzt beobachteter Erscheinungen.
3. Die lange Zeit der bisherigen Erdgeschichte. Selbst einige Katastrophisten rechneten, wie gezeigt wurde, mit einem sehr hohen Alter der Erde.
4. Die Wandelbarkeit der Tier- und Pflanzenarten und ihre auf Abstammung gegründete Verwandtschaft.

CUVIER kam nicht durch den Zwang der Tatsachen zu seiner Theorie, was auch RAVICOVIČ (1974) feststellte [133]. Alle jene Erkenntnisse, die eine Loslösung wissenschaftlicher Deutung vom Schöpfungsbericht schon weitgehend herbeigeführt hatten, negierte und bekämpfte er. Das bedeutet Restauration.

Es ist notwendig, einige Argumente von Bülows und Guntaus zu Cuviers Theorie näher zu betrachten.
1. Argument: Guntau ([63], S. 21):

275 „Gegenüber früheren, absolut religiös gefärbten Deutungen der Erdgeschichte drückt diese Theorie einen sichtbaren Fortschritt aus. Der einmalige Eingriff Gottes in das geologische Regime durch die Sintflut wird von Cuvier aufgegeben zugunsten öfter eintretender Katastrophen, die das Bild der Erde auf Grund uns heute nicht bekannter Ursachen umwälzten."

Es ist noch kein Fortschritt damit verbunden, daß religiöse Begriffe in dieser Theorie weitgehend fehlen und der Begriff „Schöpfung" nicht ohne weiteres in seiner ursprünglichen Bedeutung gesehen werden muß. Es kommt auf den konkreten Inhalt an. Mit der obigen Aussage entsteht der Eindruck, als sei es Cuviers Verdienst gewesen, die einmalige Katastrophe der Sintflut zugunsten mehrerer Katastrophen aufgegeben zu haben. Das haben aber schon Jahrzehnte vorher andere getan (siehe z. B. de Buffon, von Justi, Füchsel, J. H. Voigt). Cuvier hat dagegen diese Katastrophen nicht an die Stelle der Sintflut gesetzt, sondern letztere bloß zu einer unter mehreren gemacht.

2. Argument: von Bülow ([35], S. 165):

276 „Er [Cuvier] hatte gar keinen Bedarf für Schöpfungsakte, da er nicht an weltweite Ereignisse, sondern lediglich an regionale ‚Katastrophen' dachte."

Wie Cuvier sich die Ereignisse dachte, das sagt er am besten selbst:

277 „Da diese Umwälzungen grossentheils in Veränderungen des Meeresgrundes bestanden haben, und alle Vierfüsser, welche vom Wasser erreicht wurden, umkommen mussten, so musste wohl, wenn die Ueberschwemmung allgemein war, die Vernichtung der ganzen Klasse, oder wenn sich die Ueberschwemmungen gleichzeitig nur über gewisse

> Continente verbreiteten, wenigstens der Untergang von denjenigen Arten eintreten, welche diesem Continent eigenthümlich waren, ohne dass dieses denselben Einfluss auf die Seethiere hatte."
> ([45], S. 57)

Eine allgemeine Überschwemmung war auch nach damaligem Sprachgebrauch eine erdweite (weltweite). Die Überschwemmung ganzer Kontinente kann man nicht als „regional" bezeichnen, als sei z. B. ein Fluß über die Ufer getreten. (Zu den Schöpfungsakten siehe weiter unten.)

3. Argument: von Bülow ([35], S. 165):

278 „Cuvier meinte keineswegs göttliche Eingriffe, wenn er von ‚Schöpfungen' sprach — das blieb seinen Nachfahren vorbehalten; vielmehr gebrauchte er den Ausdruck in dem Sinne von ‚Fauna' ... So bedeutet ‚neue' bei Cuvier nicht mehr als ‚neu für den betreffenden Ort'."

Es ist richtig, daß der Begriff „Schöpfung" nicht immer wörtlich zu nehmen ist. Viele Autoren haben damit oft nur „Fauna" oder noch allgemeiner „Lebewelt" gemeint. Es soll sogar noch hinzugefügt werden, daß Cuvier sagte, er spreche nicht von der „Notwendigkeit einer neuen Schöpfung". Doch angesichts seiner Katastrophen, bei denen nicht nur ganze Arten, sondern die ganze „Klasse der Vierfüßer" umgekommen ist, bleibt, wenn man wie er an der Unwandelbarkeit der Arten festhält (siehe Abschn. 4.2.), gar keine andere Möglichkeit als eine neue Schöpfung übrig. Wer wollte es seinen „Nachfahren" verargen, wenn sie die Sache so sahen; er sagte ja auch nicht „Sintflut" und meinte sie doch. Im übrigen wäre es nicht einmal so sehr wichtig, ob Cuvier eine solche Auswirkung seiner Theorie, wie sie bei seinen „Nachfahren" zutage trat, wollte oder nicht. Die Tatsache, daß sie geradezu tolle Auswüchse hervorbrachte, wie schon aus Abschnitt 4.2. hervorgeht und noch weiter gezeigt werden wird, ist Urteil genug.

4. Argument: GUNTAU ([63], S. 21):

279 „... der mosaische Schöpfungsbericht [hat] durch die Mehrzahl der Katastrophen einen Stoß erhalten ...“

Es überzeugt nicht, daß der Aufsichtführende über die protestantische Theologische Fakultat der Universität [6, 7], der die reformierte Kirche Frankreichs leitete [103], derartige Bestrebungen gehabt haben oder daß ihm unbeabsichtigt ein derartiger Lapsus unterlaufen sein könnte — ihm, dem schon pantheistische Ansichten zuviel waren (siehe Zitat 173). Aber, was mindestens genau so wichtig ist: Katastrophen und Vernichtung des Lebens mit anschließender Neuschöpfung (ganz gleich, ob wörtlich so gesagt oder als Interpretationsmöglichkeit offen gelassen) stehen durchaus in gutem Einklang mit der Bibel. Die Exegese ist in diesem Punkt ganz eindeutig (siehe Zitat 232). Denen, die die Bibel gut kannten, kam es auf den Inhalt an, nicht auf Worte. Die anderen durften sich ruhig freuen, daß er nicht wörtlich von religiösen Dingen sprach, weil die Bibel nicht mehr als sonderlich brauchbarer Leitfaden für naturwissenschaftliche Erklärungen galt.

Daß sich CUVIER ausgerechnet auf DELUC berief (siehe Zitat 35) — den dort ebenfalls genannten DOLOMIEU hat, wie bereits erwähnt wurde, DELUC erst beeinflußt —, der überall auf den Plan trat, wo er einen Abweichler von der Bibel witterte, wirft ein weiteres Licht auf ihn und seine Theorie. Wir dürfen wohl mit Recht annehmen, daß er DELUCS Anliegen kannte. Zu dessen Anliegen war CUVIERS Katastrophentheorie der passende Nachgesang. Man kann daher ENGELS' Feststellung (siehe Zitat 270) nur unterstreichen.

Diese Theorie war kein Fortschritt gegenüber dem, was schon erreicht worden war. Deswegen ist auch die Bemerkung VON BÜLOWS (1960, S. 165) unzutreffend, spätere Einstellungen hätten sie vernebelt und in Mißkredit gebracht, und sie sei seit STENO die erste auf induktivem Wege gewonnene, echt wissenschaftliche, echt historisch gedachte geologische Theorie gewesen, weshalb sie begeisterte Zustimmung gefunden habe. VON BÜLOW schrieb weiter:

280 „... seine [CUVIERS] Theorie [wurde] als Erlösung empfunden; sie wurde zur gleichsam offiziellen Ansicht des wissenschaftlichen Frankreichs."
([35], S. 165)

Das führt zu der Frage, wer sich denn wovon erlöst fühlte. Eine Antwort findet man in den gesellschaftlichen Verhältnissen jener Zeit (siehe weiter unten und Abschn. 6.).

DE LAMARCKS „Philosophie zoologique" (1809), in der dieser seine Theorie von der allmählichen Entwicklung der Organismen von niederen zu höheren Formen darlegte (siehe Abschn. 4.2.), sich gegen die Annahme allgemeiner Katastrophen und eines angeblichen von der Natur verfolgten Zweckes (siehe Zitate 169, 264–266) aussprach und die damit eine völlige Loslösung vom Schöpfungsbericht der Bibel bedeutete, stand nicht nur im krassen Gegensatz zur später erschienenen Lehre CUVIERS, sondern auch zu dem, was sich politisch in Frankreich bereits angebahnt hatte. NAPOLEON I. hielt, wie er sich ausdrückte, die „Pfaffen für immer noch besser als Scharlatane vom Schlage CAGLIOSTROS und KANTS und aller dieser deutschen Philosophen" ([162], S. 204). LAMARCK fiel mit unter dieses Werturteil, denn NAPOLEON schätzte ihn nicht besonders[126]) [111]. NAPOLEON I. schloß, nachdem er zunächst die katholische Kirche in Frankreich etwas in ihrer Macht beschnitten hatte, ein Konkordat mit Papst Pius VII., als Ergebnis dessen die katholischen Geistlichen Frankreichs bereit waren, ihn als göttliches Werkzeug im Kampf gegen Revolution und Unglauben zu preisen [162].

Vor diesem politischen Hintergrund erschien die Katastrophentheorie CUVIERS. 1812 erstmals veröffentlicht, blühte sie gerade zu einer Zeit auf, als 1815 die Bourbonen zurückgekehrt waren und in Europa die

„Heilige Allianz" geschaffen wurde.[127]) Dieses Frankreich der Restauration wußte offenbar CUVIERS Katastrophentheorie als willkommene „Erlösung" von fortschrittlichen Naturauffassungen zu schätzen. Niemand wird im Ernst bestreiten wollen, daß neben den zweifellos anerkennenswerten Leistungen auf anderen Gebieten nicht auch diese Seite CUVIERS es war, die zu seinem glänzenden Aufstieg und damit zu der weiten Verbreitung seiner Theorie beigetragen hat. Seine Theorie paßte zur Restauration, weil sie selbst Restauration bedeutete.

In Frankreich gab es, wenn man von DE LAMARCKS schon vorher geäußerter Meinung absieht, verschwindend wenig Widerspruch gegen CUVIERS Auffassungen. Unter den namhaften Geologen und Paläontologen wagte außer CONSTANTIN PREVOST (1787—1856) keiner, gegen sie Stellung zu nehmen [35]. Aus dem Streit mit einem weiteren Gegner, DE ST.-HILAIRE, 1830, ging CUVIER als offizieller Sieger hervor (siehe Abschn. 4.2.).

5.11. Zweifel an der Katastrophentheorie und Ablehnung (F. S. VOIGT *1817 bis* VON SCHLOTHEIM *1820*)

In Deutschland gab es etliche Stimmen, die die Annahme allgemeiner Katastrophen entweder ablehnten oder doch in Zweifel zogen.

FRIEDRICH SIEGMUND VOIGT (1781—1850) vertrat 1817[258]) die Meinung, daß der sicherste Weg zur Ergründung des vorzeitlichen Geschehens die Beobachtung der heutigen Kräfte sei. Aber er rechnete doch auch mit plötzlichen und gewaltsamen Änderungen, wobei er allerdings einräumte, daß einige dieser Ereignisse vielleicht doch allmählich abgelaufen sein mögen [141].

JOHANN CHRISTOPH MATTHIAS REINECKE (1770—1818) sprach sich in einer 1818 erschienenen paläontologischen Schrift [135] eindeutig gegen eine katastrophistische Interpretation der Erdgeschichte aus:

281 „Sicher liegen die Schichten nicht infolge überstürzter Umwälzungen übereinander. Die Natur schreitet, wie ich zugebe, durch Umwälzungen voran, aber nur durch solche, welche die Astronomen so bezeichnen, keineswegs aber durch jene plötzlichen tumultuarischen, von denen gewisse Naturforscher geträumt haben und die von der Natur und dem gesunden Menschenverstand allenthalben widerlegt werden."
([135], S. 23)

Im gleichen Sinne äußerte sich 1820 Ernst Friedrich von Schlotheim (1764—1832):[247])

282 „Wir können nicht wohl der Meinung einiger Kosmologen beipflichten, die zur Bildung der verschiedenen Gebirgslagen immer allgemeine große Erdrevolutionen herbeirufen und stets zu neuen Schöpfungen bei der Erklärung der so veränderten Tierwelt ihre Zuflucht nehmen."
([145], S. 327)

Er ließ nur auf einzelne Landstriche beschränkte „Umwälzungen" gelten.

5.12. Der Aktualismus von Hoffs *(ab 1822)*

Auf eine im Jahre 1818 von der Göttinger Gesellschaft der Wissenschaften ausgeschriebene Preisfrage[128]) hin reichte Karl Ernst Adolf von Hoff (1771—1837) seine „Geschichte der durch Überlieferungen nachgewiesenen natürlichen Veränderungen der Erdoberfläche" ein. Sie erschien dann von 1822 bis 1834 in mehreren Bänden. (Im ersten Band von 1822 ist vermerkt, daß sie von der erwähnten Gesellschaft preisgekrönt worden war.)

von Hoff, der mit zwingender Logik auf die ungeheuer langen Zeiten der erdgeschichtlichen Vergangenheit hinwies (siehe Zitat 122), hatte sich vorgenommen,

283 „... zu untersuchen, ob die jetzt vor den Augen des Menschengeschlechtes wirkenden Naturkräfte und insbesondere die Art, wie sie wirken nicht schon allein und nur mit Ausdehnung ihrer Wirksamkeit durch große — sehr große

Zeiträume, hinreichend gewesen seyn möchten, die äußeren Formen der Erdoberfläche, und einen bedeutenden Theil der die oberste Rinden bildenden Massen so hervorzubringen und auszubilden, wie man sie jetzt findet? — oder ob es wirklich nothwendig ist, außerdem noch plötzliche, weit verbreitete und außerordentliche Revolutionen von der Art, von der in der erdgeschichtlichen Ueberlieferung keine Spuren mehr vorkommen, anzunehmen, um darauf nach der Weise der meisten Geologen Systeme der Erdbildung zu gründen? — Systeme bey welchen man gewöhnlich Sparsamkeit nur übt an den ohne Maas zu Gebote stehenden Zeiträumen der Vergangenheit, und dagegen die überall in der Natur nach strengen Gesetzen gemessenen und gewogenen Kräften, und ihre nicht minder gemessenen Wirkungen mit verwegenen Händen zu steigern bemüht ist, und sie ohne Maas vergeudet.“
([83], Bd. 1, S. 6—7)

Hieraus geht bereits seine bewußt-aktualistische Auffassung der Erdgeschichte hervor. Er hatte dazu ein umfangreiches Schrifttum gesichtet und Tatsachenmaterial zusammengetragen.

Goethe (1823) verglich von Hoff, dessen Werk er als trefflich charakterisierte, mit einem Referenten, der

284 „... zwar wünscht, seine Kollegen von seiner Meinung zu überzeugen, aber nicht den mindesten Versuch wagt, sie zu überreden“.
([60], S. 252)

So nimmt das Ergebnis einer solch nüchtern-sachlichen Betrachtung auch nicht wunder, welches von Hoff folgendermaßen zusammenfaßte:

285 „Fassen wir alle diese Wahrnehmungen zusammen, die sowohl die Ueberlieferung als die Beobachtung der Natur darbieten; so glauben wir die Ansicht festhalten zu dürfen: Daß zu Hervorbringung der größten Veränderungen auf der Erdoberfläche, die sich auf derselben von dem Zeitpuncte an ereignet haben, da der Planet überhaupt zur Aufnahme organischen Lebens geeignet war, es keiner ungeheuren die jetzigen höchsten Berge übersteigende Wasserhülle, keines Verlaufens derselben in große unterirdische

Höhlen, keiner Meere von Säuren zu schneller Auflösung der Erden, keiner allgemeinen und plötzlichen über die ganze Erdoberfläche verbreiteten Katastrophen, weder durch Feuer noch durch Wasser bewirkt, keiner Veränderung der Lage der Erdaxe, und keiner Zerstörung der ganzen organischen Schöpfung bedurft hat; sondern daß alle von uns wahrnehmbaren und wahrgenommenen, oder auf Grund richtiger Naturbeobachtungen vermutheten Veränderung auf der Erdoberfläche, nur durch die fortschreitende, im Ganzen zwar allmählich vor sich gehende, doch dann und wann, und hie und da auch schneller und auffallender sich offenbarende Wirkung der uns aus der Erfahrung bekannt gewordenen Kräfte der Natur, im Laufe großer, sehr großer Zeiträume hervorgebracht worden sind." ([83], Bd. 3, S. 237)

Die Darlegungen von Hoffs schließen sich würdig an diejenigen Huttons und de Lamarcks an und gehören, wenn man einmal von letzterem wegen des anderen Interessenschwerpunktes absieht, zu dem Besten, was zu dieser Angelegenheit, zumindest auf Kontinental-Europa bezogen, bis zu dieser Zeit, ja oft noch bis gegen die Mitte des 19. Jahrhunderts, zu lesen war.[129]) Es ist ein bewußt-aktualistisches Gesamtbild, welches bereits über die am Anfang des Abschnittes erwähnte Stufe 2 hinausgeht.

von Hoff glaubte zwar nicht so recht an das in der Säugetierreihe späte Erscheinen des Menschen, aber das ist in diesem Zusammenhang unerheblich.

Daß sich von Hoff mehr auf das Schrifttum als auf eigene Beobachtungen stützte, spricht in keiner Weise gegen ihn, sondern gegen alle jene, die aus ihren eigenen Beobachtungen falsche Schlußfolgerungen zogen, obwohl auch ihnen dieses Schrifttum zugänglich war.

Man sollte meinen, daß man sich damals intensiv mit diesem Werk auseinandergesetzt hat, besonders da 1822 auch eine deutsche Übersetzung von Cuviers Katastrophentheorie erschienen war. Doch weit gefehlt, man ging, wie Vogelsang (1867) treffend bemerkte, nachdem man es gelesen und preisgekrönt hatte, zur Tagesordnung über.

5.13. *Weitere katastrophistische und exzeptionalistische Vorstellungen im ersten Drittel des 19. Jahrhunderts* (von Buch *1811 bis* Brongniart *1829*)

Die damalige Tagesordnung wurde nicht unwesentlich geprägt durch Leopold von Buchs (1774—1853) Theorie von den sog. Erhebungskratern (siehe Abschn. 2.2.) und durch seine Schlammfluttheorie. Letztere hatte er erstmals 1811 vor der Akademie der Wissenschaften zu Berlin vorgetragen [176] und im Jahre 1815 veröffentlicht.[188]) 1827 hielt er einen weiteren Vortrag darüber vor o. g. Akademie [28]. Er zählte damals schon zu den namhaftesten, auch im Ausland bekannten Geologen Deutschlands. Diese Schlammfluttheorie, gelegentlich auch Rollsteinfluttheorie genannt, besagt in ihren wesentlichen Teilen folgendes:

286 „Es ist von der Mitte der Alpen her, durch die Alpenthäler, eine ungeheure Fluth ausgebrochen, welche die Trümmer der Alpengipfel weit über entgegenstehende Berge und über sehr entlegene Flächen verbreitet hat.“ (S. 581—582)

„,... dass diese Fluthen etwas der Alpenkette wesentlich Zugehörendes sind, und wahrscheinlich, ja fast gewiss mit ihrer Erhebung im innigsten Zusammenhange stehen.“ (S. 583)

„Denn wenn sich eine solche Kette erhebt, so werden auch die Wässer mit in die Höhe gerissen; sie stürzen dann von der gewaltigen Höhe in ihr altes Bett zurück, durch die zugleich geöffneten Seitenthäler des Flözgebirges, und reissen die Blöcke mit fort ...“ (S. 588) [28]

Bezeichnenderweise bezog er sich auch auf den bereits erwähnten Deluc. Als Beweis für seine Theorie sah er den Bruch des durch einen Gletscherwall aufgestauten Sees im Val de Bagne (Wallis) im Jahre 1818 an, worüber Escher[130]) im gleichen Jahr berichtet hatte. Dieses Ereignis ist nun durchaus keine „aktualistische Begründung der Theorie“, wie Wagenbreth ([176] S. 176) meint. Die Wirkung einer örtlich engbegrenzten Katastrophe aus der Gegenwart um das Vielfache multipliziert in die Vergangenheit zu übertragen, um damit über weite Gebiete reichende Wirkungen zu erklären, das genau ist katastrophistisch und nicht aktualistisch.

Daß sich von Buch große weitreichende Katastrophen vorstellte, geht nicht nur aus dem dritten Teil des obigen Zitates hervor, sondern auch daraus, daß er mit der Flut eines mehrere tausend Fuß hoch angestauten Wassers rechnete, sowie aus folgender Bemerkung:

287 „Auch ist, wie bekannt, die ganze Erscheinung den Alpen nicht allein eigen, sondern in grösserem oder geringerem Maasstabe lässt sie sich an jeder primitiven Gebirgskette [gemeint sind solche aus kristallinen Gesteinen] wiederfinden. Wie sehr viel erstaunenswürdiger ist es nicht, sich in der Gegend von Berlin von Blöcken, Findlingen schwedischer Gebirgspartien in solcher ungeheuren Menge umgeben zu sehen, als wären es an Ort und Stelle zertrümmerte Gebirge ...“
([28], S. 588), siehe auch [248])

von Buch, ein Schüler Werners und anfangs Neptunist, huldigte hier Auffassungen, die denen von Hoffs völlig entgegengesetzt waren und die auch sein Freund Alexander von Humboldt nicht teilte [89]. Sie erinnern fatal an die Sintfluttheorien aus dem vorhergehenden Jahrhundert und liegen auf der Linie der Katastrophentheorie.

Cuviers Katastrophentheorie, Bucklands „Beweis“ der Sintflut (1823) (siehe Abschn. 2.1.) und von Buchs Schlammfluttheorie ergänzten einander. Mit ihnen wurde ein rein katastrophistisches Bild von der Erde gezeichnet, wurden viele moderne Erkenntnisse jener Zeit verschüttet. Und, was nicht übersehen werden darf: Es handelte sich bei den Vertretern dieser Theorien um namhafte, maßgebende, schon zu ihrer Zeit berühmte Persönlichkeiten.

Diese Theorien charakterisierten nicht etwa die Kinderkrankheiten der Geologie, es waren die Zeichen einer großen Krise. Welche seltsamen Blüten sie am Rande trieb, zeigt der Artikel eines gewissen O. C. D. aus dem

Jahre 1824 [126]. Nachdem seit Jahren, nach dem anfänglichen Sieg WERNERS, der Basalt endlich auch in Deutschland als vulkanisch entstanden anerkannt wurde, sprach er, offenbar zum wiederholten Male, von

288 „... einer gleichen Verwerflichkeit der (hypothetischen) Annahme des ersten Entstehens der Urbildung dieses Gesteins durch Vulkanität wie durch Neptunität ... Darum den Vorschlag erneuert, dasselbe etwa zu bezeichnen, als die unbekannte allgemeine Schöpfungs- oder Bildungs-Ursache ..."
([126], S. 171–172)

Ihm paßten alle Wege zur Deutung der Gesteinsentstehung überhaupt nur, wenn

289 „... jedem Streben der Eine Punkt fest vorstehe, dem zuzuschreiten ist. Für einen Einzigen allein richtigen darum zu halten, weil sämmtliche zahllose Radien irgend eines Kreises die ausschließliche Dignität des unwandelbaren Centrums anerkennen müssen, und alle Wahrheit stets nur Eine seyn kann."
([126], S. 168)

Es ist die Unwissenschaftlichkeit schlechthin, der Wissenschaft vorzuschreiben, wie das Ergebnis ihrer Untersuchungen auszusehen hat.

Die Vorstellungen des ALEXANDRE BRONGNIART (1770 bis 1847) von einer „letzten allgemeinen Katastrophe" im Laufe der Erdgeschichte ganz im CUVIERschen Sinne (siehe Abschn. 2.1.), die das Bild der Sintflut suggerierte, und der logischerweise daran geknüpfte alte geotektonische Mechanismus vom Zusammenbrechen der Erdkruste (siehe Abschn. 2.2.) sind ein weiteres Zeichen der Krise in der Geologie.

5.14. Der Aktualismus LYELLS *(1830–1833)*

1823, ein Jahr nach dem Erscheinen des ersten Bandes des Werkes VON HOFFS, ging CHARLES LYELL (1797–1875) auf eine Reise nach Frankreich, versehen mit Empfehlungen an Cuvier, A. von Humboldt und andere [6]. Seinen eigenen Angaben zufolge war er vor 1828 mehrere Male mit Untersuchungen darüber beschäftigt gewesen, inwiefern es möglich sei, die geologischen Erscheinungen durch die jetzt auf der Erde vor sich gehenden Veränderungen zu erklären. Er hatte dazu auch Exkursionen in Gesellschaft von Prevost unternommen, der, wie Lyell bemerkte, bereits erfolgreich auf demselben Gebiet der Forschung tätig gewesen war [118]. 1830–1833 erschien sein berühmt gewordenes Werk „Principles of Geology“. Darin würdigte er unter anderem auch die Verdienste Moros und dessen Interpreten Generelli, besonders aber diejenigen Huttons.

Zum ersten Male wurde ein „Berufsgeologe“ zum öffentlichen Verfechter eines bewußten Aktualismus, weshalb er gelegentlich auch als dessen Begründer hingestellt wird, der er zweifellos nicht war. Aber er war dessen bedeutendster Vertreter zu jener Zeit.

Lyell, der ein bewußt-aktualistisches Gesamtbild entwarf, ging es vor allem darum, das richtige Zeitmaß für geologische Veränderungen auf der Erde begreiflich zu machen, daß selbst tiefgreifende Umwälzungen das Werk von heute erkennbaren Vorgängen sind, summiert durch die Jahrhunderte, Jahrtausende, Jahrmillionen. Deshalb sagte er:

290 „Wenn wir mit einem Blick alle die Vulkankegel betrachten könnten, die während der letzten fünftausend Jahre in Island, Italien, Sizilien und anderen Teilen Europas aufgeworfen wurden, und die Laven, die im selben Zeitraum ausgeflossen sind, die durch Erdbeben verursachten Verschiebungen, Senkungen und Hebungen, das den mannigfaltigen Deltas hinzugefügte oder vom Meer verschlungene Land, zusammen mit den Folgen der Verwüstung durch Fluten, und uns vorstellen, daß alle diese Ereignisse sich in einem Jahr ereignet hätten, dann müßten wir die übertriebensten Bilder von der Tätigkeit dieser Triebkräfte und der Plötzlichkeit der Umwälzungen entwerfen.“
([118], Bd. 1, S. 115; übersetzt: Blei[131]))

Er betonte, daß man in den gleichen Irrtum verfalle, wenn man die oft unmittelbar übereinander anzutreffenden verschiedenen geologischen Erscheinungen, die in oft sehr weit auseinanderliegenden Zeiten entstanden sind, nicht entsprechend einordnet. Wenn man sich der dazwischenliegenden Zeit und der in ihr erfolgten Ereignisse nicht bewußt sei, dann müsse der Übergang von einem Zustand auf der Erde in einen anderen als gewaltsam erscheinen, und die Vorstellungen von Katastrophen müssen sich unvermeidlich aufdrängen.

Während HUTTON einander ablösende Zeiten tektonischer Ruhe und Unruhe annahm, stellte LYELL besonders den gleichförmigen Verlauf der Erdgeschichte heraus. „Uniformity“ (Gleichförmigkeit) ist der Begriff, der sich mit dem LYELLschen Aktualismus verbindet. Nicht umsonst auch hat er ein entsprechendes Zitat PLAYFAIRS (siehe Zitat 261) seinem Werk vorangestellt. Doch bei derartigen Schlagworten ist leicht die Gefahr übertriebenen Schematisierens gegeben. Wohl war LYELL ein Verfechter der Gleichförmigkeit, weil er mit aller Konsequenz nur von den heute beobachtbaren Tatsachen ausging, aber wie er sie verstanden wissen wollte, das sagte er selbst:

291 „Es kann keinen Zweifel geben, daß in jedem Gebiet der Erde Zeiten der Unruhe und Ruhe einander gefolgt sind, aber es möchte ebenso wahr sein, daß die Energie der unterirdischen Bewegungen, bezogen auf die ganze Erde, stets gleich geblieben ist. Die Stärke der Erdbeben mag für eine Reihe von Jahren, so wie jetzt, unverändert auf große, aber bestimmte Räume, beschränkt gewesen sein und mag dann allmählich seine Lage geändert haben, so daß ein anderes Gebiet, welches vor Zeiten sich in Ruhe befand, zum großen Schauplatz seiner Tätigkeit wurde.“
([118], S. 92–93; übersetzt: BLEI[132]))

Nicht ewig sich gleichbleibende Zustände auf der Erde stellte er sich vor, wie er nicht selten mißverstanden wurde, sondern die Gleichförmigkeit, Gleichartigkeit der wirkenden Kräfte; keine früher andersartigen oder größeren Kräfte wollte er gelten lassen. Er war sich durchaus bewußt über die tiefgreifenden Veränderungen, die im Laufe der Erdgeschichte geschehen sind.

Hooykaas (1970) meint, der Aktualismus Lyells und Huttons, die beide von Gleichförmigkeit (Uniformity) gesprochen hatten, entspränge, weil das zyklische Geschehen hervorhebend, einer ahistorischen Denkweise, die Katastrophentheorie Cuviers dagegen, weil die Einmaligkeit betonend, einer historischen. Dabei wird offensichtlich „geschichtliches Denken" mißverstanden. Das zyklische, also wiederkehrende, und das lineare, also einmalige, Geschehen sind nur zwei Seiten des historischen Gesamtprozesses, denn Geschichte ist nicht einfach eine Kette von Einmaligkeiten [16].

Aber es darf nicht übersehen werden, daß der Uniformitarismus, wie ihn Lyell vertrat und besonders für die Welt der Organismen hervorkehrte (siehe Abschn. 4.2.), doch sehr nachteilige Folgen zeitigte. Gerade in bezug auf die Geschichte des Lebens geriet ihm seine Vorstellung von der Gleichförmigkeit außer Kontrolle. Er lehnte jede Entwicklung ab, bekämpfte de Lamarck in dieser Sache heftig, z. T. unsachlich (siehe Abschn. 4.2.). Dadurch mußten sich, wenigstens in dieser Sache, die Katastrophisten mit ihrer Theorie von der Unwandelbarkeit, Vernichtung und dem unbegreiflichem Neuerscheinen der Arten bestätigt finden.

Daß de Lamarck durch und durch Aktualist war, konnte Lyell nicht entgangen sein. Man fragt sich, warum ihm diese Seite jenes Mannes so wenig wert war, wenn er schon die biologischen Entwicklungsprobleme verkannte. Warum hat er, der doch alle katastrophistischen Vorstellungen auf das schärfste bekämpfte, nicht auch ihren berühmten, zu hohen Würden gelangten Vertreter, Cuvier, in der gleichen Weise und namentlich angegriffen? Sollte dies mit seiner Vorliebe für hervorragende Persönlichkeiten und der übermäßigen Hochachtung vor der Stellung eines Menschen in der Gesellschaft zusammenhängen, die sein Freund CH. DARWIN an ihm bemängelt [51]?[133]) Das ist die andere Seite des sonst sehr verdienstvollen LYELL.

5.15. Gegner des Aktualismus und Anhänger der Katastrophentheorie (MURCHISON *bis* HOFFMANN *1835*)

Dadurch, daß LYELL zwar für den anorganischen Bereich auf die Summierung kleiner Veränderungen im Laufe der langen Erdgeschichte zu oft eindrucksvollen Erscheinungen hinwies, das gleiche aber für den organischen Bereich nachdrücklich ablehnte, zerschlug er die von DE LAMARCK aufgebaute wichtige Stütze für den Aktualismus, sicher in gutem Glauben, aber in Unkenntnis der Tragweite seines Handelns. Deshalb ist es auch kein Wunder, daß die Katastrophentheorie trotz LYELL weiterwucherte und noch die tollsten Blüten treiben sollte, zwar weniger in England, doch gab es auch dort noch genug Leute, die unbeirrt den alten Vorstellungen anhingen [35] — Gegner LYELLS waren z. B. RODERICK IMPEY MURCHISON (1792—1871), RICHARD OWEN (1804—1892) und JOHN STEVENS HENSLOW (1796—1861) [51] —, und es erschienen immer wieder Schriften, wie C. VOGT (1879) erwähnte, die von der Übereinstimmung von Ergebnissen der Geologie mit der Schöpfungsgeschichte handelten [171].

Leider fehlte von ALEXANDER VON HUMBOLDT (1769 bis 1859) eine Aussage zugunsten des Aktualismus. Bei der Bedeutung, die man seiner Person sowohl in Deutschland als auch in Frankreich zumaß, hätte der schädliche Einfluß der Katastrophentheorie sicher etwas zurückgedrängt werden können.

In seinen Vorlesungen an der Universität Berlin in den Jahren 1834—1835 stellte FRIEDRICH HOFFMANN (1797 bis 1836) die Frage:

292 „... ob die noch gegenwärtig in der Natur thätigen Kräfte mit einiger Wahrscheinlichkeit in einem solchen Kausalverhältnisse gedacht werden können; ob noch gegenwärtig unter unsern Augen durch bekannte Kräfte an der Erdoberfläche Veränderungen erzeugt werden, welche mit denen vergangener Perioden einigermaßen zu vergleichen sind. Was giebt es für Thätigkeiten in der Natur, welche im Stande wären, das gegenwärtige Festland in Meeresgrund zu verwandeln; was giebt es hinwiederum für Kräfte, welche den Meeresgrund über den allgemeinen Wasserspiegel zu erheben vermögen, welche den Umsturz und die Aufrichtung ganzer, ausgedehnter, wagerechter Länderstrecken bewirken ..."
([84], S. 286–287)

Seine Antwort darauf ist natürlich leicht zu erraten; er stand voll und ganz auf dem Boden der Katastrophentheorie. Nichts von alledem, was viele Generationen bis zu von Hoff und Lyell an Erkenntnissen gewonnen hatten. Seine vorgefaßte Meinung verschleierte ihm den Blick so weit, daß er in Verkennung der zeitlichen Größenordnungen innerhalb der Erdgeschichte überall nur scharfe Schnitte sah. Auch waren ihm der gute Erhaltungszustand von fossilen Farnkräutern, Korallenriffen und Muschelbänken und aufrechtstehende fossile Baumstümpfe mit um sie verstreuten Früchten „Beweise" für urplötzliche Katastrophen. Dazu meinte er:

293 „Alles in fröhlichem Gedeihen und Fortbilden, nicht im Absterben und Verkümmern begriffen, da die zerstörende Katastrophe sie überraschte. Es muß daher die ganze Reihe der Erscheinungen, welche die einzelnen furchtbaren Katastrophen unserer Erdrinde begleitete, fast das Werk eines Augenblickes gewesen seyn."
([84], S. 284)

Welch eine Verblendung! Die voreingenommene Überzeugung vom katastrophischen Verlauf der Erdgeschichte brachte die tollste Gedankenakrobatik zustande: gut erhaltene Fossilien – fröhliches Gedeihen und Fortbilden – konserviert von der Katastrophe. Das Gegenstück wäre dann: schlecht erhaltene Fossilien – Absterben und Verkümmern — nichtkatastrophischer Verlauf. Wie hatte man sich wohl eine „furchtbare Katastrophe" vorgestellt, bei der um einen Baum verstreute Früchte liegengeblieben sind?

Es ist natürlich auch absolut irrig, aus dem Erhaltungszustand von Fossilien derartige Schlüsse ziehen zu wollen. HOFFMANN sind dabei außerdem der Tod des Individuums und der Tod (Erlöschen) der Art oder der Gattung durcheinandergeraten.

5.16. Die aktualistischen Vorstellungen GRESSLYS (*1838*) *und der Aktualismus* CHAMBERS' (*1844*)

Etwas ganz anderes als HOFFMANN fiel dagegen AMANZ GRESSLY (1814—1865) bei der Untersuchung fossilführender Sedimente auf. Offenbar unverbildet durch die grassierende Katastrophentheorie, gebrauchte dieser Autodidakt einfach seinen nüchternen und klaren Verstand, als er 1838[213]) schrieb:

294 „Ich denke mir, daß [die] petrographischen und paläontologischen Veränderungen einer Ablagerung in der Horizontalen durch lokale und sonstige Bedingungen hervorgerufen werden, von denen die Organismen-Gattungen und -Arten auch in den heutigen Meeren noch so stark abhängig sind. Wenigstens war ich überrascht, in der Verteilung der Fossilien die Assoziationsgesetze der Organismen und in den sie einschließenden Gesteinen die Existenzbedingungen wiederzufinden, die auch heute die Verhältnisse im Meer bestimmen."
([36], S. 77)

GRESSLY war doch überrascht, das Abbild gegenwärtiger Gesetzmäßigkeiten in den Ablagerungen aus lang vergangenen Zeiten wiederzufinden, weil die herrschende Meinung eine solche Verbindung von Vergangenheit und Gegenwart ablehnte. Er gehörte zu jenen, die damals weniger in Erscheinung traten und von denen ein Teil die Geologie manchmal mehr als Liebhaberei denn als Beruf betrieb und dabei ganz natürlich die nächstliegenden Schlußfolgerungen zog, welche sich oft als die richtigen erweisen.

Natürlich darf nicht übersehen werden, daß auch diejenigen, die ganz offensichtlich der Katastrophentheorie huldigten, bei ihren Untersuchungen der Einzelerscheinungen ebenfalls, oft unbewußt, einfache aktualistische Vergleiche angestellt haben. Dabei wurden durchaus anerkennenswerte Ergebnisse erzielt. Nur wenn sie sich in den Bereich der Theorien und Hypothesen begaben und die Erdgeschichte zu deuten versuchten, dann vernachlässigten sie so oft das, was sich im Kleinen bewährt hatte.

Robert Chambers (1802—1871) hatte, seiner 1844 zunächst anonym erschienenen Schrift [40] zufolge, mit der Katastrophentheorie nichts im Sinn. Er glaubte, daß die verfestigten Gesteine durch noch heute in Gang befindliche Prozesse entstanden sind, und meinte, daß deren Verfestigung durch Hitze und Druck erfolgt sei. Außerdem schrieb er von der Heraushebung und Abtragung des Landes und ging von einer langen Erdgeschichte aus. Man hat den Eindruck, daß er Hutton folgte. Seine Überzeugung von der Allgemeingültigkeit und Einheit der Naturgesetze, bis hin zu der Annahme von Leben auf anderen Sternen, erinnert an Bruno. Offenbar stand er, was auch seine Bemerkungen über die Entwicklung der Lebewesen unterstreichen (siehe Abschn. 4.2.), voll und ganz auf dem Boden eines bewußten Aktualismus.

5.17. Der Katastrophismus de Beaumonts (*1834*), d'Orbignys (*1849*) *und* Bronns (*1858*)

Léonce Élie de Beaumont (1798—1874) dagegen unterschied (1834)[169]) erst 7, dann 12, später 15, schließlich 60 große Katastrophen, ja er soll deren sogar 100 vermutet haben [145].

Alcide d'Orbigny (1802—1857) schrieb 1849:[234])

295 „Eine erste Schöpfung zeigt sich mit der silurischen Stufe.[134]) Nach der gänzlichen Vernichtung derselben durch irgend eine geologische Ursache und nach Verlauf eines beträchtlichen Zeitraumes findet eine zweite Schöpfung in der Devon-Stufe statt, darauf haben 27mal hintereinander verschiedene Schöpfungen die ganze Erde mit ihren Pflanzen und Tieren im Anschluß an die geologischen Umwälzungen, die alles in der lebenden Natur zerstört hatten, wieder von neuem bevölkert. Das sind Tatsachen, sichere, aber unbegreifliche Tatsachen, die festzustellen wir uns beschränken, ohne zu versuchen, das überirdische Geheimnis zu durchdringen, das sie umgibt."
([145], S. 242)

Mit dem Vorsatz, unbegreifliche „Tatsachen" lediglich zu registrieren, ohne sie aufklären zu wollen, wird der Pfad der Wissenschaft verlassen.

Auch Heinrich Georg Bronn (1800—1862) war noch 1858 der Meinung, daß Dutzende von allgemeinen Katastrophen im Laufe der Erdgeschichte stattgefunden haben, und glaubte an die Erschaffung von Pflanzen und Tieren durch eine unbekannte Naturkraft (siehe Zitat 186 und folgende Zeilen).

Man hatte sich so sehr in den Katastrophenglauben verrannt, daß selbst die sich trotz allem immer mehr durchsetzende Erkenntnis von der fortschreitenden Veränderung der Organismen im Laufe der Erdgeschichte (siehe Abschn. 4.2.) offenbar kein Anlaß war, die Katastrophentheorie ernsthaft zu überprüfen. Es grenzte fast an eine Manie, die ganze Erdgeschichte durch Katastrophen zu zerhacken. Allgemeine Katastrophen, unbekannte Kräfte, überirdisches Geheimnis — das war die totale Verirrung auf dem Weg zu wissenschaftlich fundierter Erkenntnis. Es war eine Sackgasse, in der es nicht weitergehen konnte. Cuvier selbst hätte vermutlich über das üppige Wuchern seiner Theorie gestaunt. Die Katastrophentheorie und mit ihr die entsprechende Portion Exzeptionalismus hatte vom dritten bis zum fünften Jahrzehnt des 19. Jahrhunderts, nicht wenige Lehrstühle erobert. VON BÜLOWS (1959) entgegengesetzte Meinung, nämlich daß es die Zeit der Herrschaft des reinen Aktualismus gewesen sei, ist damit widerlegt.[135])

5.18. Der Aktualismus VON COTTAS *(ab 1839)*

LYELLS für die Erd- als auch die Lebensgeschichte proklamierte Gleichförmigkeit (Uniformity) erschwerte es denjenigen, die eine fortschreitende Entwicklung der Organismen annahmen bzw. als erwiesen ansahen — die also Gegner der Katastrophentheorie waren —, sich mit seinen Auffassungen näher anzufreunden.

So ging es auch CARL BERNHARD VON COTTA (1808 bis 1879), der sich seinen klaren Blick nicht durch das Hantieren anderer mit allgemeinen Katastrophen vernebeln ließ. Er schrieb dazu in seiner „Anleitung zum Studium der Geologie und Geognosie" 1839[198]):

296 „Gern wollen wir ihm [LYELL] zugeben, daß die Naturkräfte und Gesetze von Anfang an dieselben waren, und es dankbar anerkennen, daß er diese Idee lebhaft angeregt hat, aber die Wirkungen dieser Gesetze und Kräfte haben offenbar den gegenwärtigen Zustand, der kein ursprünglicher sein kann, erst aus einem früheren herausgebildet und sind sich folglich nicht durch alle Zeiten gleich geblieben, sondern haben sich mit ihren Objecten fortwährend verändert."
([63a], S. 215)

Mit VON COTTA, der 1842 Professor für Geognosie und Versteinerungslehre an der Bergakademie Freiberg (Sachs.) wurde, kam endlich ein Mann mit einem Lehramt zu Wort, der wieder den Weg zum Aktualismus wies. Er schrieb in seinem Buch „Geologische Fragen", 1858, unter Bezugnahme auf angebliche Katastrophen und Neuschöpfungen:

297 „Einige Geologen nehmen dergleichen scharfen Abschnitte sogar noch jetzt an. Aber die scheinbaren Sprünge in der Entwicklungsgeschichte sind nach und nach immer mehr ausgefüllt worden, und gegenwärtig berechtigt keine sichere Thatsache zu der Annahme, daß seit dem ersten Auftreten des organischen Lebens auf der Erde jemals wieder all dieses Leben total und überall, etwa durch eine allgemeine Katastrophe, vernichtet worden, und eine ganz neue Schöpfung an seine Stelle getreten sei ...
Die Reste von Pflanzen und Thieren, welche man versteinert auffindet, rühren sogar ganz in der Regel überhaupt nicht von solchen Katastrophen, auch nicht von localen her, sie sind vielmehr einfach die Folge von Vorgängen, wie sie an sehr vielen Stellen der Erdoberfläche noch jetzt und stets stattfinden."
([43], S. 142 und 145)

Dieser Weg, wieder zum Aktualismus, sollte aber kein Schritt zurück zu Lyell sein; das geht an anderer Stelle aus seinen Worten hervor:

298 „Indem wir bei allen geologischen Erklärungen von dem gegenwärtigen Zustande des Erdkörpers ausgehen, dürfen wir doch nicht vergessen, dass dieser gegenwärtige Zustand erst ein gewordener ist, und dass ihm mit Nothwendigkeit ein anderer voraus ging. Dieser Umstand modificirt in gewissem Grade die Regel vom Gleichbleiben aller Wirkungen."
([43], S. 7)

von Cotta verband das zyklische und das lineare Element des historischen Gesamtprozesses zu einer Einheit und sah daher auch im anorganischen Bereich eine ständig fortschreitende Entwicklung:

299 „Jedenfalls giebt es ... auch in der unorganischen Welt gewisse Unterschiede zwischen Einst und Jetzt, Alt und Neu, zwischen Phänomenen der Vergangenheit und solchen der Gegenwart, vielleicht auch der Zukunft!"
([43], S. 139)

Und wie er diese Unterschiede meinte, das erfahren wir ebenfalls:

300 **„Die Stoffverbindungen, die mechanische Zusammensetzung der festen Erdkruste, ihre Oberflächenformen, die klimatischen Verhältnisse, das organische Leben, alle diese Dinge sind immer mannichfaltiger geworden. Eines bedingt das Andere, das Niedere am meisten das Höhere, weil eben letzteres meist Folge von Combinationen des Ersteren ist."** ([43], S. 8)

Dieser bewußte Aktualismus VON COTTAS ging weit über — wie er später einmal sagte — „LYELLS Lehre von der fortschrittslosen Umgestaltung" ([44], S. 187) hinaus und entspricht ganz der am Anfang dieses Abschnittes erwähnten Stufe 3.

VON COTTA schrieb zwar nur von „einigen Geologen" (siehe Zitat 297), die noch 1858 auf dem Boden der Katastrophentheorie gestanden hätten, aber das dürfte eher eine Untertreibung gewesen sein.

5.19. Der Zusammenbruch der Katastrophentheorie (ab 1859)

Erst mit dem Erscheinen des Werkes von CHARLES ROBERT DARWIN (1809—1882) „Über die Entstehung der Arten durch natürliche Auslese", 1859, dessen Lehre auf einen vorbereiteten Boden auf dem Gebiet der Biologie fiel, brach auch in der Geologie/Paläontologie die Katastrophentheorie zusammen.

Daß der Prozeß des Umdenkens nicht einfach war, dafür legte FRIEDRICH ROLLE (1827—1887), selbst katastrophistischen Vorstellungen verhaftet gewesen, im Jahre 1863 unter Bezugnahme auf DARWINS Werk Zeugnis ab:

301 **„Unsere Lehr- und Handbücher sind noch fast durchgehends im Cuvier'schen Sinne geschrieben, und fast unsere ganze heutige Naturforscher-Generation ist unter dem mehr oder minder beherrschenden Eindruck dieser Anschauungen aufgewachsen. Es ist nicht gerade leicht, von solchen anerzogenen Anschauungen sich wieder frei zu**

machen. Bei mir selbst hat der Vorgang — freilich unter jahrelangen Pausen — fast ein Jahrzehend gedauert.“ ([137], Vorwort)

Bei Hermann Vogelsang (1836—1874) schien fast ein Bedauern darüber mitzuschwingen, daß es nun in der Erdgeschichte nicht mehr turbulent zuging, als er 1867 in seiner „Philosophie der Geologie“ [169a] schrieb, die lebenvernichtenden Katastrophen seien nun in den langweiligen Nebel der Zeit versenkt worden.

Wieviele Erkenntnisse und wieviel Wissen um Zusammenhänge infolge der jahrzehntelangen Herrschaft der Katastrophentheorie verschüttet worden waren, ahnt man, wenn man immer wieder aus Bemerkungen damaliger Zeitgenossen entnimmt, was alles für neu gehalten wurde, aber in der Tat gar nicht neu, sondern nur wiederentdeckt worden war. So hielten viele Darwins Lehre für etwas völlig Neues, so meinte Friedrich Engels, daß erst Lyell Verstand in die Geologie gebracht hätte [53]. Hutton und von Hoff schienen vergessen worden zu sein. Ja, manchmal war der Blick auf den Werdegang der Erkenntnis so getrübt, daß man, wie Vogelsang (1867), zu einer derart verdrehten Auffassung kommen konnte, durch die Arbeiten Cuviers und Brongniarts wären die scharfen Abgrenzungen der „Formationszeiträume“ durch gewaltsame Epochen eigentlich zuerst erschüttert worden.

Es war wie das Erwachen nach einem bösen Traum. Aus dem Schutt der zusammengebrochenen Katastrophentheorie konnte endlich wieder der Aktualismus und mit ihm die Vernunft auftauchen.

Bernhard von Cotta unterstrich noch einmal in seiner dem hundertjährigen Bestehen der Bergakademie Freiberg gewidmeten Schrift „Die Geologie der Gegenwart“, 1866, auf die gesamte Zeit seit Bildung der ersten Erdkruste eingehend:

302 „Durch alle diese Zeiträume blieben die geologischen Wirkungen, den veränderten Umständen entsprechend, wesentlich dieselben, die Umstände aber änderten sich stetig ...“ ([44], S. XXV)

Die DARWINsche Entwicklungslehre in seine Auffassung von der Erdgeschichte einbeziehend, endete er seine Ausführungen mit folgendem Schlußsatz:

303 „Nach dem Allen halte ich mich berechtigt zu dem Schluß: die gegenwärtige Oberfläche der Erde mit allen ihren Eigenthümlichkeiten ist etwas nach und nach Gewordenes, Entwickeltes, ebenso alles Leben auf ihr und Beides in steter gegenseitiger Beziehung zu einander."
([44], S. 410)

In Frankreich wagte man erst nach dem Tode ÉLIE DE BEAUMONTS im Jahre 1874, sich öffentlich von den überholten Vorstellungen zu lösen [35].

CARL VOGT (1817–1895), der zunächst auch von einem gewaltsamen Verlauf der Erdgeschichte überzeugt gewesen war, sprach 1879 davon, daß die Ansicht LYELLS, die er als eine „eigenthümliche Richtung in der theoretischen Geologie" bezeichnete, weil sie die Gleichförmigkeit zu weit treibe, jetzt fast unbestritten das Feld beherrsche ([171], S. 167).

5.20. Der Aktualismus WALTHERS *(1893/94)*

Von JOHANNES WALTHER (1860–1937) erschien 1893/1894 die „Einleitung in die Geologie als historische Wissenschaft". In diesem dem Gedenken an VON HOFF gewidmeten Buch befaßte er sich ausführlich mit dem Aktualismus. Gelegentlich kann man darüber lesen, so auch bei ANDRÉE (1938), WALTHER habe darin zwischen dem Aktualismus als Prinzip bzw. Anschauungsweise auf der einen Seite und der vergleichenden Betrachtung rezenter mit fossilen Dingen, als der ontologischen Methode auf der anderen, unterschieden. Das ist jedoch nicht richtig. WALTHER nannte die sog. ontologische Methode neben anderen Methoden und sagte dazu:

304 „Diese vierte Art geologischer Erklärungsversuche, die man gewöhnlich als Aktualismus bezeichnet, wollen wir die ontologische Methode nennen. Sie besteht darin, dass wir

aus den Erscheinungen der Gegenwart die Vorgänge der Vergangenheit zu ergründen suchen. Aus dem Sein erklären wir das Werden."
([179], S. XII)

Für ihn war also der Aktualismus eine Methode, und zwar eben diese sog. ontologische, wobei er sich durchaus darüber im klaren war, daß der Begriff „ontologisch" hier nicht problemfrei ist. Den Fortschritt in den geologischen Wissenschaften schrieb er dieser „Methode" zu:

305 „Wohin wir in der neueren Geschichte geologischer Probleme blicken, überall sehen wir die glänzenden Erfolge, welche die ontologische Methode errungen hat. Sie allein hat es veranlasst, dass die Paläontologie der Zoologie die Hand reichte, dass die Geologie und die Geographie sich in vielen Berührungspunkten vereinigen ..."
([179], S. XVIII)

WALTHER forderte,

306 „... dass die Erdgeschichte nicht allein die Stammbäume der Pflanzen und Thiere zu enthüllen bestrebt sein soll, sondern auch die Welt der todten Gesteine mit dem lebendigen Gedanken der Entwicklungslehre durchdringen muss".
([179], S. 1004)

In Anspielung auf DARWINS Selektionstheorie sprach er von der „Auslese der Gesteine" und meinte, daß uns nur diejenigen Gesteine überkommen seien, welche „aussortiert" wurden und dadurch erhalten blieben. Zurückschauend auf die Vergangenheit erkenne man, wie er hervorhob, mit Hilfe der „ontologischen Methode" überhaupt erst die von der Gegenwart abweichenden Zustände. Und weil WALTHER den Aktualismus als Methode verstand, und zwar eben nur die des einfachen, direkten Vergleichens (siehe Anfang dieses Abschnitts), kam er folgerichtig zu der Auffassung

307 „... je weiter wir zurückgehen, in der Reihe der erdgeschichtlichen Perioden, desto kleiner wird der Wirkungskreis der ontologischen Methode".
([179], S. XXVIII)

Solche einfachen Vergleiche mußten natürlich auf immer größere Schwierigkeiten stoßen, je mehr man sie auf geologische Zustände anwandte, die gegenüber den heutigen zunehmend verschieden waren.

Gegner WALTHERS war ADOLF VON KOENEN (1837 bis 1915), der sich wunderte, daß KARL ANDRÉE (1880 bis 1959) — dem während des Studiums bei VON KOENEN das Buch WALTHERS wie eine Offenbarung erschienen ist — an solchen Vorstellungen Gefallen finden konnte [3].

5.21. *Das Wiederaufleben teilweiser katastrophistischer Vorstellungen* (STILLE *1922 bis* BEURLEN *1935/36*)

Im Jahre 1922 sprach HANS STILLE (1876—1966), damals Rektor der Universität zu Göttingen, in einer Festrede [156] über offensichtlich allgemein interessierende Fragen. Es ging um die angenommene Schrumpfung der Erde und in diesem Zusammenhang um geotektonische Vorgänge. Er führte u. a. aus, daß die Erde jeweils nach längeren Zeiten der Ruhe von weltweiten „Paroxysmen, Fieberzuständen" in Form von Faltengebirgsbildungen befallen werde, woraus er das sog. orogenetische Gleichzeitigkeitsgesetz ableitete (siehe Abschn. 2.2.). Eine solche Gebirgsbildung dachte er sich als ein kurzfristiges Ereignis (siehe Zitate 71—75). Aus allem wird seine katastrophistische Auffassung ersichtlich. Das machte er schließlich auch deutlich:

308 „Die heute wirksamen Kräfte reichen nicht aus, um Gebirge entstehen zu lassen.
Das steht im Widerspruch zu der Lehre vom sog. Aktualismus, nach der die gegenwärtig auf der Erde wirksamen Kräfte geeignet sein sollen, auch die Verhältnisse der geologischen Vergangenheit zu klären ... So sehr der Aktualismus im allgemeinen noch gelten mag, hinsichtlich der Mehrzahl der geologischen Erscheinungen und auch hinsichtlich der Entwicklung des organischen Lebens, — hinsichtlich der tektonischen Vorgänge muß doch die Katastrophentheorie zu einem gewissen Recht kommen."
([156], S. 11)

Unter Hinweis auf Wilhelm Salomon-Calvi (1868 bis 1941), der weitreichende, aber nicht universelle Katastrophen gelten lassen wollte, unter denen er große Transgressionen, Klimaänderungen, plötzliches Verbinden und Abtrennen von Meer und Land, Ausbleiben der gewohnten Nahrung für eine Tiergruppe usw. verstand, meinte Stille:

309 „Das sind alles recht bescheidene ‚Paroxysmen‘, die sich aus örtlicher Verstärkung oder Häufung auch heute noch wirksamer Verhältnisse erklären und m. E. im Rahmen des Aktualismus noch ihren Platz behalten könnten. Etwas anderes aber ist es mit den Orogenesen als tektonischen Revolutionen, die eine weitgehende Gegensätzlichkeit gegenüber dem, was heute an tektonischen Bewegungen vor sich geht oder in junger geologischer Vergangenheit vor sich gegangen ist, bedeuten.“
([156], S. 31)

Klimaänderungen und Transgressionen, ja die Mehrzahl der geologischen Erscheinungen und die Entwicklung des Lebens im Rahmen des Aktualismus gelten zu lassen, aber den tektonischen Vorgängen als einem Teilgeschehen der Erdgeschichte eine Sonderstellung außerhalb dieses Rahmens zuschreiben zu wollen, ist eine etwas merkwürdige Auffassung. Der Aktualismus soll für die gesamte Geologie gelten, mit Ausnahme der Tektonik, als hätten die erdinneren Vorgänge nichts mit ihr zu tun.

Stille glaubte nun keineswegs an ein niedriges Alter der Erde, so daß sich hier wiederum zeigt, worauf schon hingewiesen wurde, daß auch das Wissen um eine sehr lange Erdgeschichte und der Katastrophenglauben miteinander verbunden sein konnten. Anerkennung eines hohen Alters der Erde führt nicht automatisch zum Aktualismus. Ob man, wie früher, die Entwicklung der Lebewelt verneinend, sich Artenkonstanz, abgelöst von Neuschöpfung oder kurzfristiger Umgestaltung der Organismen, vorstellte oder wie hier, lange Zeiten, in denen tektonisch sehr wenig oder fast nichts geschieht, um es dann anschließend richtig rumoren zu lassen, und zwar gleichzeitig und weltweit — es ist das gleiche alte Denkschema.

NICOLAI SERGEJEVIČ ŠATSKIJ (1937) bezeichnete STILLES Auffassungen sehr richtig als „Neokatastrophismus" [39].

Bemerkenswert ist, daß STILLE sich später (1950) wunderte über Einwendungen gegen den Aktualismus, zu denen, wie er meinte, man nur den Kopf schütteln könne [158].

C. BERINGER hielt (1929)[170]) den Aktualismus für eine sachlich nicht mehr berechtigte Fiktion. KARL BEURLEN (1935/36) sah im Aktualismus ein Dogma, das er mit dem Dogma der Diluvianisten und Neptunisten verglich, weshalb er ihn als „Prinzip" ganz aus den Angeln heben und nur als „Methode" beibehalten wollte [3].

Man war offenbar wieder bei einem kritischen Punkt angelangt. Viele mißverstanden den Aktualismus auch jetzt noch immer nur als eine Methode des ausschließlich direkten Vergleichens. Diese schematische Übertragung heutiger, im Laufe der Zeit erst gewordener Verhältnisse auf die Verhältnisse der Vergangenheit mußte, was eben schon VON COTTA wußte, mit dem zunehmenden Erkennen der Besonderheiten jeder geologischen Periode zu Widersprüchen führen; aber eben nur deshalb, weil man den Aktualismus teils als Methode, teils sogar als Gesetz betrachtete, statt als entwicklungsfähige Betrachtensweise.

5.22. *Für den Aktualismus* (KAISER *1932 und* ANDRÉE *1938*)

ERICH KAISER (1871—1934), überzeugt davon, daß der Aktualismus auch in Zukunft Erfolge zeitigen werde, meinte 1932:

310 „... aber wir müssen uns dabei stets überlegen, ob diese Arbeitsrichtung eine uneingeschränkte Gültigkeit für die gesamte, uns nur einigermaßen faßbare, geologische Vergangenheit hat." ([94], S. 392)

Die Frage nach dem Geltungsbereich des Aktualismus zu stellen, heißt aber, die Frage nach der Gültigkeit der heute bekannten Naturgesetze für die Vergangenheit aufzuwerfen. Darauf wird noch zurückzukommen sein.

Es galt aber zunächst zu klären, wie Vergleiche zwischen der Gegenwart und der Vergangenheit anzustellen sind bzw. was sie ergaben: KAISER fragte z. B.:

311 „Sind Abtragung, Umlagerung und Sedimentneubildung vor und nach der Vegetationsbedeckung des Festlandes einander gleich?"
([94], S. 394)

Und er gab sich selbst die richtige Antwort:

312 „Jene feuchten, vegetationsfreien Gebiete der Urwüste sind nicht vergleichbar mit den vegetationsarmen Trockengebieten der heutigen Erdoberfläche."
([94], S. 395)

Zweifellos hat KAISER recht. Nur hat diese Fragestellung nichts mit dem Geltungsbereich des Aktualismus zu tun. Wer Merkmale eines vegetationslosen Gebietes im ariden Klimagürtel der Erde einfach auf eine Zeit vor der Landbesiedlung durch die Pflanzen überträgt, ohne zu fragen, welche klimatischen Bedingungen dort zu dieser Zeit geherrscht haben könnten, ob dort nicht das Maß der Niederschläge vielleicht größer gewesen war als das der Verdunstung und demzufolge gar kein arides Klima geherrscht hat, stellt falsche Vergleiche an. Wenn jemand, aus welchem Grund auch immer, Nichtvergleichbares vergleicht, dann berührt das nicht die Gültigkeit des Aktualismus. Es war aber ohne Zweifel notwendig, solche Probleme zu diskutieren. Der Hinweis KAISERS, daß die Entstehung und Entwicklung des Lebens eine Änderung in der Art der Sedimente mit sich brachte, war dabei sehr wichtig.

Auch KARL ANDRÉE (1880—1959) unterstrich (1938) die Notwendigkeit, den Erkenntniszuwachs bei den aktualistischen Vergleichen stärker zu berücksichtigen, und er fragte:

313 „Was verbietet uns, alle diese Erkenntnisse in die Aktualitätslehre und die Deutung nicht nur der irdischen Dynamik der Jetztzeit, sondern auch in die der Erdgeschichte mit hineinzunehmen?"
([3], S. 155)

Er versprach sich, im Gegensatz zu dem von ihm hochverehrten WALTHER, nicht eine Einschränkung, sondern völlig zu Recht eine Erweiterung des Anwendungsbereiches des Aktualismus, vor allem auch durch Berücksichtigung der Fortschritte in anderen Naturwissenschaften. Gegen die Kritiker des Aktualismus gewandt, die erklärten, daß diese „Lehre" überholt und statt dessen der „historische Gehalt" der Geologie in den Mittelpunkt zu rücken sei, sagte er sehr treffend:

314 „Die Jetztzeit ist das vorläufige Schlußglied in der historischen Kette des irdischen Geschehens und liegt nicht außerhalb der Erdgeschichte."
([3], S. 162)

Eine von den Gegnern des Aktualismus übersehene Tatsache ins rechte Licht rückend, meinte er:

315 „Auch diejenigen, welche der Meinung sind, daß sie rein historisch-statistisch, erdgeschichtlich-autonom forschen, fußen, wenn es ihnen auch vielleicht nicht immer mehr bewußt ist, auf aktuogeologischen Erkenntnissen und arbeiten ständig mit ihnen ..."
([3], S. 163)

ANDRÉE kam zu dem Schluß, daß dem Aktualismus auf Grund der Fortschritte der Naturwissenschaften insgesamt eine wesentlich höhere Bedeutung zukommt, als seine Kritiker wahrhaben wollen.

5.23. Die vermeintliche Synthese von Aktualismus und Katastrophismus (Stille *1949/50* *und* von Bülow *1955–1960*)

Es waren vermutlich nicht wenige, die dem Aktualismus noch skeptisch oder gar ablehnend gegenüberstanden. Andrées mahnende Worte, Beringers ablehnende Haltung, Dacqués mystische Vorstellungen über die Lebensgeschichte (siehe Abschn. 4.2.), die Tatsache, daß der auch nicht gerade für den Aktualismus eintretende Beurlen von 1939 bis 1944 Vorsitzender der Deutschen Geologischen Gesellschaft war [63], und Stilles Ablehnung des Aktualismus für die „orogene Erdtektonik" (1950) [158] lassen jedenfalls diesen Schluß zu.

Gegen Stilles Auffassung und gegen dessen weltweite Gültigkeit heischendes orogenetisches Gleichzeitigkeitsgesetz wandte sich James Gilluly (1949/50), der sich gegen eine katastrophistische Interpretation der Faltengebirgsbildung aussprach [58, 59]. Er schloß seine Kritik mit dem Ausruf, daß Lyell und dessen „doctrine of uniformitarianism"[136]) lange leben mögen.

Aus unserer Sicht erscheint uns dieses Bekenntnis als etwas überspitzt, weil wir eine Rückkehr zu Lyell ablehnen. Aber den damaligen Umständen entsprechend ist seine Reaktion durchaus verständlich. Man darf ihm wohl auch nicht unterstellen, daß er damit eine Deutung der Erdgeschichte durch die Annahme simpler Gleichförmigkeit gemeint hatte, sondern ein Bekenntnis zur Gültigkeit des Aktualismus auch für die Tektonik ablegen wollte.

Kurd von Bülow (1899–1971) schrieb 1955:

316 „Wir wenden ... die aktualistische Methode an, d. h., wir gehen bei der Deutung des Früheren, des Unbekannten von der Gegenwart aus, die allein uns bekannt und begreifbar ist; denn es gibt keine andere logische Möglichkeit, eine Vergangenheit, die ohne Zeugen abgelaufen ist, gedanklich zu erschließen."
([31], S. 14)

Abgesehen davon, daß auch hier wieder Aktualismus als Methode verstanden wird, war das ein klares Bekenntnis, das auch andere überzeugen konnte und es tatsächlich getan hat. Kaum einer wie er hat sich dieses Problems angenommen und besonders die junge Geologengeneration dahin führen helfen, daß die meisten den Aktualismus heute fast wie eine Selbstverständlichkeit betrachten. Dieses Wirken gehört mit zu seinem bleibenden Verdienst auf diesem Gebiet. Aber ausgehend unter anderem von den katastrophistischen Vorstellungen STILLES über die Faltengebirgsbildung (siehe Zitate 308 und 309), befaßte sich VON BÜLOW (1959) auch mit „Gedankengängen CUVIERS in der Geologie der Gegenwart" [29], wo er — was schon widerlegt wurde — meinte, CUVIER habe durch den Zwang der damaligen Erkenntnisse zu seiner Katastrophentheorie kommen müssen. Weiter schrieb er:

317 „Wir sind nicht eigentlich zu Cuviers Vorstellungen und Ideen zurückgekehrt, denn wir hatten sie niemals ganz verlassen. Selbst die schroffsten Vertreter eines aktualistischen Quietismus, selbst die geruhsamste Theorie der Gebirgsbildung standen letztlich doch im Banne der Katastrophenlehre. Es konnte gar nicht anders sein; denn die Tatsachen, die einen Cuvier leiteten, bestanden fort und bestehen noch heute ... Auch seine Revolutionen leben fort, nur nennen wir sie Transgressionen und Regressionen, Epeirogenese und Orogenese und wissen, daß sie Leben auslöschten oder verdrängten und Platz freimachten für neue Formen; nicht anders, als es auch Cuvier meinte: nicht gesamtirdisch, doch kontinentweit."
([34], S. 263)

Daß CUVIER nicht nur kontinentweite, sondern auch erdweite Revolutionen annahm, wurde schon bewiesen (siehe Zitat 277). Dessen Revolutionen leben natürlich dann in Gedanken fort, wenn man der Transgression, Regression, Epirogenese und Orogenese fälschlicherweise eine kontinentweite lebenvernichtende bzw. lebenverdrängende Wirkung zuschreibt. Es sind Gedanken, die einen schnellen Ablauf dieser in Wirklichkeit Millionen

Jahre dauernden Vorgänge einschließen, dermaßen, daß die Lebewesen sich solchen Veränderungen nicht entsprechend haben anpassen können. Daß der Ablauf aber nicht so war, muß heute nicht mehr bewiesen werden.

Im übrigen suggerieren die Worte „Leben auslöschen" falsche Vorstellungen. Das Leben wurde im Laufe seiner Geschichte niemals ausgelöscht. Das Aussterben von Tierarten oder -gattungen war nicht „Auslöschen von Leben", sondern ein wenn auch im Vergleich zur Geschichte des Lebens relativ schnelles, aber nach Jahreszahlen doch sehr lange dauerndes Geschehen. Das ist nicht vergleichbar mit dem, wovon CUVIER sich leiten ließ.

Die notgedrungenermaßen zeitraffende Beschreibung der Erd- bzw. Lebensgeschichte verführt leider nur zu oft zur Verwendung von Begriffen, die die Schnelligkeit von Vorgängen kennzeichnen und darum falsche Gedankenassoziation hervorrufen, besonders bei Nichtfachleuten auf diesen Gebieten.[137])

VON BÜLOW hielt unsere heutigen Auffassungen über die erd- und lebensgeschichtlichen Abläufe nur für graduell verschieden von denen CUVIERS.[138]) Natürlich kann man die unterschiedliche Geschwindigkeit von Vorgängen und den Umfang ihrer Wirkungen als graduelle Unterschiede darstellen. Aber diese Unterschiede waren und sind in bezug auf die Erd- und Lebensgeschichte eben prinzipieller Natur; an den Vorstellungen darüber schieden sich die Geister. Deshalb kann man ihm auch nicht darin zustimmen, wenn er 1960 sagte:

318 „Die Synthese CUVIER/LYELL ist vollzogen ... die Katastrophentheorie [fand] ihren verdienten Platz unter dem weitgespannten Dach des Aktualismus."
([35], S. 173)

Eine Synthese zwischen dem Aktualismus und der Katastrophentheorie als einem wesentlichen Teil des Exzeptionalismus kann es nicht geben. Es wurde schon einleitend zu diesem Abschnitt der völlige Gegensatz in diesen beiden Betrachtensweisen erläutert, der in die Frage mündet nach dem Antrieb und der Erkennbarkeit des geologischen Geschehens. Hieran entschied sich die Wissenschaftlichkeit des geologischen Weltbildes. Es handelt sich also nicht um einen Methodenstreit, wie Hooykaas (1970) meint, sondern um die ständige, notwendige Besinnung auf die unveräußerlichen Grundlagen unserer Wissenschaft.

5.24. Die zeitlich und räumlich uneingeschränkte Gültigkeit des Aktualismus (von Bülow *1964 bis* Treder *1971*)

Den Wert des Aktualismus kannte von Bülow selbst sehr gut. Ausgehend von der Annahme, daß auf Grund verschiedener Merkmale vor 2 Milliarden Jahren eine reduzierende Atmosphäre vorhanden gewesen sein müsse, welche dann erst, seit etwa 1 Milliarde Jahre, von einer Sauerstoffatmosphäre abgelöst wurde, meinte M. G. Rutten 1962,[241]) daß die erstgenannte Zeit eine prä-aktualistische gewesen sei, eine Zeit also, für die der Aktualismus nicht gelte [36]. von Bülow fragte zu Recht:

319 „Liegt hier wirklich die zeitliche Grenze, über die hinaus unsere Denkgrundlage nicht mehr gültig ist? Ich glaube nicht. Abstrahieren wir vor allem, was jene Zeit im Gegensatz zur späteren Phase nicht hatte, bringen wir dagegen alle Erfahrungen ins Spiel, die die Chemie mit reduzierenden Medien gesammelt hat, ahmen wir die Uratmosphäre experimentell nach — ist das kein Aktualismus mehr, ist das nicht ‚extrapolierender Aktualismus' oder auch ‚aktualistische Extrapolation'?"
([36], S. 82)

Und er gab selbst die Antwort:

320 „Nein, eine zeitliche Grenze ist der Anwendung des aktualistischen Prinzips nicht gesetzt: ... Bis in die Tiefen der Welt-Geschichte reicht die Gültigkeit des Aktualismus. Denn auch Vorgänge, die vor der Erstarrung der Erdkruste

abliefen, ... lassen sich auf aktualistischer Basis mindestens gedanklich analysieren. Selbst uralte Mineralbildungen, die auf der Erde bisher keine bekannten Parallelen haben, wie die Chondrite, sind auf dem Wege aktualistischer Extrapolation faßbar geworden ... Es gibt keinen Einwand dagegen, daß der Aktualismus und damit der Faziesbegriff nicht auch auf die erdähnlichen Nachbarplaneten — Merkur, Venus, Erdmond und Mars — anwendbar sein sollte.“
([36], S. 82)

In diesem Zusammenhang erwähnt er auch, daß in der Sowjetunion bisher (bis 1964) vier astrogeologische Konferenzen stattgefunden haben und das Geologische Bundesamt der USA eine astrogeologische Abteilung besitzt. VON BÜLOW selbst hatte sich seit Jahren mit solchen Problemen beschäftigt. Er meinte, der Aktualismus dehne seinen Geltungsbereich bis zu den zeitlichen Anfängen unseres Weltsystems aus.

Damit war VON BÜLOW einer der ersten, wenn nicht überhaupt der erste, der neue Dimensionen für den Aktualismus aufzeigte.

In gleicher Weise sprach sich HEINZ WIEFEL (1969) aus:

321 „Dieser entwickelte Aktualismus geht von dem Grundprinzip der materiellen Einheit der Welt aus und wird somit zum schöpferischen und universellen Aktualismus. Nicht die Einschränkung des ursprünglichen, naiven Aktualismus, sondern die heute noch nicht übersehbare Ausweitung durch die zukünftige kosmische Orientierung aber ist das qualitativ Neue dieses Aktualismus auf höherer Entwicklungsstufe.“
([184], S. 263)

Es gab jedoch auch andere Stimmen. Sie reichen von der Warnung vor der „Verabsolutierung des Prinzips des Aktualismus“ ([135a], S. 663) bis zu der Aussage, daß die Geologie doch nur einen Bruchteil der Erdgeschichte überblicke, vor welchem „andere Kräfte“, „andere Gesetze“ und „andere Zeitmaße“ gegolten hätten ([100], S. 685). Es wurde die Frage „nach dem Anfang und Ende der zeitlichen Existenz einzelner Naturgesetze" gestellt und die Meinung geäußert, daß „verschiedene Gesetze ... zu einem bestimmten Zeitpunkt der Erdgeschichte ihre Existenz" beendet hätten ([62], S. 668).

In diesem Zusammenhang sind die Ergebnisse einer internationalen Umfrage unter Geowissenschaftlern interessant, die J. Krupička (1968) veröffentlichte. Die Antworten kamen aus den USA, Frankreich, der UdSSR, der BRD, Kanada, Großbritannien, der ČSSR, der DDR, Italien, den Niederlanden, Österreich[139]) und weiteren 41, nicht namentlich genannten Ländern.

Die hier interessierende Frage lautete:

— Nehmen Sie an, daß die grundlegenden Eigentümlichkeiten der Materie ewig unveränderlich sind?

Die Ja-Stimmen schwankten in den einzelnen Ländern zwischen 70 und 22%, die Nein-Stimmen zwischen 54 und 20%, die Stimmenthaltungen zwischen 36 und 0%. Als Gesamtergebnis ergaben sich 39% Nein-, 38% Ja-Stimmen und 23% Stimmenthaltungen. Die gegensätzlichen Meinungen hielten sich also fast genau die Waage.

Diese geteilte Meinung darf jedoch nicht dahingehend mißverstanden werden, als handelte es sich dabei gleichzeitig um ein Für und Wider den Aktualismus. Aus den weiteren Mitteilungen der Befragten war zu entnehmen, daß der Aktualismus in unterschiedlichem Lichte gesehen wird:

Nur eine Minderheit anerkennt von vornherein den Aktualismus ohne Einschränkung, in der Bedeutung, daß die Naturgesetze ungeachtet von Zeit und Raum gültig seien, mit der sich daraus ergebenden Schlußfolgerung, daß die Gegenwart ein zuverlässiger Schlüssel sowohl für die Vergangenheit als auch für die Zukunft ist oder sein könnte. Es gibt aber daneben unter den „reinen Aktualisten" auch eine Tendenz zur Annahme einer Veränderlichkeit der Naturgesetze. Einige sehen in der Unveränderlichkeit der Eigenschaften der Materie und der Naturgesetze die einzige Alternative zum Chaos. Für sie ist der

Aktualismus eine gute und nützliche „Arbeitshypothese"(!), welcher so lange zu folgen ist, bis klare Beweise vom Gegenteil erbracht worden sind; er sei nicht das Ergebnis wissenschaftlichen Denkens, sondern dessen Ausgangspunkt, ohne den jede wissenschaftliche Arbeit ihr Ende hätte. Andere lassen den Aktualismus nur für den beobachtbaren Teil des Weltalls gelten, sehen aber eine weitere Extrapolation für nicht gerechtfertigt an, wieder andere wollen ihn auf die geologische Entwicklung unseres Planeten beschränken, die strengsten davon nur auf die Zeit des Phanerozoikums, also die Zeit seit dem Kambrium, in Jahren ausgedrückt ca. 570 Millionen [110].

Die bloße Vermutung, daß Naturgesetze sich im Laufe der Zeit verändert haben könnten, kann selbstverständlich den Aktualismus nicht erschüttern. Die Sache liegt bei näherem Betrachten sogar erheblich anders. Selbst ein Beweis über deren Änderung würde an der Gültigkeit des Aktualismus nichts Grundsätzliches ändern. Da mit Hilfe des Aktualismus das im Laufe der Erdgeschichte sich vielfach ändernde Geschehen, also das im Laufe der Zeit Gewordene, erfaßt wird, wäre eine Änderung der Naturgesetze nichts anderes als eine weitere Änderung und damit der heutige Zustand auch in diesem Fall ein gewordener. Der Nachweis einer Änderung eines Naturgesetzes wäre zwangsläufig verbunden mit dem Nachweis der Art seiner Änderung — ohne solches wäre es bloße Vermutung. Diese Art der Änderung im Laufe der Erdgeschichte könnte aber genauso wie alle anderen hinzugewonnenen Erkenntnisse bei der aktualistischen Deutung des geologischen Geschehens der Vergangenheit mit berücksichtigt werden. Man würde auch in diesem Falle, wenn auch zusätzlich verkomplizierte, aber nichtsdestoweniger immer noch aktualistische Vergleiche anstellen, weil man trotz allem von dem gegenwärtigen Zustande und den gegenwärtigen Vorgängen ausgehend, auf einen vergangenen Zustand und auf vergangene Vorgänge schlösse. Der Nachweis der Änderung von Naturgesetzen könnte also nur auf der Grundlage dessen erfolgen, was Grundlage für den Aktualismus ist. Man sieht: Der Aktualismus wäre selbst mit solchen tiefgreifenden Veränderungen nicht zu widerlegen. Unsere Gegenwart ist, wie ANDRÉE (1938) richtig sagte (siehe Zitat 314), das vorläufige Endglied der historischen Kette des irdischen Geschehens und liegt nicht außerhalb der Erdgeschichte, und man möchte noch hinzufügen, daß sie ebensowenig außerhalb der Geschichte des Weltalls liegt.

Den Geologen interessiert natürlich, ob der Aktualismus auch auf die anderen Himmelskörper unseres Sonnensystems angewendet werden kann. Wieweit aber darüber hinaus, gewissermaßen in den Weltraum hinaus, der Aktualismus Gültigkeit besitzt, ist nicht mehr nur Sache der Geologie und kann derzeit von ihr weder bewiesen noch verneint werden. Wenn jedoch von anderen Wissenschaften das Wirken der heute bekannten Naturgesetze bis in ferne Räume des Alls wahrscheinlich gemacht werden kann, dann ist das für die Geologie der Erde und der nahen anderen Himmelskörper eine zwingende Aussage zugunsten des Aktualismus. In diesem Zusammenhang sind die Erkenntnisse der modernen Kosmischen Physik von besonderem Interesse. HANS-JÜRGEN TREDER (1971) schrieb hierüber:

322 „Die extragalaktische astronomische Forschung überschaut heute einen Zeitraum von etwa 10^4 Mio Jahren durch direkte Beobachtungen. Sie bestätigt das von der allgemeinen Relativitätstheorie implizierte Prinzip der universellen Gültigkeit der Naturgesetze. Nach EINSTEINS allgemeinem Relativitätsprinzip gelten zu jeder Zeit und an jedem Ort lokal die Gesetze der speziell-relativistischen Quantentheorie. Dies ist die schärfste Formulierung des aktualistischen Prinzips, das daher in der Kosmogonie und Geogonie uneingeschränkt anzuwenden ist. (Dies gilt insbesondere auch für die Werte der universellen Naturkonstanten.)“
([165], S. 204)

TREDER fügte, auf die vieldiskutierte Variabilität der Gravitationskonstante eingehend, noch hinzu:

323 „Die Erdgeschichte muß daher davon ausgehen, daß zu jeder Zeit die heutigen Naturgesetze galten ..."
([165], S. 204)

Bekanntlich ist die Weite des Blickes hinaus in den Weltraum ein ebenso weiter Blick zurück in seine Geschichte. Das heißt, daß seit 10 Milliarden Jahren, also ungefähr doppelt so lange, wie die Erde alt ist, die gleichen Naturgesetze gelten. Wenn jetzt wie damals und wenn hier wie dort die gleichen Naturgesetze galten und gelten, dann besitzt der Zweifel an der Gültigkeit des Aktualismus keine wissenschaftliche Grundlage. Von der Existenz unveränderter Naturgesetze waren, aus unterschiedlichen Auffassungen heraus, schon die Forscher früherer Jahrhunderte überzeugt. Sicher wird die Forschung auch im Hinblick auf die Naturgesetze immer wieder ihre Fragen stellen und weitersuchen. Aber, um bei dem hier zur Diskussion stehenden Thema zu bleiben:

Erdgeschichte ohne Aktualismus oder nur mit einem Teil-Aktualismus gibt es nicht. Alle Erkenntnisse von bleibendem Wert aus unserem und aus früheren Jahrhunderten haben dies bestätigt.

6. Zusammenfassender Überblick

6.1. Die Keime im Altertum

Die ersten Keime zu wichtigen Erkenntnissen über die Erd- und Lebensgeschichte wurden bereits im Altertum gelegt, was in den vorhergehenden Abschnitten nur beispielhaft wiedergegeben werden konnte. Die Erkenntniswege verliefen jedoch nicht geradlinig und kontinuierlich, wobei das Altertum eine sehr lange, von Fortschritten und Rückschlägen gekennzeichnete Zeit umschließt. Vergleichsweise waren es von Thales (um 624—546 v. u. Z.) bis zu Ptolemäus (nach 83—nach 161) etwa 700 Jahre, eine Zeitstrecke etwa gleichlang der von ALBERTUS MAGNUS (1192/93—1280) bis zu ALBERT EINSTEIN (1879 bis 1955).

Was damals erreicht worden war, ist erstaunlich. Man war bereits einmal bis zu einem heliozentrischen Weltbild vorgedrungen, man hatte Erklärungen für Erdbeben und Vulkanausbrüche, man wußte, daß langsame Vorgänge im Laufe der Zeit das Antlitz der Erde verändern, man hatte manche Fossilien richtig als Reste ehemaliger Lebewesen erkannt, um nur einige Beispiele zu nennen. Das waren sicher nicht Kenntnisse der Allgemeinheit, sondern die einzelner Gelehrter und ihrer Schulen. Es war aber damit ein Fundament gelegt, auf dem spätere Generationen weiterbauen konnten, allerdings erst nach einer sehr langen Pause und einem tiefen Einschnitt.

Die im Römischen Reich der Kaiserzeit beginnende Stagnation der antiken Sklavenhaltergesellschaft führte im 4. Jahrhundert zu immer schnellerem Verfall und — beschleunigt durch den Einfall barbarischer Völkerschaften (z. B. Germanen, Slawen, Hunnen) [143] — schließlich im Jahre 476 mit dem Ende des Weströmischen Reiches auch zum Ende dieser Gesellschaftsordnung. Andererseits begann sich in Europa verstärkt das Christentum auszubreiten. Unter diesen tiefgreifenden gesellschaftlichen und kulturellen Veränderungen war eine Kontinuität in der Pflege und Weiterführung der antiken Kultur und mit ihr eine Weiterentwicklung der Naturwissenschaften und der Philosophie nur bedingt möglich, nämlich über die arabische Kultur. Doch über deren Vermittlerrolle für Erkenntnisse der Erd- und Lebensgeschichte sind wir im einzelnen noch zu wenig unterrichtet.

In bezug auf die Naturbetrachtung unterschied sich der polytheistische Mythos der barbarischen Völker nicht grundsätzlich vom Monotheismus der frühchristlichen Religion. Zwischen den Mythen und der Bibel lassen sich in dieser Hinsicht sogar gewisse gemeinsame Züge feststellen. Bei den zum Christentum bekehrten germanischen

Völkerschaften, die auf einem primitiveren Produktions- und Kulturniveau standen und auch noch keine Philosophie besaßen, fanden die Erkenntnisse aus der Antike zunächst keinen fruchtbaren Boden vor. Es mußte erst ein neuer Anfang gemacht werden.

6.2. Vom Rückschlag im frühen Mittelalter bis zum Höhepunkt während der Renaissance im 16. Jahrhundert

Unter der nach dem Vorbild der Hierarchie des ehemaligen Römischen Staates sich organisierenden und immer mächtiger werdenden Kirche wurden die Klöster zu Zentren der Kultur und Bildung. Dabei ließ die Orientierung der Gläubigen auf Weltabgewandtheit allerdings nur schwer den Wunsch aufkommen bzw. die Notwendigkeit erkennen, eigene Naturbeobachtungen durchzuführen.

Mit dem Beginn der Scholastik, der theologisch-philosophischen Lehre und herrschenden Ideologie des europäischen Feudalismus [101], wurden auch wieder einzelne Schriften von Aristoteles bekannt. Doch im Unterschied zur antiken Naturforschung war man auf den hier zur Diskussion stehenden wissenschaftlichen Gebieten nur in der Lage nachzuerzählen, bestenfalls aus der eigenen beschränkten Sicht zu interpretieren. Deshalb gehen bis weit in das späte Mittelalter hinein noch manche Vorstellungen über die Erde und das Leben nicht über die des Altertums hinaus. Aristoteles und in gewisser Weise auch Plinius galten für die Naturgeschichte noch lange Zeit hindurch neben der Bibel und den Kirchenvätern als unumstrittene Autoritäten.

Mit der Absicht, diese Quellen zu einer einheitlichen Lehre zu vereinigen, wurde durch Albertus Magnus (1192/93–1280) ein christlicher Aristotelismus geschaffen. Obwohl Theologe, betonte er die Selbständigkeit der Philosophie und forderte auf, die im Bereich der Natur den

Dingen innewohnenden Ursachen und Zusammenhänge zu untersuchen [8].

Der Nominalismus,[142]) die progressive Strömung der mittelalterlichen Philosophie bürgerlicher Elemente in den Städten, durchbrach dann langsam die auf dem klerikal-feudalen Weltbild beruhende Jenseitsorientierung. Der Blick auf das Diesseits veränderte auch die Naturauffassung [101], das Interesse am Einzelnen wuchs. Einen Ausdruck fand dies u. a. in der Schaffung erster enzyklopädischer Werke über die Natur, z. B. von ALEXANDER NECKAM (1157—1227) „De Naturis Rerum“, von THOMAS CANTIMPRATENSIS (1201—1263/80) „De Rerum Naturae“ (1230), von ARNOLDUS SAXO „De Finibus Rerum Naturaliam“ (zwischen 1220 und 1230), von BARTHOLOMÄUS ANGLICUS „De Proprietatibus Rerum“ (etwa 1240) und von VINCENZ BELLOVACENSIS „Speculum Mundi“ (zwischen 1240 und 1264) [1, 89].

Das erste deutsch geschriebene Buch dieser Art, das „Buch der Natur“, verfaßt 1349/50 von dem Bischof KONRAD VON MEGENBERG, soll auf eines jener älteren Werke zurückgehen. In ihm ist noch Natürliches mit Phantastischem verwoben. Es enthält, sicher nach dem Vorbild der oben genannten Bücher, von der Beschreibung des Menschen, der Tiere und Pflanzen sowie von Fabelwesen, von Erdbeben und Vulkanausbrüchen, bis hin zum Aufbau des „Weltalls“ alles, was man von der Natur gehört, gelesen und gesehen hatte, durchmischt auch mit Sternen- und sonstigem Aberglauben (siehe auch Abschn. 1.2. und 2.2.). Diese Werke waren handschriftlich verfaßt und daher nur einem engen Personenkreis zugängig. Erst nach der Erfindung des Buchdrucks mit beweglichen Lettern um die Mitte des 15. Jahrhunderts fanden sie weite Verbreitung.

Ein nicht unbedeutender Platz für die damalige Zeit kommt dem Werk RISTORO D'AREZZOS „La composizione del mondo“ zu, das dieser 1282 verfaßte. Er stellte bereits bemerkenswerte aktualistische Betrachtungen an (siehe Abschn. 5.).

Alle diese mehr oder weniger deutlichen naturwissenschaftlichen Emanzipationsbestrebungen und zunehmende Reformbewegungen, z. B. in Frankreich die im späten 12. Jahrhundert beginnende Bewegung der Waldenser und Albigenser,[141]) sind frühe Vorboten einer folgenden Entwicklung mit ihrem Aufschwung der Produktivkräfte, der Wissenschaft und Bildung.

Das Streben nach einem auf Wissen und Vernunft gegründeten Weltbild fand im Humanismus der Renaissance, jener frühbürgerlichen progressiven Kultur- und Bildungsbewegung vom 14. bis zum 16. Jahrhundert, seine Fortsetzung. Nur noch eigenes Erkennen galt, Überliefertes wurde in Frage gestellt, Autorität nicht mehr einfach hingenommen, sondern mußte sich Nachprüfung und Kritik gefallen lassen. In diesem Geiste beobachtete und beschrieb man auch geologische Phänomene und deutete sie anhand eigener Erkenntnisse, wobei zum Teil ausgeprägte aktualistische Vergleiche angestellt wurden, wie z. B. von LEONARDO DA VINCI (1452—1519) (siehe Abschn. 5.).

Das 16. Jahrhundert war nicht nur ein erster Gipfelpunkt in der Astronomie mit COPERNICUS' heliozentrischem Weltbild, sondern auch auf dem Erkenntnisweg zur Erd- und Lebensgeschichte. Man beschäftigte sich mit der Klassifikation der Lebewesen, von denen z. B. diejenige von WOTTON (1552)[73]) Beachtung verdient. Es gab bereits Vorstellungen, nach denen die damals bekannten Erscheinungen erdinnerer Vorgänge, Vulkanismus und Erdbeben, miteinander in Zusammenhang gebracht und der Wirkung eines erdinneren Feuers zugeschrieben wurden (siehe Abschn. 2.2.).

BERNARD PALISSY, ein Autodidakt, hielt zwischen 1575 und 1584 in Paris öffentliche Vorträge über die Ergebnisse seiner auf aktualistischer Grundlage gewonnenen geologischen Erkenntnisse und veröffentlichte sie 1580 [129]. Er erklärte mit einfachen Worten, was er über Gesteine, über den Versteinerungs- und Mineralisationsprozeß und über Grundwasserquellen wußte und wandte sich energisch gegen die noch weit verbreitete Meinung, daß Fossilien durch die Sintflut verstreut worden oder überhaupt nur Naturspiele seien (siehe Abschn. 5. und Zitate 126—129). Belegstücke zu seinen Erklärungen hatte er in einer Sammlung zusammengestellt, die er zu besichtigen empfahl. Er forderte zu eigenen Untersuchungen auf [129].[143]) Das ist um so höher zu bewerten, als eine Verbindung von Theorie und Praxis auch noch lange Zeit nach ihm keineswegs üblich und zu seiner Zeit der Glaube an magische Kräfte und andere Formen des Aberglaubens noch weit verbreitet waren. PALISSY dagegen hatte als ehemaliger Landvermesser und späterer Hersteller von Keramiken umfangreiche Beobachtungen im Gelände und an mineralischen Rohstoffen angestellt. Seine sparsamen theoretischen Aussagen fußten unmittelbar auf der praktischen Wirklichkeit.

GIORDANO BRUNO, der zeitweise an den Universitäten von Toulouse, Paris, Oxford und Wittenberg lehrte und zwischen 1582 und 1591 mehrere Schriften veröffentlichte (siehe Anmerkungen 177—187), dehnte in genialer Weise das kopernikanische Weltbild in die Unendlichkeit des Raumes aus und schuf damit erst eine wirklich revolutionierende Lehre (siehe Abschn. 1.2.). Er stieß, wenn auch mehr auf Grund allgemeiner Überlegungen, bereits bis zu einem bewußt-aktualistischen geologischen Weltbild vor (siehe Abschn. 5.), unter Einbeziehung einer Stufenleiter des Lebens vom Niederen zum Höheren (siehe Abschn. 4.2.). Die alles erfassende Bewegung der Renaissance spiegelt sich in seinen Vorstellungen von der Erde und der Welt wider: etwa die ständige Veränderung der anorganischen und organischen Natur, die auch die Unveränderlichkeit der Pflanzen- und Tierarten ausschloß. Selbst das anscheinend Beständigste, das ewige Gleichmaß der Zeit, geriet ihm in Bewegung zu einer Relativität der Zeit (siehe Abschn. 3.). Im Gegensatz zu der herrschenden Vorstellung von einem lediglich 6000 Jahre umfassenden Alter der Erde schienen ihm eher 20000 Jahre angemessen zu sein (siehe Abschn. 3.). Von der Mathematik versprach er sich die erfolgreiche Ergründung der Naturgeheimnisse [23] und durch Experimentieren, Beobachten und Verallgemeinern unzählige Erfindungen.[144]) Jedem Dogmatismus abhold, empfahl er, in der Philosophie vor dem Parteiergreifen zunächst erst einmal zu zweifeln und zu prüfen.[145])

Beide, BRUNO und PALISSY, arbeiteten an einem großartigen „Gebäude" der Natur: der eine als Theoretiker und gewissermaßen als „Architekt" im kühnen Gedankenflug die künftige Gestalt entwerfend, der andere als bedächtiger Praktiker, fest auf dem Boden stehend, Stein um Stein aufeinanderbauend.

Doch als Antwort auf die gegen das römische Papsttum gerichtete Reformation war etwa seit dem Konzil von Trient (1546—1563) die Gegenreformation im Gange. Durch sie wurde auch das, was auf wissenschaftlichem Gebiet so hoffnungsvoll begonnen hatte, schließlich erstickt.

Zwar war BRUNO seiner Zeit weit voraus, aber er vertrat nicht etwa Auffassungen, die für seine Zeitgenossen vielleicht unbegreifbar waren. Im Gegenteil, an der Reaktion der katholischen Kirche merkte man, für wie begreifbar man sie hielt. Interessenten waren sowohl für das, was der Autodidakt und Kunsthandwerker PALISSY, als auch für das, was der Gelehrte und Philosoph BRUNO zu sagen hatte, genügend vorhanden. Beide aber, der Hugenotte und „Ketzer" PALISSY und der abtrünnige katholische Mönch und „Ketzer" BRUNO, deren Wege sich einmal in Paris gekreuzt haben könnten, wurden, als man ihrer habhaft werden konnte, Opfer der Gegenreformation.[147]) Der eine starb 1590 im Kerker, der andere 1600 in Rom öffentlich den Feuertod. BRUNOS Werke kamen bereits 1603, also noch vor denen von COPERNICUS, auf den „Index" (siehe Abschn. 1.2.). Beide hatten überhaupt nur frei arbeiten können, weil sie sich entweder außerhalb des unmittelbaren Einflußbereiches der katholischen Kirche aufhielten oder zeitweise von mächtigen Gönnern beschützt worden waren. Nach ihrem Tod wird ein tiefer Einschnitt erkennbar. Ein dreiviertel Jahrhundert lang wagte man es nicht, sich auf Bruno oder Palissy zu berufen. Auch dort, wo man später unverkennbar an Bruno anknüpfte, befürwortend oder ablehnend, wurde fast stets sein Name verschwiegen oder nur im Vorübergehen genannt.[148])

6.3. *Vom Rückschlag im 17. Jahrhundert durch die Gegenreformation bis zum Höhepunkt der Aufklärung in der Geologie (Ende des 18. und Beginn des 19. Jahrhunderts)*

Das im 17. Jahrhundert herrschende geologische Weltbild war stark von der Bibel geprägt. Das gilt auch für Nicolaus Steno, dessen Arbeit (1669)[251]) oft als Beginn eigentlicher geologischer Forschung hingestellt wird. Sie war jedoch nur ein erneuter Anfang. Zwar war die Exaktheit seiner Arbeitsweise beispielhaft, und mancher nach ihm hat ihn in dieser Hinsicht nicht erreicht, aber sein Weltbild stand weit unter dem von Bruno und trug auch deutlich exzeptionalistische Züge. Dabei ist er keineswegs, wie behauptet wird, ohne Anregung von außen zu seinen Erkenntnissen gekommen. Er sah, wie René Descartes, den er namentlich erwähnte, die Gebirge als Reste eingebrochener Erdkrustenteile an. Vor Stenos Schrift war bereits die „Geographia universalis" von Varenius (1650) erschienen, die Steno gekannt haben dürfte (siehe Abschn. 2.2.), ebenso wie die Bücher Kirchers (1664—65).[222]) Darüber hinaus ist es ganz und gar unwahrscheinlich, daß dieser gelehrte Mann die in der ersten Hälfte des 17. Jahrhunderts erschienenen Schriften über Fossilien, wie die von Colonna (1616)[196,197]) und Major (1662)[230]), nicht gekannt haben sollte. Robert Hooke, drei Jahre älter als Steno, beschäftigte sich ebenfalls, etwa zur gleichen Zeit wie dieser, mit geologischen Fragen. Seine Ansichten wurden allerdings erst nach seinem Tod (1703)[219]) öffentlich bekannt.

STENOS Definition über die Vergleichbarkeit fester Körper (siehe Zitat 225) entsprach ganz der DESCARTESschen Vorstellung, mittels der intuitiv-deduktiven Methode[149]) gänzlich unbestreitbare vernünftige Prizipien für die Wissenschaft zu finden.

Solche aktualistischen Vergleiche zu ziehen, war nicht neu. Ihnen liegt die Überzeugung von der zeitlichen und örtlichen Allgemeingültigkeit der Naturgesetze zugrunde, die auch eine ihrer Wurzeln im Glauben an die ewige göttliche Ordnung hat. Nicht nur geologisch arbeitende Naturforscher waren dieser Überzeugung. Ohne sie wäre auch der Pantheismus BRUNOS und SPINOZAS nicht denkbar (siehe auch Zitat 230). STENO als späterer hoher kirchlicher Würdenträger[150]) war natürlich alles andere als Pantheist. Als ehemaliger Protestant und nunmehriger katholischer Glaubenseiferer [190] war er der erste, der die Erdgeschichte nach dem Vorbild des Schöpfungsberichtes periodisierte. Es war ihm subjektiv ein Bedürfnis, den Glauben an die Sintflut zu festigen (siehe Zitat 16), gleichzeitig erfüllte er damit ein objektives Interesse der Kirche.

Zwar hatte mancher vor ihm das Vorkommen von Fossilien auf Bergen als Beweis für die Sintflut angesehen. Aber LEONARDO DA VINCI hatte die Sintflut schon angezweifelt, AGRICOLA, aus welchem Grund auch immer, hatte sie übergangen, in PALISSYS und BRUNOS Werken fand sie überhaupt keinen Platz. Von nun an aber wurde dieses „Strafgericht Gottes" 100 Jahre lang fester Bestandteil der meisten geologischen Theorien. Seit 1680 kamen aus England, vielleicht durch das Bekanntwerden von STENOS Schrift dort im Jahre 1671, die Sintflut-Erdtheorien (siehe Abschn. 2.1.).

In England stand die bürgerliche Revolution vor ihrem siegreichen Abschluß (1689 Bill of Rights). Der römische Katholizismus hatte keinen Einfluß mehr. Trotzdem war man in Glaubensfragen nicht weniger streng. Aber die Sintflut-Erdtheorien wurden nicht nur nach dem Vorbild der Bibel geschrieben, sie waren auch deutlich von der klassischen Mechanik beeinflußt, die die irdischen Bewegungen und die Bewegungen der Himmelskörper als von den gleichen Gesetzen regiert ansah. Nicht zufällig dürften die irdisch- bzw. kosmisch-mechanistischen Erklärungsversuche für die Sintflut, als ein Kompromiß zwischen Wissenschaft und Glauben, zu jener Zeit und in England ihren Aufschwung genommen haben.

Auf dem Kontinent wurden diese Erdtheorien sofort aufgegriffen und weiterbearbeitet.[151]) Der moralisch-ideologische Bezug ist dabei unverkennbar. War um das Jahr 1000 — durch das in der Bibel offenbarte tausendjährige Reich Gottes, dem das Jüngste Gericht folgen sollte — der Weltuntergang ein beherrschendes kirchliches Thema, so war es jetzt, im Gefolge der Gegenreformation, die Sintflut, das Strafgericht gegen das sündhafte Menschengeschlecht. Die Sintflut-Literatur ist ein wahres Kind der Gegenreformation und trägt in Darstellungsweise und Tenor auch barocke Züge.

Die Versuche, die Übereinstimmung des geologischen Geschehens mit den Aussagen der Bibel beweisen zu wollen, wurden ergänzt durch das Wiederaufleben der Präformationstheorie im 17. Jahrhundert, durch die der alte, mit der angeblichen Unveränderlichkeit der Pflanzen- und Tierarten einhergehende Gedanke vom Entfalten (Auseinanderfalten) des eigentlich schon Vorhandenen zu einer regelrechten Theorie entwickelt wurde. Solche Vorstellungen fanden ihre Stütze in der damals üblichen mechanistischen Interpretation biologischer Vorgänge.

Trotz des von der Bibel geprägten geologischen Weltbildes ist in der ersten Hälfte des 18. Jahrhunderts im Zuge der bürgerlichen Aufklärung das Streben nach einer Trennung von Glauben und Wissen unverkennbar. Nachdem das Weltbild von Copernicus und Bruno mit seiner

Unendlichkeit des Raumes sich vor allem durch das Wirken NEWTONS (1642/43—1726/27) gefestigt hatte, tauchte auch ein neues Verständnis von der Unendlichkeit der Zeit auf, welche, anders als die biblische Ewigkeit — das nie verrinnende Jetzt (siehe Abschn. 3.) —, angefüllt ist mit allen Veränderungen, die sich in der Welt vollzogen und noch vollziehen werden.

Die beiden unterschiedlichen Zeitvorstellungen finden wir bei VON HALLER (1736) in seinem „Unvollkommenen Gedicht über die Ewigkeit" [54].[152])

Die neue Raum- und Zeitvorstellung verband KANT nach „Newtonischen Grundsätzen", wie er sagte, mit dem Gedanken der Entwicklung zu seiner „Allgemeinen Naturgeschichte und Theorie des Himmels" (1755).[153]) In ihr entwarf er das Bild eines mit der Schöpfung beginnenden, nie endenden Kreislaufes fortwährenden Werdens und Vergehens — eine Vorstellung, die erst drei Jahrzehnte später wieder auftauchen sollte (siehe [15]). Ohne daß KANTS Ideen unbekannt geblieben wären,[55]) scheute man jedoch davor zurück, sie aufzugreifen. Dabei war man im Preußen FRIEDRICH II. in diesen Dingen noch wesentlich toleranter als beispielsweise in Frankreich, wo 1751 BUFFON von der Theologischen Fakultät der Universität zu Paris wegen weitaus weniger „anstößiger" Dinge zum Widerruf veranlaßt wurde (siehe Zitate 25 und 26).

Es gelang auch noch nicht, sich von der Sintflutvorstellung zu trennen, trotz der unübersehbaren Hinweise, ja Beweise, daß dieses Ereignis niemals stattgefunden haben kann. Selbst KANT vermochte es nicht (siehe Abschn. 2.1.).

Aber die alte, mit dem Gedanken an die Sintflut verbundene Auffassung, daß die Gebirge die stehengebliebenen Teile einer zerbrochenen und eingestürzten Erdkruste seien, wurde von nicht wenigen angezweifelt bzw. als überholt betrachtet. Die beobachteten Merkmale sprachen für eine Heraushebung der Gebirge, was man teils den Erdbeben, teils der ausdehnenden Wirkung der

Hitze des erdinneren vulkanischen „Feuers“, also endogenen Kräften, zuschrieb. Das erschütterte den Sintflutgedanken; wurde doch gezeigt, daß die oben in den Gebirgen vorkommenden Sedimentgesteine, deren Fossilinhalt auf ihre marine Entstehung hinwiesen, nicht dort von einer bergeübersteigenden Sintflut (oder dem Urmeer) hinterlassen, sondern nach ihrer Ablagerung unter dem (jetzigen) Meeresspiegel emporgehoben worden sind. Denn die wahre Natur der Fossilien war nun endlich auch nicht mehr umstritten. Fossilien wurden nicht mehr als Naturspiele betrachtet, die an beliebiger Stelle in der Erde entstehen konnten, sondern als Reste von Lebewesen, welche an ganz bestimmten Orten gelebt hatten unter Bedingungen, auf die man anhand aktualistischer Vergleiche schließen konnte. Die Faltung der Sedimentgesteine und die Verwerfungen wurden mit der Heraushebung des Gebirges in unmittelbaren Zusammenhang gebracht. So sah dies alles jedenfalls ein Teil der Naturforscher.[154])

Der andere Teil hielt die während der ersten Hälfte des 18. Jahrhunderts festgestellten meerwärts gerichteten Strandverschiebungen (siehe Abschn. 2.1.) — die in Wirklichkeit eine Folge von Hebungen waren — für den Beweis einer allgemeinen Wasserverminderung. Dies paßte dann wiederum zu dem alten Bild von den zurückweichenden Sintflutwassern bzw. dem sinkenden Spiegel des Urmeeres und zum angeblichen Einsturz der Erdkruste. Verwerfungen sowie Faltung und Steilstellung der Schichten wurden als bloße Folge des Einsturzes oder des stürmischen Rückzugs der Sintflutwasser gedeutet. Man verstieg sich sogar zu der Meinung, die steilstehenden Schichten wiesen gar nicht auf eine Lageveränderung ursprünglich horizontal abgelagerter Sedimente hin — eine Tatsache, die schon STENO 1669 kannte (siehe Zitat 227) —, sondern können mit „urozeanischer Kristallisation“ erklärt werden.[155])

Diejenigen, die Hebungstheorien ablehnten, hätten erst ein anderes Denkmodell akzeptieren müssen: Nicht die Erdkruste ist starr und unbeweglich, und der Wasserspiegel der Weltmeere sinkt, sondern dieser Wasserspiegel ist relativ konstant, und die Erdkruste wird stellenweise durch erdinnere Kräfte gehoben.

Ganz unterschiedlich beschaffene Meeressedimente, durch aktualistische Vergleiche als solche ermittelt, in mehrfachem Wechsel übereinanderliegend, sprachen gegen eine einmalige, erdumspannende Wasserbedeckung, aber für mehrere nacheinander erfolgte Teilüberflutungen infolge von Erdkrustenbewegungen. Die in großer Mächtigkeit hinterlassenen Ablagerungen, der Vorgang ihrer Verfestigung, ihre Heraushebung, der ganze mehrmalige Wechsel von Land und Meer, ließen ein sehr hohes Alter der Erde wahrscheinlich sein — eine Überzeugung, die in der zweiten Hälfte des 18. Jahrhunderts schon von vielen Gelehrten geteilt wurde. Wenn das Alter in Jahren ausgedrückt wurde, dann sprach man schon in der Größenordnung von Millionen (siehe Abschn. 3.).

Trotz einer so langen Erdgeschichte konnte aber noch mancher Wissenschaftler sich diese Teilüberflutungen (Transgressionen) nur schwer als allmähliche, über längere Zeit reichende Vorgänge denken, eher dagegen schon wie die örtlichen Überschwemmungen, die man selbst miterlebt oder von denen man gehört oder gelesen hatte. So findet sich etwa im letzten Viertel des 18. Jahrhunderts die Annahme einer Millionen Jahre langen Erdgeschichte, gepaart mit katastrophistischen Vorstellungen, wie z. B. bei von Justi (1771), G. C. Füchsel (1773) und J. H. Voigt (1786) (vgl. Abschn. 3. und 5.).

Doch auch die erdinneren Vorgänge, wie Vulkanismus und Hebungen von Erdkrustenteilen zu Gebirgen, sah man vielfach noch im Lichte von Katastrophen.

Statt der Annahme einer großen allgemeinen Katastrophe „Sintflut" hatte sich im Laufe des 18. Jahrhundert schon weitestgehend die Vorstellung von vielen einzelnen Katastrophen allgemeinen bis lokalen Charakters durchgesetzt, soweit man die Erdgeschichte katastrophistisch deuten wollte. Denn ein bewußt-aktualistisches Gesamtbild (siehe Abschn. 5.) entwarfen oder kamen ihm nahe schon DE MAILLET (erst 1748/49 veröffentlicht)[229]) und MORO (1740).[156]) KANTS Auffassungen unterschieden sich ganz wesentlich von katastrophistischen, auch VON TREBRA (1785) sprach sich gegen allgemeine Katastrophen aus. Trotz eines nicht bewußt-aktualistischen Gesamtbildes waren WERNERS (1749—1817) Vorstellungen ebenfalls nicht katastrophistisch (siehe Abschn. 5.).

Aber durch WERNER und seinen Neptunismus wurde das alte, auf allgemeine Wasserverminderung und auf eine einstürzende, ansonsten aber unbewegliche Erdkruste aufbauende geologische Weltbild noch für Jahrzehnte konserviert, besonders nachdem er aus dem sog. Neptunistenstreit[123]) zwischen 1788 und 1795 [175] letzten Endes als Sieger hervorgegangen war. Dieser Streit, so sehr er auch manche Gemüter erhitzt hatte und mit polemischer Schärfe geführt wurde, war nur der vordergründige Teil eines in Wirklichkeit tiefer gehenden Umdenkungsprozesses, durch welchen das alte geologische Weltbild ins Wanken geriet.

WERNER hatte, als er sein Lehramt 1775 in Freiberg antrat, seinen eigenen Worten zufolge das „System der Vulkanisten“ und darin den vulkanischen Ursprung des Basalts allgemein angenommen vorgefunden [175]. Er hat in seinem Einflußbereich diese fortgeschrittene Erkenntnis wieder beseitigt. Viele Wissenschaftler, die jedoch nicht annähernd einen Ruf wie er genossen, konnte er nicht überzeugen: Sie wußten auf Grund eigener Beobachtungen, daß bestimmte Gesteine tatsächlich vulkanischen Ursprungs sind. Das gesellschaftliche Interesse, das zu WERNERS Lehramt an der Bergakademie Freiberg (Sachs.) führte, das hohe Ansehen seiner Person[124]) und die große begeisterte Schülerzahl, denen er auch vorbildliche Arbeitsmethoden vermittelte, schufen ein zeitweiliges Übergewicht für sein neptunistisches System, das schon zur Zeit seiner vollsten Blüte nicht mehr auf der Höhe der fortgeschrittensten Erkenntnisse stand. So konnten sich auch manche anderen alten Vorstellungen latent halten (siehe Abschn. 5.).

Es entsprach der herrschenden und zunächst durchaus nicht falschen Auffassung, daß den einzelnen Zeitabschnitten der Erdgeschichte bestimmte typische Gesteine zuzuordnen sind. Die Gliederungen der übereinanderliegenden Gesteine nach „Gebirgsformationen", wie sie von Lehmann (1756), Füchsel (1761/73) und Werner (1787) vorgenommen wurden [56, 114, 178], waren in diesem Sinne aufgebaut. Man ging dabei aber auch von der aus der Bibel abgeleiteten Meinung aus, daß zuunterst die mit der Schöpfung hervorgebrachte Formation des mehr oder weniger kristallinen „Urgebirges" liegt und über dieser die Formation der sedimentären Ablagerungen, deren Herkunft teils dem Urmeer, teils der Sintflut zugesprochen wurde. Diese zweite Gebirgsformation erwies sich bei näherer Untersuchung noch weiter untergliederbar, so daß z. B. Werner (1790) zwischen den Formationen „Urgebirge", „Übergangsgebirge", „Flözgebirge" und „aufgeschwemmtes Gebirge" unterschied [178]. Dieses „aufgeschwemmte Gebirge", dem etwa das heutige Tertiär und Quartär entspricht, war natürlich auch noch im Sinne der Sintflut deutbar.

Die in diesen Gliederungen ausgedrückten Erkenntnisse waren die höchstmöglichen, die mit dem alten geologischen Weltbild noch erreichbar waren. Ihr Wert ist aber hoch zu bemessen, handelte es sich doch einmal um den Nachweis einer fortschreitenden Veränderung im Laufe der Erdgeschichte, zum anderen um eine ausgezeichnete Grundlage, um in Verbindung mit geologischen Karten, die man anzufertigen begonnen hatte, eine effektivere Rohstoffsuche betreiben und neu aufgeschlossene Schichtenfolgen einordnen zu können.

Die Vorstellung von einer ausschließlich zeittypisch-unwiederkehrbaren Folge von Gesteinen im Laufe der Erdgeschichte schließt weder eine aktualistische noch eine exzeptionalistisch-katastrophistische Betrachtensweise ein. Aber in letzter Konsequenz führt sie doch weg vom Aktualismus, weil sie einen sinnvollen Vergleich zwischen den gegenwärtigen Bildungen und denen der Vergangenheit leugnen muß. Vielleicht haben nicht zufällig die Schöpfer dieser Art von Gliederungen, trotz bester Vorsätze, doch kein bewußt-aktualistisches Gesamtbild der Erdgeschichte entworfen (Abschn. 5.).

Die — wie sich immer mehr zeigte — lange Vergangenheit nicht mehr von einem immer weiter in die Ferne rückenden Anfang aus zu beschreiben, sondern den gegenwärtigen Zustand als einen gewordenen rückschreitend zu erhellen, das versuchte in vorbildlicher Weise JAMES HUTTON. Weil er dabei wiederholt die offensichtliche Ähnlichkeit bestimmter gegenwärtiger Gesteine und Erscheinungen mit denen der Vergangenheit feststellen konnte und sah, daß nicht nur ständig Teile des Festlandes zerstört, sondern auch wieder neu in Erscheinung getreten sein mußten, ergab sich für ihn das Bild eines schier ewigen Kreislaufes, wie er es 1788 in seiner „Theory of the Earth" entwarf. Darin erkannte er ein ständiges Gleichmaß der Kräfte (Gleichförmigkeit — Uniformity) dergestalt, daß für allgemeine Katastrophen weder Platz war noch solche zur Deutung der Erscheinung notwendig waren. Der Anfang der Erdgeschichte, weil geologisch nicht zu erkennen,[157]) interessierte ihn nicht (siehe Abschn. 5.).

Die Gleichförmigkeit (Uniformity) verabsolutierte HUTTON keineswegs. Er wandte sich mit ihr gegen die Annahme plötzlicher unerklärlicher Kräfteäußerungen und benutzte sie im übrigen als theoretische Grundkonzeption, um Gesetzmäßigkeiten ableiten zu können (siehe [16]). Mit dem Hinweis auf einen „Kreislauf" wurde dem bisher nur als linear betrachteten historischen Prozeß das notwendige zyklische Element hinzugefügt. Nur ein Rest alter Vorstellungen war bei HUTTON geblieben: die Ausgewogenheit des Wechsels von Land und Meer zum Zwecke (!) der Erhaltung des Lebens, statt umgekehrt anzunehmen, daß dieses sich dem Wechsel angepaßt habe.

Von der Unwandelbarkeit der Pflanzenarten war er überzeugt, weil ihm dies mit einer „Gleichförmigkeit" ohne vernichtende Katastrophen vereinbar schien.

Die Abwendung von der Bibel als Richtschnur für die Wissenschaft, in der Geologie durch von Justi (1771) und Füchsel (1773) ausgesprochen (siehe [120] und Zitat 31), von Hutton (1788/95) am deutlichsten durchgeführt, brachte die Verteidiger alter Auffassungen wieder auf den Plan. So wollte Silberschlag (1780/83) die Sintflut nachweisen und eine an der Bibel orientierte Zeitrechnung für die Erdgeschichte durchsetzen (siehe Abschn. 3.). So attackierten Kirwan und Williams die Theorie Huttons, so trat Deluc in Erscheinung, wo er einen Abweichler witterte, beeinflußte Dolomieu und versuchte es auch bei Blumenbach und Hutton (siehe Abschn. 2.1. und 5.).

Analog dazu wurde 1788 ein „Edikt, die Religionsverfassung in den preußischen Staaten betreffend", von Friedrich Wilhelm II. erlassen, womit der Unterricht in den Schulen an die Bekenntnisschriften gebunden und den Universitäten eine dogmatische Lehrverpflichtung auferlegt werden sollte.[159])

Buffon, Lehmann, Füchsel und Werner hielten an der alten Vorstellung vom Einsturz und der dadurch überfluteten, ansonsten unbeweglichen Erdkruste fest. Ersterer war in dieser Angelegenheit schwankend (siehe Zitat 58), aber die drei deutschen Gelehrten fanden sich wohl in der regional bedingten Folge der von ihnen unterschiedenen „Gebirgsformationen" bestätigt. Neptunistische Ansichten über die Gesteinsentstehung und die flachlagernden Serien jungpaläozoischer bis känozoischer Sedimente in Mitteleuropa untermauerten dies. Der Hiatus zwischen diesen Serien einerseits und dem gefalteten Untergrund als dem Rest des einstmaligen variscischen (z. T. älteren) Gebirges andererseits existierte für sie nicht, weil man in letzterem eben das angeblich gleichfalls sedimentäre „Urgebirge" sah.

Von diesen Vorstellungen überschattet und in den Hintergrund gedrängt, hatte sich aber schon ein anderes geotektonisches Modell herauszubilden begonnen, welches im 18. Jahrhundert vor allem von VALLISNIERI, MORO, KANT, LOMONOSSOW, MICHELL und RASPE (in ihren Veröffentlichungen bis 1763) vertreten und bis zum Ende des Jahrhunderts z. B. von JUSTI, J. H. VOIGT, HUTTON und vor allem von SAUSSURE und J. L. HEIM klarer erkannt wurde (siehe Abschn. 2.2.). Meist waren es sog. Vulkanisten bzw. Nicht-Neptunisten, unter ihnen aber sowohl Aktualisten als auch Anhänger katastrophistischer Vorstellungen. Nach diesem Modell werden Gebirge bzw. größere Erdkrustenteile durch die ausdehnende Wirkung des erdinneren Feuers, durch vulkanische Kräfte oder durch Erdbeben gehoben, d. h. durch die damals bekannten endogenen Kräfte. Verwerfungen und Faltung der Schichten wurden als unmittelbare Folge der Heraushebung betrachtet. Zum Teil dachte man noch an Einsturz von Erdkrustenteilen, aber es wurde auch schon von Senkung gesprochen (J. L. HEIM). Vor allem aber wurde erkannt, daß die Erdkruste vertikal sich nicht nur nach einer, sondern nach beiden Richtungen bewegt.

Die Paläontologie des 18. Jahrhunderts war, zumindest die längste Zeit hindurch, noch im Stadium einer bloßen Versteinerungskunde. Man sammelte Fossilien, beschrieb und ordnete sie, man bildete sie ab, stellte auch gewisse Klassifikationen auf und wies auf die Ähnlichkeit vieler Fossilien mit heutigen Lebewesen hin. Fossilien, die man zunächst noch oft für nichts anderes als kuriose Naturspiele gehalten hatte, erfreuten sich großer Beliebtheit. Man widmete sich ihnen teils aus Freude an seltsamen Dingen, teils mit wissenschaftlicher Gründlichkeit, zumeist ohne sie mit den jeweiligen Fundschichten zusammen in eine zeitliche Beziehung zu bringen.

Bei der Geologie wiederum handelte es sich um eine „physikalische Geologie“, wobei dies nicht einmal ganz in unserem heutigen Sinne verstanden werden darf. Die

Gliederungen nach „Gebirgsformationen“[166]) wurden unter Ausschluß der Reste einstigen Lebens durchgeführt oder man paßte die Funde von geeignet erscheinenden Fossilien in diese ein (siehe Abschn. 4.2.). Trotzdem hatte man mit ihnen eine wenn auch noch bescheidene „Erdgeschichte“, während mit der bloßen Versteinerungskunde nicht das Bild einer Lebensgeschichte geschaffen werden konnte. Soweit man überhaupt damals ein zeitliches Nacheinander der Lebewesen behandelte, kam man kaum über die Vorstellung von einer abstammungslosen Rangfolge hinaus, wenn man von einzelnen weiterreichenden Vermutungen einmal absieht.

Erst im letzten Viertel des 18. Jahrhunderts stellte man vereinzelt eine Verbindung zwischen der physikalischen Geologie und der Versteinerungskunde her, wie z. B. Soulavie (1780—84) und Blumenbach (1779[171]) und 1790). Letzterer beklagte, daß dies nur wenig Interesse fände, selbst bei Hutton, den er hoch schätzte [17].

Dem englischen Landvermesser William Smith fiel „die wundervolle Ordnung und Regelmäßigkeit“ auf, wie er sich ausdrückte, mit der ganz bestimmte Fossilien in bestimmten Schichten auftreten, so daß er 1799 eine erste biostratigraphische Gliederung von England, Wales und Teilen von Schottland aufstellen konnte (siehe Abschn. 4.2.), deren praktische Bedeutung für die Parallelisierung weit voneinander entfernter Schichten und für die Erkundung mineralischer Rohstoffe schnell erkannt wurde. Schlußfolgerungen für eine Lebensgeschichte ergaben sich aber auch daraus noch nicht.

Auch in der Biologie begann im letzten Viertel des 18. Jahrhunderts sich ein Umdenken zu vollziehen. Die Präformationstheorie schlief nach zäher Langlebigkeit ein, nachdem die Tatsache der Epigenese (siehe bei Zitat 144) — von C. F. Wolff 1759 nachgewiesen — nun offenbar anerkannt wurde.

Hatte man vorher nur an eine bloße Rangfolge der Lebewesen geglaubt, wobei Duchesne (1766) und Pallas (1766) schon kurz vor dem Erkennen einer auf Abstammung gegründeten Stufenleiter standen, so vermutete man jetzt, daß die Analogien im Bau verschiedener Tiergattungen, -familien und -ordnungen abstammungsbedingt seien. Im Sinne einer solchen „Analogienlehre", dabei an eine Stufenleiter denkend, äußerten sich z. B. KANT (1771 und 1790) (siehe Zitate 152 und 153) und GOETHE (1790 und 1796) (siehe Zitate 155—157).[158,164])

Man begann zu erkennen, daß von einem dunklen Anfang aus nach und nach diejenigen Lebewesen erschienen sind, die die Gegenwart bestimmen, daß also das Leben eine Geschichte hat. Um die Jahrhundertwende nahmen solche Vorstellungen deutliche Formen an, z. B. bei H. STEFFENS (1801) (siehe Zitat 158) und G. R. TREVIRANUS (1802) (siehe Zitat 159 und 160), und wurden mit der Dezendenzlehre von LAMARCK (1809) in seiner „Philosophie zoologique" (siehe hinter Zitat 160 bis 169) auf einen ersten Höhepunkt gebracht. Damit war in der Biologie, ähnlich wie vorher durch HUTTON in der Geologie, die Emanzipation von der kirchlichen Lehrmeinung vollzogen.

VON BÜLOW (1960) vertrat die Auffassung, daß das 18. Jahrhundert, welches er als das des Diluvianismus bezeichnete, an Geologischem nichts Nennenswertes hervorgebracht hätte, nämlich vor allem Erdtheorien, denen die Bibel als einzige Erkenntnisquelle gedient habe. Weiter meinte er, daß man dieses Jahrhundert „mit Fug und Recht übergehen könnte, wenn nicht aus diesem Sumpf die ersten zarten Blüten einer kommenden Erdgeschichtsforschung erwachsen wären" ([35], S. 162), womit er vor allem DE MAILLET, LEHMANN, FÜCHSEL und WERNER im Auge hatte.

Diesem Urteil kann man nicht zustimmen. Abgesehen davon, daß nur eine einfache „physikalische Geologie" vorhanden sein konnte, bedingt auch durch den Entwicklungsstand in der Biologie, beschränkten sich die als „geologisch" zu bezeichnenden Publikationen, selbst solche aus der ersten Hälfte des Jahrhunderts, nicht auf diese

Erdtheorien. Diejenigen von VALLISNIERI, MORO, GENERELLI und KANT gehören nicht in jenen Umkreis. Die Literatur war gegenüber dem vorausgegangenen Jahrhundert enorm angewachsen, und es ist nicht verwunderlich, daß die Erdtheorien jener Zeit durchaus von sehr unterschiedlichem Wert waren. Diejenige z. B. eines BUFFON und die eines SILBERSCHLAG stehen meilenweit voneinander entfernt, sowohl was den Inhalt als auch die Zielstellung betrifft. Hier das Ringen um den Fortschritt der wissenschaftlichen Erkenntnis — zwar oft mit einem Seitenblick auf die Bibel —, dort der unverhohlene Versuch, diesen aufzuhalten, verbrämt mit Wissenschaftlichkeit vortäuschendem Rankenwerk. In den meisten Fällen versuchte man, wirkliche wissenschaftliche Einzelerkenntnisse zu einem Ganzen zu vereinen, wobei man sich den Umständen gemäß an der Bibel orientierte. Es ist aber ein großer Unterschied, ob jemand wissenschaftliche Erkenntnisse in ein bestehendes altes Leitbild unkritisch einfügt oder ein solches Leitbild als eine gewisse Orientierung verwendet, um kritisch seine eigenen Vorstellungen zu entwickeln.

Abgesehen davon, daß niemand „mit Fug und Recht" die manchmal auch etwas unrühmlichen Abschnitte der Geschichte übergehen kann, war für das 18. Jahrhundert weniger der Diluvianismus kennzeichnend als vielmehr der Prozeß des Umdenkens, der Auseinandersetzungen, der Loslösung von kirchlicher Bevormundung, kurz, die „Aufklärung" in der Geschichte der Geologie während der zweiten Hälfte, besonders aber im letzten Viertel jenes Jahrhunderts. Er widerspiegelt in diesem Teil der Wissenschaften das, was sich in anderen Bereichen des gesellschaftlichen Lebens etwa zu dieser Zeit vollzog,[163]) wie die industrielle Revolution in Großbritannien, das literarische Aufbegehren des Sturm-und-Drang in Deutschland und die bürgerlich-demokratische Revolution in Frankreich.

Eingebettet in einen bewußten Aktualismus und überzeugt von einer hunderte Millionen Jahre langen Erdgeschichte (siehe Abschn. 3. und 5.), legte LAMARCK 1809 mit der „Philosophie zoologique“ seine auf Untersuchungen gegründeten Vorstellungen über die Entwicklung des Lebens vom Niederen zum Höheren durch Anpassung und Vererbung vor. LAMARCK, dessen Werk oft mißverstanden und dahingehend verzerrt und lächerlich gemacht wurde, als ob neue bzw. veränderte und damit den Umweltbedingungen angepaßte Organe auf den Willen der Lebewesen zurückzuführen seien, stand kurz vor der Erkenntnis, daß die natürliche Auslese ein bestimmender Faktor für die Entwicklung des Lebens war (siehe Abschn. 4.2. am Ende der Bemerkungen über DARWIN).

Erd- und Lebensgeschichte bildeten für ihn dahingehend eine Einheit, daß stetige langsame Vorgänge sich hier wie dort im Laufe sehr langer Zeiten zu deutlich sichtbaren Veränderungen summieren und daß keine lebenvernichtenden Katastrophen diesen Prozeß unterbrochen haben. Sein Werk war eine ausgezeichnete Untermauerung des Aktualismus, was selbst später von LYELL nicht erkannt wurde.

6.4. Vom Rückschlag durch die kontinentaleuropäische Restauration bis zum Abschluß der Herausbildung der Geologie als Wissenschaft um die Mitte des 19. Jahrhunderts

Im Gegensatz zu LAMARCKS Auffassungen und denen anderer über die offenbare Entwicklung der Lebewesen stand die auf Artenkonstanz aufbauende Typenlehre CUVIERS (siehe vor Zitat 173), die Abschluß und Höhepunkt des alten Weltbildes war. Mit seiner erstmals 1812 erschienenen und wiederholt aufgelegten Katastrophentheorie wurden nicht nur regionale Untersuchungsergebnisse unzulässig verallgemeinert, sondern vor allem im ganz bewußten Gegensatz Erkenntnisse und Theorien der vorausgegangenen Jahrzehnte negiert und als angeblich überholt hingestellt, wie z. B. die Bedeutung langsam wirkender Vorgänge, der Aktualismus und die sehr lange Erdgeschichte (siehe Zitate 121, 272 bis 274 und 277), von der Ablehnung einer Entwicklung des Lebens ganz zu schweigen (siehe Abschn. 4.2.).

Diese durch und durch restaurative Theorie war eine ausgezeichnete Unterstützung für die 1814/15 mit der Rückkehr der Bourbonen einsetzende Restauration in Kontinentaleuropa, weshalb sie sich vor allem in Frankreich, aber auch in Deutschland immer mehr ausbreitete (siehe Abschn. 5.).

Aus Paris, der naturwissenschaftlichen Hauptstadt jener Zeit [79], CUVIERS Katastrophentheorie (1812 und später), aus Deutschland VON BUCHS katastrophistische Schlammfluttheorie (1811/15 und 1827)[162]), aus England BUCKLANDS „Nachweis" der Sintflut (1823) (siehe Abschn. 2.1.) und noch einmal aus Frankreich BRONGNIARTS indirekte Andeutung der Sintflut (1829) (siehe Abschn. 2.1.) — das waren die Marksteine einer großen Krise in den Wissenschaften von der Erd- und Lebensgeschichte. Durch diese Gelehrten wurde die Verbreitung solcher überholten Ansichten gefördert, und es hat sich auch einer der wohl berühmtesten Männer jener Zeit, ALEXANDER VON HUMBOLDT, welcher sich seit 1807 in Paris aufhielt [79], nicht dagegengestellt. Auch HEGELS Auffassungen, daß die Natur einer Entwicklung in der Zeit nicht fähig sei, sondern nur im Raume [101], paßten zum Katastrophismus.

Gegen den Katastrophismus konnte von HOFFS klar formulierter bewußter Aktualismus (ab 1822), mit vielen Beispielen belegt, nichts ausrichten, obwohl es an Stimmen gleicher oder ähnlicher Art keineswegs gefehlt hat, z. B. VON CHARPENTIER (1804) (siehe Zitat 267), REINECKE (1818) (siehe Zitat 281), VON SCHLOTHEIM (1820) (siehe Zitat 282) und PREVOST (vor 1828) (siehe Abschn. 5.).

Nicht einmal LYELL vermochte mit seinen „Principles of Geology" (1830—33) daran grundlegend etwas zu ändern, obwohl er die Notwendigkeit und Möglichkeit aktualistischer Vergleiche und das richtige Zeitmaß der

Veränderungen überzeugend darlegte (siehe Abschn. 5.). Er lieferte darüber hinaus mit seiner totalen Ablehnung der Deszendenzlehre LAMARCKS und seiner unsachlichen, manchmal geradezu unsinnigen Kritik (siehe Zitate 174—177) den Katastrophisten noch Wasser auf ihre Mühlen.

Deshalb ist es nur zu erklärlich, daß — nachdem CUVIER 1830 seinen Sieg über E. GEOFFROY DE SAINT-HILAIRE vor der Akademie der Wissenschaften zu Paris davongetragen hatte (siehe Abschn. 4.2.) und der Aktualist LYELL den Aktualisten und Begründer einer auf wirkliche Abstammung gegründeten Lehre, LAMARCK, vernichtend kritisiert hatte — der Katastrophismus nunmehr erst seinen Höhepunkt erlebte (siehe z. B. DE BEAUMONT, Abschn. 5.; F. HOFFMANN, Zitat 293; D'ORBIGNY, Zitat 295 und H. G. BRONN, Zitat 186). Die Katastrophentheorie wurde gleichsam zur offiziellen Lehrmeinung (siehe Zitat 301).

So wurden im Gefolge der Restauration, ganz ähnlich wie nach der Gegenreformation, die Erkenntniswege zur Erd- und Lebensgeschichte für Jahrzehnte behindert. Gewisse alte Anschauungen aus dem Neptunismus und der Sintflutgedanke konnten sich dadurch ebenfalls noch einige Zeit halten.

Die alten geotektonischen Vorstellungen vom Einsturz der Erdkruste wurden von CUVIER übernommen (siehe Zitat 35), von BRONGNIART im Prinzip noch 1829 vertreten (siehe Abschn. 2.2.) und auch von einigen treuen Neptunisten beibehalten, zu denen u. a. GOETHE gehörte.

Als aber LEOPOLD VON BUCH, einer der berühmtesten Schüler WERNERS, sich unter den Eindrücken seiner Reisen nach Italien, den Kanarischen Inseln, der Auvergne und nach Skandinavien vom Neptunismus abwandte und ab 1810 auch Hebungstheorien vertrat (siehe Abschn. 2.2.), setzte sich die in den Hintergrund gedrängte Vorstellung von der vertikal nach beiden Richtungen bewegten Erdkruste und den Wirkungen endogener Kräfte rasch durch. Von A. VON HUMBOLDT und vor allem von DE BEAUMONT mit kräftigen Impulsen versehen, wandelte sich dieses Modell ganz rasch in ein neues, drittes, um.

Neben relativ langsamen Hebungen und Senkungen größerer Gebiete unterschied man die zunächst noch ziemlich schnell gedachte Heraushebung von Gebirgen, welche bevorzugten Richtungen folgen. Faltung wird als durch seitlichen Druck erzeugt erkannt. Bewegungen erfolgen, also nicht nur vertikal nach beiden Richtungen, es ist auch eine horizontale Komponente im Spiel. Der Antrieb dieser Vorgänge wurde in der Schrumpfung der Erde infolge von Abkühlung gesehen (BEAUMONT). Aufgefallen war bereits, daß die Faltung älter ist als die Hebung (A. VON HUMBOLDT, siehe Zitat 63).

Weiter ausgebaut wurde dieses Modell später von J. HALL, DANA und SUESS. Der allgemeine Rahmen der Schrumpfungstheorie führte zu der Vorstellung vom fortschreitenden „Zusammenbruch des Erdballs" (SUESS ab 1883, siehe Abschn. 2.2.). Das ist gewissermaßen auf höherer Ebene die Wiederkehr vom alten Modell des Einsturzes der Erdkruste.

Im Schoße dieser geotektonischen Vorstellungen wuchs aber bereits ein weiteres, viertes Modell. Die auffälligen Formen der Südkontinente und der großen Halbinseln waren der Anlaß. Ihr heute fehlender Zusammenhang wird durch Talbildung und Trennung infolge von Störungen im Gleichgewicht der endogenen Kräfte (A. VON HUMBOLDT, siehe Zitat 64) oder durch das Schwimmen von Segmenten auf dem flüssigen Erdkern (W. L. GREEN 1857) oder durch Trennung infolge von kosmischen Katastrophen (SNIDER-PELLEGRINI 1859) erklärt. Damit werden außer den vertikalen auch weitreichende horizontale Bewegungen, zumindest teilweise, angenommen. Neben den bisher fixistischen Modellen entstand die Vorstufe zu einem mobilistischen Modell.

Zur Zeit der Herrschaft der Katastrophentheorie wurde natürlich auch auf anderen Gebieten umfangreiche wissenschaftliche Kleinarbeit geleistet. Dies soll keineswegs abwertend verstanden werden, denn das so entstandene Mosaik zahlloser Fakten trug mit dazu bei, ein modernes geologisches Weltbild aufzubauen.

Aus der bloßen Versteinerungskunde war mittlerweile eine Paläontologie geworden. Man beschrieb und untergliederte die Sedimentgesteinsfolgen anhand von Fossilien — Geologie war ohne Paläontologie nicht mehr denkbar —, man betrieb also verstärkt Stratigraphie, vor allem Biostratigraphie. Stellvertretend sollen genannt werden: BRONGNIART 1829, SEDGWICK 1833/39, VON ALBERTI 1834, MURCHISON 1835/39/41, VON BUCH 1837, F. ROEMER 1844 [9, 33].

Von diesen sechs hier genannten Forschern, von denen mindestens vier keine Aktualisten waren, darf man annehmen, daß sie von einem sehr hohen Alter der Erde überzeugt waren. Eine Erdgeschichte bis in die hundert Millionen Jahre wurde von Wissenschaftlern damals kaum mehr ernsthaft bestritten.[165]) Auch hieran zeigt sich wiederum, was schon an mehreren Beispielen bewiesen wurde, daß der Glaube an allgemeine Katastrophen und die Überzeugung von einem sehr hohen Alter der Erde durchaus gekoppelt sein konnten, daß das Wissen um die lange geologische Vergangenheit nicht automatisch zum Aktualismus führte.

Daneben gab es einige wenige Leute, die sich auch in theoretischen Dingen ihren klaren Blick nicht vernebeln ließen. Hier ist vor allem BERNHARD VON COTTA zu nennen, der ab 1842 an der Bergakademie Freiberg (Sachs.) lehrte und nicht dem Katastrophismus erlegen war. Auf einen bewußten Aktualismus aufbauend, vertrat er ab 1848 die fortschreitende Entwicklung der Erde und des Lebens ([63a] und Zitate 183, 297—300).

Aufsehen aber erregte das 1844 zunächst anonym erschienene Werk des Engländers CHAMBERS (siehe [40]), welches 1853 bereits die 10. Auflage erlebte und erst mit der 12. Auflage im Jahre 1884 unter seinem Namen erschien [145]. Scharf kritisierte er die offensichtlichen Widersprüche zwischen den herrschenden Auffassungen über die Erd- und Lebensgeschichte (siehe Zitat 178) und vertrat eine Entwicklung der Organismen in fortschreitender Reihe von den niedersten zu den höchsten Formen (siehe Zitate 179 und 181).

Carl Vogts materialistische Anschauungen (1851) (siehe Zitat 180), seine für die Emanzipierung der Wissenschaft von der Bibelauslegung eintretende Streitschrift „Köhlerglaube und Wissenschaft“ (1855) auf der einen Seite und seine Verteidigung der Katastrophentheorie (ebenfalls Zitat 180) auf der anderen, wobei er gleichzeitig Chambers' völlig entgegenstehendes Werk in Deutschland bekanntmachte, sind ein Ausdruck der sich immer mehr offenbarenden Widersprüche innerhalb der herrschenden Auffassungen.

Diese Widersprüche, weiter die Tatsache, daß selbst Katastrophisten mit einer sehr langen Erdgeschichte rechneten, und der Umstand, daß die Geologie in der Paläontologie nunmehr ein festes Bindeglied zur Biologie hatte, führten mit dem Erscheinen von Darwins „Entstehung der Arten“ (1859) dazu, daß die Katastrophentheorie erdrutschartig zusammenbrach. Es bedurfte nur dieses Anstoßes, denn die Zeit war überreif dazu. Was Lamarck auf dem Gebiet der Entwicklungslehre gründlich, aber erfolglos vorbereitet hatte, konnte Darwin vollenden (siehe auch Abschn. 4.2.).

Daß Darwins Theorie von der Zuchtwahl (Auslese) durch den Kampf ums Dasein gerade aus Großbritannien mit seinem weitentwickelten und durch Konkurrenz- und Existenzkampf gekennzeichneten Kapitalismus kam, ist bemerkenswert. Hieran zeigt sich, wie das Entstehen bzw. die schnelle Durchsetzung einer wissenschaftlichen Theorie mit dem Stand der Produktivkräfte und den gesellschaftlichen Verhältnissen in engem Zusammenhang steht.

Die Erkenntnisse zur Erd- und Lebensgeschichte haben auf ihrem langen Weg immer auch Fragen der

Weltanschauung, Fragen der Philosophie berührt, weshalb sie und die Auseinandersetzungen darüber bis ins vorige Jahrhundert hinein stets ein breites Interesse gefunden haben. Oft ging es dabei um die beiden Grundrichtungen der Philosophie, um Materialismus oder Idealismus. Wenn man bedenkt, daß der Katastrophismus seine Wurzeln im Idealismus, der Aktualismus dagegen unverkennbar materialistische Bezüge hat, dann wird klar, welche Bedeutung der Tatsache zukommt, daß um die Mitte des 19. Jahrhunderts der Katastrophismus endlich überwunden wurde, daß sich die Erkenntnis von der Entwicklung der Lebewesen durchsetzte und theoretisch begründet worden war. Damit wurden wesentliche Beweise für die materielle Einheit der Welt und für den dialektischen Zusammenhang in der Natur geliefert.

Karl Marx beschäftigte sich ab 1844, ausführlich ab 1863, mit dem Studium geologischer Arbeiten. Dieses Studium diente, wie Reiprich (1968) feststellte, partiell seinen ökonomischen Untersuchungen. Darüber hinaus erkannte Marx aber auch die Bedeutung der Geologie für die Entwicklung der materialistischen Dialektik, weil sich in ihr, insbesondere im 19. Jahrhundert, wesentliche philosophische Probleme offenbarten [135b].

Friedrich Engels begann 1873 mit den Vorarbeiten zu seiner von ihm allerdings nicht mehr vollendeten „Dialektik der Natur“ und gab 1878 seinen „Anti-Dühring“ heraus. In diesen beiden Werken verallgemeinerte er die Erkenntnisse der Naturwissenschaften, darunter auch die aus der Erd- und Lebensgeschichte, und entwickelte die Grundauffassungen des dialektischen und historischen Materialismus weiter, die ihrerseits als weltanschauliche und methodologische Grundlagen der Wissenschaften den Erkenntnisprozeß in den einzelnen Wissenschaften förderten.

7. Schlußfolgerungen

7.1. *Die weltanschauliche Bedeutung des Aktualismus und des Katastrophismus*

Mit dem Aktualismus auf der einen Seite und dem Katastrophismus auf der anderen wurden immer auch Grundfragen der Philosophie berührt. Es waren konträre Betrachtensweisen, die weder als Methodenstreit (HOOYKAAS 1970) aufzufassen sind, noch je unter einem gemeinsamen Dach (VON BÜLOW 1960, siehe Zitat 318) ihren Platz finden konnten. An der Auseinandersetzung über sie entschied sich die Wissenschaftlichkeit des geologischen Weltbildes.

Sowohl Aktualisten als auch Katastrophisten gingen von beobachtbaren Tatsachen aus und stellten zunächst einfache aktualistische Vergleiche an entsprechend der Stufe 1, Vorstufe des Aktualismus (siehe Abschn. 5.1.). Aber wesentliche Teile der Deutung sowie der Blickpunkt, unter dem die Beobachtungen durchgeführt und mit der Deutung zu einem Gesamtbild vereinigt wurde, unterschieden sich grundlegend; sie hatten einen unterschiedlichen weltanschaulichen Hintergrund.

Der Aktualismus wurzelt in der Überzeugung vom „ewigen“ Wirken der Naturgesetze, eine Überzeugung, die schon dem antiken Materialismus eigen war. Sie konnte aber durchaus auch religiös gefärbt sein und war damit Ausdruck des Glaubens an die ewige göttliche Ordnung, insbesondere in Form des sog. progressiven Deismus (nachdem Gott die Naturgesetze „geschaffen“ hatte, wirken sie in der „vorgeschriebenen“ Weise immer fort; nirgends in der Natur wird dagegen verstoßen, Gott selbst verstößt nicht gegen sie; siehe z. B. MORO 1740, Zitat 107). Der Aktualismus geht selbst unter dieser religiösen Überzeugung allein von den materiellen Erscheinungen aus und führt alle Deutungen auf diese zurück; unbekannte und unerklärliche Kräfte werden ausgeschlossen.

Nun wäre es widersinnig zu behaupten, der Katastrophismus habe das Wirken von Naturgesetzen negiert. Der weltanschauliche Hintergrund sah jedoch ganz anders aus. Kennzeichnend für katastrophistische Vorstellungen ist die Annahme unerklärlicher Kräfte, die den „normalen" Lauf der Dinge plötzlich unterbrechen, bzw. die Annahme, daß manche Kräfte früher stärker gewirkt haben als heute (siehe Abschn. 5.1.). Den Naturgesetzen wird ein sehr wechselhaftes, von außen her beeinflußtes Wirken zugestanden, bzw. die Kontinuität ihres Wirkens wird negiert (siehe auch Zitat 272). Selbst noch in der Spätphase des Katastrophismus haben Naturwissenschaftler solche Unerklärlichkeiten angenommen, teils mit der unverkennbaren Überzeugung, daß man die Ursachen wohl nie wird ergründen können (z. B. D'ORBIGNY 1849, siehe Zitat 295). Das, was wir die Erkennbarkeit der Welt nennen, wird damit abgestritten.

Daß der ausgeprägte Katastrophismus eine relativ späte Erscheinung in der Geschichte der Geologie ist, könnte zu der Ansicht verführen, hier offenbare sich doch eine gewisse neue Erkenntnisstufe. Dem ist aber nicht so. Der Prototyp der allgemeinen Katastrophe ist in der Bibel als Sintflut vorgezeichnet, wenn man hier einmal von viel älteren Vorbildern absieht. Im Zusammenhang mit erdgeschichtlichen Deutungen blieb es nicht allein bei dieser einen Katastrophe. Schon zu der Zeit, als noch die Sintflut-Erdtheorien in Blüte standen, wurde teilweise bereits die Katastrophe des biblischen Weltbrandes in den erdgeschichtlichen Ablauf mit einbezogen (BURNET 1632/35—1715, siehe vor und nach Zitat 232). Auch dort, wo der Bezug zur biblischen Sintflut fehlte, aber Wasserbedeckung der Erde und Vulkanbrandkatastrophe in einem wiederkehrenden Kreislauf einander abwechseln sollen (z. B. DE MAILLET 1656—1738, siehe vor und nach Zitat 233), ist es nur der Versuch, das offensichtlich als feststehend angenommene „eschatologische Handeln Gottes“[114]) klassisch-mechanistisch zu deuten. So fand die wiederkehrende allgemeine Katastrophe ihren Eingang in das geologische Weltbild.

In der Spätphase des Katastrophismus, seiner eigentlichen Blütezeit etwa zwischen 1830 und der Mitte des 19. Jahrhunderts, verstieg man sich, ganz auf der Grundlage der CUVIERschen Katastrophentheorie, zu der Ansicht, daß mindestens zwischen jeder geologischen Periode ein Untergang der alten und das Erscheinen einer neuen Lebewelt erfolgt sein müsse (siehe z. B. BRONN 1858, Zitat 186). Mit der Katastrophentheorie und ihrem mehrmaligen Erscheinen neuer Lebewelten hat nicht etwa der Glaube an den biblischen Schöpfungsakt einen Stoß erhalten (wie GUNTAU 1967 meinte und wie widerlegt werden konnte, siehe Zitat 279 und folgende Zeilen), denn die Schöpfung ist nach der Bibelexegese kein einmaliges Faktum, sondern wiederholt sich in der Geschichte im Zusammenhang mit dem eschatologischen Handeln Gottes (siehe Zitat 232). Der Katastrophismus stand von Anfang an bis zu seinem Ende voll und ganz auf dem Boden der Bibelexegese.

Schon der Aktualismus am Übergang vom Mittelalter zur Neuzeit folgte einem strengen Determinismus, da er nur objektive Zusammenhänge gelten ließ und übernatürliche Ursachen und immaterielle Prinzipien ablehnte. Er entsprach damit bereits der sich herausbildenden klassischen Mechanik, welche die Grundlage des mechanischen Materialismus war. Dort, wo der Aktualismus mit idealistischen Vorstellungen verknüpft war, handelte es sich um den progressiven Deismus, der ja ebenfalls von objektiven Kausalzusammenhängen ausging, daneben aber auch präexistierende göttliche Ziele gelten ließ wie der Katastrophismus. Der Aktualismus kam folgerichtig zu der Erkenntnis, daß alle Prozesse und Bewegungen in der Natur kontinuierlich ablaufen, daß die Natur keine „Sprünge“ macht, was wiederum voll und ganz mit den Erkenntnissen der klassischen Mechanik übereinstimmte.

Ein katastrophischer Verlauf der Erd- und Lebensgeschichte stand demzufolge nicht zur Diskussion.

Die Vorstellung von der Kontinuität erschöpfte sich nicht etwa nur in einer simplen Gleichförmigkeit, wie nicht selten behauptet wurde. Es konnte nachgewiesen werden (Blei 1977), daß bereits James Hutton (1795) nach eigener Aussage Gleichförmigkeit nur annahm, um Gesetzmäßigkeiten daraus abzuleiten, und daß selbst Lyells Uniformitarismus nicht ausschließlich simpler Gleichförmigkeit huldigte. So ist also bei Hutton bereits die Annahme von einem kontinuierlich-diskontinuierlichen Verlauf der Erdgeschichte andeutungsweise vorgezeichnet. Später meinte Bernhard von Cotta (1839 und 1858) sogar, daß die Wirkungen der Gesetze und Kräfte sich mit ihren Objekten im Laufe der Erdgeschichte verändert haben (siehe Zitate 286 und 298). Darin widerspiegelt sich bereits der Übergang vom mechanischen zum dialektischen Materialismus. Trotzdem wurde der Aktualismus bis weit in unser Jahrhundert hinein oft nur im Blickfeld der klassischen Mechanik gesehen und mißverstanden als Methode der schematischen aktuogeologischen Erdgeschichtsdeutung. Zu recht wurde eine solche Methode abgelehnt, weshalb es allerdings auch Tendenzen gab, den Aktualismus selbst abzulehnen (Beringer 1929; Beurlen 1935/36), weil er von einigen nicht als ein entwicklungsfähiges Prinzip erkannt wurde.

Der Meinung, die Katastrophisten des 19. Jahrhunderts hätten das Prinzip der sprunghaften Veränderung in der Natur eingeführt (Ravicovič 1974), muß widersprochen werden, da sonst der Eindruck entstehen würde, diese hätten den dialektischen Sprung (Diskontinuität) innerhalb der Entwicklung erkannt. Es braucht nicht bewiesen zu werden, daß die Sprünge in Form der aus der Bibel abgeleiteten oder mit der Bibelexegese in Einklang stehenden übernatürlichen allgemeinen Katastrophen nichts mit einem dialektischen Sprung innerhalb der Entwicklung zu tun haben. Der dialektische Sprung wird definiert als ein bestimmtes Stadium innerhalb der Veränderung bzw. Entwicklung eines Objekts, welcher durch kontinuierliche und allmähliche quantitative Veränderungen vorbereitet wird. Im Paradebeispiel des Katastrophismus des 19. Jahrhunderts, der Katastrophentheorie CUVIERS, wird eine vorbereitende quantitative Veränderung überhaupt bestritten (siehe Zitate 273 und 274), d. h. der bekannteste und berühmteste unter den Katastrophisten stellt den Katastrophismus selbst dorthin, wo er weltanschaulich tatsächlich steht; fernab von jedem Entwicklungsgedanken wird die vorbereitende, unabdingbar notwendige evolutionäre Ursache des Sprungs ins mystische Dunkel verlegt. Auf den zeitlichen und weltanschaulichen Zusammenhang der Katastrophentheorie CUVIERS mit der kontinental-europäischen Restauration wurde schon hingewiesen (siehe Abschn. 6.4. sowie vor Zitat 280 bis vor Zitat 281). Entwicklung kann sich nicht vollziehen ohne evolutionäre Veränderungen. Das hat vor CUVIER bereits LAMARCK (1809) erkannt. Er erkannte die evolutionären Veränderungen sowohl im anorganischen Bereich als auch in der Lebewelt (siehe Abschn. 6.3.) und verband so den Aktualismus mit dem Entwicklungsgedanken. Eine Kette mystischer Katastrophen- bzw. Schöpfungssprünge steht mit Entwicklung in keinerlei Zusammenhang. Zwischen dieser Art von Sprüngen und der natürlichen evolutionären Veränderung bzw. Entwicklung kann keine dialektische Einheit im Sinne von Kontinuität und Diskontinuität hergestellt werden. Sie wäre gleichbedeutend mit dialektischer Einheit von Wissenschaft und Wunderglaube.

Der Katastrophismus erhielt seinen Todesstoß dadurch, daß sich mit DARWINS „Entstehung der Arten“ (1859) endlich die Erkenntnis von der evolutionären Entwicklung durchsetzte. Nicht das Erkennen einer sehr langen Zeit der Erdgeschichte löste den Katastrophismus ab, wie allgemein angenommen wird, denn manche Katastrophisten, lange vor CUVIER, rechneten mit einer für die damalige Zeit außerordentlichen Größe von Millionen von Jahren (siehe Abschn. 6.3.). Auch in diesem Punkt ist CUVIER nicht durch den Zwang der Tatsachen zu seiner Theorie gekommen, sondern durch den Zwang seiner Überzeugung (siehe zwischen Zitat 274 und 275). Denn wer die Bedeutung quantitativer evolutionärer Veränderungen nicht erkennt oder gar bestreitet, für den können ohne jede Folge die Zeiten zwischen den einzelnen allgemeinen Katastrophen durchaus auch lang sein; alle bzw. alle bedeutungsvollen Veränderungen im Laufe der Erdgeschichte geschehen für ihn nur durch Katastrophen. Nicht die Überzeugung von einer sehr langen Erdgeschichte verhalf dem Aktualismus zum Durchbruch, sondern das Erkennen evolutionärer Veränderungen. Andererseits kam aber jeder Aktualist, ohne Ausnahme, zu einer seiner Zeit gemäßen Vorstellung von einer langen Erdgeschichte. Das unterstreicht ein weiteres Mal, daß das Verhältnis zwischen Aktualismus und Katastrophismus nicht ein Methodenstreit war, sondern weltanschaulich begründet ist. Der Katastrophismus ist tief im Idealismus verwurzelt; der Aktualismus hat einen deutlich materialistischen Bezug.

Das Überhandnehmen des Katastrophismus in der ersten Hälfte des 19. Jahrhunderts brachte die Geologie in eine Krise und führte sie in eine Sackgasse; der Aktualismus, von je her mehr oder weniger deutliches Prinzip wissenschaftlicher Naturbetrachtung, führte sie wieder heraus. Damit war die Herausbildung der Geologie als Wissenschaft endgültig abgeschlossen.

7.2. *Entwicklungsetappen*

Für die Erkenntnisse zur Erd- und Lebensgeschichte waren große Entwicklungsabschnitte anderer Wissenschaften von entscheidender Bedeutung. In diesem Fall waren es in zeitlicher Reihe die Astronomie, die Physik und die Biologie. Innerhalb solcher Abschnitte wurden grundlegende und richtungsweisende Erkenntnisse gewonnen, die den Weg der Herausbildung der Geologie als Wissenschaft entscheidend beeinflußt haben. Für jeden dieser Abschnitte ist, in bezug auf die unten genannten Erkenntnisse, eine bestimmte Philosophie charakteristisch, wobei selbstverständlich der Einfluß der Philosophie auf den Entwicklungsgang der Naturwissenschaften vielgestaltiger ist, als hieraus hervorgeht.

1. Schon im Mittelalter und beim Übergang zur Neuzeit waren — noch im Schoße des geozentrischen Weltbildes — folgende wichtige Erkenntnisse, die allerdings nicht allgemein anerkannt wurden, herangereift:

— Die Erklärung von Erdbeben und Vulkanausbrüchen als zusammenhängende Ereignisse, wenn auch aus exogenen Ursachen heraus (von außen her eingedrungener Wind und eingedrungenes Wasser, z. T. unter Beteiligung von oberflächennah gedachten Erdbränden durch brennbare Substanzen) statt aus endogenen.
  Zum Beispiel: Albertus Magnus (1192/93—1280)
  Konrad von Megenberg 1349/50
  Georgius Agricola 1546 (zumindest damals noch Anhänger des geozentrischen Weltbildes)

— Die Erklärung geologischer Vorgänge, vor allem der Abtragung und Ablagerung, durch bemerkenswerte einfache aktualistische Vergleiche.
  Zum Beispiel: Ristoro d'Arezzo 1282
  Leonardo da Vinci (1452—1519)

— Die richtige Erklärung der Herkunft bestimmter mariner Fossilien und ihrer Einbettung im Gestein.
  Zum Beispiel: Ristoro d'Arezzo
  Leonardo da Vinci
  Alessandro Degli Alessandri (1461—1523)
  Geronimo Fracastoro (1483—1543/53)

- Die Sintflut wurde angezweifelt (Leonardo da Vinci) bzw. zur Deutung nicht herangezogen (Georgius Agricola).
- Die Erklärung der offenbar erkannten ungleichen Verteilung von Land und Meer als Folge eines gedachten Pendelns des angeblich exzentrisch zum Mittelpunkt der „Welt" liegenden Mittelpunkts der Erde, weshalb es zu einem wiederkehrenden Wechsel der Verlagerung von Land und Meer, dem Entstehen und Vergehen von Gebirgen und zu Abtragung und Ablagerung „von einer Seite der Erde zur anderen" kommen soll.
  Albert von Sachsen (um 1316–1390),
  von Leonardo da Vinci aufgegriffen.

Die von der Astronomie des Mittelalters (wieder-)gewonnene Erkenntnis von der kugelförmigen Gestalt des Himmelskörpers Erde gestattete, als bleibendes Ergebnis, eine prinzipiell richtige großräumige Einordnung geologischer Phänomene. Die geotektonische Hypothese Alberts von Sachsen war bereits eine Verbindung der „Himmelsmechanik" mit Vorgängen auf der Erde. Sie zeigt, daß die physikalischen Vorgänge in einem größeren Zusammenhang gesehen wurden – eine Vorahnung der späteren klassischen Mechanik.

2. Seit dem heliozentrischen Weltbild in der Astronomie durch Nicolaus Copernicus 1543 wurden in kurzer Zeit wichtige Erkenntnisse gewonnen bzw. Vorstellungen entwickelt, die sich erst viel später als prinzipiell richtig erweisen sollten.

Zum Beispiel: Giordano Bruno (Schriften von 1582 bis 1591)

- die Unendlichkeit des Raumes (Weltalls),
- die ständige Bewegung in der Natur als ständige Veränderung in Raum und Zeit.

Auf die Erd- und Lebensgeschichte bezogen gelangte Bruno dabei zu Vorstellungen

- von einem bewußt-aktualistischen geologischen Gesamtbild,
- von einer, wenn auch z. T. noch spekulativen Stufenleiter des Lebens vom Niederen zum Höheren,
- von Phylogenie und Embryologie.

Die Erkenntnis über die ständige Veränderung in Raum und Zeit in der Natur war die Voraussetzung für das spätere richtige Erkennen evolutionärer Vorgänge und führte außerdem schon bald zum, wenn auch langsamen Loslösen von der wörtlichen Auslegung des biblischen Zeitmaßes für die Erdgeschichte.

Die Zusammenfassung, Untermauerung und Weiterentwicklung der Erkenntnisse dieses Abschnittes erfolgte in der Philosophie Giordano Brunos (1548—1600).

Das Erkennen der Erde als einen Planeten der Sonne führte zu der Vorstellung, daß die erdinnere Wärme von einem auf die Entstehung der Erde hindeutenden feuerflüssigen Erdkern herrühren müsse (z. B. René Descartes 1644/51), welcher mit verteilten Feuerherden in Verbindung steht, denen ihrerseits, ventilartig, Vulkane zugeordnet sind (z. B. Athanasius Kircher 1664).

Von hier aus nahmen später die verschiedenen Theorien über den Vulkanismus und Plutonismus ihren Ausgang, d. h., man dachte an wirklich endogene Vorgänge. Geologische Vorgänge werden damit nicht mehr nur als exogen bestimmt gesehen.

Die Erkenntnisse dieser gesamten Etappe festigten sich aber nicht bleibend, z. T. weil noch technische und wissenschaftliche Voraussetzungen dafür fehlten, vor allem aber auch wegen des Rückschlages im Gefolge der Gegenreformation.

Rückschlag, im Gefolge der Gegenreformation, nach Brunos Feuertod (1600).
Aufkommen der Sintflut-Erdtheorien (beginnend eigentlich schon bei Nicolaus Steno 1669, dann weiter) z. B. Thomas Burnet 1680/81, John Woodward 1695/1702, William Whiston 1696/1708;

diese z. T. mit wiederkehrender Überflutungs- und Weltbrandkatastrophe; bereits von der klassischen Mechanik beeinflußt.

3. Die Herausbildung der klassischen Mechanik in der Physik, vor allem durch das Wirken JOHANNES KEPLERS (1571—1630), GALILEO GALILEIS (1564—1642) und ISAAC NEWTONS (1642—1727), machte deutlich, daß auf der Erde dieselben physikalischen Gesetze herrschen wie im Kosmos. Das Erkennen dieser Gesetze und der von ihnen regierten Bewegungsabläufe öffnete den Blick für die Vorstellung von der Unendlichkeit von Zeit und Bewegung (z. B. VON HALLER 1736) bzw. von zeitlicher Unendlichkeit von Materie und Bewegung (DE MAILLET um 1720[229]).

Das war die Grundlage für das allmähliche Verständnis der ständig und kontinuierlich ablaufenden Prozesse in der anorganischen Natur und deren summierende Wirkung im Laufe langer Zeiten, dargestellt vor allem im Aktualismus von JAMES HUTTON 1785/88.

Wichtigstes und bleibendes Ergebnis dieser Etappe war die Überzeugung von einer sehr langen Erdgeschichte. Die philosophische Zusammenfassung, Untermauerung und Weiterentwicklung der Erkenntnisse dieses Abschnittes erfolgte in der „Allgemeinen Naturgeschichte und Theorie des Himmels“ von IMMANUEL KANT (1755).

Restaurative Bestrebungen zwecks Rückkehr zu einer biblisch orientierten Erd- und Lebensgeschichte als Reaktion auf die bereits weitestgehend erfolgte Emanzipation (z. B. J. E. SILBERSCHLAG 1780/83, J. A. DELUC 1776—1798, JOHN WILLIAMS 1789). Dadurch wurde der Sintflutgedanke am Leben gehalten bzw. neu belebt und die mit ihm verbundene Vorstellung von einem katastrophistischen Überflutungsmechanismus; nunmehr zahlenmäßig vervielfacht, weil inzwischen festgestellt worden war, daß die mächtigen Schichtserien nicht auf eine einzige Überflutung zurückzuführen sind.

Wegen der bereits fest verankerten Überzeugung von einem hohen Alter der Erde wird die Erdgeschichte oft als katastrophisches Geschehen in einer sehr langen Zeit dargestellt.
Daneben Überhandnehmen des Neptunismus im letzten Viertel des 18. Jh. (A. G. WERNER).

4. Nachdem in der Biologie der Nachweis der Epigenese geführt und damit die alte Präformationstheorie widerlegt worden war (C. F. WOLFF 1759) — zunächst allerdings ohne unmittelbaren Nachhall — und immer mehr auf Verwandtschaft hindeutende Analogien im Bau der Lebewesen erkannt worden waren (erwähnt z. B. bei J. G. HERDER 1784/85, I. KANT 1790 und J. W. VON GOETHE 1790), wurde die bereits verankerte Vorstellung über evolutionäre Veränderungen in der anorganischen Natur auch auf die Lebewesen ausgedehnt.
Zum Beispiel: G. R. TREVIRANUS 1802
J. B. LAMARCK 1809
Zunehmend und bleibend verankert, wenn auch vom nachfolgenden Rückschlag überschattet, wurde die Erkenntnis vom Artenwandel der Lebewesen.
Charakteristisch für diese Teiletappe war LAMARCKS „Philosophie zoologique“.

Rückschlag durch die kontinentaleuropäische Restauration. Theoretische „Begründung“ älterer katastrophistischer Vorstellungen (z. B. DELUCS) in der noch auf Artenkonstanz aufbauenden, die Wirkung evolutionärer Prozesse und ein hohes Alter der Erde leugnenden Katastrophentheorie G. CUVIERS (ab 1812).

In der Biologie wurde die Rolle der natürlichen Auslese als bestimmender Faktor für dauerhafte Veränderungen und das Vorherrschendwerden bestimmter Arten und damit für die Evolution der Lebewesen erkannt (CH. DARWIN 1859). Der evolutionäre Prozeß als charakteristisch für die gesamte Natur war somit nachgewiesen und die Einheit von Erd- und Lebensgeschichte offensichtlich.

Daher auch Zusammenbruch der Katastrophentheorie und endgültiger Durchbruch des Aktualismus.

Die philosophische Zusammenfassung, Untermauerung und Weiterentwicklung der in den Naturwissenschaften bisher gewonnenen Erkenntnisse erfolgte durch Friedrich Engels (Dialektik der Natur, ab 1873).

7.3. Schluß

Wenn heute auch andere Wissenschaften und solche wissenschaftlich-technischen Fragen wie z. B. Bionik, Elektronik, Kernphysik, Raumfahrt, Umweltprobleme mehr im Vordergrund des allgemeinen Interesses stehen, so heißt das nicht, daß die Entwicklung der Geologie abgeschlossen ist. Nachdem das wissenschaftliche Fundament endgültig gelegt worden war und sich gefestigt hatte, konnten Geologen und Paläontologen eine wirkliche Erdgeschichte, eine Historische Geologie schreiben und Paläontologen und Biologen eine wirkliche Lebensgeschichte, wobei ihre gegenseitige Verflechtung deutlich wurde. Es erfolgte auch eine rasch zunehmende Spezialisierung in Einzeldisziplinen, welche mehr oder minder große Selbständigkeit erlangten, so daß man heute, wenn wir uns in diesem Zusammenhang wieder auf die Geologie beschränken, von den „geologischen Wissenschaften" spricht.

Die praktische Seite dieser Wissenschaften, ihre Nutzanwendung, bildet heute den Schwerpunkt; damit rücken sie auch wieder in das Blickfeld der Öffentlichkeit. Erinnert sei nur an den steigenden Bedarf an mineralischen Rohstoffen und an Wasser sowie an die zunehmenden Eingriffe des Menschen in die Erdkruste und die damit verbundenen Umweltprobleme.

Hat man seither immer mehr geologische Details erforscht, bis hin zu den mikroskopischen Gefügen von

Mineralen und Gesteinen, so haben Meeres- und Raumfahrttechnik gezeigt, daß wir selbst von den Großstrukturen der Erdkruste noch lange nicht alles wissen. Der Blick auf andere Himmelskörper und aus dem erdnahen Weltraum auf die Erde hat unser Wissen um die Erde selbst wieder bereichert, und die Erkenntnisse der Geologie helfen mit bei der Erforschung anderer Himmelskörper.

Unsere Vorstellungen z. B. über die Geotektonik sind wieder in Bewegung geraten, wie man es vor einigen Jahrzehnten wohl kaum für möglich gehalten hat. Die Konsequenzen daraus reichen weit über dieses Fachgebiet hinaus.

Der Weg der Erkenntnis hat kein Ende, so lange Menschen leben.

Anmerkungen

1) Vielleicht KLEANTHES (331–251 v. u. Z.) [91]

2) KONRAD VON MEGENBERG:
„Manig meyster vñ aller meiste der cristē vñ der judē ler seczē zehen himel ob einander/ Der erst vñ der öberst steet still. vnd walczt nit. d' heyst zelatein empireū. das ist der feürin himel. darum̄ dz er scheint vñ glestet mit wunderlichē glast. darein rüfft got sein außerwölten/ Der ander himel zů tal gegen unß heyst der beweger oder walczer oder cristallisch hymel. darumb das er lauter vnd klar ist. als ein cristall. vnd kein stern ist an dem selben. .../ Der dritt himel heyst zelatein firmamentum das ist der vest himel. darumb das er ein vest vnd ein grund ist aller stern. der walczt vnd bewegt sich wider warcz von der sunnen undergang gegen der sunnē auff gang. vnd volpringt seinē lauf in sechßundreißig tausend jaren eins mals Er heyst auch der gestirnt himel/ Darnach seind die siben himel der sibē planeten. der hat yegklicher nun ein stern.“

3) GIORDANO BRUNO:
„Nobis sphaera universalis est unum continuum universum infinitum immobile, seu in quo consistentia sunt numero infinitae sphaerae seu particulares mundi.“

4) GIORDANO BRUNO:
„Astra ultra Saturnum continue sensibilia soles sunt.“

5) GIORDANO BRUNO:
„Uno dunque è il cielo, il spazio immenso, il seno, il continente universale, l'eterea regione, per la quale il tutto discorre e si muove. Ivi innumerabili stelle, astri, globi, soli i terre sensibilmente si vaggone et infiniti ragionevolmente si argimentano. L'universo immenso et infinito è il composto che resulta da tal spazio e tanti compresi corpi.“

6) Giordano Bruno:
„Nullum astrorum est in medio, quia universum undique aequale."
7) Bibel 1490:
„Vnnd got der sprach. Es werde das firmament in dē mittel d' wasser. vñ teyle die wasser von den wassern. Vñ got machet dz firmament. Vnd teylet das wasser. die do waren vnder dē firmament. von dē die do warē ob dem firmament. ... vñ got hieß das firmament den hymel."
8) Bibel 1490:
„Es sullen gesamelt werdē die wasser die vnder dē hȳmel seind an ein stat vñ erscheyne die dürre. vñ es ist also geschehn. vñ got hieß die dürre dz erdtrich. Vñ die samnūgen der wasser hieß er die möre."
9) Bibel 1490:
„... alle die brunnen des grossen abgrunds die wurdē zerbrochē. vñ die fenster des himels wurdē aufgetō vñ d' regē ward die erd · xl· tag vñ · xl· nächt ... vnd die wasser namen überhand auf d' erde. vñ bedecket alle die hohen berg vnder allē hȳmel · xv· elenbogen höher was das wasser über die berg die es het bedeckt."
10) Eine seinem Gönner, dem Großherzog Ferdinand II. von Florenz, gewidmete Schrift, als Vorläufer einer nicht mehr geschriebenen Dissertation.
11) Bibel 1490:
„Aber got ... füret ein geyst od' einen winde auff die erd. vnnd die wasser wurden gemindert. vnd die brunnen des abgrunds wurden beschlossen. vnd auch die venster oder wolckenbrust des hȳmels. Vñ die wasser kerten wider vō der erdē. geent vñ wider geent vnd fiengen an zů myndern nach hundert vn fünffczig tagen."
12) Im Zusammenhang mit einer anderen von ihm 1692 herausgegebenen Schrift wurde Burnet der Ketzerei beschuldigt. Er hatte darin besonders über den Sündenfall der Menschen so philosophiert, daß er sich den Haß einflußreicher Leute zugezogen hatte und der König gezwungen war, ihn seines Amtes bei Hofe zu entheben [6, 190].
13) Hierbei fühlt man sich an mittelalterliche Vorstellungen über Kometen erinnert, denen z. B. auch Konrad von Megenberg (1309—1374) folgte, wonach ein Komet ein „hitziges Gestirn" ist, das „irdischen Dunst" aus der Erde und „wäßrigen Dunst aus dem Wasser" zieht [105].

14) Neptunismus: Lehre, wonach alle Gesteine, also auch diejenigen, die heute als „magmatisch“ und „metamorph“ bezeichnet werden, im Wasser entstanden sein sollen.
15) Die Bemerkung WAGENBRETHS (1955), es hätten sich als neptunistisch zu bezeichnende Anschauungen um 1730 bis 1750 von gewissermaßen vulkanistischen getrennt, aus der man schlußfolgern müßte, WERNERS Neptunismus sei etwas Neues gewesen, entspricht also nicht den Tatsachen. Die neptunistische Gesteinsentstehung war eine damals schon uralte Vorstellung, abgeleitet aus dem — laut Schöpfungsbericht der Bibel — wäßrigen Chaos am Anfang der Welt.
16) Daß es die Sintflut, die große allgemeine Flut war, die CUVIER mit seiner letzten Umwälzung im Auge hatte, geht auch aus einer Bemerkung an anderer Stelle hervor, wo er schrieb:
„... dass jede griechische Völkerschaft, welche ihre eigenthümliche Sage besass, solche mit einer besonderen Fluth begann, weil jede dieser Völkerschaften einige Erinnerungen an die allgemeine Fluth aufbewahrt hatte, welche allen Völkern gemeinsam war.“
([45], S. 162—163)
Zusammenfassend meinte er, man habe früher nur geglaubt, in den verschiedenen Berichten, die Bibel eingeschlossen, sei von unterschiedlichen Überflutungen die Rede, in Wirklichkeit handele es sich nur um die letzte, allgemeine.
17) AGRICOLA berichtet im zweiten Buch seines Werkes „de ortu et causis subterraneorum“, daß nach ARISTOTELES der ANAXAGORAS Erdbeben entstanden glaubte, wenn Feuer in untere Teile und Hohlräume der Erde einfalle [1]. PRESCHER schreibt in seiner Einführung dazu, daß ANAXAGORAS von der Erdscheibe ausging. IRMSCHER (1971) erwähnt aber interessanterweise, daß ANAXAGORAS Sonne, Mond, Sterne und Meteorite als glühende Steinmassen ansah.
Personen, welche sich die Erde als Scheibe dachten, hatten aber die sonderbarsten Vorstellungen über das, was da am Himmel zu sehen ist. Eine Gedankenverbindung von Erdscheibe und glühenden Steinmassen am Himmel, also fast Himmelskörpern in unserem Sinne, wäre recht sonderbar, eine Gedankenverbindung zwischen Erdscheibe

und Erdbeben durch Feuer (entspricht etwa Erdbeben durch Vulkanismus) ebenfalls.

18) Konrad von Megenberg:
„Der erdpidem kompt dauon das in der erden höler vnd allermeyst in hohem gepürg vil jrrdischer dünst gesamelt werden. vnd das der dünst also vil wirt dz sy nit darinnen bleiben mügent. so stossen sy vmb vnd vmb an die wennd. vnd fliegen auß einem keler in dē anderen vnd wachssen all darczů vncz dz sy ein gancz gepürg erfüllen vnnd das wachsen das pringet der steren krafft. [dann folgen Aussagen über Sternenkonstellationen] ... so wirt jr stossen zu letst so starcke das sy außprechen mit gewalt. vnd werffen dann einen berg auff den andern. mügen sy aber nicht außprechen czehanndt so schüttlent sy doch das erdtreych gar sere vnd vest."

19) J. H. Ragor:
„Wann dieselbe innerlich exhalatio durch die Poros des Erdtrichs außbricht/ so bringt sie vil luffts auff den Erdtrich. Wann aber die Pori des Erdtrichs verstopffet sind/ daß sie jhren Außgang nicht mag haben/ so wirt sie eusserlich durch die hitz von der Sonnen/ unnd durch das inner verborgen fewr im Erdtrich bewegt und erzürnt/ und machet den Erdbidem."

20) Palissy (nach A. la Rocque):
„... the fire must be so great as to be able to cause the waters enclosed in the rocks to boil, and then, by the fire, the waters, and the enclosed air, there will be generated a vapor which by its power will lift up the rocks, lands, and houses, above it. And if the violence of the fire, the water and the air cannot throw aside so great a mass, it will cause it to quake, and in the quake some subtle openings will be formed which will give a little air to the fire, water and winds, and by such means the violence is pacified which otherwise would have upset everything ..."

21) C. Vogt (1879, S. 291–292) schrieb über die Ereignisse um die Insel Santorin im griechischen Archipel:
„Im Jahre 1573 entstand Mikro-Kaimeni, zwischen 1707 und 1709 endlich bildete sich Neo-Kaimeni unter einer merkwürdigen Folge von Erscheinungen, an einer Stelle, die vorher 400 Fuss Tiefe zeigte. Die Insel bestand zuerst aus zwei Theilen einer weissen Insel, die aus einem ein-

zigen Blocke ungemein leichten und porösen Bimssteines zusammengesetzt war, und einer schwarzen, von zahlreichen Felsen brauner Trachyte gebildet, die langsam, ohne Erschütterung, Getöse oder Flammen aus dem Meere aufstiegen und noch Austern auf ihrer Oberfläche trugen. Allmälig erhitzte sich nach Vereinigung der beiden Inseln unter fortdauernder Erhebung derselben das Wasser, und endlich entstand auf dem Hügel ein Krater, der Flammen, Aschen, Laven ausspie und längere Zeit tobte, so dass er im Jahre 1712 noch nicht völlig beruhigt war. In den dreissiger Jahren schien sich zur Seite von Mikro-Kaimeni eine neue Insel erheben zu wollen ..."

22) Es ist die Übersetzung von Hoffs (1834) aus der italienischen Originalausgabe, der auch den italienischen Wortlaut zitierte, um dessen genaue Übereinstimmung zu zeigen. Dagegen ist die deutsche Übersetzung von Moros Werk aus dem Jahre 1751 [121] weniger gut gelungen.

23) Generelli (nach Lyell):
„Is it possible that this waste should have continued for six thousand, and perhaps a greater number of years, and that the mountains should remain so great, unless their ruins have been repaired?
Is it credible that the Author of Nature should have founded the world upon such laws, as that the dry land should for ever be growing smaller, and at last become wholly submerged beneath the waters?
Is it credible that, amid so many created things, the mountains alone should daily diminish in number and bulk, without there being any repair of their losses? This would be contrary to that order of Providence which is seen to reign in all other things in the universe.
Wherefore I deem it just to conclude, that the same cause which, in the beginning of the time, raised mountains from the abyss, has down to the present day, continued to produce others, in order to restore from time to time the losses of all such as sink down in different places, or are rent asunder, or in other way suffer disintegration. If this be admitted, we can easily understand why there should now be found upon many mountains so great a number of crustacea and other marine animals."

24) 25 Jahre vor der Rotationstheorie von Pierre-Simon de Laplace (1749—1827) sagte Justi, daß der ewige und

unendliche Raum mit sich bewegenden Atomen angefüllt gewesen sei, die sich zu Himmelskörpern zusammengeballt hätten. Auf diese Weise sei auch die Sonne entstanden. Das durch Rotation in ihrem Inneren entstehende Feuer habe zum Zerreißen geführt, wodurch Teile abgetrennt worden seien, die nun die Planeten bilden. Den Mond dachte er sich auf ähnliche Weise von der Erde abgeschleudert [93].

25) Mag das Wort „unordentlich" eventuell durch die Übersetzung zustandegekommen sein und sollte vielleicht besser „außergewöhnlich" heißen; trotzdem bleibt der erwähnte Gegensatz unlogisch.

26) In der betreffenden Publikation wird der Autor nur „Voigt" genannt, nach Blumenbach (1790) „Professor Voigt". Es muß sich offenbar um Johann Heinrich Voigt (1751–1823) handeln. Blumenbach glaubte, Ähnlichkeiten zwischen Voigts und Huttons Theorien feststellen zu können. Dagegen ähneln Voigts katastrophistische Vorstellungen sehr denen von Deluc und den späteren von Cuvier.

27) Allerdings weiß man auch, daß Falten infolge des Abgleitens unverfestigter Sedimentmassen auf geneigter Unterlage entstehen können. Haarmann (1930)[214]) verknüpfte diese Tatsache mit seiner Oszillationstheorie.

28) Es wird einheitlich immer der Begriff „Theorie" verwendet, also kein Unterschied zwischen Theorie und Hypothese gemacht werden. Das ist deshalb ratsam, weil manche Autoren bei ihrem gegenseitigen Meinungsstreit nicht selten die eigene Ansicht als Theorie, die der anderen dagegen etwas herabmindernd als „Hypothese" bezeichnet haben. Je nach dem, welcher Meinung jemand zuneigte, verwendete er auch sonst den einen oder den anderen Ausdruck. In der betreffenden Literatur ist daher nur selten eine objektiv begründete Verwendung dieser Begriffe erkennbar.

29) Sedimentationswanne = Geosynklinale

30) Um Stilles verschiedene Aussagen trotzdem in Übereinstimmung zu bringen, wäre es notwendig, Zuflucht zu der schon früher als unhaltbar erwiesenen Annahme einer allgemeinen Wasserverminderung zu nehmen, wie sie mit Urmeer/Sintflut-Vorstellungen verbunden war. Oder man müßte ein schnelleres Schrumpfen im Bereich der Meeres-

böden und Tieferwerden der Meere annehmen, was das Ganze noch unplausibler macht.

31) Epirogenese = langsame Hebungen und Senkungen größerer Erdkrustenteile ohne Strukturveränderung.

32) Noch 1929 rechnete man z. B. für das Tertiär mit einer Zeitdauer von nur 20 Millionen Jahren, einem Drittel der heute anerkannten Zeit. Man kann also feststellen, daß man damals die verflossenen geologischen Zeiten sich viel zu kurz dachte. Den Übergang von einer Periode zur anderen (also z. B. von Jura zu Kreide) wird man kaum mit Millionen Jahren veranschlagt haben.

33) Man vergleiche diese Meinung STILLES, der auf dem Gebiet der Geotektonik nach eigenem Bekenntnis dem Katastrophismus huldigt, mit der Meinung BERNHARD VON COTTAS (1866), der voll auf dem Boden des Aktualismus stand. VON COTTA schrieb in bezug auf die Alpen:
„... die Erhebungszeit aber vertheilt sich auf eine unermesslich grosse Periode zwischen der Jura- und dem Ende der Tertiärzeit, in welcher zahllose Einzelerhebungen stattgefunden haben müssen, deren Gesamtresultat jetzt vorliegt" ([44], S. 121).
Ihn interessierte, verständlicherweise, lediglich die Heraushebung. Wichtig ist aber weder dies noch andere Einzelheiten, sondern seine Feststellung über die zeitliche Dauer der Heraushebung der Alpen.
Hieran zeigt sich, daß trotz des enormen Kenntniszuwachses, der zwischen dem Wirken beider Forscher zu verzeichnen ist, die Grundposition zum erdgeschichtlichen Geschehen von solch entscheidender Bedeutung ist, daß VON COTTA in diesem Punkt den Tatsachen viel näher war als STILLE.

34) Die Begriffe „Gebirgsbildung", „Orogenese" und „Tektogenese" werden im allgemeinen gleichgesetzt. Eine Gebirgsbildung umfaßt die Faltung und die Heraushebung, beide in mehreren Akten (Phasen).
STILLE verstand 1913/1922 unter „Orogenese"/„Gebirgsbildung" offenbar das gesamte Werden eines Gebirges. Dieses Werden beschränkte sich nach seinen Auffassungen allerdings auf die Faltung, an die sich die Einebnung infolge von Abtragung anschloß. „Faltung" sollte die Heraushebung mit einschließen, weshalb er gelegentlich den Begriff „Auffaltung" verwendete.

1949 schrieb er:

„... sind die Faltungen samt ihren Begleiterscheinungen, mit denen zusammen sie als die ‚Orogenesen' bezeichnet zu werden pflegen, ‚kurzfristig' verlaufende Ereignisse, wobei man sich unter kurzfristig immerhin einen Zeitraum von einigen Jahrhunderttausenden vorstellen mag" ([157], S. 13–14).

Obwohl er also in seinen Schriften oft „Orogenese" und „Gebirgsbildung" als Synonyme verwendete, sah er hier als „Orogenese" im wesentlichen nur den Faltungsvorgang an. Das geht auch aus seinen Ausführungen aus dem Jahre 1950 hervor, wo er klar unterschied zwischen der strukturverändernden Faltung und der nicht-strukturverändernden Heraushebung, welche er zur Epirogenese zählte. Die Heraushebung war demzufolge für ihn kein Teil der Gebirgsbildung (Orogenese).

1950 leitete er von seiner „pasadenischen Orogenese", dem letzten Teilakt (Phase) der alpidischen Gebirgsbildung, eine „Zeitdauer der Orogenesen" von 300000 bis 500000, längstens einer Million Jahren ab.

Konnte man früher sein orogenetisches Gleichzeitigkeitsgesetz auf die Gleichzeitigkeit der Entstehung eines Gebirges insgesamt beziehen, so bedeutete es nun, daß auch die Teilakte (Phasen) erdweit und gleichzeitig sein sollten. Das mußte zu immer stärkerem Widerspruch und kritischer Nachprüfung führen. So konnte Karl Krejci-Graf (1950) [109] anhand von Untersuchungen in den Ostalpen, den Karpaten und im Kaukasus überzeugend die Merkmale der räumlich-zeitlichen Beziehungen von Teilakten (Phasen) der Gebirgsbildung darlegen. Er wies nach, daß die Phasen weder erdweit noch über größere Erstreckung gleichzeitig und bei weitem nicht so deutlich engbegrenzt sind, wie dies Stille annahm. Eine Orogenese dauert nach seiner Meinung durch „geologische Stufen oder Formationen" an. Er meinte damit stratigraphische Stufen und Perioden in unserem heutigen Sinne und damit eine Zeitdauer – nach damaligem Stand der Geochronologie – von mindestens mehreren Zehnermillionen von Jahren.

Damit zeigt sich auch, daß Stille (zumindest 1949/50) unter „Orogenese" das verstand, was Krejci-Graf und andere, so wie wir heute, unter „Phase" verstehen.

Ein Teil der gegensätzlichen Auffassungen zwischen Stille

und GILLULY (1950) geht, abgesehen von ohnehin grundsätzlich unterschiedlichen Standpunkten, auf Mißverständnisse wegen unterschiedlicher bzw. veränderter Begriffsinhalte zurück.
Der Begriff „Gebirgsbildung“ ist eigentlich, wegen seiner unwillkürlichen Gedankenassoziation mit „Gebirge“ im geographischen Sinne ohne Rücksicht auf seine Entstehung, für eine exakte Terminologie ungeeignet.

35) ERNST KRAUS lehnte schon 1931 den Begriff „Auffaltung“ ab. Er schrieb:
„Jedenfalls gibt es keine ‚Auffaltung‘ zum Hochgebirge. Gebirgsstruktur und Hochgebirgsrelief entstehen beim geosynklinalen Normalfall nicht gleichzeitig“ ([107], S. 323).

36) R. STAUB (1924) kam auf Grund seiner Berechnungen auf einen Zusammenschub von 1500 km [181].

37) Nach M. SCHWARZBACH (1974) [147] Vereisung auf dem Riesenkontinent Gondwania stellenweise schon im frühen Karbon, Höhepunkt an der Wende Karbon—Perm, Eisbergdrift noch im späten Perm.

38) Nach M. SCHWARZBACH (1974) [147] in Indien zwischen 17° und 24° n. Br., auf der arabischen Halbinsel zwischen 18° und 21° n. Br.

39) Wir teilen heute die Kreide nur in Unter- und Oberkreide ein. Absolute Altersangabe nach dem HOLMES-Symposium 1964 [198].

40) CHAIN (1971) nennt N. B. VASSOJEVIČ, D. V. NALIVKIN und N. S. ŠATSKIJ.

41) Diese Dreiteilung hat durchaus gewisse Ähnlichkeiten mit derjenigen von CH. R. DARWIN (1859).

42) „Tiefozeane“ und „Tiefmeere“ sind STILLES Ausdrücke.

43) Anstelle des Begriffes „Algonkium“ verwenden wir heute den Begriff „Proterozoikum“.

44) Es ist immer anschaulich, sich einige Zahlen zu vergegenwärtigen. Als Beispiel sei der erwähnte asiatische Gebirgskomplex betrachtet, der seit STILLES Algonkischem Umbruch gebildet worden ist. Er eignet sich deshalb besonders gut dafür, weil dort die Faltengebirgsketten der verschiedenen Gebirgsbildungen in annähernd gleicher, äquatorialer Richtung verlaufen. Den Zusammenschub legen wir, ähnlich wie bei den Alpen, auf 1/3 der ursprünglichen Breite fest, ein Betrag, der mit Sicherheit eher zu niedrig als zu hoch ist. Dieser Komplex von Gebirgen hat, ohne

das dazwischen liegende Tarim-Massiv (etwa Serindia im Sinne STILLES), eine Breite von ungefähr 2500 km. Es sind also dort Sedimentdecken von einer ursprünglichen Breite von 7500 km zusammengeschoben worden. Der Erdumfang beträgt rund 40000 km. Das ergibt, einfachheitshalber eine Kugel und nicht ein Geoid zugrunde gelegt, einen Durchmesser von 12738 km. Vor dem Algonkischen Umbruch müßte der Erdumfang 45000 km betragen haben, was einem Durchmesser von 14323,9 km entspricht. Der Erddurchmesser hätte sich also seither um 1585 km oder 11% verringert.

45) Die Neuozeane nach STILLE sind, genau genommen, nicht ganz dasselbe wie die Neuozeane nach den Autoren mobilistischer Theorien, weil „neu" für den Atlantik, nach STILLE, nur die Gebiete der angenommenen ehemaligen mittel- und nordatlantischen Landbrücken sind. Nach den anderen Autoren ist der gesamte Atlantik „neu".
Die Entstehung der Neuozeane oder der Zerfall des Südkontinents Gondwania war für KOSSMAT unter anderem auch der Ausdruck seines zweiten „geotektonischen Wendepunktes".

46) Unter „germanotyper Tektonik" verstehen wir zwar auch vorzugsweise eine Bruchtektonik, aber nicht nur in Form von Senkung und Einsturz, wobei der Begriff „Einsturz" ohnehin ein etwas fragwürdiger ist und sich aus STILLES Meinung über einen angeblichen „Zusammenbruch" der Erde ableitet.

47) Horizontaler Materialfluß von unten und horizontaler Materialfluß nach oben sind kaum vorstellbar. Vielleicht steckt dahinter nur ein Problem der Übersetzung vom Russischen ins Deutsche.

48) BELOUSOV glaubt offensichtlich, die bei Aufschmelzung und Metamorphose freiwerdenden Wasser auf diese Weise unterbringen zu müssen. Es ist eine etwas ungewöhnliche geologische Aussage, daß eine Senke an der Erdoberfläche sich mit eigentlich juvenilem, anstatt mit vadosem Wasser, also unmittelbar aus Niederschlägen stammend, füllen soll.

49) Nach gegenwärtigen Erkenntnissen sind alle Planeten unseres Sonnensystems wahrscheinlich auf kaltem Wege entstanden [165].
Nach paläogeophysikalischen Erkenntnissen kann nahezu

ein Gleichgewicht zwischen radioaktiver Energieproduktion und Abstrahlungsverlust angenommen werden [113], so daß eine Schrumpfung der Erde durch Abkühlung einer einstmals heißen Erde entfällt. Auch die säkulare Veränderung der Gravitationskonstante ist wahrscheinlich gleichfalls auszuschließen [165]. Ob die Erde sich allmählich ausgedehnt hat oder nicht, bleibt nach paläogeophysikalischen Erkenntnissen noch unsicher. Eine deshalb nicht auszuschließende Ausdehnung kann seit dem Kambrium nicht erheblich gewesen sein, weil die Rotationsgeschwindigkeit der Erde seither nur um etwa 10% abgenommen hat [165].

50) Daß auf einem so riesigen Areal, wie dem Pazifischen Ozean, nur eine dünne Sialkruste vorhanden ist, ja stellenweise überhaupt sogar fehlt, hat zu besonderen Deutungen Anlaß gegeben. Teils nahm man an, daß von einer schon ursprünglich nicht gleichdicken Kruste auszugehen wäre. Öfter wurde aber auch dahingehend orakelt, es könne sich um die Narbe handeln, die der Mond bei seiner Ablösung von der Erde hinterlassen habe (z. B. GUTENBERG 1930) [26]. Zum Teil wurde in diesem angenommenen Ereignis auch der Anstoß für das noch jetzt anhaltende geotektonische Geschehen gesehen. Daß man aber nicht nur den Bereich dünnsten oder fehlenden Sials, sondern auch ganz entgegengesetzt im Bereich gewaltigster Sialzusammenballungen, wie sie in Asien vorhanden sind, den Ort einer Mondablösung glaubte annehmen zu können, wie HAARMANN [11], beweist, daß man mit dieser Frage den Boden der Spekulation betritt.

Nach der Expansionstheorie ist der Pazifische Ozean als Folge des sich ausdehnenden Erdballs entstanden, wie jeder andere Ozean [82]. Nach der Theorie der globalen Plattentektonik befindet sich der Pazifik in einem bestimmten Stadium der zyklischen Entwicklung der Ozeane [146].

51) LAMARCK (1744–1829) brachte in einer seiner Reden zur jährlichen Eröffnung seiner Vorlesungen einen hübschen Vergleich:

„Es scheint mir, als höre ich jene kleinen Insekten sprechen, die nur ein Jahr leben und irgend einen Winkel eines Gebäudes bewohnen; nehmen wir an, sie suchten untereinander die Überlieferung festzustellen, um das Alter des von ihnen bewohnten Hauses zu ermitteln: dann würden sie, wenn sie in ihrer vergänglichen Geschichte bis zur 25. Generation zurückgingen, einstimmig entscheiden, daß das Gebäude, welches ihnen Schutz gibt, ewig dauere oder wenigstens immer bestanden habe; denn sie haben es immer als das gleiche gesehen und niemals etwas von einem Anfang gehört." ([111], S. 103)

52) Solchen Angaben muß man allerdings mit großer Vorsicht begegnen. LOMONOSSOW (1763) [117] erwähnte, daß chaldäische Astronomen sich damit gebrüstet hätten, ihre Traditionen reichten von vor mehr als 403000 Jahren bis zu der Ankunft Alexander des Großen.

53) GIORDANO BRUNO: „Echinensium religio recens compertorum tres alius nominis protoplastes numerat ab annis viginti millibus."
Die deutsche Übersetzung „Weltschöpfer" (Zitat 100) darf man nicht zu eng verstehen. Es müssen vielmehr „Weltschöpfer/Weltschöpfung" = „Erdschöpfung" gesetzt werden.

54) BRUNO: „Ratio: Certe si motus non esset et mutatio, nihil temporale diceretur, idem unumque esset omnium tempus, una eademque duratio, quae aeternitas dicitur: immo tempus quod est cujusque rei aetas, nullum esset. Esse igitur temporis juxta suas species pendet a motu ... Neque enim potest esse tale unum in universo, ut omnium motuum mensura existato: quandoquidem si nos essemus in alio astro, apertissime constaret brevissimum motum omnium esse alium ab isto ...
Potius motus est mensura temporis, quam tempus mensura motus."

55) VON ZITTEL (1899) meinte, KANTS Schrift sei, da sie wegen des bevorstehenden Siebenjährigen Krieges keine Leser fand, vergessen und erst 90 Jahre später von A. VON HUMBOLDT wiederentdeckt worden. In der „Allgemeinen Deutschen Biographie", Band 15, aus dem Jahre 1882 ist dagegen zu lesen, daß das mit anonymer Widmung an Friedrich II. versehene Buch zunächst weder an diese Adresse noch zur Buchmesse gelangen konnte, wegen Bankrott des Verlegers noch während des Druckes, weswegen dessen Lager längere Zeit versiegelt blieben. Außerdem wird dort darauf verwiesen, daß KANTS Satz „Gebt mir nur Materie, ich will euch eine Welt daraus bauen"

aus eben seinem Werk schon zu seiner Zeit bekannt gewesen sei, eine Tatsache, die auch damit übereinstimmt, daß, wie gezeigt werden konnte (BLEI 1974), JOHN WILLIAMS (etwa 1730–1795/97) offensichtlich KANTS Theorie gekannt hatte, wie aus dessen gegen JAMES HUTTON (1726–1797) gerichteter Streitschrift zu schließen ist.

56) MORO wußte in jeweils passender Weise geschickt zu argumentieren, um bei seiner Institution, der katholischen Kirche, nicht anzuecken. Die zeitliche Dauer der Ereignisse im Schöpfungsbericht war kein Dogma, sondern eine Auslegungssache. So berief er sich, um von der wortwörtlichen Auslegung der Bibel weg zu einer naturgerechten Aussage zu kommen, darauf, daß Gott sich gemäß den von ihm eingerichteten Naturgesetzen verhalten habe.
Die Sintflut mit ihrem moralischen Aspekt wurde dagegen wie ein Dogma behandelt. Um hier nicht in Schwierigkeiten zu geraten, erklärte sie MORO, weil er keine Beweise in der Natur gefunden hatte und die Vorgänge ihm nicht mit den Naturgesetzen in Übereinstimmung schienen, zu einem Wunder Gottes (siehe Abschn. 2.1.).

57) Es entspricht also nicht den Tatsachen, daß, wie VON BÜLOW (1955, S. 454) behauptete, mit Lord KELVIN, 1862, das erste Mal „ein Mensch den Begriff ‚Jahrmillionen' zu denken wagte". Von VON HALLER (1736) und KANT (1755) einmal ganz abgesehen, hatten schon VON JUSTI (1771) und andere nach ihm, lange vor KELVIN, mit einem Erdalter von Millionen Jahren gerechnet.

58) VON BÜLOW irrte sich offenbar auch hier, als er (1968) schrieb, WERNER habe noch das biblische Maß von 6000 Jahren angenommen.

59) HUTTON:
„But, in order to produce the present continents the destruction of a former vegetable world was necessary; consequently, the production of our present continents must have required a time, which is indefinite. In like manner, if the former continents were of the same nature as the present, it must have required another space of time, which also is indefinite, before they had come to their perfection as a vegetable world."

60) Dort heißt es über den zweiten Schöpfungstag:
„Vnd got der sprach· Die erde gebere grünent kraut· daz do bringe den samē· vnd die öpffel baum· dz holcz· das

do bringe die frucht nach seim geschlechte· des same sey in jme selbs auff d' erde· vñ es ist also geschehen· vñ die erd bracht grůnendt kraut· vñ bringendē samen nach jrē geschlächt· vñ das holcz bringend die frucht· vñ ein yegklich es hat samen nach seiner gestalt.“

Über den vierten Schöpfungstag heißt es:

„Vnd got der sprach· Die wasser gebern kriechende ding einer lebendigē sele· vnd dz geflügel auff der erde· vnder dē firmament des hymels· vñ got beschüffe groß waluisch vñ ein geleiche lebendige sel vñ bewegliche· die die wasser brachtē in jre gestalt· vnd ein yegkliches geflügel nach seinē geschlächt ...“

Über den fünften Schöpfungstag heißt es:

„Vnd got der sprach· Die erde bringe ein lebendige sele in jrē geschlecht die vihe vñ die kriechendē ding. vnd die tier der erdē nach jren gestaltē· vnd es geschah also· Vnd got d' machet die tier der erde nach jren gestaltē· vnd die vihe· vñ ein yegkliches kriechende dinge der erdē in seinē geschlächt.“

Der sechste Schöpfungstag ist, wie bekannt, durch die Erschaffung des ersten Menschenpaares gekennzeichnet.

61) Noch um die Mitte des 18. Jahrhunderts finden wir, allerdings schon als eine nicht mehr ganz ernst zu nehmende Außenseiterstimme, bei ÉLIE BERTRAND (1712/13 bis 1777/78/86) eine solche Meinung. Dieser glaubte, daß alle jene Körper auf einmal geschaffen worden wären, aber ohne Leben, sondern lediglich in Pflanzen- oder Tiergestalt, denen Gott dann das Leben und die Kraft, sich zu erhalten und fortzupflanzen, eingeflößt habe [114].

62) So teilt z. B. JOHANN BECKMANN (1739–1811) 1777 [12] folgendermaßen ein:

Lapides figurati: Gebilde, die die Gestalt eines Körpers aus dem Tier- oder Pflanzenreich zeigen.

Zu ihnen gehören:

Versteinerungen (auch Petrefacta oder Petreficata): Entstanden durch Auflösung der Körper und Ausfüllung der dadurch entstandenen Hohlräume mit steiniger Materie

Abdrücke: Steine, die die Gestalt fremder Körper, die in ihnen gesteckt haben, wiedergeben.

Naturspiele (lusus naturae): Steine, die eine zufällig entstandene Zeichnung auf ihrer Oberfläche tragen, z. B.

solche die Ähnlichkeit mit Bäumen haben – Dendriten.

63) Palissy (nach A. la Rocque):
„Therefore I maintain that shellfishes, which are petrified in many quarries, have been born on the very spot, while the rocks were but water and mud, which since have been petrified together with these fishes ...“

64) Palissy (nach A. la Rocque):
„... there is in these quarries a vein of rock, only five or six feet unterground, that contains as many shells as all the lands around, and it is scarcely a foot and a half thick, but it ist very extensive. The cause which I think most certain is that there formely some large lake, in which these fishes existed in as great numbers as their shells are found there ...“

65) Palissy (nach A. la Rocque):
„... from top to bottom of the mountain, although the mountain is higher than any of the houses or even the steeples of Sedan, and the people of this city daily quarry rocks from this mountain, for building, and in doing so, find shells at the bottom as well as at the top, even inside the hardest rocks; I can affirm that I have seen some of a kind sixteen inches in diameter. Now I ask anyone who follows Cardanus' opinion, by what door did the sea enter to bring these shells into the hardest rocks?“

66) Palissy (nach A. la Rocque):
„I have found many shells ... which were separated from the other because putrefaction hat attacked the meat, before petrifaction ...“

67) Die Meinung Wiefels (1974), daß Tentzel wohl der erste Gelehrte überhaupt gewesen sei, der die fossile Natur eines Skelettes erkannt habe, ist jedoch nicht zutreffend. Nicolaus Steno hielt, seinem 1669 erschienenen „Prodromus“ zufolge, bei Arezzo gefundene große Knochen für Überreste von Tieren aus Hannibals Kriegszug. Wenn dessen Schlußfolgerung auch nicht zutrifft, zeigt sie doch, daß er auch solche Knochenfunde auf wirkliche Lebewesen zurückführte.

68) Knochenfunde in Höhlen gehen gewöhnlich nicht auf Einschwemmung zurück. Dieser Irrtum tut aber hier nichts zur Sache. Wichtig ist, daß sie als Tierreste anerkannt wurden. Den Hinweis auf „Seetiere“ darf man dabei nicht

allzu ernst nehmen. Der Glaube an Sintflut und andere Überschwemmungen großen Ausmaßes wurde oft mit hineingedeutet.

69) Philosophisches Wörterbuch, Leipzig 1974, 1. Band, S. 389: „... die im 17. und 18. Jahrhundert entstandene, von LEIBNIZ, MALPIGHI, HALLER u. a. vertretene ... Präformationstheorie ...“. ZIMMERMANN (1953) führt die Präformationstheorie auf JAN SWAMMERDAM (1672) zurück, allenfalls auf JAKOB BÖHME (1575–1624). H. SCHMIDT (1918) äußerte sich ähnlich.

70) PALISSY (nach A. LA ROCQUE):
„Just as God ordained that in each seed there are all materials required for the generation of new ones come, just as in the seed of the egg is included the white, the yolk, and the shell, and in nut trees beneth their shell, the tree, leaves and branches: Which unseen materials appear at their maturity: similar the flesh, the bones, the blood and all the parts of man are contained and enclosed in one ...“

71) BRUNO:
„Nihil impedit, quominus ad sonum cytharae universalis Apollinis ad superna gradatim revocentur inferna, et inferiore per media superiorum subeant naturam.“

72) BRUNO:
„Natura dat involutas species, antequam tradat easdem explicatas.“
(BRUNNHOFER, dessen deutschsprachige Zitate BRUNOS unverändert übernommen wurden, hat den Begriff „species“ etwas willkürlich einmal mit „Gattung“, das andere Mal mit „Spezies/Art“ übersetzt.)

73) WOTTON (1552), vermutlich EDUARD WOTTON (1492–1555), stellte folgende Klassifikation auf (nach OKEN, 1833):

Mensch	
lebendgebärende Vierfüßler	[entsprechen den Säugetieren]
eierlegende Vierfüßler	[entsprechen den Reptilien]
Vögel	
Fische und Walfische	
Insekten	
Weichtiere	
Krustentiere	

Schaltiere
Zoophyten oder Tierpflanzen.
Zu den eierlegenden Vierfüßlern stellte er:

Krokodile
Schildkröten
Eidechsen
Molche
Schlangen

Daß er die Schlangen dazurechnete, beweist, daß er nicht an rein äußeren Merkmalen klebte.
Als weitere Personen jener Zeit, die sich mit ähnlichen Problemen beschäftigten, nannte OKEN (1833) noch:
BELON (1551) vermutl. BELON (auch BELLON), zu Beginn des 16. Jahrhunderts in Sourletiere (Maine) geboren, 1564 ermordet;
C. GESSNER (1551), CONRAD GESNER (1516–1565);
SALVIANI (1554), vermutl. HIPPOLITUS SALVIANI (1514 bis 1572);
RONDELET (1554), vermutl. WILHELM RONDELET (1507 bis 1566);
ALDROVANDI (1599), ULISSE ALDROVANDI (1522–1605).

74) BRUNO:
„In arborum omnium speciebus omnium animalium species inquiras et invenias, in omnium lapidum speciebus plantarum species, in umius speciei individuis omnium aliorum species individuaque similia."

75) BRUNO:
„Una species alterius est principium sicut ab embryonis specie sine resolutione ad animalis hominisve speciem datur accessus ... Unde et in humana specie omnium animalium species perspicaciores ad oculus referuntur, quod non secus in aliis omnibus (licet latentius) speciebus esse existimandum."

76) ZIMMERMANN (1953) meinte, BRUNO habe weder einen abstammungsbedingten Zusammenhang der Lebewesen noch das, was hier als Rangfolge bezeichnet wird, gekannt bzw. gemeint. Unter anderem führt er als Beweis folgendes Zitat BRUNOS an (S. 145):
„Der Einheit und Identität des Unendlichen stehst Du als Mensch nicht näher als die Ameise, das Gestirn kommt ihm nicht näher als der Mensch; magst Du Sonne, Mond,

Mensch oder Ameise sein, im Vergleich zum Unendlichen ist es gleich."
Hier irrt ZIMMERMANN. Diese Aussage BRUNOS bedeutet nichts anderes, als daß er mit diesem Größenvergleichen klarzumachen versuchte, was die Unendlichkeit des Raumes bedeutet. In der gleichen Weise erläuterte BRUNO anhand von Zeitdauervergleichen den Begriff „Ewigkeit" (siehe Zitat 97).

77) C. F. WOLFF erläuterte, was man zu seiner Zeit unter „Evolution" verstand:
„Evolution heißt im generellen Verstande ein Phänomen, welches in der Natur entsteht, eine Zeit lang dauert und wieder aufhört, welches aber nicht durch natürliche Ursachen produziert, sondern vielmehr unmittelbar von Gott, und zwar zur Zeit der Schöpfung schon erschaffen, die Zeit aber ehe es zum Vorschein gekommen, unsichtbar gewesen, aber, da es erschienen ist, eigentlich nur sichtbar geworden ist."
([145], S. 357)

78) Der Übersetzer (SAMASSA, 1896) hat, nach seinen eigenen Worten, den Begriff „Entwicklung" anstelle des Begriffes „Generatio" gesetzt (WOLFF hatte ihn in der deutschen Ausgabe beibehalten, „Theorie der Generation", 1764) um den Gegensatz zu „Evolution" (im alten Sinne) zu verdeutlichen. „Entwicklung" bezog sich aber nur auf die Entwicklung des Individuums.

79) DE BUFFON (1707—1788) meinte 1769 (bzw. 1744),[190]) daß die sich aus der Untersuchung der Natur ergebende Wahrheit, sich selbst in die Klasse der Tiere zu stellen, für den Menschen vielleicht etwas demütigend sei. Aber im Hinblick auf die körperlichen Eigenschaften gleiche er ihnen durchgängig.
([30], Bd. 1)

80) In der Literatur werden u. a. genannt:
J. RAY 1703; F. MYLIUS 1704, 1718, 1720; J. J. BAIER 1712, 1713; HELLWING 1717; P. DE TOURNEFORT; WOLFART 1719; A. VOLCKMANN 1720; C. VON LINNÉ 1735ff.; F. C. LESSER 1751; G. W. KNORR 1755—75; B. DE JUSSIEU 1759; LIEBKNECHT 1759; J. E. I. WALCH 1755—73; BRISSON 1756, 1762; ADAMSON 1763; PFENNING 1765; BECKMANN 1767; EBERHARD 1768; ERXLEBEN 1768; DE BUFFON

1769; J. S. Schröter 1744–80; A. L. de Jussieu 1789; G. Cuvier 1798.

81) Füchsel (1722–1773) warf Lehmann eine unnatürliche Auslegung des Schichtenbaues vor, die für die Naturkunde unbrauchbar sei [56].

82) Die Herkunft solcher „Elefanten“-Knochen wurde auf dreierlei Art gedeutet:

1. Als Reste von Kriegselefanten aus römisch-antiker Zeit, wenn der Fundort passend lag (wie z. B. Steno (1638–1686)).

2. Von Fluten aus wärmeren Gegenden hergeschwemmt (wie z. B. Pallas (1741–1811)).

3. Als Zeugen einstigen wärmeren Klimas am Fundort, weil Mammut und Elefant nicht unterschieden wurden und das Phänomen Eiszeit noch nicht bekannt war (wie z. B. Moro (1687–1740/64)).

83) Die „wissenschaftliche Mineralogie“ umfaßte zu dieser Zeit auch das, was später als Petrographie abgetrennt wurde, ja reichte wie hier sogar bis in die Stratigraphie hinein.

84) Schon Ernst Haeckel (1834–1919) hatte Goethes Vorstellungen ganz ähnlich eingeschätzt [71].

85) Nach Lamarck waren es auch einwirkende Umstände, die Menschen aus affenartigen Säugern hervorgehen ließen [112]. 1802, also 61 Jahre vor Huxley, sagte er über die Affen: „Anstatt alle auf demselben Niveau der Vollkommenheit zu stehen, zeigen sie untereinander ebenso große und sogar noch größere Verschiedenheit, als diejenigen sind, welche zwischen den vollkommensten von ihnen und dem Menschen existieren.“
([112], S. VIII)
Auch in diesem Zusammenhang gab es hinsichtlich Lamarcks Lehre Verdrehungen. Im Großen Brockhaus, Band 11, 1932, S. 49 steht zu lesen:
„Lamarckismus: Die von Jean Lamarck begründete Form der Abstammungslehre, die er aber nicht wie Darwin und Haeckel auf den Menschen ausgedehnt wissen wollte.“
Wenn man hier Haeckel einmal gänzlich aus dem Spiele läßt, dann kann man sagen, daß fast das Gegenteil dieser Behauptung zutrifft. Darwin war es, der mit Absicht den Menschen zunächst in seine Abstammungslehre nicht mit einbezogen hatte (siehe Zitat 188).

86) LAMARCK:
„Wer weiß nicht, daß ein Vogel unserer Klimate, den wir in einem Käfig aufgezogen haben, und der darin fünf oder sechs Jahre ununterbrochen gelebt hat, nicht mehr im Stande ist, so zu fliegen wie seine Genossen, die immer frei gewesen sind, wenn man ihn wieder in Freiheit setzt? Die leichte Veränderung der Verhältnisse, die auf dieses Individuum eingewirkt hat, hat zwar nur sein Flugvermögen geschwächt und ohne Zweifel in der Gestalt seiner Teile keine Veränderung bewirkt; wenn aber zahlreiche Nachkommen von Individuen derselben Rasse während einer langen Zeit immer wieder in Gefangenschaft gehalten worden wäre, so würde ohne Zweifel sogar die Gestalt der Körperteile dieser Individuen beträchtliche Veränderungen erlitten haben. Wenn die ununterbrochene Gefangenschaft von einem bedeutenden Wechsel des Klimas begleitet gewesen wäre, und wenn diese Individuen allmählich an andere Nahrung und an andere Tätigkeiten, um diese zu erfassen, gewöhnt worden wären, so hätten gewiß diese vereinigten und bleibend gewordenen Verhältnisse unmerklich eine neue ganz besondere Rasse herangebildet."
([112], S. 71)

87) LAMARCK:
„Solange der Wasserhahnenfuß (Ranunculus aquatilis) ins Wasser eingetaucht ist, sind seine Blätter ganz fein zerschnitten mit haarförmigen Ausschnitten; erreichen aber die Stengel dieser Pflanze die Oberfläche des Wassers, so werden die Blätter, die sich in der Luft entwickeln, verbreitert, abgerundet und einfach gelappt. Wenn es einigen Schößlingen dieser Pflanze gelingt, in feuchtem, aber nicht unter Wasser stehendem Boden zu treiben, so sind ihre Stengel kurz und ihre Blätter nicht in haarförmige Ausschnitte geteilt, wodurch der Ranunculus hederaceus entsteht, welchen die Botaniker als eine besondere Art betrachten."
([112], S. 72)

88) Diese Feststellung traf LAMARCK 44 Jahre vor CH. R. DARWIN, der sie als Folgerung aus seinen eigenen Forschungen ansah, indem er meinte, die alte Ansicht vom Zweck in der Natur „... schlage jetzt fehl, nachdem das Gesetz der natürlichen Auslese entdeckt worden ist ...".
([51], S. 78)

89) OKEN kannte den morphologischen Unterschied zwischen der Pflanzenzelle und der tierischen Zelle. Wegen ihrer unterschiedlichen Formen nannte er die mehr eckigen der Pflanzen „Zellen" und die mehr abgerundeten bei den Tieren „Blasen". Demzufolge sprach er davon, daß Pflanzen aus Zellen bzw. Zellgewebsmassen und Tiere aus Bläschen bzw. Zellgewebsblasen bestünden.
In didaktisch, zumindest für die damalige Zeit, ausgezeichneter Weise hat er dargelegt, daß die niederen Tiere eigentlich nur aus einem Verdauungsorgan bestehen und wie schrittweise bei den höheren Tieren weitere Organe und Kreislauf-, Nerven- und Atmungssysteme hinzukommen, wobei er dann zum besseren Lernen verallgemeinernde Bemerkungen machte. Ihm ging es in seiner Lehrtätigkeit offenbar mehr um das Verstehen der Zusammenhänge als darum, Stoff zum Pauken von Einzelheiten zu bieten.

90) ST.-HILAIRE hatte sich auf deutsche Naturforscher berufen, u. a. auch auf GOETHE.

91) Interessant ist auch folgende Mitteilung KOHLBRUGGES (1914) [103]: FRANCO ANDREA BONELLI arbeitete 1810 unter LAMARCK in Paris und lehrte danach in Turin bis 1814 dessen Theorien; nach der Restauration sei er zur Zurückhaltung gezwungen gewesen und habe nur noch die einfache Variabilität der Arten zu lehren gewagt. GUISEPPE GAUTIERI, der 1806 ähnliche Vorstellungen wie die LAMARCKS in Jena veröffentlicht hatte, soll seine Lehre später widerrufen haben.

92) LYELL:
„Lamarck has, indeed, attempted to raise an argument in favour of his system, ... which has arisen in the study of some orders of animals and plants, in consequence of the slight shades of difference which separate the new species discovered within the last half century."

93) LYELL:
„Why, moreover has the process of development acted with such unequal and irregular force on those classes of beings which have been greatly perfected, so that there are wide chasm in the series; gaps so enormous, that Lamarck fairly admits we can never expect to fill them up by future discoveries?"

94) LYELL:
„... and when Lamarck talks ‚of the efforts of internal

sentiment', ,the influence of subtle fluids', and ,acts of organisation', as causes whereby animals and plants may acquire new organs, he substitutes names for things; and, with a disregard to the strict rules of induction, resorts to fictions, as ideal as the ,plastic virtue', and other phantoms, of the geologists of the middle ages."

95) LYELL:
„Such is the machinery of the Lamarckian system; ... I have only space for exhibiting a small part of the entire process by which a complete metamorphosis is achieved, and shall, therefore, omit the mode by which, after a countless succession of generations, a small gelatinous body is transformed into an oak or an ape ..."

96) Man ist verblüfft, wenn man von KOHLBRUGGE (1914, S. 197) folgendes erfährt:
„Ich las die 3. Auflage dieses Werkes (1834) [von LYELL] ... der Ton ist durchaus schätzend und man fühlt, daß Lyell von der Theorie [LAMARCKS] wie geblendet ist, wie sie ihn mitzureißen droht, nur durch die strengste Critik weiß er sich diesem Einfluß zu entziehen und die Descendenztheorie zurückzuweisen."
Die hier erwähnten Zitate LYELLS stammen zwar aus seiner 4. Auflage, aber er wird wohl kaum ein Jahr vorher eine andere Meinung über LAMARCK gehabt haben. KOHLBRUGGE muß wohl etwas seltsame Bewertungsmaßstäbe gehabt haben, so daß vielleicht gegenüber den weiter oben erwähnten Aussagen zu CUVIERS „Eloge historique de M. de Lamarck" auch einige Zweifel angebracht sind.

97) Gemeint sind stratigraphische Perioden, wie z. B. Kambrium, Ordovizium, Silur, Devon ... Quartär.

98) KOHLBRUGGE (1914) [103] zitierte einen Satz CHAMBERS' aus dem englischen Original, in dem LAMARCKS Theorie als bemitleidenswerte Torheit abgetan wird.

99) CHAMBERS' „Vestiges" wurden von vielen englischen und amerikanischen Gelehrten verworfen, z. B. von THOMAS HENRY HUXLEY (1825–1895), ASA GRAY, LOUIS AGASSIZ (1807–1873), HUGH MILLER (1802–1865), ADAM SEDGWICK (1785–1873) [103].
HUXLEY schrieb 1860 über CHAMBERS' Werk:
„LAMARCKS Mutmaßungen, ausgestattet mit neuem Hut und Stock, wie Sir WALTER SCOTT von einer wiederaufgefrischten alten Geschichte zu sagen beliebte, bildeten die

Grundlage der biologischen Spekulationen der ,Vestiges', einem Werk, das dem Fortschritt gesunden Denkens über diese Sache mehr Schaden zugefügt hat als irgend eines, das genannt werden könnte."
([103], S. 200; übersetzt: BLEI)
HUXLEY: „LAMARCK's conjectures equipped with a new hat and stick as Sir WALTER SCOTT was wont to say of an old story renovated, formed the foundation of the biological speculation of the ,Vestiges', a work which has done more harm to the progress of sound thought on these matters than any that could be named."

100) DARWIN:
„... so habe ich bei der Hausente gefunden, dasz die Flügelknochen leichter und die Beinknochen schwerer im Verhältnis zum ganzen Skelett sind als bei der wilden Ente; und diese Veränderung kann man getrost dem Umstande zuschreiben, dasz die zahme Ente weniger fliegt und mehr geht, als es diese Entenart im wilden Zustande thut ..."
([50], S. 31)

101) SCHINDEWOLF erwähnt aber auch, daß in manchen Fällen die Anfangsentwicklung erst einmal in ruhigen Bahnen verlaufen sei, bis ein erneuter Entwicklungssprung eine bezeichnende dynamische Periode eingeleitet habe.

102) SCHINDEWOLF unter Berufung auf G. G. SIMPSON (1947): „Die Fledermäuse treten uns seit dem Mitteleozän mit abgeschlossenem Bauplan entgegen. Die für ihn bezeichnenden Flügel haben während des seither verstrichenen Zeitraums von 50—55 Mill. Jahren keinerlei nennenswerte Veränderung erfahren; lediglich einige der nicht mehr funktionellen Elemente der Vorderextremität sind rückgebildet worden. Wenn die für diese äußerst geringfügigen Umbildungen geltende Entwicklungsrate auch für die Herausgestaltung des bauplantypischen Flügels aus der normalen Säugerhand maßgebend gewesen wäre, müßte der Beginn dieser Entwicklung noch vor dem Ursprung der Erde liegen!"
([142], S. 64)
Ob man tatsächlich errechnen kann, daß zur Herausgestaltung des Flügels mehr als 90 mal mehr (Erdalter 4,5 Milliarden Jahre) an Zeit benötigt wird (wie sich aus obigem Zitat ergibt) als zu der erwähnten Rückbildung, sei dahingestellt. Es genügt festzustellen, daß diese Ver-

änderung zu einer Zeit hätte beginnen müssen, als noch gar keine Voraussetzungen dafür bestanden.

103) ZIMMERMANN irrt aber, wenn er meint, SCHINDEWOLFS Gründe für eine zeitweilige Sprunghaftigkeit seien die Lücken in der Überlieferung. SCHINDEWOLF hat sich ausdrücklich gegen diese angebliche Lückenhaftigkeit ausgesprochen.

104) Der Begriff „Kraft" soll hier und in allen nachfolgenden Ausführungen im landläufigen Sinne verstanden werden; er entspricht also nicht der streng physikalischen Definition.
Die hier gegebene Definition des Exzeptionalismus entspricht nicht derjenigen VON BUBNOFFS (1949), welcher nur von „heute nicht mehr wirksamen Prozessen" sprach. Die Annahme heute nicht mehr wirksamer Prozesse hat aber nicht notwendigerweise etwas mit Exzeptionalismus zu tun. Denken wir beispielsweise an die große Wahrscheinlichkeit einer erdfrühgeschichtlich anderen Atmosphäre als heute. Zwangsläufig müssen damals bestimmte Verwitterungsprozesse anders abgelaufen sein.

105) Der Ausdruck „kurzfristig" soll im landläufigen Sinne verstanden werden, nicht etwa als „geologisch kurzfristig". Eine geologisch kurze Zeit kann auch Millionen von Jahren umfassen.

106) Nach ENGELS sind nach materialistischer Auffassung Prinzipien „nicht der Ausgangspunkt der Untersuchung, sondern ihr Endergebnis; sie werden nicht auf Natur und Menschengeschichte angewandt, sondern aus ihnen abstrahiert" (zitiert nach [101], S. 972).
Der Aktualismus ist aber aus der Natur abstrahiert. Ist er tatsächlich ein Prinzip, dann wäre nicht einzusehen, warum ein solches nicht wiederum „auf die Natur angewendet" (nämlich bei der Untersuchung und Deutung von Naturereignissen) werden sollte.
Das Prinzip „Aktualismus" hat jedoch nichts mit jenen Grundsätzen zu tun, die nach idealistischer Ansicht „dem reinen Denken entspringen und durch sich selbst gewiß sind" (ebenda, S. 972).
Es sei noch darauf hingewiesen, daß der Ausdruck „aktualistisches Prinzip" vermieden werden sollte. Dazu bedarf es keiner wissenschaftlichen Beweisführung, sondern lediglich eines Beispieles: Wir kennen z. B. das Prinzip der

Einfachheit und das Prinzip der Anschaulichkeit. Niemandem wird es einfallen, von diesen Prinzipien als von dem „einfachen Prinzip" bzw. von dem „anschaulichen Prinzip" zu sprechen, weil es sich eben nicht um die Eigenschaft der betreffenden Prinzipien handelt.

107) Der Aktualismus, gegründet auf die Erkenntnis, daß die Naturgesetze überall und zu jeder Zeit wirken, steht in engem Zusammenhang mit den philosophischen Kategorien Materie, Bewegung, Raum, Zeit, Kausalität, Wechselwirkung, Gesetz.

108) Hooykaas (1970) meint, daß der „übliche Gegensatz" von Aktualismus, verstanden als „Methode" und als „System", und dem Katastrophismus, der ein „geologisches System (Lehrgebäude)" und keine „Methode" sei, große Mißverständnisse erzeugt habe. Wenn er dann außerdem noch von „einstmals legitimen Methoden der Katastrophisten" spricht und zwischen „aktualistischen" und „nicht-aktualistischen Methoden" unterscheidet, wobei er keineswegs unter letzteren „katastrophistische Methoden" verstanden wissen will, dann entsteht eine Begriffsverwirrung, und Mißverständnisse sind unausbleiblich.

109) Giordano Bruno:
„Astra enim omnia, ut tellus et luna, quae praecipua mundana sunt corpora, me instans quidem praetereunt, in quo non etiam alterentur; similiter et particularia, quae in ipsis reperiuntur subjecta, in quibus non est quod unam certamque motionis, alterationisve speciem spectes, sed communiter alterationem et mutationem."

110) Giordano Bruno:
„Hinc continua facies telluris variatur, ut modo mare sit, ubi undae fuerant, modo montes appareant, ubi valles subsederant (quodque frequentius apparet), modo vaporum exaltatio, modo pluviarum casus eveniat, modo lutosum aliquid in lapides inspissetur, modo spissi lapides in pulverem resolvantur; in quibus omnibus nullum violentum cocesserim, sed naturalem prorsus omnem motum: illud enim vilentum tantummode appello, quod extra vel contra naturae opus atque finem contigerint."

111) Bruno sah wohl fälschlicherweise die Felswände der Gebirge als ehemalige Küstenränder an.

112) Giordano Bruno:
„Le quale mutazioni veggiamo farsi a poco a poco, come

le già dette, e come ne fan vedere le corrosioni di monti altissimi e lontanissimi dal mare, che, quasi fusser freschi, mostrano li vestigii de l'onde impetuose. E ne consta da l'istoria di Felice Martire Nolano, quali dichiarano al tempo suo, ch'è stato poco più o meno di mill'anni passati, era il mare vicino a le mura de la città, dov'è un tempio, che ritieni il nome di Porto, onde al presente è discosto dodici milia passi. Non si vede il medesmo in tutta la Provenza? Tutte li pietri, che son sparse per li campi, non mostrano un tempo esser state agitate da l'onde?"

113) Ebenso falsch ist die Behauptung BECKSMANNS (1939) [13], wonach vor STENO der Erdboden und seine Oberflächenformen als etwas ewig Feststehendes, Unveränderliches verstanden worden sei.

114) Unter dem eschatologischen Handeln sind vor allem das Ende der Menschheit, Weltbrand, Jüngstes Gericht und alles, was auf das Ende des Individuums gerichtet ist, zu verstehen. Vorstellungen über periodisch auftretenden Weltbrand und anschließende Neuentstehung gehen nicht allein auf das Alte Testament zurück, sondern finden sich schon bei den alten Griechen und Persern [66].

115) VON HOFF (1834) zitiert dazu auch den entsprechenden Satz aus der italienischen Originalausgabe. Dieser Satz enthält faktisch eine doppelte Verneinung. Aus dem Zusammenhang herausgerissen, könnte man auch das Gegenteil herauslesen. Doch die Sache ist völlig klar, was durch mehrere Stellen des MOROschen Werkes unterstrichen wird. Auch aus der 1751 erschienenen deutschen Ausgabe geht das hervor. Dort wird MORO folgendermaßen zitiert: „... [daß] wir doch ... von den Naturbegebenheiten wissen, daß die Natur von ihren Gesetzen niemals abgehe."
([121], S. 335)

116) VON ZITTEL (1899) beurteilte BUFFON recht seltsam. Er lobte seine „großartige Theorie" und meinte entschuldigend, daß, wo BUFFON sich in Spekulationen verirrt habe, dies in der Regel auf den damaligen Stand der Wissenschaften zurückzuführen sei.
Man braucht diese unzutreffende Ansicht gar nicht zu widerlegen, denn VON ZITTEL tat dies selbst, indem er hinzufügte, es dürfe aber auch nicht verschwiegen werden, daß BUFFONS Ansichten über Gebirgs- und Talbildung weit hinter STENO zurückstehen und im wesentlichen dem

„Telliamed“ entlehnt sind, daß zuweilen auch die von anderen Forschern ermittelten Tatsachen teils aus Unkenntnis, teils aus Geringschätzung unberücksichtigt geblieben seien.

117) HUTTON:

„... from the consideration of those materials which compose the present land, we have reason to conclude, that, during the time this land was forming by the collection of its materials at the bottom of the sea, there had been a former land containing materials similar to those which we find at present in examining the earth. We may also conclude that there had been operations similar to those which we now find natural to the globe, and necessarely exerted in the actual formation of gravel, sand and clay.“

118) HUTTON:

„... that there ist nothing to be found in an original state, so far as we see, in the construction of this earth ... It is from this actual state in which the solid parts of the earth are found, that I have endeavoured to trace back the different states in which they must have been.“

119) VON BÜLOW (1960, S. 164) schrieb hierzu:

„Gewiß rechnete HUTTON im Sinne seiner Zeit auch mit der Möglichkeit unvorhersehbarer Intensitätssteigerungen bekannter Kräfte, d. h. mit ‚Katastrophen‘ ...“

Eine solche Auffassung war HUTTON fremd. Nicht nur, daß ihm „Unvorhersehbares“ in der Deutung der Erdgeschichte völlig fern lag (siehe Zitat 258), er hat sich ausdrücklich gegen die Annahme „außergewöhnlicher Ereignisse“ ausgesprochen (siehe Zitat 260).

Zeiten gesteigerter tektonischer Unruhe anzunehmen, hat nur dann etwas mit Katastrophismus zu tun, wenn man STILLES Ansichten dazu folgte (siehe Zitat 309), so wie es VON BÜLOW tat (siehe Zitat 317).

120) HUTTON:

„He seems to have misunterstood my treatise. I do not pretend, as he does in his theory, to describe the beginning of things; I take things such as I find them at present, and from these I reason with regard to that which must have been. When, from a thing which is well known, we explain an other which is less so, we then investigate nature; but when we imagine things without a pattern or example in nature, then, instead of natural history, we write only fable.“

121) HUTTON:
„Not only are no powers to be employed that are not natural to the globe, no action to be admitted of except those of which we know the principle, and no extraordinary events to be alledged in order to explain a common appearance, the power of nature are not to be employed in order to destroy the very object of those powers; we are not to make nature act in violation to that order which we actually observe ...
Chaos and confusion are not to be introduced into the order of nature because certain things appear to our partial views as being in some disorder."

122) PLAYFAIR:
„Amid all the revolutions of the globe, the economy of Nature has been uniform, and the laws are the only things that have resisted the general movement. The rivers and rocks, the seas and the continents have been changed in all their parts, but the laws which direct those changes, and the rules to which they are subjekt, have remained invariably the same."
[Economy of Natur = eigentlich „Naturhaushalt"]

123) Zur Klärung der kontroversen Anschauungen rief der Schweizer Naturforscher und Herausgeber einer Zeitschrift A. HÖPFNER 1787 zu einem Preisausschreiben auf über das Thema: „Was ist Basalt? Ist er vulkanisch oder ist er nicht vulkanisch?" Daran schloß sich ein heftiger Streit zwischen WERNER und besonders seinem ehemaligen Schüler J. C. W. VOIGT (1752–1821) an. Der Preis wurde zwar dem ebenfalls neptunistischen Ansichten huldigenden J. F. WIDENMANN zuerkannt, aber der eigentliche Sieger war WERNER [175].
Daß man die Genese eines Gesteines nicht durch eine über Preisschriften zu Gericht sitzenden Kommission klären kann, haben sicher auch damals schon kühle Köpfe gewußt. Mit einer Preisverleihung konnte kaum jemand überzeugt werden, schon gar nicht die inzwischen beträchtlich angewachsene Schar der „Vulkanisten", von denen viele in Gebieten mit ehemals oder jetzt noch tätigen Vulkanen gearbeitet hatten, während WERNER zwar Sachsen ausgezeichnet, aber darüber hinaus kaum ein anderes Gebiet kannte [83].
Von denjenigen, die schon vor WERNER und auch zur Zeit

des Neptunistenstreites von der vulkanischen Entstehung von Gesteinen, insbesondere des Basalts überzeugt waren, sind beispielsweise zu nennen: ARDUINO, DE LUC, GUETTARD, DESMAREST, RASPE, FAUJAS DE ST.-FOND, BECHER, PALLAS, FORSTER, FERBER, VON CHARPENTIER, COLLINI, GERAUD, SOULAVIE, HAMILTON, DE BUFFON, DOLOMIEU und seine Hauptgegner J. C. W. VOIGT, K. VON KNOBLAUCH und HUTTON [69, 102, 175].

Ein K. VON KNOBLAUCH zugeschriebener satirischer Artikel aus dem Jahre 1787 mit dem Titel „Demüthige Bitte der Endes unterschriebenen Vulkane an Herrn Bergakademie-Inspektor Werner zu Freiberg“ schloß mit der Bemerkung:

„Wir brechen hier ab, theuerster Herr Inspector, überzeugt, daß wir sie nicht überzeugen werden, so wie das Publikum durch Sie nicht überzeugt werden wird.

Ihre usw. Ätna, Vesuv, Hekla, Pik von Teneriffe, Stromboli, Vulcano“ ([102], S. 137).

Der ganze Streit zog sich etwa bis 1795 hin [175].

124) MATHE (1974, S. 1396) schreibt:

„Der große Ruf, den A. G. WERNER als Lehrer genoß, resultierte wohl zu einem wesentlichen Teil aus der Tatsache, daß seine Schüler in Freiberg mit dem Gefühl entlassen wurden, mit der WERNERschen Systematik die geognostischen Kräfte und Gesetzmäßigkeiten begriffen zu haben — ein Gefühl, das dem Studenten Respekt vor der Wissenschaft, in der alles so schön geordnet ist, und Respekt zugleich vor dem Lehrer verschaffte, der diese Ordnung zu deuten verstand.“

Der große Ruf WERNERS läßt sich auch daran ermessen, daß er Mitglied von 20 Akademien, Gesellschaften und wissenschaftlichen Vereinigungen war. Wie groß die Anziehungskraft seiner Lehre war, davon zeugt ein Brief SEDGWICKS an LYELL aus dem Jahre 1845, in dem dieser bekannte, er sei 1819 ein Werner-Sklave gewesen, durchdrungen von dessen Ideen und bereit seinen Verstand diesem Glaubensbekenntnis zu opfern [1].

125) Es handelt sich um die Geschiebe bzw. erratischen Blöcke, die während des Pleistozän durch das Inlandeis über weite Strecken transportiert wurden und nach dem Abtauen der Eismassen zurückgeblieben sind. Über die Herkunft dieser Geschiebe und Blöcke war man sich nicht im klaren.

CUVIER und VON BUCH sahen sie, wie andere vor ihnen auch schon, mit als Beweis für ihre Katastrophen an. Es gab daneben aber, seit mindestens 1790, schon Ansichten, die man als Drifttheorie (Transport und Verbreitung durch schwimmende Eisschollen), Gletschereistheorie (Transport und Verbreitung durch Gletscher) und Inlandeistheorie bezeichnen kann. Zu nennen sind z. B. G. H. VON WINTERFELD 1790, JOHANN CARL WILHELM VOIGT, JOHN PLAYFAIR 1802 [60, 81, 193].

126) KÜHNER (1913) berichtet davon, daß NAPOLEON einmal DE LAMARCK, als dieser ihm eines seiner früheren Bücher überreichen wollte, unwirsch geantwortet habe, es sei wohl wieder eines jener dummen Bücher, die seinem Alter Unehre machen werden.

127) TARLÉ (1961) meinte über die ihre alte Macht wieder einnehmenden Bourbonen:
„Sie waren allergnädigst bereit, Frankreich seine Sünden zu vergessen und vergeben, allerdings unter der Bedingung, daß das Land Buße tat und zur früheren Strenggläubigkeit und Ordnung zurückkehrte.“ (S. 604)

128) Nach VON HOFFS eigener Mitteilung in Band 1, 1822. Also nicht von der Universität, wie VON BÜLOW (1960) schrieb.

129) VON BÜLOW (1960, S. 166) schrieb:
„1834 [folgte] der 3. [Band], in dem sich HOFF bereits vorbehaltlos für LYELL erklärte.“
Mit diesem Satz wird ein völlig falscher Eindruck erweckt. Der Leser muß glauben, VON HOFF sei durch LYELL endgültig zum Aktualisten geworden. Die Tatsachen sind entschieden andere.
Wenn im ersten Band von 1822 erwähnt wurde, daß die Schrift preisgekrönt worden sei, dann muß sie, zumindest in ihren wesentlichen Teilen, der Gesellschaft bereits vorgelegen haben. Schon aus diesem ersten Band geht VON HOFFS Standpunkt klar und unmißverständlich hervor, so daß nicht VON HOFF sich LYELL anschloß, sondern VON HOFFS Ansichten durch LYELL unterstrichen wurden. Es ist auch nicht gut anders möglich, weil LYELL zu der Zeit, als die erwähnte Preisfrage gestellt wurde, sich erst mit Geologie zu beschäftigen begonnen hatte.
LYELL hat sich in seinen „Principles“ auch mit der Geschichte der Geologie befaßt und widmete dabei vielen Forschern mehr oder weniger viele Zeilen. VON HOFFS

Name findet sich darunter nicht, sondern lediglich in einer völlig untergeordneten Fußnote an anderer Stelle, obwohl LYELL in Briefen an Freunde erwähnt haben soll (nach SCHMIDT, 1918), wieviel er VON HOFF verdanke.
In der „Allgemeinen deutschen Biographie" aus dem Jahre 1880 findet sich (Band 12) bereits eine entsprechende Würdigung VON HOFFS.

130) HANS CONRAD ESCHER VON DER LINTH (1767–1823)

131) LYELL:
„If we could behold in one view all the volcanic cones thrown up in Iceland, Italy, Sicily, and other parts of Europe, during the last five thousand years, and could see the lavas which have flowed the same period; the dislocation, subsidences, and elevations caused by earthquakes; the land added to various deltas, or devoured by the sea, together with the effects of devastation by floods, and imagine that all these events had happened in one year, we must form most exalted ideas of the activity of the agens and the suddeness of the revolutions."

132) LYELL:
„There can be no doubt, that periods of disturbance and repose have followed each other in succession in every region of the globe; but it may be equally true, that the energy of the subterranean movements has been always uniform as regards the whole earth. The force of earthquakes may for a cycle of years have been invariably confined, as it is now, to large but determinate spaces, and may then have gradually shifted its position, so that another region, which had for ages been at rest, became in its turn the grand theatre of action."

133) DARWIN behauptete außerdem, LYELL sei zu Lebzeiten dadurch berühmt geworden, daß er DE LAMARCK bekämpft habe [51]. Wie weit dies zutrifft, sei dahingestellt.

134) Silur, Devon usw. bezeichnen wir heute geochronologisch als Perioden. Die „Stufe" ist eine chronostratigraphische Einheit, von weit geringerer zeitlicher Dauer.

135) VON BÜLOW schrieb (1959, S. 262):
„... jene Epoche ..., die als die Herrschaft des reinen Aktualismus bezeichnet werden darf, also jene Epoche, in der steter, den Stein höhlender Tropfen an die Stelle erdgeschichtlicher Katastrophen getreten war. Es ist die Zeit des späten Biedermeier, der zunehmenden Saturiert-

heit der bürgerlichen Gesellschaft ... CH. LYELL gilt als ihr wirkender Beginn ..."

Das genaue Gegenteil ist der Fall: Das Biedermeier ist kunstgeschichtlich die Zeit von etwa 1830 bis um 1860, wenn man überhaupt Vergleiche anstellen will, die Zeit zwischen dem Erscheinen von LYELLS Werk (1830–33) und dem DARWINS (1859). Dies war die Zeit des in der Geologie am weitesten verbreiteten Glaubens an allgemeine Katastrophen.

136) Der angelsächsische Terminus „Uniformtarianismus" und der bei uns übliche Terminus „Aktualismus" werden im allgemeinen als genaue Synonyme verwendet [88]. Er kennzeichnet dort also nicht, wie bei uns, einen auf bloße „Gleichförmigkeit" eingeschränkten Aktualismus.

137) Falsche Gedankenassoziationen entstehen zwangsläufig, wenn z. B. STILLE sagt (siehe Zitat 75), „wo **gestern** noch die Sedimentationswanne lag, findet sich **heute** ein Gebirgsland".

Natürlich weiß jeder, daß dies nur im übertragenen Sinne gemeint ist. Man weiß aber nicht, wieviel Zeit man sich dazwischen vorstellen muß.

Oft wird – im gleichen Sinne wie durch VON BÜLOW mit dem Ausdruck „Auslöschen" – von dem **plötzlichen** Verschwinden der Saurier am Ende der Kreide gesprochen. Wieviel anders und das richtige Verhältnis darstellend, liest es sich, wenn z. B. DABER (1971, S. 708) schreibt, „... daß ihre letzten Vertreter 50 Millionen Jahre nach der Veränderung der Pflanzenwelt verschwanden".

138) VON BÜLOW (1959, S. 264): „So erweist sich der bedeutungsschwerste Unterschied zwischen unseren Auffassungen und denen CUVIERS lediglich als graduell."

139) Reihenfolge der Länder nach der Anzahl der eingegangenen Stimmen.

140) Nach Fertigstellung der Abschnitte 1. bis 5. stieß ich auf den interessanten Beitrag von M. NADJI mit dem Titel: „KARADJIS ‚Erschließung verborgener Gewässer'" [124a]. Aus ihm geht hervor, daß in Persien schon während des 11. Jahrhunderts die Kugelform der Erde und die Wirkung der Gravitation bekannt waren. Das Weltbild war aber auch dort geozentrisch.

141) Waldenser: Von PETRUS WALDUS um 1176 in Lyon gegründete religiös-soziale Laiengemeinde „Arme von Lyon".

WALDUS hatte seinen gesamten Besitz an die Armen verschenkt und dann zu predigen begonnen.
Albigenser: Anhänger einer christlich-sozialutopischen Strömung, benannt nach der südfranzösischen Stadt Albi.

142) Während der scholastische Realismus davon ausging, daß die Allgemeinbegriffe (wie z. B. Mensch—heit, das Leben) objektiv real existent seien und ihnen ein höheres Sein zukomme als den Dingen (z. B. Menschen, Lebewesen), betrachtete der Nominalismus die Allgemeinbegriffe als bloße Namen (nomina), die nach Dingen gebildet sind. Danach steht nicht das Allgemeine, z. B. die Menschheit, im Vordergrund, sondern der einzelne Mensch; das Allgemeine hat gar keine Wirklichkeit [101].

143) CUVIER hielt nicht ganz zu Unrecht PALISSYS Tätigkeit für den Anfang einer modernen Geologie [74].

144) BRUNO in einer Schrift ohne Ort und Jahr:[183])
„Auf denn, lasst uns sehen, wie wir uns durch Versuchen, Experimentiren, Vergleichen, Theilen, Zusammensetzen, Beobachten und Abstrahiren zu unzähligen Erfindungen zu befähigen vermögen."
([23], S. 144)

145) BRUNO 1591:[186])
„Wer also Lust hat zu philosophiren, möge zuerst aus Princip an allem zweifeln und nicht eher den Standpunkt der Einen Streitpartei einnehmen, als bis er auch die andere Partei gehört hat."
([23], S. 141)

146) Rede BRUNOS am 8. 3. 1588 anläßlich seines Scheidens von Wittenberg (zitiert in [23]).

147) BERNARD PALISSY, besonders bekannt durch seine kunstvollen Keramiken mit eigens von ihm erfundenen Glasurfarben, wurde wegen seiner protestantischen kirchlichen Tätigkeit an seinem Wohnort Saintes zu Beginn der Hugenottenkriege (1562) verhaftet, sein Atelier zerstört und er nach Bordeaux gebracht. Auf Betreiben seines Gönners, des Statthalters von Saintes, erhielt er vom Hofe den Titel eines „Inventeur des rustiques figulines du roi" verliehen, was eine Bindung an den königlichen Haushalt bedeutete und ihn vor weiterer Verfolgung schützte. 1565 oder 1567 wurde er nach Paris berufen, um die Tuilerien auszugestalten (weshalb er manchmal auch BERNARD DE TUILERIS genannt wurde). Dem Gemetzel der Bartholo-

mäusnacht (23./24. 8. 1572) konnte er nach Sedan entkommen. Nach dem Frieden von La Rochelle (1573) kehrte er nach Paris zurück. Hier hielt er zwischen 1575 und 1584 durch Anschläge an den Mauern angekündigte öffentliche Vorträge über geologische Fragen.

GIORDANO BRUNO, dem der Prozeß wegen Ketzerei drohte, war aus seinem Kloster bei Neapel geflohen (1576) und über mehrere Stationen 1581 in Paris eingetroffen, wo er bis 1583 Lehrer an der Sorbonne war (eine königliche Bestallung zum ordentlichen Professor hatte er ausgeschlagen). Nach zweijährigem Aufenthalt in England (vor allem Oxford) kehrte er 1585 nach Paris zurück, das er aber wegen zunehmender Wirren 1586 wieder verließ, um sich über Mainz und Marburg nach Wittenberg zu begeben, wo er bis 1588 an der dortigen Universität lehrte.

PALISSY wurde 1587 oder 1588 erneut eingekerkert. Er sollte öffentlich verbrannt werden, was der Herzog von Mayenne durch Hinauszögern des Prozesses zu verhindern suchte. PALISSY starb 1590 im Kerker.

BRUNO ging 1588 nach Prag, von dort über Helmstedt nach Frankfurt (Main), wo er sich von 1590 bis 1591 hauptsächlich aufhielt. 1591 folgte er einem reichen Kaufmann nach Venedig, der ihn der Inquisition verriet, welche ihn im Jahre 1600 in Rom öffentlich verbrennen ließ. BRUNOS Werke kamen 1603 auf den „Index".

148) KUHLENBECK (1893) sagte dies von DESCARTES, SPINOZA und LEIBNIZ. Er erwähnte, daß schon ein Zeitgenosse und ehemaliger Schüler DESCARTES', der Jesuit PETRUS DANIEL HUETIUS, Bischof von Soisson, in seiner Schrift „Censura philosophiae Cartesianae", 1690, diesem literarische Unehrlichkeit vorgeworfen habe. Dieser katholische Bischof habe bekannt, die Schriften BRUNOS über das Weltall zu kennen und habe ihr Studium sowie Vergleich mit DESCARTES' Schriften empfohlen.

BRUNNHOFER (1882) kritisierte, daß die Verfehmung, welche die Kirche der Gegenreformation über BRUNO verhängt habe, ihre Schatten bis in die protestantische Gegenwart werfe und selbst die bändereichsten Geschichten der (damaligen) neueren Philosophie ihn kaum mehr als vorübergehend erwähnen, und er fragte: „Sollte etwa sein glorioser Märtyrertod für die Geistesfreiheit der anstössige

Makel sein, der die Auferweckung seines Andenkens als zu riskant erscheinen lässt?" (S. VI)

Brunnhofer hat auf Grund einer Anfrage, 1880, die Antwort erhalten, daß in der Bodleian library von Oxford, wo Bruno sich eine Zeitlang aufgehalten hatte, nichts zu finden sei, was auf dessen Anwesenheit in England hindeute; alles sei offenbar ausgelöscht worden.

Der erste, der Palissy wieder nannte, soll Pierre Perrault (1674) gewesen sein [74].

149) „intuitiv" bei Descartes = unbezweifelbare Vernunfterkenntnis [101].

150) Steno trat 1667 bzw. 1669 zum katholischen Glauben über, empfing 1675 bzw. 1677 die Priesterweihe, wurde dann vom Papst zum Titularbischof ernannt und schließlich 1684 zum „Vicarius apostolicus per Saxoniam inferiorem generalis", was etwa soviel wie der Gesandte des Papstes für das nördliche Deutschland bedeutete. Er soll in gänzlicher Armut gestorben sein (Schwerin 1686), weil er alles den Armen geschenkt hatte [154, 190].

151) Bemerkenswerterweise taucht im Zusammenhang mit derartigen, stark religiös gefärbten Vorstellungen über die Erde der Begriff „Geologia" auf, wie hier bei Detlev Kluver (Clüver), 1700 (siehe Anm. 261), aber auch schon 1661 bei Lovell in „Panmineralogicon or an Universal History of the Minerals". Bei dem Bischof von Durham, Richard de Bury, dagegen in „Philibiblion, or the Love of Books", Köln 1473, bedeutet „Geologia" die Wissenschaft von der Erde als Antithese zu der „Wissenschaft von den geistlichen Dingen — Theologia" [1].

152) Die zeitliche, den Wandel der Dinge einschließende Unendlichkeit bei von Haller siehe Zitat 104.

Die Ewigkeit als nie verrinnendes Jetzt in den folgenden Teilen seines Gedichtes:

„Als mit dem Unding noch das neue Wesen rung
Und kaum noch reif, die Welt sich aus dem Abgrund schwung,
Eh' als die Schwere noch den Weg zum Fall gelernet
Und auf die Nacht des alten Nichts
Sich goß der erste Strom des Lichts,
Warst du, so weit als itzt, von deinem Quell entfernet.
Und wann ein zweites Nichts wird diese Welt begraben,
Wann von dem alles selbst nichts bleibet als die Stelle,

Wann mancher Himmel noch, von andern Sternen helle,
Wird seinen Lauf vollendet haben,
Wirst du so jung als jetzt, von deinem Tod gleich weit
Gleich künftig sein, wie heut'."
([54], S. 110–111)

153) KANT (1755) zitierte den Teil des Gedichtes VON HALLERS, wo von der zeitlichen Unendlichkeit die Rede ist, und berief sich im vollständigen Titel seines Werkes auf NEWTON: „... oder Versuch von der Verfassung und dem mechanischen Ursprunge des ganzen Weltgebäudes nach Newtonischen Grundsätzen abgehandelt".

154) Von Hebungen waren überzeugt: DE TOURNEFORT, VALLISNIERI, MORO, GENERELLI, KANT, RASPE, MICHELL, LOMONOSSOW, VON JUSTI, PALLAS, J. H. VOIGT, BLUMENBACH, HUTTON (siehe auch Abschn. 2.2.).
Nicht an Hebungen glaubten bzw. zogen sie nicht in ihre Betrachtungen mit ein: DE MAILLET, DE BUFFON, LEHMANN, FÜCHSEL, WERNER und seine Anhänger, wie z. B. auch GOETHE. Hierher gehören auch die reinen Sintflutanhänger wie SILBERSCHLAG und WILLIAMS (siehe auch Abschn. 2.1.).
Die Personengruppierung ist natürlich nicht vollständig. Der Glaube an die Sintflut oder einen vergleichbaren Vorgang war auch z. T. noch bei Vertretern der ersten Gruppe vorhanden. Alte und neue Vorstellungen rangen miteinander.

155) DE SAUSSURE, A. G. WERNER, denen auch J. C. W. VOIGT und GOETHE folgten [87]. DE SAUSSURE kamen jedoch über diese in seinem 1. Band der „Voyage dans les Alpes", 1779, ausgesprochene Ansicht später Zweifel, und es schien ihm für die nichthorizontale Lagerung der Schichten eine Faltung verantwortlich zu sein [1].

156) Sicher gehören hierher auch A. VALLISNIERI (1661–1730) (siehe Abschn. 5.) und MOROS Interpret GENERELLI (1749) [118].

157) Obwohl wir wissen, wie alt die vermutlich ältesten Gesteine auf der Erde sind, nämlich 3,6 Milliarden Jahre [104], und im großen und ganzen deren Bildungsumstände kennen, sind wir doch auch heute keineswegs in der Lage, den Anfang geologischer Vorgänge und den damaligen Zustand auf der Erde zu beschreiben; allenfalls in unterschiedlichen, einander widersprechenden Theorien.

158) Der Übergang von der Rangfolge zur Stufenleiter innerhalb der Anhänger der Analogienlehre zeigt sich zum Beispiel zwischen HERDER (1744—1803), GOETHE (1749 bis 1832) und KANT (1724—1804). Während HERDER glaubte, daß die Lebewesen, trotz aller Vielfalt, nach einem gewissen einheitlichen Bauplan gebildet seien, aber dennoch an einer abstammungslosen Rangfolge festhielt (siehe Zitat 154 und folgende Zeilen), war KANT ziemlich davon überzeugt, daß die Analogien im Bau vieler Tiergattungen, -familien, -ordnungen auf eine wirkliche Verwandtschaft, d. h. auf Abstammung und stufenartige Verbindung untereinander hindeuten (siehe Zitate 152, 153). GOETHE stand zwischen beiden Ansichten, neigte schließlich aber doch mehr dazu, eine Stufenleiter sehen zu wollen (siehe Zitate 155—157 und Absatz danach).

159) FRIEDRICH WILHELM II. paßte die tolerante Haltung seines Vorgängers (FRIEDRICH II.) in diesen Fragen nicht. Er wurde beeinflußt von dem evangelischen Theologen WÖLLNER, dem Leiter des Rosenkreuzerordens in Berlin. Nach Eintritt FRIEDRICH WILHELMS in den Orden entließ dieser den als aufgeklärt geltenden Minister des geistlichen Departements VON ZEDLITZ und ersetzte ihn durch WÖLLNER, auf dessen weiteres Betreiben schließlich das mit seinem Namen verbundene Religionsedikt zustandekam. Damit dessen Einhaltung kontrolliert werde, setzte man eine Prüfungskommission ein, der SILBERSCHLAG angehörte, welcher dieses Edikt begrüßt hatte und von FRIEDRICH WILHELM II. im Oberbaudepartement mit dem Referat Maschinenwesen und Wasserbau betraut worden war.
Andere Oberconsistorialräte zu Berlin äußerten im Gegensatz zu SILBERSCHLAG schriftlich ihre Bedenken gegen die Rechtmäßigkeit des Edikts [4]. Mit einem dieser Personen, dem Oberconsistorialrat TELLER, führte DELUC eine kontroverse Korrespondenz über die mosaische Kosmogonie [6].
Dies unterstreicht zusätzlich zu ihren Schriften die enge Interessengemeinschaft zwischen DELUC und SILBERSCHLAG.

160) Diejenigen, die noch an die Sintflut „glaubten", sind durchaus differenziert zu betrachten. Nicht daß sie daran glaubten ist wichtig, sondern welche Stellung sie ihr innerhalb der Erdgeschichte einräumten. So folgte z. B. LEIBNIZ

eindeutig STENO, hatte aber doch dessen andere exzeptionalistischen Reste abgestreift. Auch KANT glaubte, wie LEIBNIZ, an die Sintflut. Doch ein Vergleich zwischen LEIBNIZens „Protogaea" und KANTS Schriften zeigt den deutlichen Unterschied zwischen beiden. Während bei LEIBNIZ noch „besondere Überschwemmungen große Weltstriche verwüsten" ([115], S. 47), liegt in KANTS „Physischer Geographie" [98] der Schwerpunkt auf den allmählichen Veränderungen durch Flüsse, Regen, Meer, Wind, Frost sowie durch Erdbeben und den Menschen (!). KANT war trotz seines überragenden und weit vordringenden Geistes eben auch ein Kind seiner Zeit, und er machte es sich in keiner Frage leicht.

MORO dagegen zog sich hinsichtlich der Sintflut einfach mit Hilfe religiöser Polemik aus der Schlinge.

Die Sintflut wurde so von der eigentlichen Erdgeschichte getrennt.

161) Dieses Lexikon ist vor allem unter dem Namen seines Verlegers JOHANN HEINRICH ZEDLER bekannt, weshalb es im Literaturverzeichnis unter dem Buchstaben Z eingeordnet wurde, obwohl sein weniger bekannter Herausgeber K. G. LUDOVICI war.

162) Auch RAVICOVIČ (1974) [133] nennt VON BUCH einen hervorragenden Vertreter des Katastrophismus.

163) Neben den vielen Einzelwerken erschienen Enzyklopädien, in denen man versuchte, das angehäufte Wissen umfassend und geordnet darzustellen, z. B.: 1733–1754 in Leipzig/Halle 64bändiges ZEDLERsches Lexikon[161]), welches „das damals berühmteste und meistbenutzte Werk seiner Art gewesen" sein soll ([7], Bd. 20, S. 557); 1751–1772 die 28bändige französische Enzyklopädie[209]); 1768–1771 drei Bände der „Encyclopaedia Britannica".

164) Daß WOTTON (1552) die Schlangen zu den „eierlegenden Vierfüßlern" stellte, welche wir heute als Reptilien bezeichnen, dürfte auf seine Kenntnis über Analogien im Bau bestimmter Tiere zurückzuführen sein (siehe auch Anmerkung 73).

165) Wenn z. B. D'ORBIGNY mit 27 und DE BEAUMONT gar mit 60 und mehr allgemeinen Katastrophen rechneten (siehe Abschn. 5.), dann wird man ihnen kaum unterstellen dürfen, daß sie an den mosaischen Zeitabschnitt von 6000 Jahren glaubten und demzufolge in Abständen von

222 oder 100 Jahren (und kürzer) eine solche Katastrophe angenommen haben. Ganz und gar auszuschließen ist dies bei C. VOGT, der 1851 schrieb, daß die Materie (die Welt) für ihn und andere ewig sei (siehe Zitat 180), und der trotz allem katastrophistischen Vorstellungen folgte.

166) Dieser Begriff „Formation" als zeitlicher Abschnitt im Zusammenhang mit einer fortschreitenden Entwicklung wird heute in der Geologie nicht mehr in diesem Sinne verwendet. Als Formationen bezeichnet man bestimmte Gesteinsassoziationen, die natürlich auch ihre Beziehung zur Erdgeschichte haben. Die zeitlichen Abschnitte in der Erdgeschichte, die bei uns bis in die 50er Jahre unseres Jahrhunderts immer noch als „Formationen" bezeichnet wurden, sind stratigraphische Perioden bzw. Systeme.

167) AGASSIZ, L.: Essay on classification. — 1859.

168) — Le Darwinisme. Classification de Haeckel. Anhang zur französischen Übersetzung des „Essay on classification". — 1869.

169) BEAUMONT, É. DE: Recherches sur quelques unes des révolutions de la surface du Globe. — Paris 1834.

170) BERINGER, K.: Über eine Fiktion in der Geologie. — Die Naturwiss. 17. — 1929.

171) BLUMENBACH, J. F.: Handbuch der Naturgeschichte. — 1779.

172) BONNET, C.: Contemplation de la nature. — 1764.

173) — Palingénésie philosophique. — 1769.

174) BRAUN, A.: Betrachtungen über die Erscheinung der Verjüngung in der Natur. — 1849/50.

175) BRONGNIART, A.: Tableau des terrains qui composent l'écorce du Globe, 1829. (dt. 1830) (siehe [21])

176) BRONN, H. G.: Untersuchungen über die Bildungsgesetze der organischen Welt während der Bildungszeit unserer Erd-Oberfläche. — 1858.

177) BRUNO, G.: De umbris idearum. — Paris: 1582.

178) — De l'infinito, universo e mondi. — London: 1583.

179) — Della causa, principio et uno. — Venedig (in Wirklichkeit aber London): 1584.

180) — La cena de la ceneri. — London: 1584.

181) — Degli eroici furori dialogi X. — Parigi: 1585.

182) — Acrotismus sive rationes articulorum physicorum adversus peripateticos Parisiis propositorum. — Wittenberg: 1588.

183) Bruno, G.: Philothei Jordani Bruni Nolani recens et completa ars remeniscendi et phantastico campo exarandi ad plurimas in triginta sigillis inquirendi. – ohne Ort und Jahr.
184) – De immenso. – Frankfurt (Main): 1591.
185) – De monade. – Frankfurt (Main): 1591.
186) – De triplici minimo et mensura. – Frankfurt (Main): 1591.
187) – CLX Articuli contra mathematicos. – ohne Ort und Jahr.
188) Buch, L. von: Über die Ursachen der Verbreitung großer Alpengeschiebe. Vortrag in der Akademie der Wissenschaften Berlin, 31. 10. 1811. In: Abh. phys. Klasse Akad. Wiss. 1804–1811, Berlin 1815, S. 161–168.
189) Buckland: Reliquiae diluvianae; or observations on the organic Remains contained in Caves, Fissures and diluvial Gravel and on other Phenomena attesting the action of an universal deluge. – London: 1823.
190) Buffon, de: Histoire naturelle générale et particuliere avec la discription du cabinet du roy. – Paris: 1769–1789. (dt. Leipzig 1770 [29], Berlin 1771–1774 [30]. Nach Angaben in diesen Bänden einen Teil des Bandes 1 bereits 1744, den Band 3 1746 abgeschlossen.)
191) – Époques de la Nature. – 1778. (dt. Natur-Epochen; St. Petersburg: 1781)
192) Burnet: Telluris theoria sacra, orbis nostris originem & mutationes generale. – London: 1680 bzw. 1681; englische Übersetzung 1684; soll bereits 1683 in Leipzig herausgebracht worden sein; dt. Ausgabe von J. J. Zimmermann 1698 und 1703 unter dem Titel: Heiliger Entwurff oder Biblische Betrachtung des Erdreichs. 1690 unter dem Titel: The Sacred Theory of the Earth; Containing an Account of the Original of the Earth erschienen.
193) Cardanus: De Subtilitate, libri XXI. – Norimbergae: 1550.
194) Charpentier, J. F.: Beiträge zur geognostischen Kenntnis des Riesengebirges. – 1804.
195) Carus, V.: System der tierischen Morphologie. – 1853.
196) Colonna, F.: Osservazione sugli animali aquatici e terrestri. – 1616.
197) – Dissertatio de glossopetris. – Rom: 1747.
198) Cotta, B. von: Anleitung zum Studium der Geognosie und Geologie. – Dresden und Leipzig: 1839.

199) Cotta, B. von: Briefe über den Kosmos Alexander von Humboldts. — Leipzig: 1848.
200) Cuvier, G.: Discours sur les révolutiones de la surface du globe ... Als Einleitung zu: Recherches sur les ossements fossiles. — Paris: 1812. (dt. Bonn: 1822, siehe auch [45])
201) Dacqué, E.: Urwelt, Sage und Menschheit. — 1924.
202) — Die Urgestalt. — 1940.
203) — Vermächtnis der Urzeit. — 1948.
204) Darwin, Ch. R.: On the Origin of Species by means of natural selection (or preservation of favoured races in the struggle for life). — London: 1859.
Deutsch von H. G. Bronn: Charles Darwin. Über die Entstehung der Arten im Tier- und Pflanzenreich durch natürliche Züchtung, oder Erhaltung der vervollkommneten Rassen im Kampfe ums Dasein. — Stuttgart: 1860.
205) — The Descent of Man, and Selection in Relation to Sex. — 1871.
206) Deluc, J. A.: Lettres physiques et morales sur l'histoire de la Terre et de l'Homme. — La Haye und Paris: 1776 bis 1779 bzw. 1778—1780.
207) Deluc, J. A.: Lettres sur l'histoire physique de la terre adressée à Mr. Blumenbach. — 1792—1795 bzw. 1798.
208) Descartes, R.: Principia Philosophiae. — Amsterdam: 1644.
209) Diderot und d'Alembert (Hrsg.): Encyclopédie ou Dictionaire raisonné des sciences, des arts et des metiers. — 28 Folianten, Paris: 1751—1772.
5 Suppl.-Bd., Amsterdam: 1776—1777.
210) Dobzhansky, T.: Die genetischen Grundlagen der Artbildung. — Jena: 1939.
211) Du Toit, A.: Our wandering continents. — Edinburgh und London: 1937.
212) Green, W. L.: The Causes of the Pyramidal Form of the Outline of the southern Extremities of the Great Continents and Peninsulas of the Globe. New Philosophical Journal, Vol. 6. — Edinburgh: 1857.
213) Gressly, A.: Observations géol. sur la Jura Soleurois. — Nouv. Mém. Soc. helvét. Sci. natur., Neuchâtel **2** (1838) 10—11.
214) Haarmann, E.: Die Oszillationstheorie. Eine Erklärung der Krustenbewegung von Erde und Mond. — Stuttgart: 1930.

215) HAECKEL, E.: Generelle Morphologie der Organismen. Band 1 und 2. — Berlin: 1866.
216) — Systematische Phylogenie. Entwurf eines natürlichen Systems der Organismen auf Grund ihrer Stammesgeschichte. Band 1—3. — Berlin: 1894—96.
217) HEGEL, G. W. F.: Phänomenologie des Geistes. — 1807.
218) HEGEL, G. W. F.: Enzyklopädie der philosophischen Wissenschaften. — 1817.
219) HOOKE, R.: Tractatus de terramotis. Geschrieben 1668, überarbeitet ca. 1688; Teil der „Posthumous Works of Robert Hooke". — 1703 oder 1705.
220) HUXLEY, T. H.: Man's Place in Nature. — 1863.
Dt.: Zeugnisse für die Stellung des Menschen in der Natur. Drei Abhandlungen: Über die Naturgeschichte menschenähnlicher Affen. Über die Beziehungen des Menschen zu den nächstniederen Tieren. Über einige fossile menschliche Überreste. — Braunschweig: 1863.
221) JOLY: The surface history of the earth. — Oxford: 1925.
222) KIRCHER, A.: Mundus subterraneus in XII libris digestus. — Amstelodami: 1664—1665.
223) LAMARCK, J. B. DE: Hydrogéologie ou Recherches sur l'influence qu'ont les eaux sur la surface du globe terrestre. — 1802. (dt. 1805)
224) — Philosophie zoologique, ou Exposition des Considérations relatives à l'histoire naturelle des Animaux ... — 1809. (dt. 1876)
225) — Histoire naturelle des animaux sans vertèbre. — 1815.
226) LEIBNIZ, G. W.: Protogaea Summis Polyhistoris Godefridi Guilielmi Leibniti, sive de prima facie telluris ... Hrsg. SCHEID 1748. (dt. 1749)
227) LINDEMANN, B.: Kettengebirge, kontinentale Zerspaltung und Erdexpansion. — Jena: 1927.
228) LINNÉ, C. VON: De habilitabilis incremento. — 1744.
229) MAILLET, B. DE: Telliamed, ou entretiens d'un Philosophe Indien avec un Missionaire Francoise sur la dimunition de la mer, la formation de la terre, l' origine de l' homme ... — Amsterdam: 1748 bzw. Basel 1749. (Nach TSCHULOK (1938) soll dieses Werk zwischen 1715 und etwa 1721 geschrieben worden und lange vor der Drucklegung von Hand zu Hand gegangen sein.)
230) MAJOR, J. D.: Dissertatio de lithologia curiosa sive de animalibus et plantibus in lapidem versis. — Viteb: 1662.

231) MICHELL, J.: The Earth composed of regular and uniform strata, in: Philosph. Transact. of the royal Society of London. — 1760.
232) On the cause and phenomena of earth-quakes; in Philosoph. Transact. — 1760.
233) MORO, A. L.: De' crostacei e degli altri marini corpi che si trovano sui monti, 1740. (dt. 1751, siehe [121]).
234) D'ORBIGNY, A.: Cours élémentaire de paléontologie stratigraphieque. — Paris: 1849.
235) PALLAS, P. S.: Observations sur la formation des montagnes. — Petersburg: 1777. (dt. Leipzig 1779)
236) — Physikalisch-topographische Gemälde von Taurien. — Petersburg: 1794.
237) — Elenchus zoophytorum. — 1766.
238) PLAYFAIR: Illustration of the Huttonian Theory. — 1802. Französisch: Explication de Playfair sur la Theorié de la Terre par Hutton, ... par C. A. BASSET. — 1815.
239) RASPE, R. E.: Specimen historiae naturalis globi et terrae. — 1763.
240) RISTORO D'AREZZO: La composizione del mondo. — 1282. Rom: 1859.
241) RUTTEN, M. G.: The geological aspects of the origin of life on Earth. — Amsterdam/New York: 1962.
242) SCILLA, A.: La vana speculazione desingannato dal senso. — Napoli: 1670.
243) SCHEUCHZER, J. J.: Speciemen Lithographiae Helveticae curiosae. — Tiguri: 1702.
244) — Piscium Querelae et Vindiciae. — 1708.
245) — Naturhistorie des Schweitzerlandes. — 1716.
246) — Physica sacra, oder Kupferbibel in welcher die geheiligte Naturwissenschaft der in der heiligen Schrift alten und neuen Testaments vorkommende natürliche Sachen deutlich erkläret wird. 15 Teile. — Augsburg: 1727—1731.
247) SCHLOTHEIM, E. F. VON: Die Petrefaktenkunde auf ihrem jetzigen Standpunkt. — Gotha: 1820.
248) SEFSTRÖM, N. G.: Untersuchung über die auf den Felsen Skandinaviens in bestimmter Richtung vorhanden Furchen und deren wahrscheinliche Entstehung. — 1836 (schwedisch)
249) SOULAVIE, J. L. G.: Histoire naturelle de la France méridionale. — 1780—1784.
250) STEFFENS, H.: Beiträge zur inneren Naturgeschichte der Erde. — 1801.

251) STENO, N.: STENONIS NICOLAI: De solido intra solidum naturaliter contento dissertationis prodromus. — Florentiae: 1669.
Engl. von HENRY OLDENBURG 1671. Lat. Nachdrucke: Leyden 1679, Pistoja 1743. Franz. Auszüge: Dijon 1757, Paris 1831 durch E. DE BEAUMONT; MIELEITNER [154].
252) STILLE, H.: Geotektonische Gliederung der Erdgeschichte. — Berlin: 1944.
253) TAUSCHER, A. M.: Versuch, die Idee einer fortgesetzten Schöpfung oder einer fortwährenden Entstehung neuer Organismen aus regelmäßig wirkenden Naturkräften als vereinbar mit den Thatsachen der wirklichen Erfahrung, den Grundsätzen der gereinigten Vernunft und den Wahrheiten der religiösen Offenbarung darzustellen. — Chemnitz: 1818.
254) TAYLOR, F. B.: Bearing of the Tertiary Mountain belt on the origin of the earth's plan. Geol. Soc. Amer. Bull., Vol. 21. — 1910.
255) TENTZEL, E. W.: Epistola de sceleto elephantino Thonnae nuper efosso. — 1696.
256) VALLISNIERI, A.: Dei corpi marini che sui monti si trovano. — Venezia: 1721.
257) VARENIUS, B.: Geographia generalis in qua affectiones generales telluris explicantur. — Amsterdam: 1650. 2. Ausg. 1672. 3. Ausg. Cambridge 1681 durch I. NEWTON.
258) VOIGT, F. S.: Grundzüge einer Naturgeschichte als Geschichte der Entstehung und weiteren Ausbildung der Naturkörper. — 1817.
259) WALLERIUS, J. G.: Physisch-chemische Betrachtungen über den Ursprung der Welt besonders der Erdwelt und ihre Veränderungen. — Erfurt: 1782.
260) WEISS, E.: Über die Entwicklung der fossilen Floren in den geologischen Perioden. — Z. deutsch. Geol. Ges., Berlin **29** (1877), S. 252—258.
261) WHISTON, W.: A New Theory of the Earth, wherin the Creation of the World in Six Days, the Universale Deluge, and the General Conflagration, as laid down in the Holy Scriptures, are shewn to be perfectly agreable to Reason and Philosophy. — London 1696 und 1708. Cambridge 1725 und 1736. Dt. von DETLEV KLUVER (CLÜVER): Geologia, sive Philosophemata de genesi ac structura globi terreni oder natürliche Wissenschaft von Erschaffung der

Erdkugel. — 1700 und 1703; Lat. Wittenberg 1712; dt. Frankfurt 1715.

262) WILLIAMS, J.: Natural History of the Mineral Kingdom. Edinburgh 1789. Erster Teil deutsch durch VON DANCKELMANN 1798.

263) WOODWARD, J.: Essay towards a natural history of the earth and terrestrial bodies. — London: 1695 und 1702. Lat. von J. J. SCHEUCHZER: Speciemen geographiae physicae qua agitur de terra et corporibus terrestris — Tiguri: 1704.

264) ZIMMERMANN, W.: Vererbung erworbener Eigenschaften und Auslese. — Jena: 1938.

Literatur

[1] ADAMS, F. D., The birth and development of the geological sciences. — Baltimore 1938.

[1a] AGRICOLA, G., De ortu et causi subterraneorum. In: GEORGIUS AGRICOLA — Ausgewählte Werke. Hrsg. H. PRESCHER. Mit einer Einf. i. d. geol. Werke Agricolas u. mineral.-geol. Anm. von H. PRESCHER u. hist.-philol. Einf. u. Anm. von FRAUSTADT. **3**, S. 47—216. — Berlin 1956.

[2] — De natura eorum quae effluunt ex terra. In: GEORGIUS AGRICOLA — Ausgewählte Werke. Hrsg. H. PRESCHER, a. a. O., S. 217—329.

[3] ANDRÉE, K., Rezente und fossile Sedimente. Erdgeschichte mit oder ohne Aktualitätslehre? — Geol. Rundsch., Stuttgart, **29** (1938) S. 147—167.

[4] AUTORENKOLLEKTIV: Allgemeine deutsche Biographie. — Leipzig 1875—1892.

[5] — Meyers großes Konversations-Lexikon. 6. Aufl., — Leipzig und Wien 1903—1906.

[6] — The Encyclopaedia Britannica, a Dictionary of Arts, Sciences, Literature and general Information. 11. Ausg. — Cambridge (Engl.) 1910—1911.

[7] — Der Große Brockhaus. Handbuch des Wissens in 20 Bänden. 15. Aufl. — Leipzig 1928—1935.

[8] — Neue Deutsche Biographie. Unveränd. Nachdr. d. 1953 ersch. Aufl. — Berlin 1969—1971.

[9] — Brockhaus-Taschenbuch der Geologie. Die Entwicklungsgeschichte der Erde. — Leipzig 1955.

[10] Kulturgeschichte der Antike; Bd. 1 Griechenland. — Berlin 1976.

[11] BÄRTLING, R., Einführende Übersicht zu ERICH HAARMANNS Oszillations-Theorie mit kritischen Bemerkungen. — Z. geol. Ges., Berlin, **83** (1931) S. 257—271. (Berlin 1932)

[12] BECKMANN, J., Anfangsgründe der Naturhistorie. — Frankfurt und Leipzig 1777.

[13] BECKSMANN, E., N. STENO (1638—1686) und seine Stellung in der Geschichte der Geologie. — Z. dtsch. geol. Ges., Berlin, **91** (1939) S. 329—336.

[14] BELOUSOV, V. V., Die Tektonosphäre der Erde — Idee und Wirklichkeit. — Z. geol. Wiss., Berlin, **2** (1974) 11, S. 1251—1285.

[14a] BERINGER, C. C., Geschichte der Geologie und des geologischen Weltbildes. — Stuttgart 1954.

[15] BLEI, W., Ist IMMANUEL KANT der geistige Vater der HUTTONschen Theorie? — Z. geol. Wiss., Berlin, **2** (1974) 11, S. 1333—1335.

[16] — War der Aktualismus HUTTONS und LYELLS ahistorisch? — Z. geol. Wiss., Berlin, **5** (1977) 4, 537—541.

[17] BLUMENBACH, J. F., Beyträge zur Naturgeschichte der Vorwelt. — Mag. f. d. Neuste a. d. Physik u. Naturgesch., Gotha, **6** (1790) 4. St., S. 1—17.

[18] — Dr. Hutton's Theorie der Erde; oder Untersuchung der Gesetze, die bey Entstehung, Auflösung und Wiederherstellung des Landes auf unserm Planeten bemerklich sind. Ein Auszug aus der ausführlichen Abhandlung im 1sten Bande der Transactions of the Royal Society of Edinburgh. 1788. S. 209—304. — Mag. f. d. Neuste a. d. Physik u. Naturgesch., Gotha, **6** (1790) 4. St., S. 17—27.

[19] BODECHTEL, J., GIERLOFF-EMDEN, H.-G., Weltraumbilder der Erde. — München 1969.

[20] BOGOLEPOW, M., Die Dehnung der Lithosphäre. — Z. geol. Ges., Berlin, **82** (1930) S. 206—228.

[21] BRONGNIART, A., Die Gebirgsformationen der Erdrinde oder Versuch über die Struktur des bekannten Theils unseres Erdkörpers. — Paris, Straßburg und Leipzig 1830.[175])

[22] BRONN, H., Handbuch der Geschichte der Natur. **1.** — Stuttgart 1841.

[23] BRUNNHOFER, H., Giordano Bruno's Weltanschauung und Verhängnis; aus den Quellen dargestellt. — Leipzig 1882.

[24] BRUNO, G., Von der Ursache, dem Prinzip und dem Einen. Aus dem Ital. übers. und mit Anm. versehen von A. LASSON — Leipzig 1923.

[25] — Dialoge vom Unendlichen, dem All und den Welten (de l'infinito, universo e mondi). Übers. und mit Anm. versehen von L. Kuhlenbeck — Berlin 1893.
[26] Bubnoff, S. von, Über Grundtheorien der Erdgestaltung. — Z. geol. Ges., Berlin, **83** (1931) S. 276–280. (Berlin 1932).
[27] — Grundprobleme der Geologie. 2. umgearb. Aufl. — Halle 1949.
[28] Buch, L. von, Ueber die Verbreitung grosser Alpengeschiebe. In: Annalen der Physik und Chemie. Hrsg. J. C. Poggendorf. **9.** — Leipzig 1827.
[29] Buffon, Allgemeine Historie der Natur nach allen ihren besonderen Theilen abgehandelt; nebst einer Beschreibung der Naturalienkammer Sr. Majestät des Königes von Frankreich. 7. Theil, **1.** — Leipzig 1770.
[30] — Allgemeine Naturgeschichte. Eine freye mit wenigen Zusätzen vermehrte Übersetzung nach der neuesten französ. Außgabe von 1769. **1, 2, 3, 4, 6.** — Berlin 1771, 1772, 1774.
[31] Bülow, K. von, Wesen, Weg und Ziel der Geologie. In: Brockhaus-Taschenbuch der Geologie „Die Entwicklungsgeschichte der Erde", S. 11–16. — Leipzig 1955. [1955a]
[32] — Die Verflechtung von Erd- und Lebensgeschichte. In: a. a. O., S. 398–411. [1955b]
[33] — Geschichte der Geologie. In: a. a. O., S. 440–454. [1955c]
[34] — Gedankengänge Cuviers in der Geologie der Gegenwart. — Forsch. u. Fortschr., Berlin, **33** (1959) 9, S. 261–264.
[35] — Der Weg des Aktualismus in England, Frankreich und Deutschland. — Ber. geol. Ges., Berlin, **5** (1960) S. 160–174.
[36] Bülow, K. von, Aktualismus und Fazies. — Ber. geol. Ges., Berlin, **9** (1964) 1, S. 75–83.
[37] — Das Wesen der Geologie. — Ber. dtsch. Ges. geol. Wiss. A., Berlin, **13** (1968) 1, S. 25–33.
[37a] Capelle, W., Die Vorsokratiker. 2. unver. Aufl. — Berlin 1961.
[38] Carey, S. W., The Expanding Earth — an Essay Review. — Earth Sc. Rev., Amsterdam, **11** (1975) 2, S. 105–143.

[39] CHAIN, V. E., Grundprobleme der Zyklizität/Azyklizität (Kontinuum/Diskontinuum) erdgeschichtlicher Entwicklungsprozesse. — Ber. dtsch. Ges. geol. Wiss. A., Berlin, **16** (1971) 3—5, S. 246—264.
[40] CHAMBERS, R., Natürliche Geschichte der Schöpfung des Weltalls, der Erde und der auf ihr befindlichen Organismen, begründet auf die durch die Wissenschaft errungenen Thatsachen. Aus dem Engl. nach der 6. Aufl. übers. von C. VOGT. — Braunschweig 1851.
[41] CLOOS, H., Briefliche Mitteilung an Herrn R. BÄRTLING. — Z. geol. Ges., Berlin, **83** (1931) S. 280—283. (Berlin 1932)
[42] — Gespräch mit der Erde. Geologische Welt- und Lebensfahrt. — München 1974.
[43] COTTA, B., Geologische Fragen. — Freiberg 1858.
[44] — Die Geologie der Gegenwart. — Leipzig 1866.
[45] CUVIER, G., Die Umwälzungen der Erdrinde, nach der fünften Originalausgabe, Paris 1828. — Bonn 1830.
[46] DABER, R., Die Entwicklung der Pflanzenwelt. In: Brockhaus-Taschenbuch der Geologie „Die Entwicklungsgeschichte der Erde", S. 377—385. — Leipzig 1955.
[47] — Zur Frühgeschichte der wissenschaftlichen Sammlungen im Museum für Naturkunde an der Humboldt-Universität zu Berlin 1770—1810. — Neue Museumskunde, Berlin, **13** (1970) 4, S. 245—256.
[48] — Probleme der Wechselbeziehungen zwischen Lebens- und Erdgeschichte. — Ber. deutsch. Ges. geol. Wiss. A., Berlin, **16** (1971) 3—5, S. 435—443. [1971a]
[49] — Lebensgeschichtliche Zusammenhänge. — Wiss. Z. Humboldt-Universität Berlin, Ges.-Sprachw. R. XX. Berlin, (1971) 6, S. 707—710. [1971b]
[50] DARWIN, CH., Über die Entstehung der Arten durch die natürliche Zuchtwahl oder die Erhaltung der begünstigten Rassen im Kampfe um's Dasein. — Stuttgart 1876.
[51] — Autobiographie. Herausgegeben von S. L. SOBOL. — Leipzig/Jena 1959.
[52] DELUC, J. A., An elementary treatise on Geology: Determining fundamental points in that science, and containing an examination of some modern geological systems, and particularly of the Huttonian theory of the earth. — London 1809.
[53] ENGELS, F., Dialektik der Natur. — Berlin 1952.

[53a] ENGELS, F., Herrn Eugen Dührings Umwälzung der Wissenschaft („Anti-Dühring“). – Berlin 1956.

[54] FREY, A. (Hrsg.), Deutsche National-Litteratur. Historisch-kritische Ausgabe Haller u. Salis-Sewis. **41**, S. 109–113. – Berlin und Stuttgart: o. J.

[55] FREYBERG, B. VON, Johann Gottlob Lehmann (1719 bis 1767). Ein Arzt, Chemiker, Metallurg, Bergmann, Mineraloge und grundlegender Geologe. – Erlang. Forsch. B, Naturwiss. **1**. Erlangen 1955.

[56] FÜCHSEL, G. C., Entwurf zu der ältesten Erd- und Menschengeschichte, nebst einem Versuch den Ursprung der Sprache zu finden. – Frankfurt und Leipzig 1773.

[57] GERNENTZ, H. J., Religiöse deutsche Dichtung des Mittelalters. – Berlin 1964.

[58] GILLULY, J., Distribution of Mountain Building in Geologic Time; Zusammenfassung (Übersetzung). – Geol. Rundsch. Stuttgart, **38** (1950) 2, S. 89–91.

[59] – Reply to discussion by HANS STILLE. – Geol. Rundsch. Stuttgart, **38** (1950) 2, S. 103–107.

[60] GOETHE, J. W. VON, Die Schriften zur Naturwissenschaft. **2**, Schriften zur Geologie und Mineralogie 1812–1832, Hrsg. G. SCHMID. – Weimar 1949.

[61] GOTHAN, W.; DABER, R., Geschichtliches über die Verwendung und die Entstehungstheorie der Kohle. – Leipzig/Jena 1956.

[62] GUNTAU, M., Der historische Charakter von Naturgesetzen in der Erdgeschichte. – Wiss. Z. Humboldt-Universität Berlin, Math.-nat. R., Berlin, **14** (1965) 4/5, S. 667–672.

[63] GUNTAU, M., Der Aktualismus in den geologischen Wissenschaften. Versuch einer philosophischen Analyse der Auffassungen zum Aktualismus in der Geschichte der geologischen Wissenschaften. – Freib. Forsch. D, Leipzig (1967) 55.

[63a] – Zu den philosophischen Auffassungen des Geologen BERNHARD VON COTTA. In: Naturphilosophie – von der Spekulation zur Wissenschaft. Hrsg. H. HÖRZ, R. LÖTHER, S. WOLLGAST, S. 211–231. – Berlin 1969.

[64] GUNTAU, M.; WENDT, H., Naturforschung und Weltbild. Eine Einführung in philosophische Probleme der modernen Naturwissenschaften. – Berlin 1967.

[65] GUNTAU, M.; WÄCHTLER, E., LEOPOLD VON BUCH. Ge-

danken zu seinem Leben und Wirken als Geologe. — Z. geol. Wiss. A, Berlin, **2** (1974) 12, S. 1371—1383.

[66] Haag, H., Bibel-Lexikon. — Leipzig 1969.

[67] Haarmann, E., Bemerkungen zur Aussprache über die Oszillationstheorie. — Z. geol. Ges., Berlin, **83** (1931) S. 368—388. (Berlin 1932)

[68] — Der königlich preussische Bergrat unter den Begründern der Geologie, Johann Gottlob Lehmann 1713(?) bis 1767. — Geol. Rundsch., Stuttgart, **33** (1942) S. 88—103. [1942a]

[69] — Ein Münchhausen als Geologe. Rudolph Erich Raspe 1736—1794. — Geol. Rundsch., Stuttgart, **33** (1942) S. 104—120. [1942b]

[70] — Der „Schichten-Schmidt" William Smith 1769 bis 1839. — Geol. Rundsch., Stuttgart, **33** (1942) S. 121 bis 155. [1942c]

[70a] — Charles Babbage. — Geol. Rundsch., Stuttgart, **33** (1942) S. 186—188. [1942d]

[71] Haeckel, E., Natürliche Schöpfungsgeschichte; gemeinverständliche wissenschaftliche Vorträge über die Entwicklungslehre; 12. Aufl. — Berlin und Leipzig 1920.

[72] — Die Welträtsel. In: Gemeinverständliche Werke, **3**. Hrsg. H. Schmidt — Jena. — Leipzig und Berlin 1924.

[73] Hamann, R., Geschichte der Kunst von der altchristlichen Zeit bis zur Gegenwart. — Berlin 1965.

[74] Hanschmann, A. B., Bernard Palissy der Künstler, Naturforscher und Schriftsteller, als Vater der induktiven Wissenschaftsmethode des Bacon von Verulam. — Leipzig 1903.

[75] Heim, J. L., Geologische Beschreibung des Thüringer Waldgebürgs. 3. Theil. Einige aus der Absonderung, Gestaltung, Anordnung und Gruppirung der Gebürgslager des Thüringerwaldes abgeleitete allgemeine Resultate. — Meiningen 1812.

[76] Hempel, C. F., Der Volksschulenfreund, ein Hülfsbuch zum Lesen, Denken und Lernen. 15. Aufl. — Leipzig 1830.

[77] Herder, J. G., Ideen zur Philosophie der Geschichte der Menschheit. Teil 1 und 2, Riga und Leipzig 1784 und 1785. Hrsg. E. Kühnemann. In: Deutsche National-Litteratur **77**, Herders Werke, 4. Theil, 1. und 2. Abt. — Stuttgart: o. J.

[78] HERDER, J. G., Niederschriften zu „Ideen zur Philosophie der Geschichte der Menschheit". In: Herders sämmtliche Werke. **13**, Hrsg. B. SUPHAN. – Berlin 1887.

[79] HERNECK, F., Der Beitrag der geologisch-paläontologischen Wissenschaften zum Weltbild des 19. Jahrhunderts. – Ber. geol. Ges., Berlin, **9** (1964) 1, S. 57–73.

[80] – Abenteuer der Erkenntnis. Fünf Naturforscher aus drei Epochen. – Berlin 1973.

[81] HESEMANN, J., Geschiebeforschung im Rückblick und Ausblick. – Ber. geol. Ges., Berlin, **5** (1960) 3, S. 191 bis 205.

[82] HILGENBERG, O. C., Vom wachsenden Erdball. – Berlin 1933.

[83] HOFF, K. E. A. VON, Geschichte der durch Überlieferung nachgewiesenen natürlichen Veränderungen der Erdoberfläche. **1**, **3**. – Gotha 1822; 1834.

[84] HOFFMANN, F., Geschichte der Geognosie und Schilderung der vulkanischen Erscheinungen. – Berlin 1838.

[85] HOHL, R., Bewegungen der Erdkruste durch erdinnere Kräfte. In: Brockhaus Taschenbuch der Geologie „Die Entwicklungsgeschichte der Erde", S. 149–162. – Leipzig 1955. [1955a]

[86] – Geotektonische Hypothesen. In: a. a. O., S. 190–212. [1955b]

[87] HÖLDER, H., Geologie und Paläontologie in Texten und ihrer Geschichte. – Freiburg/München 1960.

[88] HOOYKAAS, R., Catastrophism in geology, its scientific character in relation to actualism and uniformitarism. – Mededel. koninkl. nederl. Akad. Wetensch., Afd. Letterk. n. R., Amsterdam, London, **33** (1970) 7, S. 267–316.

[89] HUMBOLDT, A. VON, Kosmos. Entwurf einer physischen Weltbeschreibung. **1**, **2**, **5**. – Stuttgart (und Tübingen) 1845, 1847, 1862.

[89a] HUMMEL, K., Geschichte der Geologie. – Berlin und Leipzig 1925.

[90] HUTTON, J., Theory of the Earth with proofs and illustrations. Vol. I–II, Edinburgh 1795. – Weinheim and Codicote/Herts. 1959.

[91] IRMSCHER, J. (Hrsg.), Lexikon der Antike. – Leipzig 1971.

[92] JÖCHER, C. G. (Hrsg.), Allgemeines Gelehrtenlexikon. **1**, **2**, **3**. – Leipzig 1750–1751.

[93] JUSTI, J. H. G. VON, Geschichte des Erd-Cörpers aus seinen äusserlichen und unterirdischen Beschaffenheiten hergeleitet und erwiesen. — Berlin 1771.

[94] KAISER, E., Der Grundsatz des Aktualismus in der Geologie. — Z. geol. Ges., Berlin, **83** (1931) S. 309—407. (Berlin 1932).

[95] KANT, I., Die Frage, ob die Erde veralte? physicalisch erwogen. 1754. In: Immanuel Kant's Schriften zur Naturwissenschaft, 2. Abt. Zur physischen Geographie, S. 3—23. — Leipzig 1839.

[96] — Geschichte und Naturbeschreibung der merkwürdigen Fälle des Erdbebens, welches am Ende des 1755sten Jahres einen Theil der Erde erschüttert hat. 1756. In: Immanuel Kant's Schriften zur Naturwissenschaft, 2. Abt. Zur physischen Geographie, S. 26—63. — Leipzig 1839.

[97] KANT, I., Über den Gebrauch teleologischer Principien in der Philosophie. 1788. In: Immanuel Kant's Schriften zur Anthropologie und Pädagogik, S. 65—98. — Leipzig 1839.

[98] — Physische Geographie. Auf Verlangen des Verfassers aus seinen Handschriften herausgegeben und zum Theil bearbeitet von F. T. RINK, 1802. In: Immanuel Kant's Schriften zur Naturwissenschaft, 2. Abt. Zur physischen Geographie, S. 127—466. — Leipzig 1839.

[99] — Allgemeine Naturgeschichte und Theorie des Himmels. — Leipzig 1956.

[100] KAUTER, K., Gesetze und Gesetzmäßigkeiten in der Geologie. — Wiss. Z. Humboldt-Universität Berlin, Math. — nat. R., Berlin, **14** (1965) 4/5, S. 684—686.

[101] KLAUS, G.; BUHR, M. (Hrsg.), Philosophisches Wörterbuch. 10. Aufl. — Leipzig 1974.

[102] KNOBLAUCH, K. VON (?), Demüthige Bitte der Endes unterschriebenen Vulkane an Herrn Bergakademie-Inspektor Werner zu Freiberg. — Das Graue Ungeheuer, Hrsg. W. L. WEKHRLIN, Nürnberg, **12** (1787) 34, S. 115—137.

[103] KOHLBRUGGE, J. H. F., J. B. de Lamarck und der Einfluß seiner Descendenztheorie von 1809—1859. — Z. Morph. u. Anthrop., Stuttgart, **18** (1914) S. 191—206.

[104] KÖLBEL, H., Zur absoluten Dauer erdgeschichtlicher Ereignisse. — Ber. deutsch. Ges. geol. Wiss. A., Berlin, **16** (1971) 3—5, S. 221—229.

[105] Konrad von Megenberg, Das Buch der Natur. – Augsburg 1482.
[106] Kossmat, F., Paläogeographie und Tektonik. – Berlin 1936.
[107] Kraus, E., Unterströmungstheorie statt Oszillations-Hypothese. – Z. geol. Ges. Berlin, **83** (1931) S. 308 bis 326. (Berlin 1932).
[108] – Strukturgeschichte und Antlitz der Erdrinde als Folge subkrustaler Massenverlagerungen. – Ber. geol. Ges. Berlin, **9** (1964) 1, S. 85–108.
[109] Krejci-Graf, K., Über die Phasen der Gebirgsbildung. – Geol. Rundsch., Stuttgart, **38** (1950) 2, S. 112 bis 123.
[110] Krupička, J., Results of the World Public Opinion Inquiry among Earth-scientists. – Věstn. Ústředn. úst. geol., Červenec, **43** (1968) 4, S. 249–266.
[111] Kühner, F., Lamarck, die Lehre vom Leben. – Jena 1913.
[112] Lamarck, J., Zoologische Philosophie. Deutsch von H. Schmidt (Jena). – Leipzig 1909.
[113] Lauterbach, R., Paläogeophysik und Erdgeschichte. – Ber. dtsch. Ges. geol. Wiss. A., Berlin, **16** (1971) 3–5, S. 207–220.
[114] Lehmann, J. G., Versuch einer Geschichte von Flötz-Gebürgen, betreffend deren Entstehung, Lage, darinne befindliche Metallen, Mineralien und Foßilien, grösten-theils aus eigenen Wahrnehmungen, chymischen und physicalischen Versuchen, und aus denen Grundsätzen der Natur-Lehre hergeleitet. – Berlin 1756.
[115] Leibniz, G. W., Protogaea oder Abhandlung von der ersten Gestalt der Erde und den Spuren der Historie in den Denkmaalen der Natur. Hrsg. von C. L. Scheid. – Leipzig und Hof 1749.
[116] Ley, H., Zum Naturbild der klassischen deutschen Philosophie und der Romantik. In: Naturphilosophie – von der Spekulation zur Wissenschaft. Hrsg. H. Hörz, R. Löther, S. Wollgast, S. 133–186. – Berlin 1969.
[117] Lomonossow, M. W., Über die Erdschichten (1763). In: Ausgewählte Schriften, **1** Naturwissenschaften, S. 441 bis 549. – Berlin 1961.
[118] Lyell, C., Principles of Geology: Being an inquiry how far the former changes of the earth's surface are referable

to cause now in operation. 1, 2, 4. Aufl. – London 1835.

[119] Mathé, G., Leopold von Buch und seine Bedeutung für die Entwicklung der Geologie. – Z. geol. Wiss., Berlin, **2** (1974) 12, S. 1395–1404.

[120] Möller, R., Mitteilungen zur Biographie Georg Christian Füchsels. – Freib. Forsch. D, Leipzig (1963) 43.

[121] Moro, A. L., Neue Untersuchungen der Veränderungen des Erdbodens nach Anleitung der Spuren von Meerthieren und Meergewächsen, die auf Bergen, und in trockener Erde gefunden werden. – Leipzig 1751.

[122] Mühlfriedel, W.; Guntau, M., Abraham Gottlob Werners Wirken für die Wissenschaft und sein Verhältnis zu den geistigen Strömungen des 18. Jahrhunderts. – Freib. Forsch. C, Leipzig (1967) 223.

[123] Müller, A. H., Die Stammesgeschichte der Tiere. In: Brockhaus-Taschenbuch der Geologie „Die Entwicklungsgeschichte der Erde", S. 386–397. – Leipzig 1955.

[124] Müller, P. L. S., Des Ritters Carl von Linné Königlich Schwedischen Leibarztes etc. etc. vollständiges Natursystem nach der zwölften lateinischen Ausgabe und nach Anleitung des holländischen Houttuynischen Werks mit einer ausführlichen Erklärung. Erster Theil: Von den säugenden Thieren. – Nürnberg 1773.

[124a] Nadji, M., Karadjis „Erschließung verborgener Gewässer". Ein Lehrbuch der Geowissenschaften aus dem 11. Jahrhundert. – Z. deutsch. geol. Ges., Hannover, **123** (1972) S. 1–13.

[125] Nöggerath, J., Das Gebirge in Rheinland-Westphalen nach mineralogischem und chemischem Bezuge. – Bonn 1824.

[126] O. C. D., Pyrotechnische Versuche mit niederrheinischem Basalt, nebst Folgerungen. In: Nöggerath, J.: Das Gebirge in Rheinland-Westphalen nach mineralogischem und chemischem Bezuge, S. 150–173. – Bonn 1824.

[127] Oken, L., Allgemeine Naturgeschichte für alle Stände. Vierter Band oder Thierreich, erster Theil. – Stuttgart 1833.

[128] Olszak, G., Zur Rolle horizontaler Kräfte im tektonischen Plan Mitteleuropas. – Z. geol. Wiss., Berlin, **3** (1975) 4, S. 407–415.

[129] PALISSY, B., The admirable Discourses (1580). Translated by A. LA ROCQUE. – Urbana 1957.
[130] PFANNENSTIEL, M., Lorenz Oken und die Universität Freiburg i. Br. Aus Leben und Werk von Lorenz Oken, dem Begründer der deutschen Naturforscherversammlungen. Hrsg. von R. ZAUNICK. – Freiburg i. Br. 1938.
[131] POGGENDORFF, J. C., Biographisch-literarisches Handwörterbuch zur Geschichte der exakten Wissenschaften. 1, 2. – Amsterdam 1970.
[132] RAGOR, J. H., Von den Erdbidem Ein grundlicher bericht/ was dieselben seyen/ auß was vrsach sie entstanden/ vnd auff was end hin sie beschehen: auß heiliger Göttlicher Geschrifft/ vnd auß der lehr der Philosophen zusammen gezogen ... – Basel 1578.
[133] RAVICOVIČ, A. I., Die Naturwissenschaft in der ersten Hälfte des 19. Jahrhunderts und LEOPOLD VON BUCH. – Z. geol. Wiss., Berlin, 2 (1974) 12, S. 1385–1393.
[134] RAWITSCH, M. G., Die Rätsel Gondwanas. – Moskau und Leipzig 1975. (Originalausgabe Moskau 1972).
[135] REINECKE, J. C. M., Des Urmeeres Nautili und Argonautae auch Ammonshörner genannt aus dem Gebiet von Coburg und Umgebung beschrieben und abgebildet sowie mit Beobachtungen über die Urtypen der Fossilien versehen. Coburg 1818. – Erlang. geol. Abh. Erlangen (1972) 90, S. 13–123.
[135a] REIPRICH, K., Zur Spezifik naturhistorischer Prozesse. – Wiss. Z. Humboldt-Universität Berlin, Math.-nat. R., Berlin, 14 (1965) 4/5, S. 662–664.
[135b] – Das Studium geologischer Arbeiten durch KARL MARX. – Ber. dtsch. Ges. geol. Wiss. A., Berlin, 13 (1968) 1, S. 17–23.
[136] ROLLE, F., Vergleichende Übersicht der urweltlichen Organismen besonders nach ihrem inneren Zusammenhange mit denen der jetztlebenden Schöpfung. – Stuttgart 1851.
[137] – Ch. Darwin's Lehre von der Entstehung der Arten im Pflanzen- und Thierreich, in ihrer Anwendung auf die Schöpfungsgeschichte. – Frankfurt (Main) 1863.
[138] ROTHER, E., Buchmalerei aus zwölf Jahrhunderten. – Berlin 1966.
[139] RUBEN, P., Die kopernikanische Wende, Naturforschung

und Revolution. — Wiss. u. Fortschr., Berlin, **23** (1973) 2, S. 64—68.

[140] Schellhorn, M., Die Naturphilosophie Lorenz Okens. In: Naturphilosophie — von der Spekulation zur Wissenschaft. Hrsg. H. Hörz, R. Löther, S. Wollgast, S. 199—210. — Berlin 1969.

[141] Schindewolf, O. H., Einige vergessene deutsche Vertreter des Abstammungsgedankens aus dem Anfange des 19. Jahrhunderts. — Paläont. Z., Berlin, **22** (1941), S. 139—168.

[142] — Der Zeitfaktor in der Geologie und Paläontologie. — Stuttgart 1950.

[143] Schlette, F., Germanen zwischen Thorsberg und Ravenna. — Leipzig, Jena, Berlin 1972.

[144] Schmid, G. (Hrsg.), Goethes Schriften zur Naturwissenschaft, **2**, Schriften zur Geologie und Mineralogie 1812 bis 1832. — Weimar 1949.

[145] Schmidt, H., Geschichte der Entwicklungslehre. — Leipzig 1918.

[146] Schroeder, E., Das Bewegungsbild der ozeanischen Kruste und Aspekte globaler Tektonik. — Ber. Ges. geol, Wiss. A., Berlin, **16** (1971) 3—5, S. 413—434.

[147] Schwarzbach, M., Das Klima der Vorzeit. Eine Einführung in die Paläoklimatologie. 3. Aufl. — Stuttgart 1974.

[148] Silberschlag, J. E., Geogenie oder Erklärung der mosaischen Erderschaffung nach physikalischen und mathematischen Grundsätzen. Erster Theil.
Geogenie zweiter Theil handelt von ihrer ersten Palingennesie zur Erklärung der mosaischen Sündfluth nach physikalischen und mathematischen Grundsätzen. — Berlin 1780.

[149] — Chronologie der Welt berichtiget durch die heilige Schrift. Besonderes zum Gebrauche der königlichen Realschulen. — Berlin 1783.

[150] — (?) Vertheidigte Geogenie als deren dritter Theil nebst einigen weiteren Ausführungen wichtiger Materien. — Berlin 1783.

[151] Spinoza, B., Ethik. — Leipzig 1877.

[152] Steiner, R. (Hrsg.), Goethes Werke, 33. Teil, Naturwissenschaftliche Schriften **1**. In: Deutsche National-Litteratur **114**. — Berlin und Stuttgart: o. J.

[153] Steiner, W.; Wiefel, H., Zur Geschichte der geologischen Forschung in Weimar. Teil I: Forscherpersönlichkeiten und Institutionen. – Wiss. Z. Hochsch. f. Arch. u. Bauw., Weimar, **13** (1966) 3, S. 247–273.

[154] Steno, N., Vorläufer einer Dissertation über feste Körper, die innerhalb anderer fester Körper von Natur aus eingeschlossen sind. Florenz 1669. In: Ostwalds Klassiker der exakten Wissenschaften Nr. 209. – Leipzig 1923.

[155] Stille, H., Tektonische Evolutionen und Revolutionen in der Erdrinde. – Leipzig 1913.

[156] – Die Schrumpfung der Erde. – Berlin 1922.

[157] – Das Leitmotiv der geotektonischen Erdentwicklung. – Deutsch. Akad. Wiss. Berlin, Vorträge und Schriften. – Berlin (1949) 32.

[158] – Bemerkungen zu James Gillulys „Distribution of Mountain Building in Geologic Time". – Geol. Rundsch., Stuttgart, **38** (1950) 2, S. 91–102. [1950a]

[159] – Nochmals die Frage der Episodizität und Gleichzeitigkeit der orogenen Vorgänge. – Geol. Rundsch., Stuttgart, **38** (1950) 2, S. 108–111. [1950b]

[160] Stromer von Reichenbach, E., Johann Jakob Baier, einer der ersten deutschen Paläontologen, ein Beispiel der Willkür des Nachruhms. – Natur u. Volk, Frankfurt, **75/76** (1946) S. 25–32.

[161] Suphan, B. (Hrsg.), Herders sämmtliche Werke. **13**. – Berlin 1887.

[162] Tarlé, E., Napoleon. – Leipzig 1961.

[163] Teumer, M., Aus dem Kampf des „Deutschen Monistenbundes" um eine wissenschaftliche Weltanschauung. In: Naturphilosophie – von der Spekulation zur Wissenschaft. Hrsg. H. Hörz, R. Löther, S. Wollgast, S. 357–376. – Berlin 1969.

[164] Tournefort, P. de, Beschreibung einer auf königl. Befehl unternommenen Reise nach der Levante. **1–3**. – Nürnberg 1776–1777.

[165] Treder, H.-J., Thesen zur Kosmogonie und Erdentstehung. – Ber. deutsch. Ges. geol. Wiss. A., Berlin, **16** (1971) 3–5, S. 201–205.

[166] Trencsényi-Waldapfel, I., Die Töchter der Erinnerung. Götter- und Heldensagen der Griechen und Römer mit einem Ausblick auf die vergleichende Mythologie. – Berlin 1969.

[167] TSCHULOK, S., Der „Telliamed" und die Anfänge der Deszendenzlehre. — Vrtjschr. d. naturforsch. Ges. in Zürich, Zürich, **83** (1938) 1/2, S. 289—340.
[168] VERNADSKY, W. J., Geochemie. — Leipzig 1930.
[169] VOGEL, G.; ANGERMANN, H., Taschenbuch der Biologie. **1, 2.** — Jena 1971.
[169a] VOGELSANG, H., Philosophie der Geologie und mikroskopische Gesteinsstudien. Bonn 1867.
[170] VOGT, C., Köhlerglaube und Wissenschaft. 4. Aufl. — Gießen 1855.
[171] — Lehrbuch der Geologie und Petrefactenkunde. **2**, 4. Aufl. — Braunschweig 1879.
[172] VOIGT, (J. H. (?)), Ueber einige physikalische Merkwürdigkeiten der Gegend von Burgtonna im Herzogthum Gotha, nebst einigen zufälligen Gedanken über Veränderungen unserer Erdfläche. — Mag. f. d. Neuste a. d. Physik u. Naturgesch., Gotha, **3** (1786) 4. St., S. 1—19.
[173] WAGENBRETH, O., Leopold von Buch. — Bergakademie, Berlin, **5** (1953) 3, S. 92—101. [1953a]
[174] — Leopold von Buch und die Entwicklung der Theorie über Gebirgsbildung und Vulkanismus. — Bergakademie, Berlin, **5** (1953) 8 u. 9, S. 332—338, 369—374. [1953b]
[175] — Abraham Gottlob Werner und der Höhepunkt des Neptunistenstreites um 1790. — Freib. Forsch. D, Berlin, (1955) 11, S. 183—241.
[176] — Aus der Vorgeschichte von TORRELS Glazialtheorie. — Ber. geol. Ges., Berlin, **5** (1960) 3, S. 175—190.
[177] — Bernhard v. Cotta, Leben und Werk eines deutschen Geologen im 19. Jahrhundert. — Freib. Forsch. D, Leipzig (1965) 36.
[178] WAGENBRETH, O., Abraham Gottlob Werners System der Geologie, Petrographie und Lagerstättenlehre. — Freib. Forsch. H, Leipzig (1967) 223.
[179] WALTHER, J., Einleitung in die Geologie als historische Wissenschaft. Beobachtungen über die Bildung der Gesteine und ihrer organischen Einschlüsse. — Jena 1893/94.
[180] — Ueber die Auslese in der Erdgeschichte. — Jena 1895.
[181] WEGENER, A., Die Entstehung der Kontinente und Ozeane. 4. Aufl. — Braunschweig 1929.

[182] WEYL, R., Leonardo da Vinci's geologische Studien. — Natur und Volk, Frankfurt (Main), (1949) 79, S. 2—10.
[183] — Leonardo da Vinci und das geologische Erdbild der Renaissance. — Nachr. Gießen. Hochschulges., Gießen, 27 (1958) S. 109—121.
[184] WIEFEL, H., Der Aktualismus und die Veränderlichkeit der geologischen Bedingungen mit Beispielen aus den Bereichen der sedimentären Eisenerzvorkommen Thüringens und der Paläopedologie. — Ber. deutsch. Ges. geol. Wiss. A, Berlin, 14 (1969) 3, S. 249—266.
[185] — Geschichte der geologischen Forschung. In: Geologie von Thüringen. Hrsg. W. HOPPE u. G. SEIDEL, S. 13 bis 24. — Gotha/Leipzig 1974.
[186] WILLIAMS, J., Naturgeschichte der Steinkohlen-Gebirge. — Dresden und Leipzig 1798.
[187] WOLFF, C. F., Theoria generationis (1759), erster und zweiter Theil. In: OSTWALDS Klassiker der exakten Wissenschaften Nr. 84 und 85. — Leipzig 1896.
[188] WOLFF, F. VON, Der Vulkanismus. 1, Allgemeiner Teil. — Stuttgart 1914.
[189] WUSSING, H., Nicolaus Copernicus. — Leipzig, Jena, Berlin 1973.
[190] ZEDLER, J. H.[161]), Großes Universal-Lexikon aller Wissenschaften und Künste. 1—64. — Leipzig und Halle 1733—1754.
[191] ZIMMERMANN, W., Grund-Sätze der Phylogenetik (Evolutionslehre). Als Maschinenschrift vervielfältigt. — Tübingen 1946.
[192] — Evolution. Die Geschichte ihrer Probleme und Erkenntnisse. — Freiburg/München 1953.
[193] ZITTEL, K. A. VON, Geschichte der Geologie und Paläontologie bis Ende des 19. Jahrhunderts. — München und Leipzig 1899.
[194] (ohne): Die Bibel oder die ganze Heilige Schrift des Alten und Neuen Testaments nach der deutschen Übersetzung D. Martin Luthers. — Berlin 1954.
[195] (ohne): Deutsche Bibel in 2 Teilen. Gedruckt von JOH. SCHÖNSBERGER. — Augsburg 1490.
[196] — Kritische Beilage zu dem dritten Theile der Geogenie oder nähere Darstellung der vertheidigten Geogenie. Auf Veranlassung naturforschender Freunde. — Göttingen und Leipzig 1784. (betr. SILBERSCHLAG 1783)

[197] (ohne): Glückwunschschreiben der Deutschen Akademie der Wissenschaften zu Berlin an HANS STILLE anläßlich seines 90. Geburtstages am 8. Oktober 1966. In: Ber. deutsch. Ges. geol. Wiss., A, Berlin, **12** (1967), S. 13.
[198] — Vergleichende Tabelle der neuesten veröffentlichten geochronologischen Skalen für die Zeiten des Phanerozoikums (Mitteilung des Nationalkommitees für Geologische Wissenschaften der DDR). — Geologie, Berlin, **17** (1968) 2, S. 210—215.

Personenverzeichnis

Sachwortverzeichnis

Kolibri 360 GmbH
Ferdinand-Jühlke-Straße 7
99095 Erfurt, Deutschland
produktsicherheit@kolibri360.de